W0255739

Großkessel-Feuerungen
Theorie, Bau und Regelung

Von

Ing. Dr. techn. Richard Doležal

Professor an der Maschinenfakultät der Bergakademie Ostrava

Mit 312 Abbildungen und 18 Tabellen

Springer-Verlag

Berlin / Göttingen / Heidelberg

1961

ISBN-13: 978-3-642-92802-4   e-ISBN-13: 978-3-642-92801-7
DOI: 10.1007/978-3-642-92801-7

Vorwort

Die andauernde, durch ökonomische Anregungen genährte Tendenz, die Einheitsleistungen von Dampferzeugern zu vergrößern, bringt sowohl feuerungstechnisch, als auch auf der Dampfseite des Kessels viele neue Aspekte. Der Zweck des vorliegenden Buches ist, die Besonderheiten der Großkessel-Feuerungen zu zeigen, da ihre Verwirklichung durch nur maßstäbliche Vergrößerung der kleineren Kesseleinheiten nicht ohne weiteres möglich ist. Jeder Verstoß gegen diese Erkenntnis kann ernste wirtschaftliche und technische Folgen haben. Der Übergang zu den Riesen-einheiten wird dabei durch die sich ändernde Brennstoffbasis noch ver-wickelter gemacht, indem man heute in vielen Ländern von der Kohle zum Öl oder Erdgas übergeht.

Die derzeitigen Kessel und Feuerungen sind noch nicht ganz aus-gereift, was sich schon in der Mannigfaltigkeit der bestehenden und neu geplanten Bauarten offenbart. Trotz des Fortschritts der Technik und der exakten Wissenschaften wird oft die Meinung geäußert, daß ein gelungener Kessel natürlich das Produkt von Kenntnissen ist, aber auch Glücksache. Die Anzahl der Faktoren, die im Kesselbau eine wichtige Rolle spielen, ist sehr groß. Nichtsdestoweniger hat die wissenschaftliche Auswertung unserer Erfahrungen unter Zuhilfenahme der Mathematik, Physik und Chemie viele bedeutende Zusammenhänge entdeckt, die allgemeine Gültigkeit haben und daher dem Kesselingenieur die Arbeit erleichtern.

Das eifrige Bemühen, den Kessel- und Feuerungsbau auf eine wissen-schaftliche Grundlage zu stellen, ist zweifellos zu begrüßen. Es verlangt allerdings viel Mühe und Geld, und manche Probleme lassen sich deshalb nur in den Arbeitsgemeinschaften der Kesselfirmen und der Forschungs-institute lösen. Trotz aller Anstrengungen geht hier die Arbeit nur langsam voran. Die weitere Forschung in der Feuerungstechnik ist aber unentbehrlich, da zumindest in der nächsten Zukunft die Wärmekraft-werke weiter fossile Brennstoffe werden verstromen müssen, abgesehen davon, daß die Rieseneinheiten von mehreren hundert oder tausend t/h Dampfleistung ein sicheres Vorgehen nötig machen; jedes Laborieren verbietet sich aus wirtschaftlichen Gründen von vornherein.

IV

Der Leitgedanke bei Abfassung des Buches war, die wichtigsten Grundsätze zu zeigen, die für die heutige Entwicklung der Großkessel-Feuerungen maßgebend sind. Deshalb wurde den Konstruktionsdetails, deren Ausführung von mehr oder weniger temporärer Natur ist, nicht viel Platz eingeräumt. Ausführlicher habe ich statt dessen neuere Erkenntnisse und Gedanken behandelt, die auch vermutlich für den künftigen Feuerungsbau von Bedeutung sein werden.

Dem Springer-Verlag danke ich für die meinem Buche gewidmete Sorgfalt und die angenehme Zusammenarbeit. Dank sei hier auch den Firmen ausgesprochen für die mir bereitwillig zur Verfügung gestellten Unterlagen.

Ostrava, im Frühjahr 1961   **Richard Doležal**

Inhaltsverzeichnis

Erster Teil
Theorie und Elemente der Großkessel-Feuerungen

Zweiter Teil

Ausgeführte Feuerungen

Verzeichnis der verwendeten Formelzeichen

Zeichen	Dimension	Bedeutung
a	—	Aschengehalt des Brennstoffes
a	—	Schwärzegrad
a_{Fl}	—	Schwärzegrad der Flamme
a_R	—	resultierender Schwärzegrad des Feuerraumes
a_w	—	Schwärzegrad der Feuerraumwand
b	m	Breite der Flosse am Flossenrohr
c	m/sek	Geschwindigkeit der Verbrennungsprodukte
c	kg/m³	Konzentration
c_L	kcal/Nm³ °C	spezifische Wärme der Luft
c_m	kcal/Nm³ °C	mittlere spezifische Wärme
c_{Rs}	kcal/Nm³ °C	spezifische Wärme der Rauchgase
c_s	kcal/kg °C	spezifische Wärme der Schlacke
d	m	Rohrdurchmesser
d_E	m	Durchmesser des Eisentropfens in der Schlacke
d_m	m	mittlerer Durchmesser der Aschenteilchen in der Flamme
f	1/m	Formfaktor
g	m/sek²	Erdbeschleunigung
h	m	Hubhöhe
i_f	kcal/kg	Entalpie des Arbeitsstoffes
i_s	kcal/kg	Entalpie der Schlacke
k	l/atm	Beiwert für wirksame Strahlungsdicke
m	—	Potenz in Formel für Schlackenzähigkeit
m	—	Berichtigungswert zur mittleren Flammentemperatur
n	—	Potenz
p	at	Druck
p_n	at	Gesamtteildruck dreiatomiger Gase CO_2 und H_2O
q	kcal/m² h	spezifische Wärmeaufnahme
q_{ab}	kcal/m² h	von der Wand rückgestrahlter Wärmefluß
q_F	kcal/m² h	Querschnittsbelastung des Brennraumes
q_{Rohr}	kcal/m² h	vom Rohr abgestrahlter Wärmefluß
q_V	kcal/m³ h	Wärmebelastung des Feuerraumes
q_{zu}	kcal/m² h	der Wand zugestrahlter Wärmefluß
q	kg/m² sek	Stoffmengenstrom
r	kg/m² sek	Intensität des Absetzens der Schlacke
r	—	Korrekturfaktor für Rückstrahlung
$r CO_2,\ r H_2O$	—	Volumenanteil von CO_2 bzw. H_2O in den Rauchgasen
s	m	Dicke der strahlenden Schicht
s	m	Dicke der Flosse
s	kg/Nm³	Staubgehalt
$t,\ T$	°C, °K	Temperatur

Zeichen	Dimension	Bedeutung
t_a, T_a	°C, °K	Oberflächentemperatur der Feuerraumwände (bei Schmelzfeuerungen = Außentemperatur des Schlackenfilmes)
t_{ab}, T_{ab}	°C, °K	Abgastemperatur
t_F, T_F	°C, °K	Fließtemperatur der Schlacke (Temperatur unendlicher Zähigkeit)
t_{FR}	°C	Temperatur des Flossenrandes
t_{hl}	°C	Temperatur der Heißluft
t_{Lm}	°C	mittlere Lufttemperatur
t_m, T_m	°C, °K	mittlere Flammentemperatur
t_0, T_0	°C, °K	Rauchgastemperatur am Feuerraumaustritt
t_R	°C	Rauchgastemperatur vor Luvo I bzw. hinter Eko I
t_{SB}, T_{SB}	°C, °K	Temperatur des Schmelzbadspiegels
t_{sp}	°C	Speisewassertemperatur
t_U	°C	Umgebungstemperatur
t_{UF}, T_{UF}	°C, °K	Temperatur der ungekühlten Flamme
t_w	°C, °K	Wandtemperatur des glatten Kühlschirmes
t_z	°C	Zündtemperatur
t'	°C	Siedetemperatur
t	m	Rohrteilung im Kühlschirm
u, v, w	m/sek	Geschwindigkeitskomponenten
u	m/sek	Sinkgeschwindigkeit der Eisentropfen
u	—	Gehalt an Unverbranntem
w	m/sek	Austrittsgeschwindigkeit des Kohlenstaubgemisches
w_a	m/sek	mittlere Axialgeschwindigkeit
w_0	m/sek	mittlere Einströmgeschwindigkeit der Luft
w_z	m/sek	Zündgeschwindigkeit
$\bar{w}$	m/sek	mittlere Molekülgeschwindigkeit
x, y, z_e	m	Raumkoordinaten
x	—	Kühlziffer des Kühlschirmes
z_a	sek	Aufenthaltsdauer im Brennraum
A	m²/sek	Austauschkonstante
B	kg/h	Brennstoffmenge
Bo	—	BOLTZMANNsche Zahl
C	kcal/m² h °K⁴	Strahlungskonstante
C_0	kcal/m² h °K⁴	Strahlungskonstante des schwarzen Körpers
D	t/h	Dampfleistung des Kessels
D	m²/sek	Diffusionskonstante
F	m²	Heizfläche
Fo	—	FOURIERsche Zahl
F_F	m²	Querschnitt des Brennraumes
F_{pr}	m²	projizierte Heizfläche
F_R	m²	wärmeabweisender Teil der Feuerraumbegrenzung
F_w	m²	wirksame Heizfläche
G	kg	stündliche Menge der Verbrennungsprodukte
G_{sec}	kg/sek	sekundlich in den Brenner kommende Luftmenge
G	kg/h	Kondensatmenge
H	m	axiale Länge des Brennraumes
H_u	kcal/kg	unterer Heizwert
I	kcal/Nm³	Enthalpie der Verbrennungsprodukte

Zeichen	Dimension	Bedeutung
K_m	—	Mischkonstante
L	m	Durchmesser des Brennraumes
L_{th}	Nm³/kg	theoretischer Luftbedarf für 1 kg Brennstoff
M	—	Beiwert zur relativen Wärmeaufnahme
N	kg/m² sek	spezifische Mischleistung
O	—	Oxydationsgrad des Eisens in der Schlacke
Q_{ab}	kcal/h	im Feuerraum abgegebene Wärmemenge
Q_K	kcal/h	im Brennstoff zugeführte Wärmemenge
Q_Z	kcal/h	dem Brennraum zugeführte Wärmemenge
Re	—	REYNOLDsche Zahl
S	m	Dicke der Verkleidung
S	kg/h	Staubmenge einschl. Unverbranntem
S	—	Silikatmodul
S_b	kg/h	flüssig eingebundene Aschenmenge
S_f	kg/h	durch den Feuerraum ziehende Staubmenge
U	kg/h	Menge des Unverbrannten
V_f	m³	Feuerraumvolumen
$V_{R\varepsilon}$	Nm³/kg	Rauchgasmenge für 1 kg Brennstoff beim Luftüberschuß ε
W_L	kcal/h °C	Wasserwert der Luft
W_R	kcal/h °C	Wasserwert der Rauchgase
X	—	dimensionslose Länge der Flamme
X	m	Dicke des flüssigen Schlackenfilms
Y	m	Dicke der erstarrten Schlackenunterlage
Z_{VK}	—	Anzahl der Vorkammern
Z_{TF}	—	Anzahl der Teilfeuerungen
α, β	—	Beiwerte der Temperaturkurven
β	—	Korrekturbeiwert der Strahlung
β	—	Ersteinbindungsgrad der Feuerung
γ_E	kg/m³	spezifisches Gewicht des Eisens
γ_S	kg/m³	spezifisches Gewicht der Schlacke
δ	m	Dicke
ε	—	Luftüberschußzahl
ε	—	Gesamtentstaubungsgrad des Entstaubers
ζ	—	Verschmutzungszahl
η_b	—	Gesamtentaschungsgrad
η_F	—	Wirkungsgrad der Feuerung
η_K	—	Wirkungsgrad des Kessels
η_S	—	Wirkungsgrad der Entschlackungsanlage
η	kg sek/m²	Zähigkeit
η_0	kg sec °C^m/m²	Zähigkeitskonstante
η_a	kg sek/m²	mittlere Zähigkeit der Flammenmasse
Θ	—	dimensionslose Temperatur
Θ_0	—	dimensionslose Temperatur am Brennraumaustritt
$\varkappa_A$	—	Verlust durch Abgase
$\varkappa_S$	—	Verlust durch Schlackenwärme
$\varkappa_U$	—	Verlust durch Unverbranntes
λ	kcal/m h °C	Wärmeleitzahl
λ_E	kcal/m h °C	Wärmeleitzahl der erstarrten Schlackenunterlage
λ_S	kcal/m h °C	Wärmeleitzahl des flüssigen Schlackenfilms

Zeichen	Dimension	Bedeutung
λ_V	kcal/m h °C	Wärmeleitzahl der Verkleidungsmasse
μ	—	relative Wärmeaufnahme des Feuerraumes
ν	—	verflüchtigter Aschenanteil
ν	m²/sek	kinematische Zähigkeit
ξ	—	Anteil an ausgenutzter Schlackenwärme
ϱ	—	Anteil an rückgeführter Asche (Teilrückführungsgrad)
ϱ	—	die Rückstrahlung berücksichtigender Beiwert
ϱ	kcal/kg	Schmelzwärme der Schlacke
σ_K	—	Umlaufzahl der Asche
σ_S	—	Auswurfzahl
τ	sek	Zeit
φ	—	dimensionslose Konzentration
ψ	—	Gesamtkühlziffer des Brennraumes
$\omega_x, \omega_y, \omega_z$	—	dimensionslose Geschwindigkeitskomponenten

Berichtigung

S. 15, Gl. 7 statt c_0 **lies** C_0

S. 54, 3. Z. v. o. statt ihren Druck **lies** inneren Druck

S. 123, 6. Z. v. o. statt linke Ausführung A **lies** rechte Ausführung b

      9. Z. v. u. statt nach Ausführung B **lies** nach Ausführung a

S. 165, Gln. 57 und 59 statt BV_{RE} **lies** $BV_{R\varepsilon}$

S. 165, Gln. 57 und 59 statt a **lies** a_R

S. 197, 12. Z. v. u. muß es heißen: zu der in den Brennraum insgesamt eingeführten

      Λ_{Asche}

S. 212, Abb. 194 statt β_1 **lies** β_0, statt β, **lies** η_b

S. 224, 2. Z. v. o. muß es heißen: von der mittleren Flammentemperatur

      $t_m = 1700°$ C

S. 230, 6. Z. v. o. statt auf den Mühlenbetrieb, **lies** auf den Mühlenbetrieb sowie

      Mühlenverschleiß

S. 238, Abb. 217 muß es heißen:

      a Zähigkeit von 150 Poise

      b Zähigkeit von 100 Poise

      c Zähigkeit von 50 Poise

S. 245, Unterschrift zu Abb. 225 statt (VKW) **lies** (Deutsche Babcockwerke AG)

S. 301, Abb. 274 statt Saugzügen **lies** Kesselzügen

S. 325, 1. Z. v. o. muß es heißen: mit reichlich dimensionierten Wärmeaustausch-

      flächen im Strahlungsraum

S. 339/340 statt hydromagnetisch **lies** immer magnetohydrodynamisch

Erster Teil

Theorie und Elemente der Großkessel-Feuerungen

A. Einleitung

I. Sinn und Wesen des Großkessels

1. Gründe für die Entstehung des Großkessels

Die Anwendung der elektrischen Kraft in großem Maßstab zum Maschinenantrieb, im Verkehrswesen sowie zu technologischen Zwecken hat in der ersten Hälfte dieses Jahrhunderts einen steilen Anstieg der Nachfrage nach billigem Strom hervorgerufen, und es verschob sich deshalb der Schwerpunkt der Stromerzeugung allmählich aus kleinen Stadt- bzw. Industriekraftwerken in öffentliche Kraftwerke, die die Wärme mit hohem Wirkungsgrad in Elektrizität umwandeln. Die

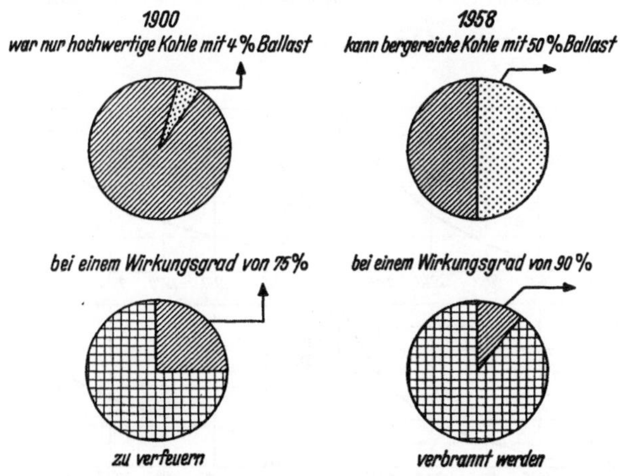

Abb. 1. Ballastgehalt der Kohle und Wirkungsgrad bei ihrer Verfeuerung in den Jahren 1900 und 1958 [*1*]

konzentrierte Krafterzeugung benötigte allerdings Dampfmotoren mit viel größeren Leistungen. Die dafür vorzüglich geeignete Dampfturbine hat sich seitdem eine Monopolstellung beim Antrieb der großen Wechselstrom-Generatoren erobert. Gleichzeitig kam man in den Kraftwerken und später auch in der Industrie von der Verwendung der Niederdruck-Großraumkessel ab, deren Größe nach Dampfmenge und -druck begrenzt war, und es haben sich die Wasserrohrkessel durchgesetzt, die neben großer Leistung noch die Eignung haben, sich der Form verschiedener Feuerungen leicht anpassen zu können.

Diese Entwicklung vom Klein- zum Großkessel zeigen sehr eindrucksvoll die vom Wasserrohrkessel-Verband (WKV) zusammengestellten Abb. 1 bis 3 [1]. Aus dem ersten Diagramm (Abb. 1) ersieht man die

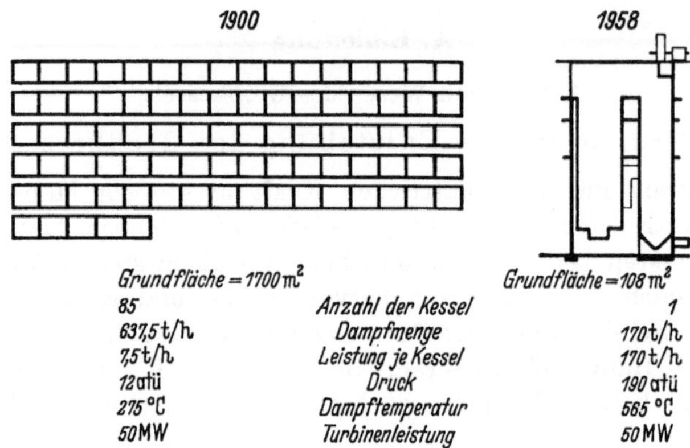

Abb. 2. Anzahl und Raumbedarf der Kessel für eine 50-MW-Anlage in 1900 und 1958 [1]

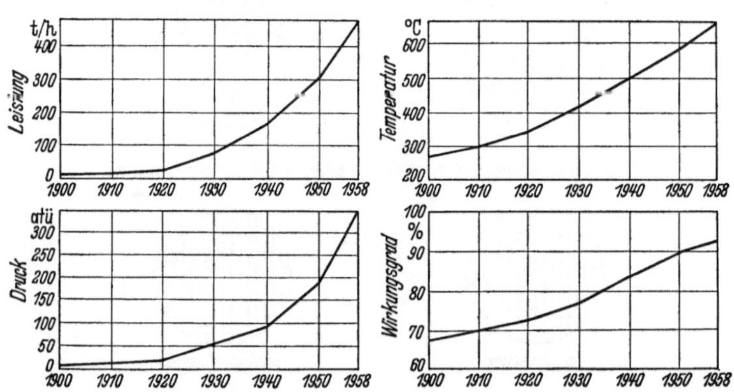

Abb. 3. Entwicklung der Kesselgröße, des Dampfzustandes und des Kesselwirkungsgrades bei deutschen Anlagen in den letzten sechzig Jahren [1]

Güte der Kohle und den Wirkungsgrad, mit dem sie in den Jahren 1900 und 1958 verfeuert wurde. Noch anschaulicher ist die Abb. 2, in der die Änderung des Gesamtdampfbedarfs und der Kesselzahl für ein 50-MW-Kraftwerk in demselben Zeitraum dargestellt ist. Abb. 3 schließlich zeigt die Entwicklung der Kesselgröße und des Dampfzustandes sowie des Kesselwirkungsgrades im Lauf der letzten sechzig Jahre.

Die wachsende Kesselgröße stellte begreiflicherweise neue Anforderungen an die Feuerung, die sich qualitativ grundsätzlich änderte. Neben großer Leistung wurde besonderer Nachdruck auf die Betriebssicherheit und auf lange Reisezeit des Kessels gelegt. Denn der unvorgesehene Ausfall eines großen Kessels bringt natürlich schwere finanzielle und volkswirtschaftliche Verluste mit sich, was in kleinerem Ausmaß auch von den planmäßigen Betriebspausen, z. B. zur Kesselreinigung, gilt [2].

Nach dem ersten Weltkrieg fand daher die Kohlenstaubfeuerung zunehmende Anwendung, weil bei ihr die Kohle ganz ohne Menschenkraft verfeuert wird und ihre Leistung auch für die größten Kessel ausreicht. Zur Einführung der Staubfeuerung hat wesentlich das Bedürfnis beigetragen, in den Kraftwerken die Abfallkohlen zu verwenden, zu denen vor allem die feinen Fraktionen mit großem Aschengehalt gehören, deren Anteil bei der ständig wachsenden Mechanisierung der Kohleförderung zunahm und deren Verfeuerung auf Rosten nur selten von vollem Erfolg gekrönt war. In Kohlenstaubfeuerungen ist es gelungen auch heizwertarme feuchte Rohbraunkohlen wirtschaftlich zu verwerten, ohne die Reisezeiten des Kessels zu verkürzen.

Die Eigenschaften der Brennsubstanz in der Kohle, wie z. B. ihre Backfähigkeit, ferner die Körnung usw., haben bei der Kohlenstaubfeuerung weniger Einfluß auf den Verbrennungsablauf als bei der Rostfeuerung. Anderseits verlangt die Staubfeuerung größere Investierungen, und sie ist verwickelter, da eine neben dem Kessel aufgestellte räumlich ausgedehntere Mahlanlage benötigt wird, deren Eigenbedarf wesentlich höher ist als der des Rostantriebes. Sie konnte sich deshalb

Tabelle 1. Prozentualer Anteil einzelner Feuerungsbauarten an der gesamten Leistung im betreffenden Kesselgrößenbereich [3]

Kesselgröße	Rostfeuerung	Kombinierte Feuerung	Kohlenstaub- und Zyklonfeuerung	Andere Feuerungsarten
40 t/h	67,2	21,0	7,5	4,3
40— 64	36,7	26,6	36,4	0,3
64—125	7,1	25,0	66,4	1,5
>125	—	13,5	77,4	9,1

auf die Dauer erst bei den größeren Kesseln durchsetzen, bei denen man heute auch die letzte Entwicklungsstufe der Kohlenfeuerungen trifft, nämlich die Zyklonfeuerung. Welche Bedeutung derzeit die einzelnen Feuerungsbauarten z. B. in der Bundesrepublik Deutschland haben, zeigt die nach Angaben der VGB-Kartei aufgestellte Tab. 1.

1*

Die modernen Feuerungsarten haben aus den Kraftwerken die reine
Rostfeuerung fast ganz verdrängt. Im Leistungsbereich über 125 t/h ist
sie vollständig verschwunden, und nur selten kommt sie in diesem
Leistungsbereich als mit Kohlenstaub- bzw. Gas- oder Ölzusatzbrennern
kombinierte Feuerung vor; da ist zu bemerken, daß in der obigen
Statistik unter kombinierten Feuerungen auch Kohlenstaubfeuerungen
mit Öl- bzw. Gaszusatzfeuerung eingeschlossen sind, d. h. alle mehrere
Feuerungsarten besitzenden Kessel.

Die Kartei [3] zeigt weiter, daß in allen Leistungsbereichen der
Tab. 1 die Rostfeuerung vor allem bei Nieder- und Mitteldruckkesseln
zu finden ist, d. h. überwiegend bei Anlagen mit niedriger Speisewassertemperatur. Zum Verlassen der Rostfeuerung bei Großkesseln hat
nämlich nicht unwesentlich der Umstand beigetragen, daß die Roste nur
eine mäßige Luftvorwärmung gestatten. Nach der Einführung der
hohen Speisewasservorwärmung durch Turbinen-Anzapfdampf ist als
einziges Mittel, mit dem man die in den Schornstein abziehenden Abgase
noch ausreichend tief abkühlen kann, eben die Luft geblieben. Der Staubfeuerung schadet dagegen die hohe Lufttemperatur nicht; sie ist hier
sogar willkommen.

Der ständig wachsende Energiebedarf sowie die immer schlechter
werdende Kohle erfordern den Transport großer Ballastmengen, der
rationell nur auf kürzeste Entfernungen tragbar ist. Deshalb entstehen
die großen grubennahen Kondensationskraftwerke, weit entfernt von
dem Verbrauchsschwerpunkt, damit statt der Kohle nur Strom zu
transportieren ist. Die Abfallkohle wird dabei an Ort und Stelle in den
Kohlenrevieren verbraucht, und ihre Wärme fließt zum Verbraucher in
der veredelten Form des elektrischen Stromes.

Aus dieser Konzentrierung der Krafterzeugung erwachsen neue
Probleme, wie z. B. die Verunreinigung solcher Gegenden durch Verbrennungsprodukte, zu denen neben der feinen Flugasche auch die durch
Verbrennung von Schwefel bzw. durch Umsetzung der Minerale entstehenden Schwefeloxyde SO_2 und SO_3 zu rechnen sind. Während die
Rauchgasentstaubung heute schon als im ganzen gelöst gelten kann,
kennt man bisher keinen völlig wirksamen und billigen Weg zur Beseitigung von Schwefeloxyden aus Rauchgasen, die dem Menschen und
vor allem den Pflanzen stark schaden und in Extremfällen bei ungünstigen topographischen und meteorologischen Verhältnissen die
Vernichtung der Vegetation in Kraftwerksnähe verursachen können [4].

2. Auswirkung der Einheitsgröße und die Blockschaltung

Was versteht man unter dem Begriff Großkessel? Wenn man heute
von dieser Kesselkategorie spricht, so denkt man an die Einheiten für
öffentliche Großkraftwerke bzw. für große Industriekraftwerke, d. h.

an Dampferzeuger mit Leistungen in der Größenordnung von 100 t/h und mehr.

Wie sich die Blockgröße auf die Anlagekosten auswirkt, ersieht man in Abb. 4 [5, 6]. Nach englischen Angaben [7] hat bisher jede Verdoppelung der Einheitsleistung des Blockes bei unverändertem Dampfzustand die Anlagekosten um fast 20 % gesenkt. Abb. 5 zeigt den Zusammenhang zwischen der Blockgröße und den betriebsbedingten Kosten.

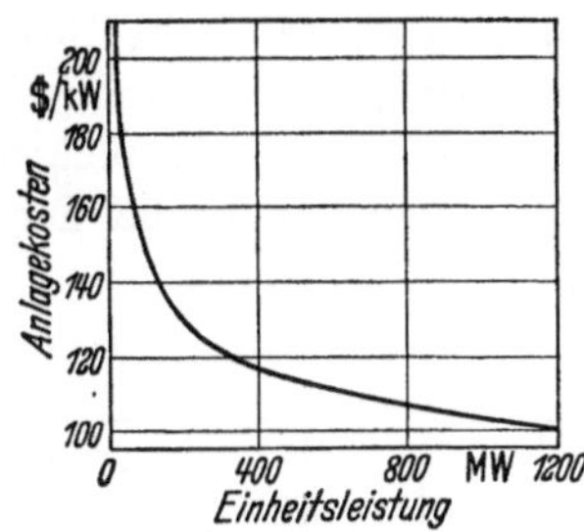

Abb. 4. Anlagekosten verschieden großer Blockeinheiten [5]

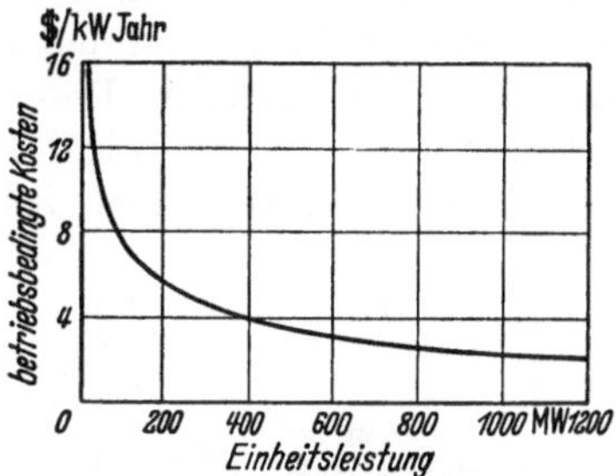

Abb. 5. Betriebsbedingte Kosten für verschieden große Blockeinheiten [5]

Die großen Einheiten erzielen außerdem ohne Sonderkosten einen besseren Wirkungsgrad. Dagegen wachsen bei Steigerung des Dampfzustandes die Anlagekosten fast proportional mit der erzielten Ver-

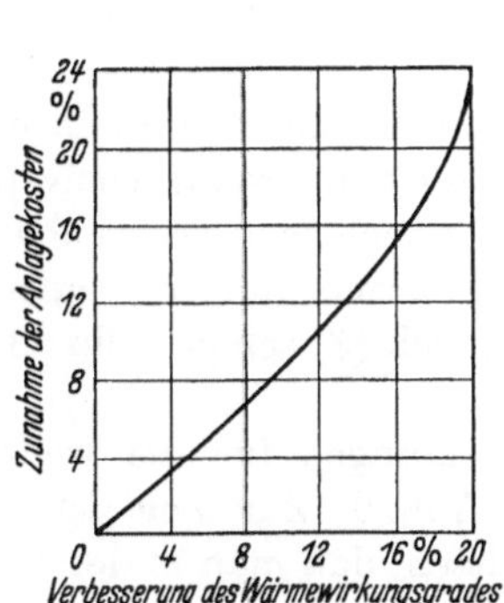

Abb. 6. Prozentuelle Zunahme der Anlagekosten bei Verbesserung des thermischen Wirkungsgrades (Ausgangszustand $p = 64$ ata, $t = 482°$ C) [7]

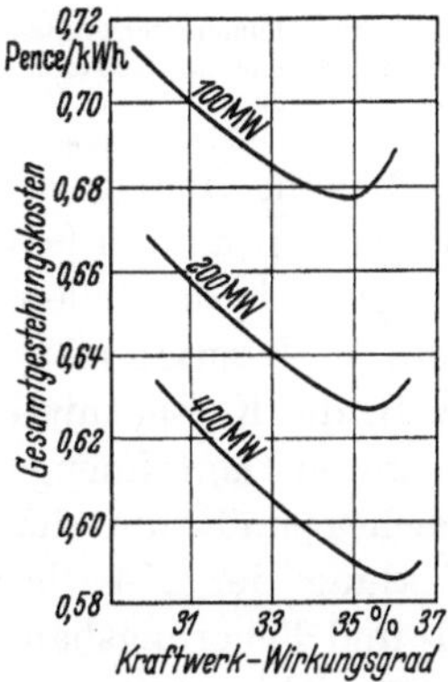

Abb. 7. Auswirkung der Blockgröße sowie des thermischen Wirkungsgrades auf Gesamtgestehungskosten je abgegebene kWh (Kurvenanfang entspricht dem Frischdampfzustand von 64 ata, 482° C) [7]

besserung des thermischen Wirkungsgrades (s. Abb. 6), wobei sich allerdings die Vorteile des hohen Dampfzustandes in vollem Maße erst bei größten Blöcken ausnutzen lassen [8, 9, 10, 11]. Die Kurven der

Gesamtgestehungskosten in Abb. 7 haben deshalb Minima, über die hinaus eine weitere Zunahme von Anlagekosten die durch besseren Wirkungsgrad erzielten Ersparnisse an Brennstoffkosten überwiegt.

Kessel mit 500 t/h Leistung sind heute in den großen Verbundnetzen keine Seltenheit, und es gibt sogar Kessel mit Leistungen über 1000 t/h, wobei sich Einheiten von 1700 t/h Dampfleistung zur Zeit schon im Bau befinden [5, 6, 12]. Die in einem Verbundnetz fahrende größte Maschine darf bekanntlich eine Einheitsleistung von 5 ··· 10 % der gesamten Netzleistung haben, ohne daß bei ihrem Ausfall eine gefährliche Situation im Netz entsteht. Diese Einheitsleistung ist auch ökonomisch vertretbar, obwohl etwaige Betriebsstörungen immer kostspieliger werden (Abb. 8). Daß auch bei den Industriekraftwerken große Ein-

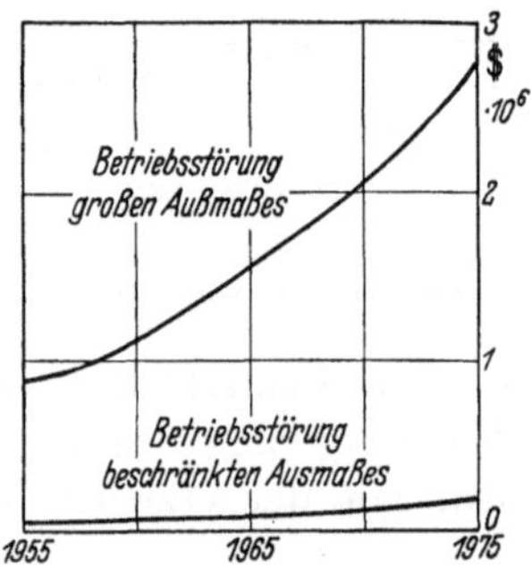

Abb. 8. Bei einer kleinen oder großen Betriebsstörung auftretende Schäden [2]

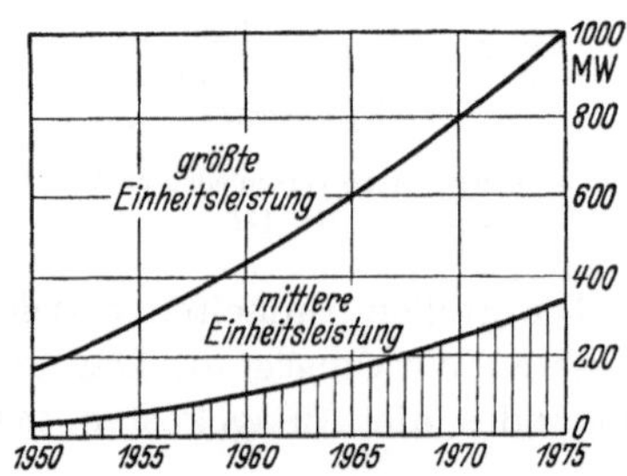

Abb. 9. Voraussichtliche Größenentwicklung
mittlerer und größter Einheiten in USA [2]

heiten Eingang finden, sieht man z. B. an den Aluminiumwerken und in neuester Zeit an den Isotopentrennanlagen, die den stromintensivsten Fertigungszweig darstellen und ungeheure Energiemengen verbrauchen. Die vom VGB zusammengefaßten Statistiken zeigen, daß in Deutschland z. B. die Kessel mit Leistungen über 125 t/h [3] schon volle 23 % der gesamten Dampfmenge liefern.

Welches sind nun die heutigen Voraussetzungen für die weitere Entwicklung der Kesselgröße? Dies zeigt Abb. 9. Zur Zeit ist der Kessel- und Feuerungsbau so weit fortgeschritten, daß man in der Lage ist, fast beliebig große betriebstüchtige Einheiten zu liefern und damit den Dampfbedarf selbst von größten Turbinen durch einen einzigen Dampferzeuger zu decken. Die aus dieser Möglichkeit entstandene Blockschaltung hat zur Verbreitung der Großkessel sowie auch des hohen Dampfzustandes nicht unwesentlich beigetragen und bedingt heute nach Einführung von Mehrwellen-Turboaggregaten sowie von Stromerzeugern mit flüssigkeitsgekühltem Stator eine weitere Steigerung der Einheitsgrößen, die nach Abb. 4 und 5 durchaus wünschenswert ist.

Die Zuverlässigkeit der Kessel und der Turbinen ist derzeit groß genug, um die Gefahr der Außerbetriebsetzung des ganzen Blockes durch Ausfall eines seiner Glieder gering zu halten. Im Gegenteil, die Blocks sind im Störungsfall voneinander unabhängig, so daß ihre gegenseitige Beeinflussung wegfällt. Bei den Blockschaltungen (Abb. 10) im Gegenteil zur Sammelschienenbauweise bildet die Turbine samt Stromerzeuger mit einem, seltener mit zwei Kesseln eine selbständige Einheit, die mit den nötigen Hilfsmaschinen ausgestattet [13] und im

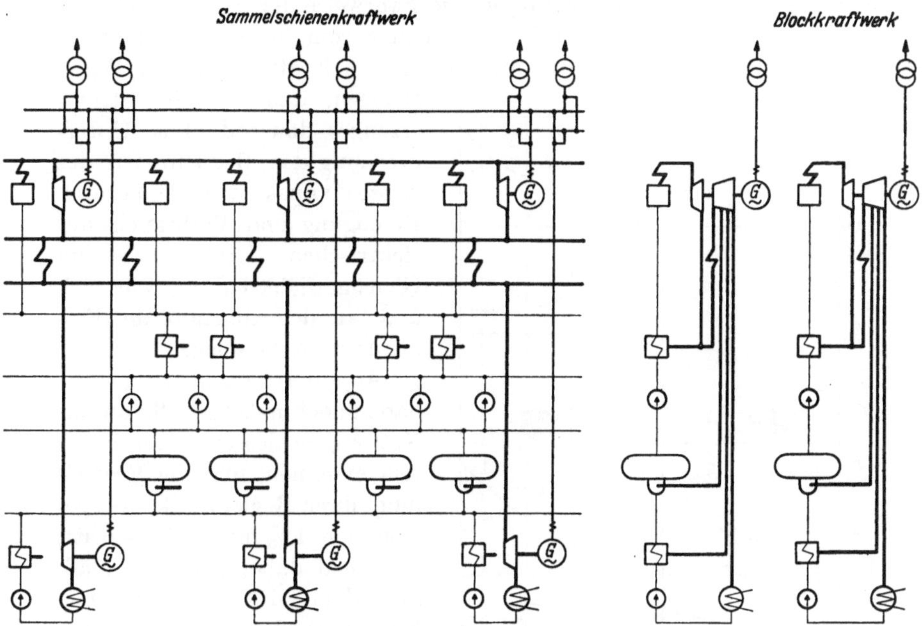

Abb. 10. Grundschaltpläne des Sammelschienen- und des Blockkraftwerkes [22]

normalen Betrieb von den anderen Blocks unabhängig ist. Es gibt deshalb im einfachen Blockschema nur eine begrenzte Anzahl von Kombinationsmöglichkeiten, so daß sich der im Fall einer Störung erforderliche Eingriff seitens der Bedienung auf eine minimale Zahl von Handgriffen beschränkt, die sich eventuell automatisieren lassen [14]. Auch die mit der Zwischenüberhitzung zusammenhängenden Probleme sind hier leichter zu lösen.

Durch Fortfall der gemeinsamen Dampf- und Speisewasserschiene wird also das Kraftwerk einfacher und übersichtlicher. Die Möglichkeit eines höheren Dampfzustandes bei einer künftigen Kraftwerkserweiterung gehört ebenfalls zu den Vorteilen der Blockschaltung. Nur einige

Hilfseinrichtungen im Kraftwerk werden für alle Blocks gemeinsam ausgebildet, z. B. die Bekohlungsanlage, die Wasseraufbereitungsanlage, die Werkstätte und, bei größerer Entfernung der Kühlwasserquelle, auch die Kühlwasserversorgung des Kraftwerks.

3. Verhältnisse im Netz

Die Kraftwerke sind heute durch ein Verbundnetz von oft mehreren tausend MW Leistung untereinander verbunden; nur in seltenen Fällen findet man noch ein im Inselbetrieb fahrendes Kraftwerk. Die Verhältnisse im Netz bestimmen dabei die Fahrweise der Blocks und ihrer Feuerungen. Da sich weder Dampf noch Strom in größeren Mengen speichern lassen, muß die Stromlieferung vom Kraftwerk in der Weise erfolgen, daß sich die Stromerzeuger dauernd ohne Unterbrechung den Bedürfnissen des Netzes anpassen und dadurch Erzeugung und Verbrauch der elektrischen Kraft stets im Gleichgewicht halten, was sich u. a. an der Konstanz der Frequenz im Netz spiegelt.

An der Frequenzregelung haben noch unlängst alle an das Netz angeschlossenen Maschinen teilgenommen, und die Einstellung ihrer Reglerstatik, die gewöhnlich 1 % nicht überschritt, entschied dabei über das Maß, mit dem sich die einzelnen Maschinen an der Frequenzregelung im Netz beteiligten [15]. Das Bestreben, die Hochdruckanlagen wegen ihres guten Wirkungsgrades restlos auszunutzen, führte dabei dazu, daß man sie als Grundlastwerke betrieb, die an der Frequenzstützung des Netzes nicht teilnahmen. Das

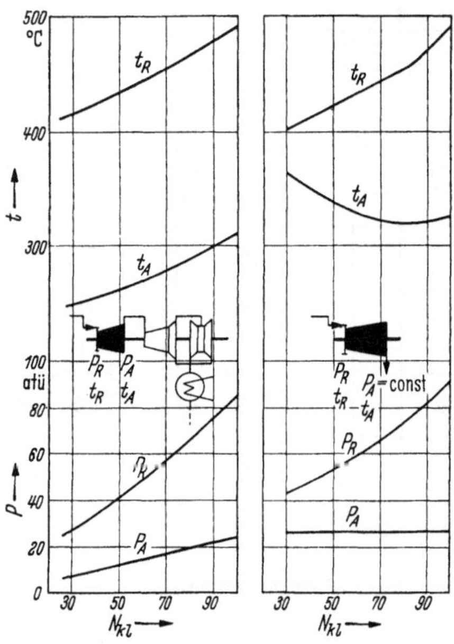

Abb. 11. Dampfzustand innerhalb einer Kondensations- bzw. einer Gegendruckturbine im Teillastbereich [16].

t_R Temperatur hinter der Regelstufe,
t_A Temperatur hinter dem Hochdruckteil,
p_R Druck hinter der Regelstufe.
p_A Druck hinter dem Hochdruckteil

Bestreben, diese Anlagen mit Festlast zu fahren, war ihrer Empfindlichkeit gegen plötzliche Lastwechsel zuzuschreiben, die, wie Abb. 11 zeigt, mit Temperatursprüngen innerhalb der Turbine verbunden sind [16]. Auch die verstromten Abfallkohlen verringerten die Anpassungsfähigkeit der Feuerungen an schnelle Lastwechsel.

Der schnelle Ausbau neuer Hochdruckkraftwerke in großem Ausmaß in der Nachkriegszeit hat jedoch diese Art der Lastverteilung im Netz, bei der die Lastspitzen nur von den älteren mit Teillast fahrenden kleinen Einheiten übernommen wurden, unmöglich gemacht. Der Anteil dieser alten Kraftwerke an der Gesamtleistung des Verbundnetzes wird nämlich immer kleiner, so daß auch die Hochdruckkraftwerke an der Fre-

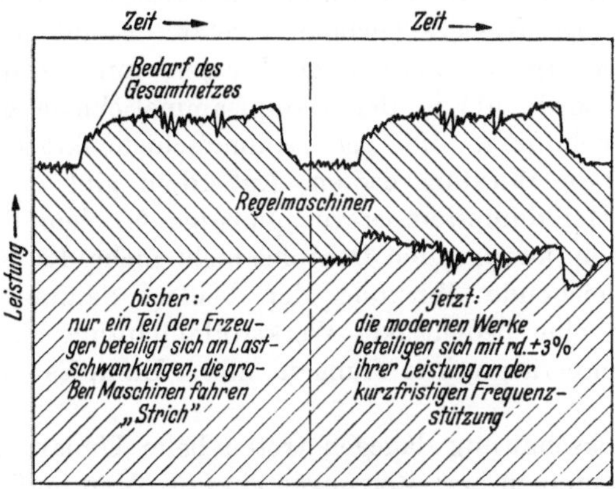

Abb. 12. Verhältnisse im Netz früher und heute [17]

quenzregelung teilnehmen müssen. Diese qualitative Änderung zeigt graphisch sehr schön die Abb. 12 [17], in der die Verhältnisse im Verbundnetz gestern und heute veranschaulicht sind.

Bei den heutigen großen Verbundnetzen mit mehreren tausend MW Leistung erweist sich außerdem der Umstand als ungünstig, daß diese Netze eine starre Frequenz haben und die Regelabweichungen der Frequenz nur Hundertstel Hz betragen, so daß die alten Maschinen mit ihren wenig empfindlichen Reglern auf diese Regelabweichungen nicht mehr reagieren und deshalb zur Frequenzregelung nicht beitragen können. Auch aus diesem Grund müssen die Turbinen großer Leistung die Frequenz fahren, da sie Regler besitzen, die auch diese winzigen Regelabweichungen empfinden und deshalb die Frequenz in engen Toleranzgrenzen einhalten.

Die Ansprüche an die Regelfähigkeit von Großkesseln werden insbesondere dann ungeheuer, wenn in Zukunft mit einem größeren Einsatz von rationellen Atomkraftwerken im Grundlastbereich zu rechnen sein wird. Dann wird man mit einer Minimallast der Kessel bis herab zu 20 % rechnen müssen [18], wobei diese Lasttäler mit gutem Wirkungsgrad und mit dem im Kessel normal verfeuerten Brennstoff durchfahren werden müssen, da ihre Dauer u. U. sehr lang sein kann.

Wie wirkt sich nun die Blockschaltung auf die Kessel- bzw. Feuerungsregelung aus ? Hier muß man sich vor allem vergegenwärtigen, daß die bei Sammelschienenkraftwerken infolge des als Dampfspeicher wirkenden Dampfnetzes mögliche dynamische Lockerung der Verknüpfung zwischen Kessel und Turbine, die in bestimmtem Maß den Regelkreis des Kessels sowie den Regelkreis der Turbine getrennt zu behandeln erlaubte, beim Block nicht mehr zulässig ist. Außerdem wird die als Wärmespeicher wirkende Dampfsammelschiene durch die kurze Frischdampfleitung Kessel—Turbine ersetzt. Damit entfallen die sämtlichen Speichergehalte siedenden Wassers am Dampfnetz angehängter Kessel sowie die in der Dampfsammelschiene gespeicherten großen Dampfvolumina, die bei Sammelschienenkraftwerken eine druckausgleichende Wirkung hatten. Außerdem gibt es das für die Stetigkeit der Heißdampftemperatur günstige Mischen des von verschiedenen Kesseln kommenden Dampfes nicht mehr. Es fehlt auch die temperaturausgleichende Wirkung der heißen Sammelrohrleitungswandungen, die eine bedeutende Werkstoffanhäufung darstellen und kurzzeitige Temperaturschwankungen des Dampfes auszuglatten vermögen.

Bei der Blockschaltung dagegen treten beim Umlauf des Arbeitsstoffes keine Stauungen bzw. Zerrungen ein [13]. Man muß deshalb den aus Kessel und Turbine bestehenden Block regelungstechnisch als einen dynamisch geschlossenen Regelkreis betrachten, dessen sämtliche Glieder untereinander hinsichtlich ihres Zeitverhaltens genau abgestimmt werden müssen.

Die Einschaltung des Kessels und der Turbine in einen Regelkreis bietet auch günstige Möglichkeiten, wie z. B. die direkte Verwendung der Generatorbelastung bzw. des Regelöldrucks der Turbine als Regelgröße für die Kesselfeuerung, wodurch eine Art Vorsteuerung beim Kessel erzielt wird. Das löst nach Eintritt der Störung in den Block den richtigen Regeleingriff mit minimaler Verspätung aus und macht auch die gute Ausnutzung der in den Blockkapazitäten gespeicherten Energien möglich, was insbesondere bei den trägheitsarmen Durchlaufkesseln mit kleinem Wasserinhalt wichtig ist. Man kann hier also statt der klassischen integralen Meßgrößen, wie Druck- oder Dampftemperatur, die regelungstechnisch viel günstigeren verzögerungsarmen proportionalen Meßgrößen anwenden [17].

Andererseits stellt allerdings die Blockschaltung erhöhte Anforderungen nicht nur an die Betriebssicherheit des Kessels, sondern auch an seine Regelfähigkeit, da im Regelkreis das trägste Glied über das Zeitverhalten des ganzen Blocks entscheidet. Sonst müßte man im Block den Lastbereich bzw. die Laständerungsgeschwindigkeit mehr als üblich begrenzen, was sicher unerwünscht wäre. Es ist deshalb die Aufgabe des Feuerungsbauers, die Feuerungen so elastisch wie möglich zu bauen, ohne daß man sich auf die Speicherfähigkeit der Kessel übermäßig zu verlassen braucht. Die Feuerung selbst muß auf die Anforderungen des Blocks rasch reagieren, um den durch Wärmespeicherung zu überbrückenden Unterschied in der Wärmeerzeugung und der Dampfabgabe auch bei raschen Laststößen möglichst klein zu halten. Daß sich dabei der Dampfzustand, insbesondere seine Temperatur, nur unwesentlich ändern darf, ist selbstverständlich.

Bei den Großleistungsblocks in Kondensationskraftwerken begegnet man heute prinzipiell zwei Arten der Regelung. Im ersten Fall werden die Blocks drehzahlgeregelt, d. h. über die Dampfentnahme aus dem Kessel entscheidet die Turbine, die so viel Dampf aufnimmt, daß sie den Netzanforderungen genügen kann. Diese Art der Regelung kommt für die Blocks mit Kesseln mit elastischer Feuerung bzw. großer Speicherfähigkeit und mit wärmeelastischen Turbinen in Betracht. Ob dabei die Frequenz auf den Maschinen-Drehzahlregler direkt oder indirekt über den Zentrallastverteiler und die Sekundärregelung des Blockes einwirkt ist nicht entscheidend [19, 20, 21].

Für weniger elastische Kessel hat man die Vordruckregelung ausgebildet, bei der sich umgekehrt die Maschine der Kesselleistung anpaßt. Hier wird z. B. die Feuerung des Kessels auf eine bestimmte Last starr eingestellt, und die Dampfabgabe vom Kessel wird durch ein Überströmventil geregelt, das einen konstanten Druck im Kessel hält, d. h. nur soviel Dampf abströmen läßt, wie der augenblicklichen Feuerungsleistung entspricht. Dieses Ventil gleicht also die Schwankungen des Heizwertes, die ungleichmäßige Kohlenaufgabe usw. aus und ermöglicht es, im Kessel einen Temperatur-Beharrungszustand einzuhalten. Deshalb ist diese Regelungsart besonders bei den Höchstdruckkesseln mit Überhitzern aus austenitischem Werkstoff bisher üblich. Die Laständerung kann bei dieser Fahrweise z. B. nach einem vorher festgelegten Programm erfolgen, wobei die Leistung des Blocks mit kleiner Geschwindigkeit durch langsames Abregeln der Feuerung zu bewirken ist [22].

II. Allgemeines über Feuerungen

1. Energiebilanz der Welt

In der Energiebilanz der Welt läßt sich die Tatsache erkennen, daß der Verbrauch an elektrischer Kraft in den stark industrialisierten Ländern steiler anwächst als die Erschließung ihrer primären Energiequellen. Dies gilt insbesondere von der Förderung der Kohle, die in manchen Ländern schon lange nicht mehr mit dem Anstieg des Energiebedarfs Schritt hält. Diese Entwicklung zeigt einleuchtend Tab. 2 mit ihren Angaben über die jährliche Produktion der Brennstoffe in den letzten zwanzig Jahren in drei Ländern, nämlich USA, Großbritannien und der Bundesrepublik. Sämtliche Brennstoffe sind in der Tabelle auf Mill. t Steinkohle nach ihrem kalorischen Wert umgerechnet, wobei auch die geothermische Energie des Wassers inbegriffen ist, was jedoch das gesamte Bild kaum wesentlich ändert. Die Tabelle enthält auch die in den entsprechenden Jahren erzeugte Elektroenergie in 10^9 kWh.

Tabelle 2. *Anstieg der Brennstoffgewinnung und Krafterzeugung in USA, Großbritannien und der DBR in den letzten zwanzig Jahren* [23]

	Mill. t/Jahr			10^9kWh/Jahr		
	1937	1948	1957	1937	1948	1957
USA	801	1279	1447	98	250	582
Großbritannien	245	213	228	31	53	97
Bundesrepublik Deutschland	161	111	174	20	23	74

Während sich die Brennstoffgewinnung bestenfalls nur verdoppelt hat, ist der Energieverbrauch auf das Drei- bis Sechsfache angestiegen. Es werden also die Energievorräte dieser Länder in einem ständig zunehmenden Anteil verstromt, bzw. diese Länder müssen ihre Brennstoffbasis immer mehr durch Einfuhr erweitern, obwohl andererseits der Brennstoffverbrauch in Industrie, Verkehr und Haushalt wegen der Elektrifizierung zum Teil gesunken ist. An dieser Lage ändert auch die Tatsache nichts, daß der spezifische Wärmeverbrauch pro kWh infolge stetiger Steigerung des Wirkungsgrades der Wärmekraftwerke in den letzten sechzig Jahren bei den besten Kraftwerken von 6000 kcal/kWh fast auf 2000 kcal/kWh gesunken ist (Abb. 13) [24].

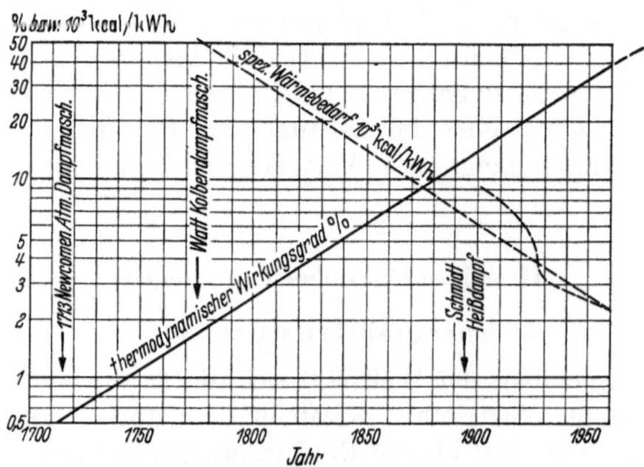

Abb. 13. Abnahme des spezifischen Wärmeverbrauches in den letzten 150 Jahren [24]

Auch der Umstand darf hier nicht unberücksichtigt bleiben, daß die Selbstkosten verschiedener Energieträger recht verschieden sind. So liegen z. B. in der UdSSR die Selbstkosten für Öl rund 25% und für Erdgas sogar weniger als 10% unter denjenigen für Kohle. Die Arbeitsproduktivität, bezogen auf Wärmeeinheit, ist bei Öl sechsmal und bei Erdgas zwanzigmal größer als bei der im Tiefbau geförderten Kohle. Dasselbe gilt von den spezifischen Investitionskosten für neue Öl- oder Erdgasförderungsanlagen, die ebenfalls weit unter denjenigen für neue Kohlengruben liegen [25].

Demzufolge sind die Kohlenpreise hoch, wozu auch die Tatsache beiträgt, daß der Abbau der Kohle zumindest in Europa immer schwieriger wird, da man in immer größere Teufen gehen muß, insbesondere bei der Steinkohle. Der Kohlenabbau im Tiefbau und bei dünnen Flözen ist außerdem schwer zu mechanisieren, und von Automation kann hier bisher noch kaum die Rede sein. Eine erfolgreiche Methode der unterirdischen Vergasung gibt es ebenfalls noch nicht. Lediglich im Tagebau ist es gelungen, durch Anwendung großer Schaufelbagger die Förderkosten und somit auch den Preis der Kohle wesentlich zu senken, allerdings auf Kosten der Kohlensauberkeit.

Wegen dieses Brennstoffmangels ist es wirtschaftlich unvermeidbar geworden, alle vorhandenen Energiequellen zur Dampferzeugung auszunutzen, darunter auch die verschiedenen, feuerungstechnisch oft schwierigen Abfallbrennstoffe aus dem technologischen Verfahren, wie z. B. Schweröl, Koksgries oder das früher in den Hütten abgefackelte Gichtgas. Diese Brennstoffe werden in den Kesseln entweder als Zusatzbrennstoff oder bei großem Anfall für sich allein verfeuert. Dies kann auch in Zeiten von Kohlenknappheit oder hoher Kohlenpreise eintreten. Man muß deshalb den Kessel und die Feuerung so auslegen, daß sie beiden Extremfällen genügen und außerdem die gemeinsame Verfeuerung der beiden Brennstoffe im gewünschten Mengenverhältnis erlauben. Es braucht nicht betont zu werden, daß solche Anlagen nicht nur rationell, sondern auch zuverlässig arbeiten müssen, wobei beim Brennstoffwechsel der Dampfzustand erhalten werden muß und auch die gewünschte Dampflieferung nicht absinken darf. Das stellt große Anforderungen an den Kesselbauer. Denn nicht nur die feuerungstechnische, sondern auch die regelungstechnische Bewältigung eines solchen Verbundbetriebes ist schwierig.

Die Verfeuerung mancher Abfallbrennstoffe hat auch eine hygienische Bedeutung, da sie schädlich sind, wie z. B. die Ablaugen bei der Zelluloseerzeugung, deren Ablassen ohne vorgehende Behandlung direkt in die Flüsse schon schwere Schäden verursacht hat. Dasselbe gilt von den Stadtabfällen, die man durch Veraschung hygienisch unschädlich macht.

Die Kohlenknappheit und der ständig steigende Kohlenpreis bedingten nach dem zweiten Weltkrieg auch in Europa die Einführung

von Heizöl und Erdgas auf breiter Basis als Brennstoff in den Dampfkraftwerken. Insbesondere in kohlenarmen Ländern hat sich Heizöl
stark durchgesetzt, da sein Preis wegen des Konkurrenzkampfes zwischen
den Ölfirmen beträchtlich gesunken ist. Allerdings ist zu betonen, daß
die festen Brennstoffe wahrscheinlich auch in Zukunft hinter nuklearen
Brennstoffen den zweitgrößten Posten unserer Reserve an primären
Energiequellen darstellen werden; denn die Statistiken zeigen, daß die
Weltvorräte an fossilen Brennstoffen folgendermaßen aufgeteilt sind [4]:

feste Brennstoffe	95,20 %
flüssige Brennstoffe	4,10 %
gasförmige Brennstoffe	0,70 %

2. Vergleichszahlen für Feuerungen

Die Feuerung ist eine Art Wärmemaschine. Deshalb müssen auch
für sie die Grundgesetze der Thermodynamik gelten. Die mit dem
Brennstoff und der Verbrennungsluft in die Feuerung eingeführte
Wärme setzt sich nach Abzug der an die Brennraumwände übertragenen
Wärme Q_{ab} in die Entalpieerhöhung der Verbrennungsprodukte und in
ihre kinetische und potentielle Energie um; d. h. es gilt [27] die Gleichung

$$dQ_Z = G dI + G d\frac{c^2}{2g} + G dh + dQ_{ab} \tag{1}$$

aus der sich unter Vernachlässigung der bei Gasen winzigen Hubarbeit
nach dem Integrieren

$$Q_Z = G\left(I_2 - I_1\right) + \frac{G}{2g}\left(c_2^2 - c_1^2\right) + Q_{ab} \tag{2}$$

ergibt. Die Bedeutung der einzelnen Formelzeichen ist dem angefügten
Verzeichnis zu entnehmen.

Bei den klassischen Feuerungen mit atmosphärischer Verbrennung
unter gleichbleibendem Druck, wo außerdem die kinetische Energie der
Verbrennungsrückstände durch Ventilatorarbeit gedeckt wird, kann
man annehmen, daß sich die gesamte der Feuerung zugeführte Wärme
in den Enthalpiezuwachs der Verbrennungsprodukte umwandelt, so daß
sich die Gl. (2) schließlich zum Ausdruck

$$Q_Z = G\left(I_2 - I_1\right) + Q_{ab} \tag{3}$$

vereinfacht. Lediglich bei den Sonderfeuerungen kommen auch die
übrigen Glieder in Betracht, wenn die Zunahme an kinetischer Energie
auf Kosten des Wärmeverbrauchs geht, wie es z. B. bei der pulsierenden
Verbrennung der Fall ist.

Unter dieser vereinfachenden Annahme läßt sich die vorhergehende Gleichung in der bekannten Form je kg Brennstoff

$$\left.\begin{array}{l} \dfrac{Q_z}{B} = \eta_F H_U + (1 - \varkappa_U)\,\varepsilon\,L_{th} c_{Lm} t_{Lm} = \\[2mm] = (1 - \varkappa_U)\,c_{R\varepsilon}\,V_{R\varepsilon}\,(T_{UF} - T_U) \end{array}\right\} \tag{4}$$

schreiben. Demnach würde sich die Temperatur der ungekühlten Flamme in einer idealen Feuerung ohne Wärmeabgabe an die Wände, also bei $Q_{ab} = 0$, nach Abzug der Wärmeverluste auf den Wert

$$T_{UF} = \frac{\eta_F H_U + (1 - \varkappa_U)\,\varepsilon\,L_{th} c_{Lm} t_{Lm}}{(1 - \varkappa_U)\,c_{R\varepsilon}\,V_{R\varepsilon}} + T_U \tag{5}$$

einstellen.

In Wirklichkeit spielen sich im Brennraum des Dampfkessels wärmetechnisch gesehen zwei Vorgänge gleichzeitig ab: die Entbindung der im Brennstoff gespeicherten Wärme durch Verbrennung und die teilweise Übertragung dieser Wärme an die Brennraumwände, die zu den Wärmeaustauschflächen des Kessels gehören.

Die Wärmebilanz des Brennraums besagt dabei, daß die im Brennraum eintretende Abkühlung der Flamme im Beharrungszustand der an die Wände abgestrahlten Wärme gleichzusetzen ist, d. h.:

$$(1 - \varkappa_U)\,B\,V_{R\varepsilon}\,(c_{RUF} t_{UF} - c_{RO} t_0) = Q_{ab} \tag{6}$$

und

$$Q_{ab} = a_R c_0 F \left(T_m^4 - T_W^4\right). \tag{7}$$

Diese Bilanz enthält zu viele Unbekannte, deren Feststellung umständlich ist. Deshalb sucht man mit einfacheren Vergleichsgrößen auszukommen. So z. B. wird die Intensität der Verbrennung, zu der sich die Wärmeentbindung proportional verhält, oft durch die mittlere Wärmebelastung des Brennraums definiert, die man abgekürzt Raumbelastung nennt und deren Größe sich aus

$$q_V = \frac{Q_z}{V_F} = \frac{B}{V_F}\left[\eta_F H_U + (1 - \varkappa_U)\,\varepsilon\,L_{th} c_{Lm} t_{Lm}\right] \frac{\text{kcal}}{\text{m}^3 \text{h}} \tag{8}$$

berechnen läßt.

Der Begriff der Raumbelastung hat sich übrigens auch bei den anderen Wärmemaschinen eingebürgert, wo er allerdings manchmal in anderen Dimensionen ausgedrückt wird, wie z. B. in PS/Liter bei Verbrennungsmotoren oder in kWh/m³ h bei den Atomreaktoren. Alle diese Kennzahlen lassen sich aber auf dieselbe Dimension, nämlich kcal/m³ h, zurückführen. Die Raumbelastung hängt allerdings von vielen Faktoren, wie Brennerbauart, Brennstoffgüte, Brennstoffaufbereitung, Feuerungsgröße usw., ab und stellt deshalb einen dehnbaren Begriff dar, wie es die in Tabelle 3 angegebenen Grenzen erkennen lassen.

Bei den hoch wärmebelasteten Kleinraum-Feuerungen mit stark intensivierter Verbrennung, z. B. bei den Zyklonfeuerungen, findet die Wärmeentbindung fast gleichmäßig im ganzen Zyklonraum statt, so daß

Tabelle 3. Wärmebelastung bei Wärmemaschinen [28]

Kohlenstaub-Trockenfeuerung	$0,1 \cdot 10^6 \cdots 0,2 \cdot 10^6$	$kcal/m^3\,h$
Kohlenstaub-Schmelzfeuerung (einschließlich Vertikalzyklon)	$0,5 \cdot 10^6 \cdots 1 \cdot 10^6$	$kcal/m^3\,h$
Reine Ölfeuerung	$0,2 \cdot 10^6 \cdots 2 \cdot 10^6$	$kcal/m^3\,h$
Horizontal-Zyklonfeuerung	$3 \cdot 10^6 \cdots 5 \cdot 10^6$	$kcal/m^3\,h$
Reine Gasfeuerung	$0,2 \cdot 10^6 \cdots 10 \cdot 10^6$	$kcal/m^3\,h$
Pulsierender Atmungstopf	$10 \cdot 10^6$	$kcal/m^3\,h$
Kraftwagenmotor	$6 \cdot 10^6 \cdots 30 \cdot 10^6$	$kcal/m^3\,h$
Düsenantrieb	$18 \cdot 10^6 \cdots 40 \cdot 10^6$	$kcal/m^3\,h$
Raketenantrieb	$62 \cdot 10^6$	$kcal/m^3\,h$
Rennwagenmotor	$95 \cdot 10^6$	$kcal/m^3\,h$
Homogene Atomreaktoren	$400 \cdot 10^6 \cdots 850 \cdot 10^6$	$kcal/m^3\,h$

die *mittlere* Raumbelastung nach Gl. (8) auch die örtliche Brennraumbelastung gut erfaßt. Bei den Großraum-Feuerungen mit einer langsamen Verbrennung dagegen erfolgt die Wärmeentbindung in verschiedenen Teilen des Brennraums mit recht unterschiedlicher Stärke. Sie ist am größten in Brennernähe und nimmt längs des Brennweges stark ab, wie es die Abb. 14 für einen Schmelztrichter [29] sehr treffend

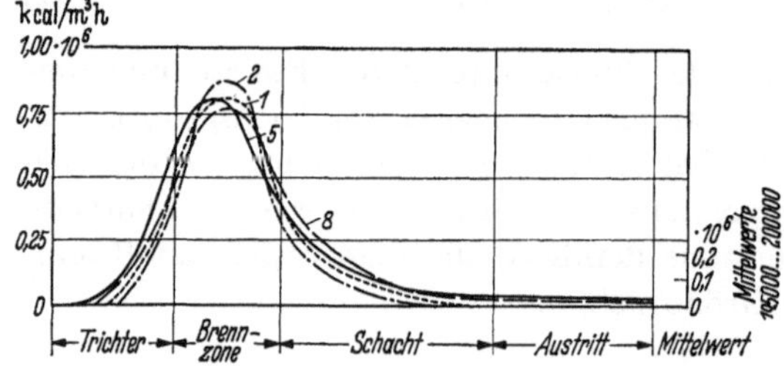

Abb. 14. Wärmebelastung des Brennraumes längs des Flammenweges [29]

1 Eßkohle,
2 Gasflammkohle,
5 Magerkohle,
8 Magerkohle (grobe Ausmahluug)

zeigt. Die örtlichen Maxima der Wärmeentbindung machen dabei ein Mehrfaches der mittleren Raumbelastung aus und sind um so größer, je kürzer die Flamme ist, die der Brenner erzeugt. Die erwähnten Maxima bestimmen allerdings die örtliche Höhe der Flammentemperatur und sind deshalb, insbesondere bei Trockenfeuerungen, möglichst klein zu halten bzw. durch geeignete Maßnahmen wie z. B. Rauchgasumwälzung auszugleichen.

In ähnlicher Weise kam man bei Dampfkesselfeuerungen zu dem Begriff der Querschnittsbelastung

$$q_F = \frac{Q_z}{F_F}, \tag{9}$$

wo als F_F der Querschnitt des Brennraums einzusetzen ist. Diese Vergleichszahl kann man mit Einschränkung als Maßstab für die Geschwindigkeit des durch den Brennraum aufsteigenden Rauchgasstromes ansehen, allerdings unter der schwer erfüllbaren Voraussetzung, daß der Brennraum von der Flamme völlig ausgefüllt ist und keine Rückströmungen stattfinden. [30].

Vom Brennraum verlangt man nicht nur eine abgeschlossene und mit hohem Wirkungsgrad verlaufende Verbrennung, sondern auch eine ausreichende Abkühlung der Rauchgase durch Abstrahlung an die Brennraumwände. Dieser erwünschte Verlauf des Temperaturabbaues längs des Brennweges hängt nicht nur von den Eigenschaften des Brennstoffes, hauptsächlich seiner Asche, ab, sondern auch vom Dampfzustand. Als Maß dieser Rauchgasabkühlung im Brennraum nimmt man meistens die Austrittstemperatur t_0 der Rauchgase aus dem Brennraum bzw. die relative Wärmeaufnahme des Brennraumes, die man in der dimensionslosen Form

$$\mu = \frac{Q_{ab}}{Q_z} \tag{10}$$

ausdrückt, d. h. als Verhältnis der im Brennraum abgegebenen zu der in den Brennraum eingeführten Wärme.

Der Wärmedurchgang durch die Brennraumwände wird oft mittels des mittleren Wärmeflusses dargestellt, der die durchschnittliche durch einen Quadratmeter der Brennraumwand pro Stunde durchgehende Wärmemenge angibt. Man nennt ihn auch häufig die spezifische Wärmeaufnahme. Seine Größe ist

$$q = \frac{Q_{ab}}{F} \,\text{kcal/m}^2\text{h} \,. \tag{11}$$

Während die Größe der Raumbelastung sich nach Tab. 3 in weiten Grenzen bewegt und auf sehr hohe Werte steigern läßt, ist dies beim Wärmefluß nicht der Fall, dessen Werte in technischen Feuerungen den Rahmen einer Zehnerordnung nicht überschreiten und nie den Wert von 10^6 kcal/m^{2}h erreichen.

Ähnlich wie die Raumbelastung stimmt der mittlere Wärmefluß nach Gl. (11) mit den örtlichen Werten lediglich bei Kleinraum-Feuerungen gut überein, während bei den Großraum-Feuerungen die verschiedenen Stellen ihrer Umgrenzungsflächen recht unterschiedlich belastet sind. Es ist einleuchtend, daß die Maxima des Wärmeflusses mit den Maxima der Raumbelastung zusammenfallen, da an den Stellen, die eine intensive Wärmeabstrahlung an die Wand verursachen, die höchsten Flammentemperaturen herrschen (Abb. 15).

Zwischen den hier angeführten dimensionsbehafteten Vergleichszahlen gibt es eindeutige Zusammenhänge. So finden wir z. B., wenn

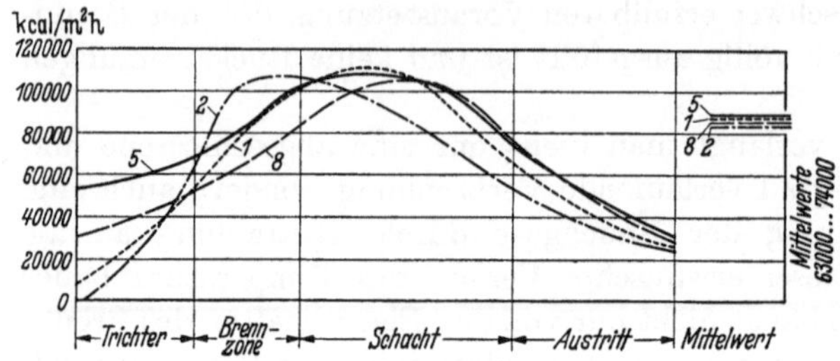

Abb. 15. Spezifische Wärmeaufnahme der Brennraumwände längs des Flammenweges [29]

1 Eßkohle,
2 Gasflammkohle,
5 Magerkohle,
8 Magerkohle (grobe Ausmahlung)

wir die dem Brennraum zugeführte Wärme mit Hilfe der Raumbelastung mit

$$Q_z = q_v V_F \tag{12}$$

und die Wärmeaufnahme im Brennraum mittels Wärmeflusses mit

$$Q_{ab} = q F \tag{13}$$

angeben, daß die frühere dimensionslose relative Wärmeaufnahme sich als

$$\mu = \frac{q F}{q_v V_F} \tag{14}$$

erfassen läßt, bzw. daß die Austrittstemperatur der Rauchgase aus dem Brennraum

$$T_0 = T_{UF} (1 - \mu) = T_{UF} \left(1 - \frac{q F}{q_v V_F}\right) \tag{15}$$

boträgt was man auoh mit dor dimonoionoloocn Tomporaturkcnnzahl Θ_0 als

$$\Theta_0 = \frac{T_0}{T_{UF}} = 1 - \frac{q F}{q_v V_F} \tag{16}$$

schreiben kann.

Die letzten Beziehungen enthalten das Verhältnis q/q_v mit der Dimension Meter. Dieser als Belastungszahl bezeichnete Wert gibt eine Vorstellung darüber, wie schnell die Wärme entbunden wird und wie groß die Intensität ihrer Abstrahlung an die Brennraumwände ist. Sie ist um so kleiner, je heftiger die Verbrennung ist und je höhere Flammentemperaturen örtlich erzeugt werden. Also ist sie bei Zyklonfeuerungen am kleinsten und bei Braunkohlen-Trockenfeuerungen am größten.

Weiter enthalten die Gln. den Formfaktor $f = F/V_F$, der das Verhältnis der wirksamen Brennraumoberfläche zum Brennrauminhalt darstellt; er wird später noch ausführlicher behandelt werden, da er für die Großkessel-Feuerungen von besonderer Bedeutung ist [31].

Aus den vorhergehenden Gln. läßt sich trotz ihrer Einfachheit eine Reihe wichtiger Schlüsse ziehen. So weiß man z. B., daß die Raumbelastung zur Kessellast proportional ist, während der Wärmefluß durch die Wand mit Lastabnahme nur sehr langsam absinkt. Dies veranlaßt nach Gl. (15) den Anstieg der relativen Wärmeaufnahme μ, d. h. den Abfall der Austrittstemperatur der Rauchgase. Dieser Abfall wird außerdem dadurch beschleunigt, daß erfahrungsgemäß auch die Lufttemperatur mit der Kessellastabnahme und mit ihr auch die Verbrennungstemperatur t_{UF} fällt.

Interessant sind die Kurven von [*32*], die die bisher gewonnenen Erkenntnisse in anderer Form darstellen und nach denen es bei Schmelzfeuerungen einen Zusammenhang zwischen dem Formfaktor des Schmelzraumes und seiner Raumbelastung (s. Abb. 16) gibt. Je größer die Raumbelastung ist, einen desto größeren Formfaktor kann man bei Anwendung der entsprechenden Feuerungsart nehmen. Die Kurve wurde durch Zusammenfassung der Auslegungsdaten einer größeren Anzahl deutscher Schmelzkessel gewonnen, die sich im Betrieb bewährt haben; sie zeigt, daß wegen dem wenig unterschiedlichen Wärmefluß bei verschiedenen Feuerungsarten nach Gl. (14) alle Firmen bei der Bemessung des Schmelzraumes

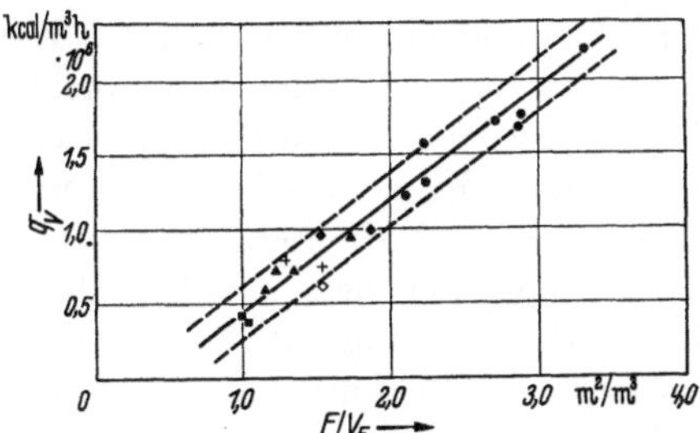

Abb. 16. Zusammenhang zwischen Raumbelastung und Formfaktor bei deutschen Schmelzfeuerungen [*31*]

ungefähr dieselbe relative Wärmeaufnahme anstreben, indem sie das Produkt aus Formfaktor und Kehrwert der Raumbelastung ungefähr konstant halten. Diese Gesetzmäßigkeit der Kurven ist auch durch die bekannte Tatsache bedingt, daß die hoch wärmebelasteten Feuerungen klein sind und deshalb neben großer Raumbelastung auch einen hohen Formfaktor besitzen.

Für die Planung einer Feuerung reichen selbstverständlich die angeführten dimensionsbehafteten Vergleichszahlen nicht. Dazu werden die dimensionslosen auf Ähnlichkeitstheorie sich stützenden Kennzahlen benötigt, welche die physikalische Natur einzelner Feuerungsvorgänge erfassen und auf ihren Ablauf in ähnlichen Anlagen qualitativ sowie quantitativ im voraus schließen lassen.

3. Abgastemperatur

Die Mittel zur Verminderung des Wärmeverbrauchs der Dampfkraftwerke liegen nicht nur in der heute überall propagierten Erhöhung des Dampfzustandes, sondern auch in der Verbesserung des Wirkungsgrades der einzelnen Einrichtungen des Dampfkreises, in denen die

Energieumwandlung vor sich geht. Da die Verbrennung in den modernen Dampfkesseln schon beinahe verlustfrei verläuft und da auch die Verluste des Kessels durch Abstrahlung unbedeutend sind, läßt sich ein höherer Wirkungsgrad solcher Kessel nur noch durch eine tiefere Abkühlung der Abgase erzwingen, wenn es die Brennstoffnatur zuläßt.

Man sucht heute mit der Abgastemperatur unter 100° C zu gehen. Eine solche einschneidende Erniedrigung der Abgastemperatur gestattet es, den Wärmeverbrauch im Kraftwerk um einige Prozent herabzusetzen, was man bei Steigerung des thermischen Wirkungsgrades des Kraftwerkes nur durch erhebliche Erhöhung des Dampfzustandes erreichen könnte, d. h. durch wesentlich höhere Frischdampftemperatur bzw. eine mehrfache Dampfüberhitzung.

Die Erreichung der niedrigen Abgastemperaturen wird aber durch den Umstand erschwert, daß die Eintrittstemperatur der Luft in den Luvo oft hoch ist. Dazu trägt nicht nur die Tendenz, heiße Luft von den oberen Partien des Kesselhauses abzusaugen [33] bei, sondern auch die Bemühungen, an die kalte Luft die verschiedenen Abwärmen zu übertragen, z. B. die Schlackenwärme bei Schmelzfeuerungen. Auch die Bestrebung, bei den hochturbulenten Schmelzfeuerungen, z. B. bei der Zyklonfeuerung, hohe Luftpressungen anzuwenden, verschlechtert die Lage, da die Lufterwärmung bei Verdichtung im Luftgebläse nicht mehr zu vernachlässigen ist.

Um die Abgase tief abzukühlen, muß man den Ekonomiser sowie den Luvo zweckmäßig auslegen. Nach dem Diagramm Abb. 17 [26] läßt sich für die erste Luvostufe die Abgastemperatur aus den Gleichungen

$$t_R = t_{sp} + \Delta t_{ek} \tag{17}$$

und

$$t_R = t_{hl} + \Delta t_{luv} \tag{18}$$

in der Gleichung

$$t_{ab} = (t_{sp} + \Delta t_{ek})\left(1 - \frac{W_L}{W_R}\right) + (t_{hl} + \Delta t_{luv})\frac{W_L}{W_R} \tag{19}$$

ableiten. Man sieht, daß sie nicht nur von den Temperaturgefällen am Luvoende bzw. am Ekoeintritt und von der Lufttemperatur abhängt, sondern daß ihre Größe durch das Wasserwertverhältnis der zu erwärmenden Luftmenge zur Rauchgasmenge W_L/W_R maßgebend beeinflußt wird.

Jede Vergrößerung des Verhältnisses W_L/W_R erleichtert eine wirtschaftlich tragbare Verwirklichung niedriger Abgastemperaturen. So wird z. B. bei Kohlenstaubkesseln mit offenem Mahlkreis durch Abführen eines Teiles der Rauchgase noch vor dem Luvo in die Mühle die durch den Luvo gehende Rauchgasmenge, die an der Luftvorwärmung teilnimmt, verkleinert. Deshalb fällt das mittlere Temperaturgefälle im Luvo größer aus, d. h., auch die Kohle wird hier zur Abkühlung der Abgase aktiv herangezogen.

Die hohe Anfangstemperatur der Luft beschränkt die rationell mögliche Lufterwärmung in der ersten Luvostufe und verkleinert dadurch bei gegebenem Δt_{luv} die Temperatur t_{hl} und damit indirekt auch die Größe von Δt_{ek}. Wo der noch tragbare Mindestwert des Temperaturgefälles im Luvo liegt, läßt sich nur mittels Wirtschaftlich-

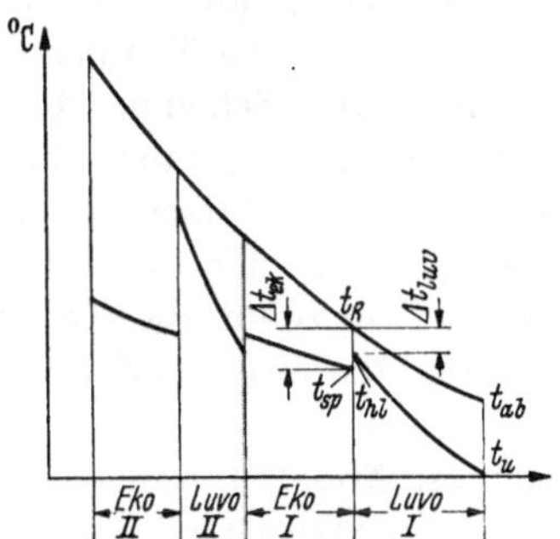

Abb. 17. Temperaturverlauf in den Nach-schaltheizflächen [26]

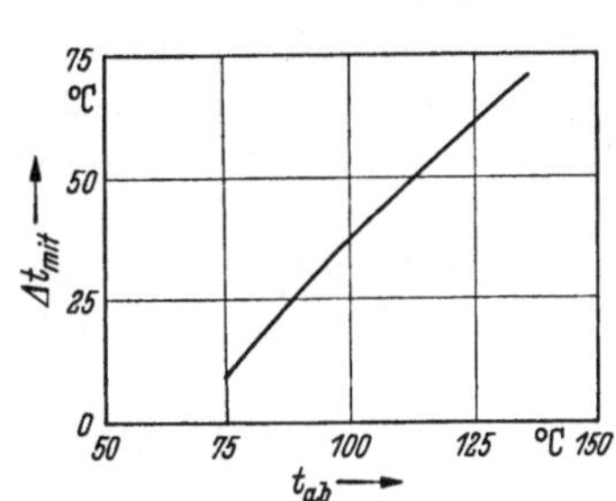

Abb. 18. Abhängigkeit zwischen Abgastemperatur und mittlerem Temperaturgefälle im Luvo bei trockener Steinkohle [26]

keitsberechnungen finden, da die rationelle Größe dieses Temperaturgefälles von Brennstoffpreis, Benutzungsdauer der Anlage, Anschaffungspreis der Luvoheizfläche, Druckverlust an Rauchgas- sowie Luftseite

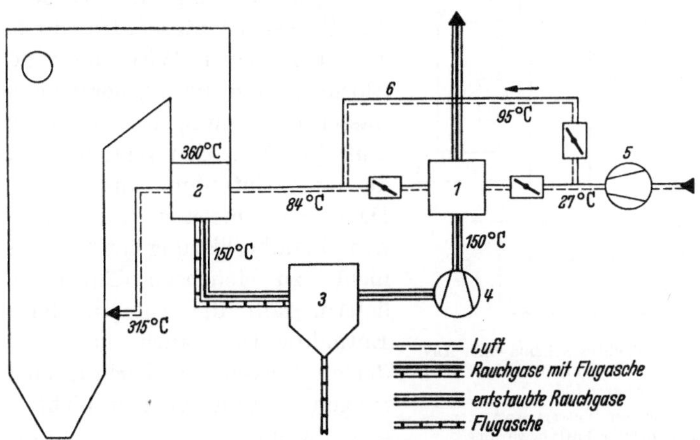

Abb. 19. Schema eines Kessels mit unter 100° liegender Abgastemperatur [34].
1 kalter Luftvorwärmer, 2 warmer Luftvorwärmer, 3 Flugaschenabscheider, 4 Saugzug, 5 Luftgebläse, 6 Umleitung der Rauchgase um den kalten Luftvorwärmer

des Luvos und von anderen Faktoren abhängt. Die Abhängigkeit zwischen der Abgastemperatur und dem mittleren Temperaturgefälle bei Lufttemperatur 30° C für eine trockene Kohle zeigt Abb. 18.

Die tiefe Abgastemperatur erfordert jedoch die Lösung einiger schwieriger Probleme. Obwohl man dabei nach Abb. 19 den Luftvorwärmer in zwei getrennte Abschnitte vor und hinter dem Saugzug und Flugaschenabscheider aufteilt [34], bietet vor allem der kalte Teil des Luftvorwärmers, in dem die Abgase von 150 auf 95° C abgekühlt werden sollen, noch einige unangenehme Komplikationen. Man muß hier Abgase und Luft im ungünstigen Gleichstrom führen, um die Temperatur der Wände möglichst hoch zu halten, damit die Schäden durch Taupunktkorrosion nicht zu groß werden. Um in diesem kalten Luftvorwärmerteil die Schwierigkeiten mit der Flugasche bzw. Verschmutzung zu beherrschen, ist er erst hinter dem Flugaschenabscheider angeordnet. Seine Lage hinter dem Saugzug verkleinert außerdem die Druckdifferenz zwischen der Luft und den Abgasen und damit die Gefahr von Luftleckagen.

In letzter Zeit beobachtet man deswegen (s. Abb. 20), daß bei der Forderung nach extrem niedrigen Abgastemperaturen die Rauchgase noch in besonderen Niedertemperatur-Wasservorwärmern abgekühlt werden, die in den Kreislauf des Blocks eingeschaltet sind und in die als Kühlmittel das Turbinenkondensat eingeführt wird. Hier geht allerdings die Verbesserung des Kesselwirkungsgrades auf Kosten des thermischen Wirkungsgrades des Blocks, indem die regenerative Speisewasservorwärmung beschränkt werden muß [35, 36]. Man verzichtet hier auf die erste Entnahme aus der Turbine. Da es sich meistens um Anlagen mit Zwischenüberhitzung handelt, die einen nicht zu feuchten Turbinendampf liefern, fällt die Aufgabe der ersten Entnahmestufe, auch die abgeschleuderten Wasser der Turbinenentwässerungen abzuführen, hier nicht so sehr ins Gewicht.

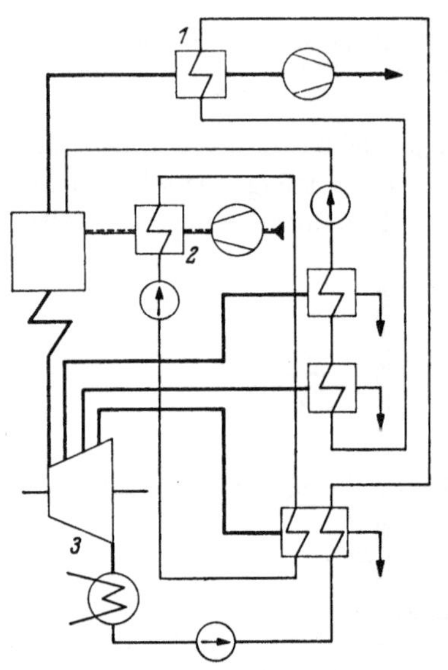

Abb. 20. Vereinfachtes Schema einer Anlage mit Kondensatvorwärmung durch Abgase [36]

1 abgasbeheizter Wasservorwärmer,
2 wasserbeheizter Luftvorwärmer,
3 Kondensations-Dampfturbine

4. Anforderungen an die Feuerungen

Die derzeitigen Kesselfeuerungen müssen auf Grund der bisherigen Ausführungen bei Verfeuerung aller Arten fossiler Brennstoffe folgenden Anforderungen genügen:

1. Die Feuerung muß die Verbrennung des gesamten in sie eingeführten Brennstoffs bei kleinstem Luftüberschuß mit dem bestmöglichen Wirkungsgrad vollziehen.

2. Die Feuerung soll imstande sein, das breiteste Brennstoffprogramm zu bewältigen, ohne daß es bei Brennstoffänderung zu Wirkungsgradabfall oder zur Verkürzung der Reisezeit des Kessels kommt.

3. In der Feuerung müssen die Verbrennungsrückstände in solcher Form anfallen, daß die Reisezeiten des Kessels nicht durch Verschlackung bzw. Ansatzbildung verkürzt werden. Die Abgase dürfen nur wenig toxische Bestandteile enthalten und sollen ohne Korrosionsgefahr für den Luvo tief abgekühlt werden können.

4. Im Feuerraum muß man die Wände für die Dampferzeugung gut ausnutzen, um die Austrittstemperatur der Rauchgase im notwendigen Maß zu senken.

5. Der umbaute Raum soll möglichst klein sein.

6. Die Bestandteile der Feuerung und ihrer Hilfseinrichtungen sollen ein möglichst geringes Gewicht haben, der Aufwand an legierten Werkstoffen ist niedrigzuhalten, und der Verschleiß darf nicht übermäßig sein.

7. Der Energieverbrauch der Feuerung und ihrer Hilfseinrichtungen, wie der Mühlen, der Luftventilatoren usw., muß gering sein.

8. Die Feuerung muß sich gut und schnell regeln lassen; sie soll sich ohne Zündschwierigkeiten möglichst tief herabfahren lassen.

9. Die Feuerung muß sich auch für die größten Kesseleinheiten eignen und darf dem weiteren Wachsen der Einheitsleistung der Kessel nicht im Wege stehen.

10. Die Anwendungsmöglichkeiten rauchgasseitiger Methoden zur Heißdampf- bzw. Zwischendampf-Temperaturregelung dürfen nicht eingeschränkt werden.

11. Die Anlage- sowie Betriebskosten der Feuerung sind niedrig zu halten.

12. Sie muß betriebssicher sein.

B. Arten der Großkessel-Feuerungen und ihrer Luftvorwärmer

I. Großraum-Trockenfeuerung

Nach [37] ist die Verbrennung ein physikalischer Vorgang der Stoffaustausches. Ihr vollkommener Ablauf setzt das Vorhandensein des nötigen Reaktionsoberfläche, ausreichenden Konzentrationsunterschiedes und genügender Zeit voraus. Diese drei Faktoren sind miteinander eng verknüpft; wenn man den einen verkleinert, muß man die anderen vergrößern und umgekehrt.

Die Trockenfeuerung entstand früher als die Schmelzfeuerung; sie ist deshalb weiter entwickelt, und man begegnet ihr bisher in den Kraftwerken häufiger als den übrigen Feuerungsarten. In der Trockenfeuerung, die man oft auch als Granulierfeuerung oder Feuerung mit trockenem Schlackenabzug bezeichnet, wird die Kohle räumlich in der Schwebe verfeuert. Die Relativgeschwindigkeit der Kohlenkörnchen gegenüber den umgebenden Gasen ist im Vergleich mit der absoluten Geschwindigkeit der Rauchgase vernachlässigbar, so daß der Brennstoff nur kurze Zeit im Brennraum verweilt. Die Brennzeit der Teilchen darf deshalb nur Bruchteile einer Sekunde betragen, wozu eine große Reaktionsoberfläche benötigt wird, die durch feines Ausmahlen der Kohle geschaffen wird.

Durch gleichzeitiges Trocknen und Zerkleinern der Kohle in der Mühle werden die Voraussetzungen für rasches Zünden und schnellen Verbrennungsablauf verbessert. Bei der Zerkleinerung der Kohle findet auch eine gründliche Zerlegung verwachsenen Materials in seine Komponenten statt, die wichtig ist, weil die steil ansteigende Kohlenförderung notwendigerweise den Abbau von dünnen und verwachsenen Flözen mit sich bringt.

Die in der Mühle durch Mahlen und Trocknen aufbereitete Kohle wird als Staub pneumatisch durch Mühlenbrüden (abgekühltes Trocknungsmittel + verdampfte Kohlenfeuchtigkeit) oder Luft als Fördermedium zur Feuerung getragen.

Im Laufe der durch Zündung eingeleiteten Verbrennung verbrennen in der Brennernähe vor allem die feinsten Kohlenstaubfraktionen, während die gröberen Kohlenkörner mehr Zeit dazu benötigen, so daß ihre Verbrennung erst weitab vom Brenner im Feuerraum im Bereich eines niedrigen Sauerstoff-Teildruckes abgeschlossen wird.

Der Bereich, in dem sich die Temperatur des Flammenkernes bei Trockenfeuerung bewegt, ist breit und liegt bei den heutigen stark ausgekühlten Feuerungen je nach der Natur der Kohle und der Brennerart zwischen 1000 und 1500° C. Die hohe Temperatur, die insbesondere bei mageren, schwer zündenden Kohlen vorteilhaft ist, kann bei Trockenfeuerung manchmal schaden, weil sie zur Verschlackung des Brennraumes bzw. zur Verschmutzung der Nachschaltheizflächen führen und dadurch den Trockenbetrieb zum Schmelzbetrieb machen kann.

Bei den in konstruktiver Hinsicht einfachen Kesseln mit Trockenfeuerung ist diejenige Flammentemperatur als ausreichend zu betrachten, bei der eine stabile Zündung und ein genügend rascher Ablauf der Verbrennung gesichert ist. Deshalb bildet bei Trockenfeuerungen ein großer, die Flammentemperatur herabdrückender Wassergehalt der Kohle kein Hindernis, so daß man die feuchte Kohle in einfachen Einblasemühlen aufbereiten kann, was die Einhaltung eines geringen Eigenkraftbedarfs bei Kesseln mit Trockenfeuerung erleichtert.

Bei minderwertigen Kohlen ergibt sich die niedrigere Flammentemperatur durch den Ballastgehalt. Bei Verfeuerung der hochwertigen Kohlesorten dagegen erreicht man die niedrigere Flammentemperatur in Trockenfeuerungen bekanntlich durch starke Abkühlung, indem man die Feuerraumwände aus unverkleideten Rohren mit enger Teilung ausführt oder indem man eine niedrige Wärmebelastung des Feuerraumes wählt. Dadurch wird aber der umbaute Raum des Kessels vergrößert.

Der bei alten Trockenfeuerungen zwecks Einhaltung mäßiger Flammentemperaturen in Kauf genommene große Luftüberschuß ist bei modernen Kesselanlagen unzulässig, weil er den Abgasverlust auf untragbar hohe Werte hebt. Da man bei derzeitigen Hochdruck-Hochtemperatur-Blocks hohen Speisewassertemperaturen begegnet, ist es im Gegenteil notwendig, die höchstmögliche Lufttemperatur anzustreben, die früher nur bei Schmelzfeuerungen üblich war.

Der Feuerraum der herkömmlichen Großkessel-Trockenfeuerungen hat meistens die Form eines hohen Prismas (Abb. 21), das unten durch den Aschentrichter abgeschlossen ist. Die Rohre der Hinterwand gehen in die schwach geneigte Feuerraumdecke über, die die aufsteigenden ausgebrannten Rauchgase zum Feuerraumaustritt umlenkt. Die Rauchgase verlassen die Feuerung über das weit aufgelockerte Rohrbündel des hängenden Überhitzers. Die ganze Umgrenzung des Feuerraumes besteht somit aus gekühlten Rohren.

Die nach der Verbrennung verbleibende Asche scheidet sich zum Teil aus der Flamme im Feuerraum ab, zum größeren Teil zieht sie aber mit den Rauchgasen in die Kesselzüge. Der in der Feuerung abgeschiedene Aschenanteil ist bei Trockenfeuerungen relativ klein; bei Anlagen ohne Aschenrückführung liegt er meistens unter 20 %. In den Aschentrichter kommen vorwiegend größere Aschenkonglomerate, die z. B. durch Absetzen der Asche an der Feuerraumwand entstehen, dort wachsen und zuletzt als größere, mehr oder weniger erstarrte Aschen- und Schlackenkrusten herabrutschen. Die feine, nicht koagulierte Asche wird vorwiegend von den Rauchgasen mitgerissen.

Zu den Vorteilen der Trockenfeuerung ist zu rechnen, daß die festen Verbrennungsrückstände aus dem Feuerraumtrichter selbst bei Kleinlast ohne Schwierigkeiten abgezogen werden können, während sich in den Schmelzfeuerungen bei Kleinlast die teigige Schlacke im Schmelzraum sammelt, wodurch die mögliche Dauer der Betriebsperiode ohne Schmelzfluß beschränkt wird.

Bei der Verfeuerung von schwefelhaltigen Kohlen findet bei Trockenfeuerung eine stärkere SO_3-Bildung in den Rauchgasen statt. Der Taupunkt dieser Rauchgase liegt deshalb höher als der von Abgasen aus

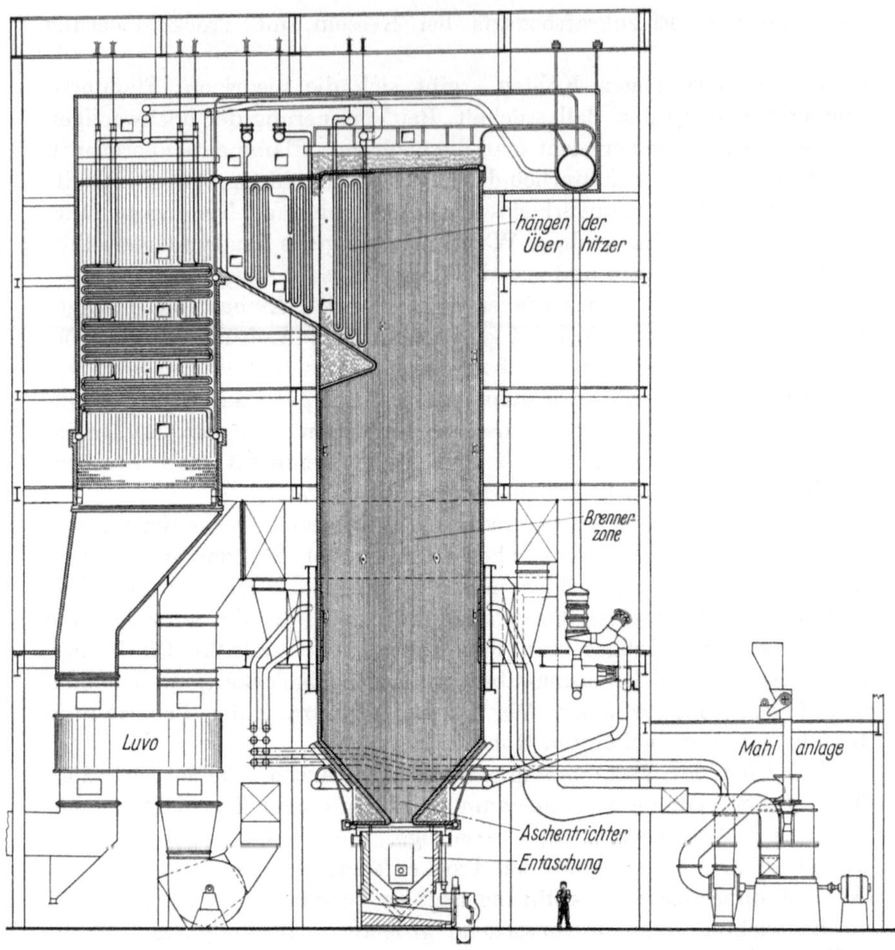

Abb. 21. Trockenkessel (Combustion Engineering Inc.)

Schmelzfeuerungen, so daß man bei den Trockenkesseln manchmal unwirtschaftlich hohe Abgastemperaturen wählen muß, um Korrosionen im Luvo zu verhüten. Die Abhängigkeit der Säuretaupunkte ist nach Abb. 22 bei verschiedenen Feuerungsarten sehr ausgeprägt und beweist eindeutig, daß die Taupunkttemperaturen bei Trockenfeuerungen doppelt so hoch sein können als bei Schmelzfeuerungen. Bei schwefelhaltigen Kohlen wird oft verlangt, die Konsistenz der Asche so zu halten, daß sie die Verbrennungsprodukte des Schwefels an ihrer Oberfläche adsorbiert [*38*].

Die Trockenfeuerung bewältigt in ihrer heutigen Form ein breites Kohlenprogramm. Was den Aschengehalt in der Kohle anbelangt,

vertragen sie bis 50% Asche in der trockenen Substanz, und mit Stützfeuer aus Öl verfeuert man sogar Berge mit 70% Asche. Die Aschen-
schmelztemperaturen dürfen sich dabei im breiten Bereich von 1100 bis
1600° C bewegen, die Kohlenheizwerte zwischen 1500 und 7500 kcal/kg.

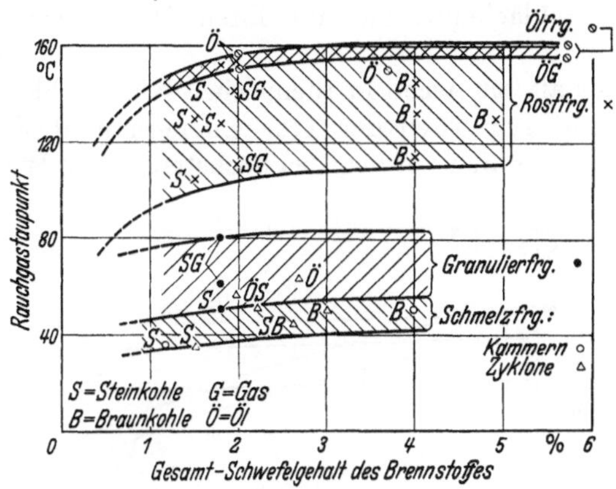

Abb. 22. Rauchgastaupunkt für verschiedene Feuerungsbauarten und Brennstoffe
in Abhängigkeit vom Schwefelgehalt im Brennstoff [38]

Hinsichtlich des Gehaltes an Flüchtigem gilt bei Steinkohlen, daß
die Trockenfeuerung mit stark ausgekühltem Brennraum vor allem für
Kohlen mit mittlerem und hohem Gehalt an Flüchtigem am besten
geeignet ist. Magere Kohlen mit einer wenig reaktiven Brennsubstanz
lassen sich zwar in der Trockenfeuerung ebenfalls verfeuern, jedoch mit
einem größeren Verlust an Unverbranntem. Da für ihre Verbrennung
ebenso wie für die Anthrazitstäube hohe Verbrennungstemperaturen von
Nutzen sind, ist es besser, ihre Verstromung den Schmelzfeuerungen zu
überlassen. Die neuen Betriebsverfahren allerdings wie z. B. die Rückführung der hinter dem Kessel abgefangenen Flugasche in den Brennraum
zum Ausbrand des Flugkokses sowie wegen der intensiveren Aschenabscheidung im Brennraum gestatten es auch, diese weniger reaktiven
Kohlensorten in Trockenfeuerungen wirtschaftlich zu verarbeiten, wie es
französische und belgische Erfahrungen zeigen [39].

In den technisch fortgeschrittenen Ländern Europas gibt es deshalb
heute eine Grenze zwischen der Anwendbarkeit der Trocken- und der
Schmelzfeuerung. Die Trockenfeuerung ist vor allem für die Verfeuerung
der minderwertigen, feuchten Braunkohlen, Lignite und Torfe bestimmt,
die in Kraftwerken in der Nähe der Gruben verfeuert werden, so daß die
Lagerung der Asche kein Problem bedeutet, da sie zum Auffüllen aus-
gekohlter Tagebaue verwendet wird. Der hohe Wassergehalt bis 70%
erschwert zwar ihre Zündung, ist aber andererseits vom Standpunkt der

Verschlackung sehr günstig, indem er die Verbrennungstemperatur senkt. Da es sich meistens um Kohlen mit sehr reaktiver Brennsubstanz handelt, ist ihr Ausbrand trotz des niedrigen Temperaturpegels der Flamme gut. Die erzielten Wirkungsgrade sind sogar besser als bei Schmelzfeuerung, bei der sich wegen ihres größeren Aschengehalts der Verlust durch Schlackenwärme auf ihren Wirkungsgrad ungünstig auswirkt.

Der Grenzgehalt an Asche in rheinischer Braunkohle, bei welchem der Wirkungsgrad zugunsten der Trockenfeuerung überwiegt, ist der Abb. 23 [40] zu entnehmen; er liegt bei höchstens 20 %. Wendet man die

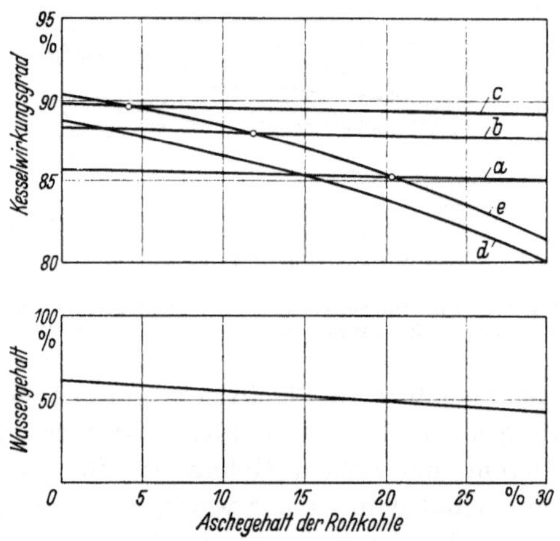

Abb. 23. Abhängigkeit des Kesselwirkungsgrades vom Aschegehalt der Rohkohle bei verschiedenen Feuerungssystemen [40]

Trocken-feuerung
- a direkte Einblasung; $t_A = 180°$ C, $CO_2 \approx 13,5\%$.
- b direkte Einblasung; $t_A = 150°$ C, $CO_2 \approx 13,5\%$.
- c Vortrocknung, getrennte Brüdenabführung; $t_A = 150°$ C, $CO_2 \approx 13,5\%$.

Schmelz-feuerung
- d Vortrocknung, Brüdeneinführung oberhalb des Schmelzraumes; $t_A = 150°$ C, $CO_2 \approx 16\%$.
- e Vortrocknung, getrennte Brüdenabführung; $t_A = 150°$ C, $CO_2 \approx 16\%$.

Brüdenabführung ins Freie auch bei Trockenkesseln an, dann sinkt er sogar auf nur 5 %, gleiche Abgastemperatur vorausgesetzt. Für die Verfeuerung von Steinkohlen sowie der besseren Braunkohlensorten wird dagegen zumindest in Mitteleuropa die Schmelzfeuerung bevorzugt. Eine Änderung dieser Lage ist heute kaum zu erwarten, selbst wenn man damit rechnet, daß der technische Fortschritt bei beiden Feuerungsarten sicher weitere Neuheiten mit sich bringen wird.

Wie sich die beiden Feuerungsarten quantitativ behauptet haben, zeigen einige aus der VGB-Kartei entnommene Zahlen [3]. Im Jahre 1957 waren z. B. an der gesamten Dampfleistung der Kohlenstaub-feuerungen die Schmelzfeuerungen (einschl. Zyklonfeuerungen) mit

39 % beteiligt. Von den Braunkohlenfeuerungen arbeiten jedoch dampf-
leistungsmäßig nur 2,5 % mit flüssigem Schlackenabzug, so daß die
meisten Schmelzfeuerungen bei mit Steinkohle befeuerten Kesseln vorkommen. Hier ist ihr Anteil an der Dampfgesamtleistung höher, nämlich 54 %.

II. Großraum-Schmelzfeuerung

Das Bestreben nach möglichst hoher Ascheneinbindung unmittelbar
in der Feuerung war der Grund für die Verbreitung der Schmelzfeuerung,
in der die Kohle in der Schwebe und später bei Wirbelfeuerungen auf
einer Schlackenschicht an der Wand des Zyklons verbrennt. Neben den
allgemeinen, für jede Feuerung geltenden Anforderungen soll die Schmelzfeuerung noch folgende weiteren Ansprüche befriedigen [41]:

1. Der Verbrennungsvorgang soll eine schnelle Wärmeentbindung in
kleinem Raum garantieren, um die zum Schmelzen notwendigen Temperaturen zu schaffen.

2. Im Feuerraum muß die eingebundene Asche zu dünnflüssiger
Schlacke umgewandelt werden, damit ein glatter, gleichmäßiger Schmelzfluß im breiten Lastbereich eingehalten werden kann.

3. Die Feuerung muß für die Aschenrückführung geeignet sein.

Im Gegensatz zur trockenen Abführung der Schlacke soll diese aus
Schmelzfeuerungen dünnflüssig auslaufen. Ihre Temperatur beim Auslauf soll wesentlich über ihrer Erstarrungstemperatur liegen, wozu man
absichtlich über dem Boden des Schmelzraumes einen heißen Flammenkern zu schaffen sucht.

Die Schmelztemperatur der meisten Schlacken liegt im Bereich
zwischen 1100 und 1600° C, so daß man im unteren Teil des Schmelzraumes Temperaturen von 1500 bis 1700° C benötigt. Die letztere
Temperatur ist jedoch wegen der Gefahr starker Aschenverflüchtigung
nicht erwünscht; dies ist ein wichtiger Grund dafür, daß Kohlen mit
feuerfesten Aschen als Brennstoff für Schmelzfeuerungen abgelehnt
werden.

Durch Umwandlung der Kohlenasche in die staubgebundene,
granulierte Schlacke in den Schmelzfeuerungen wird eines der unan-
genehmsten Probleme der großen Wärmekraftwerke gelöst. Die körnige
Schlacke läßt sich ohne Verschmutzung der Umgebung gut transportieren. Auf einem gegebenen Lagerplatz läßt sich wegen ihres hohen
spezifischen Gewichtes dreimal so viel Schlacke als Flugasche stapeln.
Wenn auch die Körner mancher Schlacken wegen der inneren Spannungen mit der Zeit zu Staub zerfallen, so handelt es sich doch dabei um
einen langsam verlaufenden Vorgang. Die zerfallene Schlacke ist dann
inzwischen durch neue Schichten der später ankommenden Schlacke
bedeckt und kann nicht in die Landschaft verweht werden.

Bei den Schmelzfeuerungen sucht man die Verbrennungsreaktionen durch starke Wirbelung der Flamme zu beschleunigen und die groben Kohlefraktionen mit langer Brennzeit im Schmelzraum künstlich aufzuhalten, wie es z. B. bei den Schmelzwirbelfeuerungen durch die Anwendung der Fliehkraft erreicht wird, indem die groben Kohlenteilchen gegen die Richtung der abströmenden Rauchgase geschleudert werden. Die Erzeugung der intensiven Wirbelung erhöht jedoch den Eigenkraftbedarf der Schmelzkessel. Auch die Formgestaltung ihres Feuerraumes wird verwickelter. Die erzielte hohe Verbrennungstemperatur ist dem raschen Ablauf der Verbrennungsreaktionen günstig und sichert außerdem einen flachen Verlauf

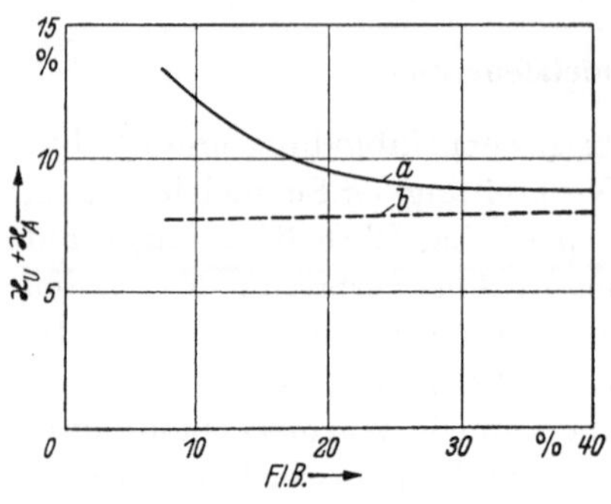

Abb. 24. Summe des Abgasverlustes und des Verlustes an Unverbranntem für Trocken- *a* und Schmelzfeuerung *b* [32]

der Kesselwirkungsgradkurve. Der hohe Wirkungsgrad bei Verfeuerung der Steinkohle ist dabei durch den niedrigen Luftüberschuß, mit dem man Schmelzfeuerungen betreibt und durch den infolge hoher Flammentemperatur kleinen Verlust an Unverbranntem bedingt (Abb. 24).

Beim Lastabfall unter eine bestimmte Grenze hat die Schmelzfeuerung den Nachteil, daß sie wegen des Temperaturabfalles der Flamme im Schmelzraum auf Trockenbetrieb übergeht. In dieser Periode wird die Asche auf dem Schmelzraumboden gehäuft und erst beim nächsten Lastanstieg ausgeschmolzen. Da dieser Trockenbetrieb nur bei Kleinlast auftritt, hatte diese Eigenschaft der Schmelzfeuerung früher wenig Bedeutung. Bei der heutigen fünftägigen Arbeitswoche sinkt jedoch die Nacht- bzw. Samstags- und Sonntagsleistung bis auf ein Fünftel der vollen Werkstagsleistung ab. Die Kesselfirmen bemühen sich deshalb, die Mindestlast mit Schmelzfluß bei ihren Kesseln sehr niedrigzuhalten, damit diese Feuerungen längere Perioden mit Trockenbetrieb zu durchfahren vermögen.

Beim Trockenbetrieb, z. B. während der Nacht, fährt man den Kessel mit einem größeren Luftüberschuß, um die Bildung der klebrigen und teigigen Schlacke auszuschließen, wobei auch die Heißdampftemperatur angehoben wird, da bekanntlich ein CO_2-Abfall in den Rauchgasen um 1 % die Heißdampftemperatur bei Anlagen mit Berührungsüberhitzer um 10 ··· 15° C erhöht. Die Schmelzfeuerungen gestatten manchmal das Durchfahren von Kleinlastperioden ohne Anzünden der Stützbrenner, so daß kein edlerer Brennstoff gebraucht wird. Die Zündung wird dabei vor allem durch den erhitzten Schlackenpelz aufrechterhalten.

Sehr wertvoll ist bei Schmelzfeuerungen der schon früher erwähnte niedrige Taupunkt ihrer Abgase, der praktisch mit ihrem Wassertaupunkt identisch ist [*38*]. Man kann deshalb bei Schmelzfeuerungen niedrige Abgastemperaturen wählen, ohne eine Korrosion des Luftvorwärmers befürchten zu müssen. Die Unterdrückung der SO_3-Bildung ist auch vom Standpunkt der Hygiene der Kraftwerksumgebung von besonderer Wichtigkeit.

Für den Kessel selbst jedoch haben die zum Einschmelzen der Asche notwendigen hohen Verbrennungstemperaturen auch ihre negativen Seiten. Die in der Kohle enthaltene Asche wird zwar im Schmelzraum mit einem höheren Ersteinbindungsgrad aufgefangen. Es werden aber dabei vornehmlich die gröberen Aschenteilchen eingebunden, so daß die im Rauchgas verbleibende Flugasche im Vergleich mit der Trockenfeuerung feiner ist und deshalb zur Bildung schwerer zu beseitigender puderförmiger Ansätze an den Rohren der Nachschaltheizflächen neigt [*42, 43*].

Als Folge der hohen Verbrennungstemperaturen kann eine teilweise Verflüchtigung mancher Aschenbestandteile auftreten, wobei diese in gasförmigem Zustand in die Rauchgase übergehen und später in den Kesselzügen an den Heizflächen in Form sehr hartnäckiger Verschmutzungen niedergeschlagen werden. Den Hauptbestandteil dieser Beläge bildet hier das Silizium, zum Unterschied von denen bei Kesseln mit Trockenfeuerung, wo es sich, soweit eine Verflüchtigung überhaupt vorkommt, vor allem um Alkalien und Sulfide handelt. Die Forderung einer hohen Verbrennungstemperatur selbst bei Kleinlast steht also im Widerspruch zu der Forderung einer geringen Belagbildung an den Kesselheizflächen [*44, 45*].

Um die notwendige Temperatur im Schmelzraum auch bei Kleinlast des Kessels zu erhalten, muß man die Wärmeabgabe aus der Flamme verlangsamen. Dies geschieht dadurch, daß man die Wände des Schmelzraumes sich mit einer wärmestauenden Schlackenglasur überziehen läßt, deren Außentemperatur höher als die Fließtemperatur der Schlacke liegt. Die Abstrahlung der Flamme vom Schmelzraum in den nachgeschalteten Strahlungsraum wird durch die Einschnürung des Schmelzraumaustritts oder durch Anwendung eines Schlackenfangrostes vermindert, da sonst, insbesondere bei Teillast, eine zu starke Abkühlung der Flamme eintritt. Die heutigen Schmelzfeuerungen größerer Leistungen mit stark intensivierter Verbrennung gestatten bei geeigneter Kohle über längere Zeit einen Betrieb mit Schmelzfluß bei weniger als 30 % der Vollast, so daß sie hinsichtlich der Möglichkeit eines langzeitigen Kleinlastbetriebes den Kesseln mit Trockenfeuerung durchaus gleichwertig sind.

Die Schmelzfeuerung in Abb. 25 [46] hat Eckenbrenner und aus glatten Rohren bestehende Kühlschirme, die unverkleidet sind. Im unteren Teil des Feuerraumes spielt sich das Einschmelzen der Asche ab,

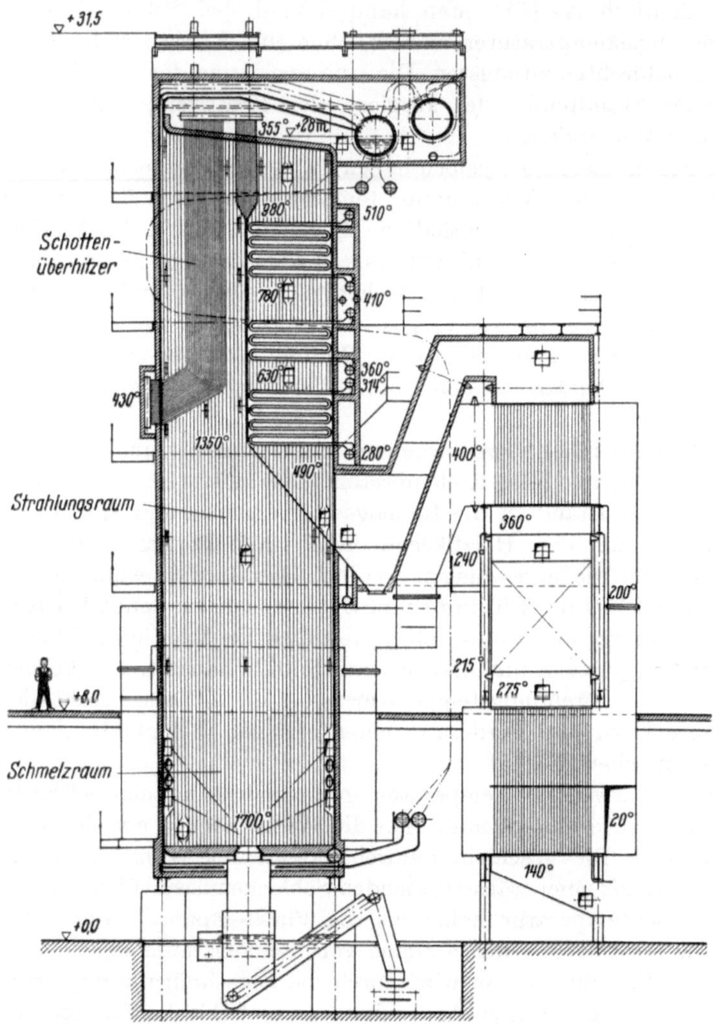

Abb. 25. Großraum-Schmelzfeuerung (Witkowitzer Eisenwerk) [46]

und die Kühlschirme sind dort in geringerem oder größerem Ausmaß mit einer Schlackenkruste überzogen. Die Abstrahlung der Wärme nach oben kann aber frei verlaufen.

Die am Boden durch das Schlackenwehr in seichtem Schmelzbad gestaute Schlacke fließt durch die Schlackenauslauföffnung in den Granulierbehälter aus. Die aufgestaute Schlacke wird nicht nur durch ihren längeren Aufenthalt im Schmelzraum besser geschmolzen, sondern sie schützt durch ihre wärmeisolierende Wirkung auch die waagerechten Rohre des Bodens vor der Flammenstrahlung. Die Dünnflüssigkeit der Schlacke sichert neben dem glattem Abfluß auch die Erzeugung eines kleinkörnigen Granulates, wenn man die ausfließende Schlacke in kaltem Wasser abschreckt.

Beim Verlassen des Strahlungsraumes hinter dem Schmelzraum müssen die Rauchgase schon tief abgekühlt sein. Sie geben ihre Wärme vor allem durch Abstrahlung an die nackten Siederohre ab, aus denen die Wände des Strahlungsraumes bestehen, damit die Rauchgastemperatur im Strahlungsraum unter die Erweichungstemperatur der Asche sinkt. Der Strahlungsraum dient also vor allem dem Wärmeaustausch und hat die Vollendung des Kohlenausbrandes nur als Nebenaufgabe. Der Übergang vom Schmelzraum zum Strahlungsraum ist in Abb. 25 konstruktiv nicht ausgedrückt und wird der Verbrennung selbst sowie den Kohleneigenschaften überlassen.

Hinsichtlich des umbauten Raumes sind die Schmelzfeuerungen etwas günstiger als die Trockenfeuerung, insbesondere wenn eine sehr aschenreiche oder feuchte Kohle verfeuert wird. Ihr Vorzug liegt da in dem größeren Temperaturgefälle zwischen den Rauchgasen und den Heizflächen, das durch Verbrennung mit kleinerem Luftüberschuß und durch schnellere Verbrennung entsteht. Hinsichtlich der Einheitsleistung gibt es zwischen Großraum-Trocken- und -Schmelzfeuerung wenig Unterschied.

Der Eigenverbrauch bei Großraum-Schmelzfeuerungen ist oft höher als bei Trockenfeuerung, da sie manchmal eine größere Mahlarbeit verlangen. Die Schmelzfeuerungen brauchen auch mehr Wasser zum Löschen der Schlacke, die geschmolzen in die Entschlackung kommt.

Die Schmelzfeuerung hat sich als sehr vielseitig erwiesen, soweit es sich um die Verfeuerung von Kohle mit geringem Feuchtigkeitsgehalt handelt. Die früher weitverbreitete Meinung, daß die Schmelzfeuerung nur für die Verfeuerung von Kohlen mit niedrigem Aschenschmelzpunkt geeignet sei, muß nach dem erfolgreichen Betrieb von Schmelzkesseln mit Kohlen, die Aschenschmelzpunkte über 1600° C haben, korrigiert werden. Dort, wo die Aschenschmelzpunkte sehr hoch liegen, hat sich das Möllern der Kohle mit Schmelzmitteln gut bewährt. Auf diese Weise ist es möglich, den Aschenschmelzpunkt manchmal um mehrere hundert Grad herabzusetzen.

Man sucht heute für die Bestimmung der Schmelzeignung der Kohlen rechnerische Verfahren zu finden, bei denen die einzelnen

Kohleeigenschaften durch entsprechende Koeffizienten angegeben werden [47].

Hohe Aschegehalte erschweren die Verbrennungsverhältnisse im Schmelzraum nicht übermäßig, da eine merkliche Beeinflussung des Schmelzvorganges durch Entzug der notwendigen Schmelzwärme erst bei Kohlen mit sehr hohem Aschegehalt stattfindet. Der große Verlust an Schlackenwärme beeinflußt aber in starkem Maß die Wirtschaftlichkeit, so daß bei Kesseln ohne Rückgewinnung der Schlackenwärme der Wirkungsgrad bei aschenreichen Kohlen niedriger sein kann als derjenige der Trockenfeuerung. Das ist insbesondere bei der Verfeuerung von jungen Kohlen der Fall, weil diese einen hohen Gehalt an Flüchtigem sowie einen vorzüglich reaktiven Koksrückstand besitzen, so daß der Verlust durch Unverbranntes bei ihrer Verfeuerung in Trockenfeuerungen mit wachsendem Aschegehalt nur sehr mäßig ansteigt. Dort bietet die Schmelzfeuerung als Hauptvorteil nur die Umwandlung der Asche ins Granulat.

Die Schmelzfeuerungen sind also für Kohlen mit niedrigem wie mit hohem Aschegehalt gut geeignet, so daß sich heute in ihnen auch die Zwischenprodukte mit 30 ··· 40%, und manchmal sogar 50%, ohne besondere Schwierigkeiten verfeuern lassen. Auch hinsichtlich des Gehaltes an Flüchtigem ist die Schmelzfeuerung wenig empfindlich. Sie hat sich bekanntlich sehr gut z. B. bei Verfeuerung von Donez-Anthraziten bewährt, deren Gasgehalt unter 4% liegt. Der Betrieb der Schmelzfeuerung ist auch bei mittleren und hohen Gehalten an Flüchtigem befriedigend. Man verstromt in ihnen auch Lignite mit bis 60% Gasgehalt anstandslos.

Feuchte Kohlen bedürfen für Schmelzkessel einer Vortrocknung, wenn ihr Wassergehalt mehr als 20 bis 25% beträgt, wobei die verdampfte Feuchtigkeit in Mühlenbrüden in die Feuerung erst hinter dem Schmelzraum eingeführt werden darf, bzw. ist sie nach der Entstaubung direkt in den Schornstein abzuleiten. Über die Grenzfeuchtigkeit, mit der man noch Schmelzfluß erhalten kann, entscheiden die Schmelztemperatur der Schlacke sowie die geforderte Minimallast mit Schmelzfluß.

In den Nachkriegsjahren läßt sich in Europa ein ständig deutlicher werdender Wettstreit zwischen der Schmelzfeuerung und der Trockenfeuerung erkennen. Zumindest in den mitteleuropäischen Staaten wird die Schmelzfeuerung immer mehr bevorzugt [48].

Die geschilderte Entwicklung wird durch die Kohlenlage Europas maßgebend beeinflußt, da besonders in den außerhalb der Kohlenreviere liegenden Kraftwerken von den Kesselbetrieben die Verfeuerung eines möglichst breiten Brennstoffprogrammes mit gutem, wenig schwankendem Wirkungsgrad verlangt wird, wobei Änderungen in der Kohlenbeschaffenheit bisweilen mehrmals am Tag vorkommen. Die Kesselfeuerung muß deshalb nicht nur gegenüber den sich ändernden Eigenschaften des Brennbaren in der Kohle unempfindlich sein, sondern sie muß auch das unterschiedliche Verhalten der Aschen dieser Kohlen ohne weiteres vertragen. Bei den meisten für die Verfeuerung von Ballastkohlen ausgelegten Kesseln müssen kurzzeitig auch hochwertige Kohlensorten verfeuert werden können; dazu kommt in der letzten Zeit noch die Forderung, in diesen Kesseln u. U. auch Heizöl verwenden zu können.

Das Bestreben, eine universale, von den Eigenschaften der Kohle möglichst unabhängige Feuerung zu schaffen, kommt aber auch von der Seite der Kesselhersteller. Der rasche Anstieg des Energiebedarfs, der in den Nachkriegsjahren bis 20 % pro Jahr ausmachte und erst jetzt auf 7 % im Jahr gesunken ist, zwingt dazu, die neuen Kraftwerke so schnell wie möglich auszubauen. Dadurch ist es den meisten Kesselfabriken nicht mehr möglich, den einzelnen Bedarfsfällen so viel Zeit zu widmen wie früher, und deshalb soll sich eine Kessel- bzw. Feuerungstype für möglichst viele Bestellungen verwenden lassen. Diese Bemühungen werden auch durch das Streben nach Normung der Kesselleistungen und der Dampfzustände stark unterstützt.

Nicht unbeachtet soll auch der Umstand bleiben, daß die heutige Tendenz, die Kesselabmessungen zu verkleinern, bei Großkesseln notwendigerweise dazu führt, die Feuerräume für hohe Wärmebelastung auszulegen, wobei die rasche Verbrennung unvermeidlich eine hohe Flammentemperatur zur Folge haben muß. Daß dieser Weg zur Schmelzfeuerung führt, ist offensichtlich.

III. Kleinräumige Zyklonfeuerung

Den Bau von Großkesseln hat zweifellos erst die Kohlenstaubfeuerung ermöglicht. In der weiteren Entwicklung dieser Großraum-Feuerung vermochte man jedoch nicht die Verbrennung wesentlich zu vervollkommnen und ihren Ablauf zu beschleunigen, da der große Raum für die wirksame Beherrschung des über die Verbrennungsgeschwindigkeit entscheidenden Mischens wenig günstige Voraussetzungen bietet. Deshalb ist es nicht gelungen, die Brennraumbelastung wesentlich über 10^5 kcal/m³ h zu steigern, wenn man nicht auf Schwierigkeiten mit der Verschlackung bzw. mit hohem Verlust an Unverbranntem stoßen wollte.

Man empfindet heute klar, daß die heutigen Schwierigkeiten bei den Großraum-Feuerungen vor allem von dem Verbrennungsvorgang ausgehen. Die Natur der Vorgänge hinsichtlich der Strömung und des Mischens im großen Feuerraum führt zu schlechter Ausnutzung des Brennraumes durch den aktiven Teil der Flamme, die meistens nur unter der Wirkung des Auftriebes steht, so daß große tote Räume verbleiben, die durch nutzlose Wirbel ausgefüllt sind. Mit ihnen steht im engen Zusammenhang die Bildung der Ascheansätze, welche eben in solchen Partien des Feuerraumes die günstigen Voraussetzungen für ihr Entstehen haben.

Diese Wirbel werden [49] beim Abreißen der Flamme von der Feuerraumwand gebildet und sind auch eine Folge der starken Bremsung der aus dem Brenner austretenden Ströme durch zähe Flammenmassen, so daß eine rege Turbulenz nur in der Brennernähe herrscht und nur dort steile Geschwindigkeitsgradienten schafft. Nur dort verlaufen die Verbrennungsvorgänge intensiv, wie es auch die frühere Abb. 14 bestätigt [29], während in dem übrigen Feuerraum die Verbrennungsreaktionen mehr oder weniger dem Zufall überlassen bleiben und ungeordnet im Verbrennungsschwanz langsam absterben. Die Folge davon ist dann oft ein von dem geplanten abweichender Verbrennungsablauf, so daß die Verbrennung nicht rechtzeitig abgeschlossen wird, was erhöhte Brennstoffverluste und in der Regel auch eine die Reisezeit vermindernde Verschmutzung zur Folge haben. Die Verschiebung der Feuerlage verursacht auch eine unrichtige Wärmeverteilung im Kessel, was sich z. B. an der zu hohen Dampfüberhitzung zeigt. Alle diese Schwierigkeiten hängen dabei mehr oder weniger mit dem Strömungsverhalten der Luft sowie der Rauchgase im Feuerraum zusammen. Zur Abhilfe sucht man den Sauerstoffteildruck durch größeren Luftüberschuß zu heben, was allerdings aus wirtschaftlichen Gründen nur begrenzt möglich ist.

Man kann auch annehmen, daß — ähnlich wie für Rostfeuerungen in der Vergangenheit — auch für die Kohlenstaubfeuerungen in der Zukunft eine Höchstgrenze der Leistung sich zeigen muß, von der ab die Staubfeuerung nicht mehr befriedigt. Diese Grenze wird wahrscheinlich eben durch die Unmöglichkeit der wirksamen Beherrschung der Strömung im Brennraum gesetzt, wie schon heute die Tatsache andeutet, daß die größten Kessel einen durch Zwischenwände in mehrere Teilfeuerungen aufgeteilten Feuerraum besitzen. Eine weitere Steigerung der Kesselgröße wird wahrscheinlich lediglich mittels kleinräumiger Feuerungen möglich sein, deren Aerodynamik viel eindeutiger und geordneter ist.

Auch erfordert heute die Notwendigkeit, wegen des großen Unterschiedes der Netzbelastung zwischen Tag und Nacht lange Zeit mit Kleinlast zu fahren — eine Notwendigkeit, die durch Einführung der Blockschaltung noch ausgeprägter geworden ist —, eine neue Feuerungsart, welche die Schwachlast mit gutem Verbrennungswirkungsgrad und ohne Einsatz der Stützbrenner zu durchfahren gestattet.

Erfahrungsgemäß läßt sich in der Raumeinheit desto mehr Wärme entbinden, je kleiner der Feuerraum ist. Das bestätigt die Tab. 4, in der

Raumbelastungswerte für verschiedene Verbrennungsmaschinen und deren Hauptabmessung zusammengestellt sind.

Tabelle 4. *Raumbelastung für verschiedene Wärmemaschinen*

	Haupt-abmessung m	q_v
Kohlenstaub-Schwebefeuerung	10	$\approx 10^5$ kcal/m^3 h
Zyklonfeuerung	1 ··· 5	$\approx 10^6$ kcal/m^3 h
Verbrennungskammer des Düsenmotors	0,2	$\approx 10^7$ kcal/m^3 h
Verbrennungsraum des Rennwagenmotors	0,1	$\approx 10^8$ kcal/m^3 h

Deshalb entstand die Zyklonfeuerung, welche bei Großkesseln aus mehreren Zyklonen besteht, die eigentlich große Brenner bzw. kleine Vorkammern sind. Ihre kleinen Brennräume lassen sich strömungstechnisch besser beherrschen. Die Zyklonfeuerung, die zur Zeit das letzte Entwicklungsstadium der Schmelzfeuerung darstellt, gestattet also, die Verbrennung stark zu intensivieren und damit die Größe des aktiven Feuerraumes möglichst zu verkleinern [*50, 51, 52*].

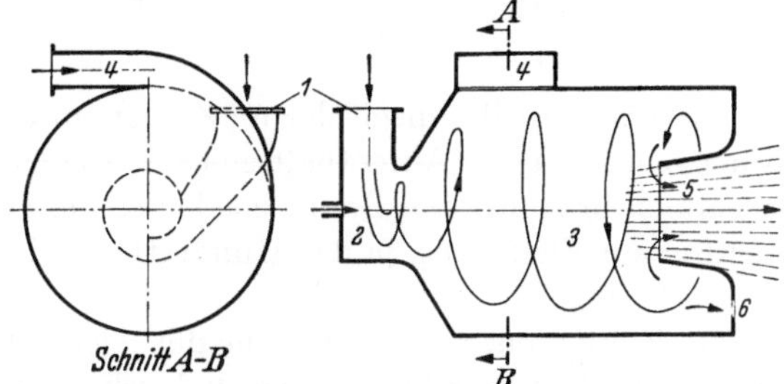

Abb. 26. Schema einer Zyklonfeuerung [*41*]

1 Erstgemischzuführung,
2 Drittluftzuführung,
3 Zyklon-Inneres,
4 Zweitluftzuführung,
5 Rauchgasaustritt,
6 Schlackenauslauföffnung

Die Zyklonfeuerung hat die Form eines fast waagerechten Zylinders (Abb. 26), in welchen, ähnlich wie bei dem Zyklonentstauber, die Zweitluft tangential mit großer Geschwindigkeit vom 100 m/sek. und mehr eingeblasen wird, so daß die Flamme im Zyklon 20 bis 30 Umdrehungen pro Sekunde macht. Die an der Zyklonspitze eingeführte grüne Kohle wird von dieser kreiselnden Masse erfaßt und zu den Zyklonwänden abgeschleudert, wo sie verbrennt. Die ausgebrannten Rauchgase entweichen mit hoher Geschwindigkeit durch die kleine Öffnung im Boden des Zyklons, wobei sie weitgehend von den festen Verbrennungsrückständen gereinigt sind. Die abgeschiedene Schlacke fließt an den Zyklonwänden herab und ergießt sich aus dem Zyklon im flüssigen Zustand in den Nachbrennraum. Die erreichbare Raumbelastung liegt weit über 10^6 kcal/m^3 h, und es werden im Zyklon normale Raumbelastungen von $5 \cdot 10^6$ kcal/m^3 h erzielt.

Bei der kleinräumigen Zyklonfeuerung wird die Flamme in eine kreisélnde Bewegung versetzt, die nicht nur zum intensiven Mischen der Flammenmasse führt, sondern auch die Kohleteilchen unter die Wirkung der Fliehkraft bringt. Dadurch verlängert sich die Aufenthaltsdauer der Kohle im Zyklon wesentlich, weil die Teilchen wegen des Fliehkraftfeldes nicht vorzeitig aus dem Verbrennungskern entweichen können. Die große Relativgeschwindigkeit, die zwischen den Kohleteilchen und der Luft bzw. den Rauchgasen erzielbar ist, ermöglicht auch den Übergang zu einer wirtschaftlich günstigen gröberen Ausmahlung (Abb. 27),

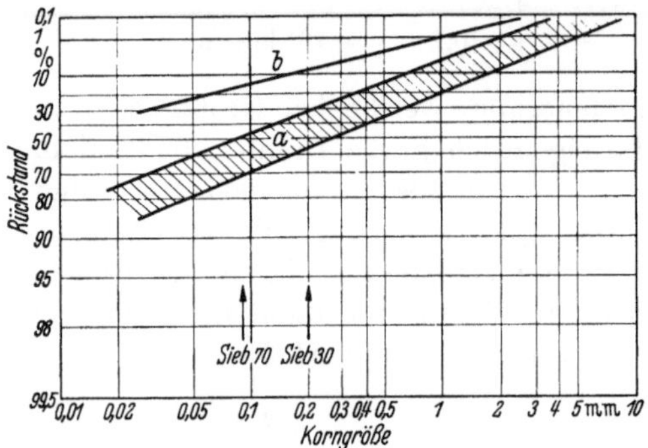

Abb. 27. Mahlkörnungslinien [*160*]
Körnungsbereich für Zyklon-
feuerungen *a* und für Großraum-
Schmelzfeuerungen *b*.

wobei die längere Brennzeit der im Zyklon aufgefangenen großen Kohlekörner nicht mit der Aufenthaltszeit der Rauchgase im Zyklon übereinzustimmen braucht. Die Brennzeit der Kohle kann also bei der Zyklonfeuerung ein Vielfaches, ja das Hundertfache der Brennzeit des Kohlenstaubes betragen.

Die Zyklonfeuerung unterscheidet sich also qualitativ von den klassischen Großraumfeuerungen dadurch, daß die ganze Verbrennung sich von Anfang bis Ende in einem kleinen, aerodynamisch gut beherrschbaren Raum mit erzwungener Flammenführung abspielt, wodurch auch der Verbrennungsschwanz beherrscht wird. Darin liegt ihre Neuheit und Bedeutung.

Der starke Drall der Flamme begünstigt auch die Abscheidung der verflüssigten Asche aus der heißen Flamme. Infolge des großen Belastungsverhältnisses q_v/q werden nämlich trotz des größeren Formfaktors der kleinen Zyklone sehr hohe Verbrennungstemperaturen erzielt. Die eindeutige Strömung im Zyklon macht den Betrieb des Kessels mit minimalem Luftüberschuß möglich. Dadurch wird die Feuerung allerdings regelungstechnisch sehr anspruchsvoll, weil man das Verhältnis Kohle zu Luft sehr genau mit minimalen Abweichungen einhalten muß, da sonst Luftmangel ein Qualmen des Kessels, bzw. Luftüberschuß das Zähwerden der Schlacke herbeiführen würde, was beides unzulässig ist.

Die sehr hohen Flammentemperaturen im Zyklon vertragen nur eine dünne Schlackenschicht an den Zyklonwänden, die einen intensiven Wärmefluß durch die Zyklonwand erlaubt, so daß diese für die Dampferzeugung gut ausgenutzt wird. Eine gut abgeschmolzene Zyklonwand sieht man in Abb. 28, auf der die dünne Schlackenschicht die Bestiftung

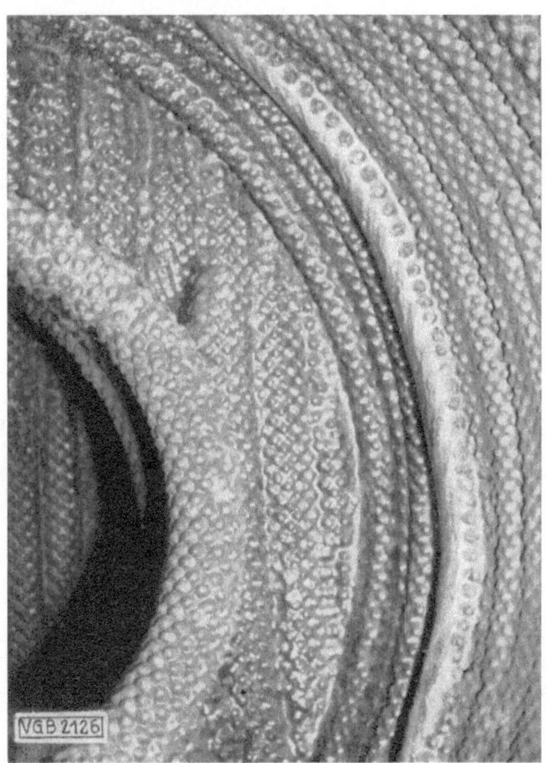

Abb. 28. Innenaufnahme des Zyklons, gegen die Austrittsöffnung gesehen [70]

der Wand deutlich sichtbar werden läßt. Der kleine Schlackenvorrat im Zyklon ist auch regelungstechnisch wegen der geringen Wärmespeicherung in der Schlacke günstig; der Kessel kann deshalb auf Laständerungen empfindlich und schnell reagieren. Auch die Anwendung mehrerer Zyklone bei Großkesseln verbessert ihr dynamisches Verhalten, da nur ein Zyklon in seiner Leistung gedrosselt wird, während die übrigen entweder Vollast fahren oder abgestellt sind. Beim Abstellen der Zyklone verkleinert sich auch die wirksame Verdampfungsheizfläche des Kessels, und die Heißdampftemperatur fällt bei Teillast nicht so sehr ab.

Die Ersparnisse an Mahlarbeit bei Zyklonfeuerungen werden durch den größeren Kraftbedarf der Luftgebläse wegen höherer Luftpressung zum Teil verschluckt. Hier zeigt sich eben der Vorteil der Zyklonfeuerung für aschenreiche Kohlen, da die benötigte Luftmenge vom Aschegehalt der Kohle fast unabhängig ist, während der Kraftverbrauch bei der Mahlarbeit mit steigendem Aschegehalt steil zunimmt. Die Vorteile der gröberen Ausmahlung sind deshalb erst bei aschenreichen Kohlen ausgeprägt.

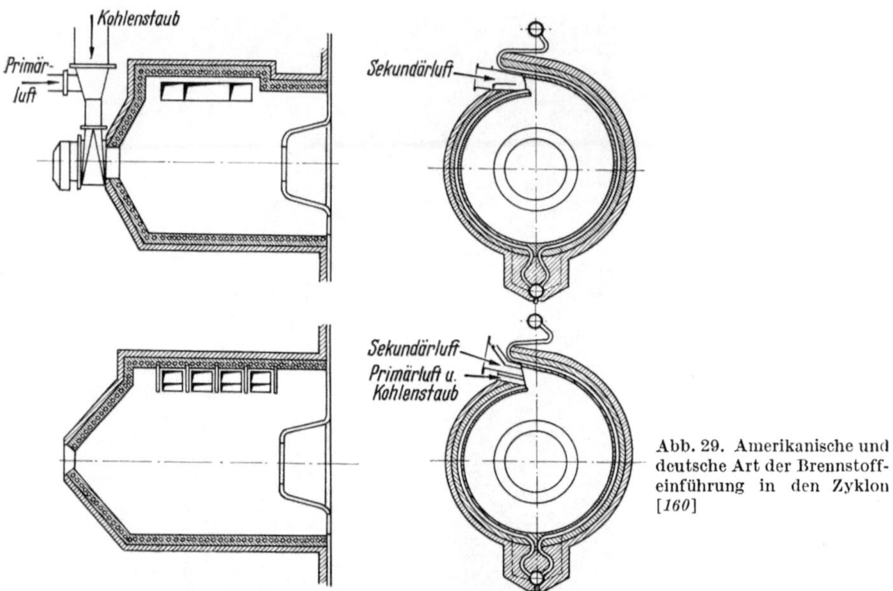

Abb. 29. Amerikanische und deutsche Art der Brennstoff-einführung in den Zyklon [160]

Die oben erwähnte Einführung der Kohle in die Zyklonspitze wird in Amerika und in der UdSSR heftig verfochten (Abb. 20 oben) [51, 52]. Sie soll allerdings bei Kohlen mit hohem Gehalt an Staub bzw. Flüchtigem den Nachteil haben, daß beide längs der Zyklonachse entweichen können, ohne durch die Fliehkraft erfaßt zu werden und zu den Zyklonwänden zu gelangen. Dadurch verschiebt sich die Verbrennung zum Teil in den Nachbrennraum, und die Temperaturen im Zyklon werden niedriger, da man dort de facto mit einem erhöhten Luftüberschuß fährt. Deshalb wird bei der deutschen Horizontal-Zyklonfeuerung auch die Kohle am Zyklonumfang eingebracht (Abb. 29 unten).

Aus dem Zyklon blasen die Rauchgase noch mit einer Temperatur von 1700 bis 1800° C in den Nachbrennraum hinein, wohin auch die Schlacke von den einzelnen Zyklonen zusammenfließt. Hier vereinigen sich die Rauchgase aus allen Zyklonen und strömen nach dem Aufprall auf die Gegenwand und nach einer dadurch bewirkten schroffen Umlenkung auf den Boden des Schmelzraumes zu. Der Aufprall soll eine heftige Wirbelung für das Mischen erzeugen und außerdem bei der Abscheidung längs der Zyklonachse entkommener fester Teilchen helfen.

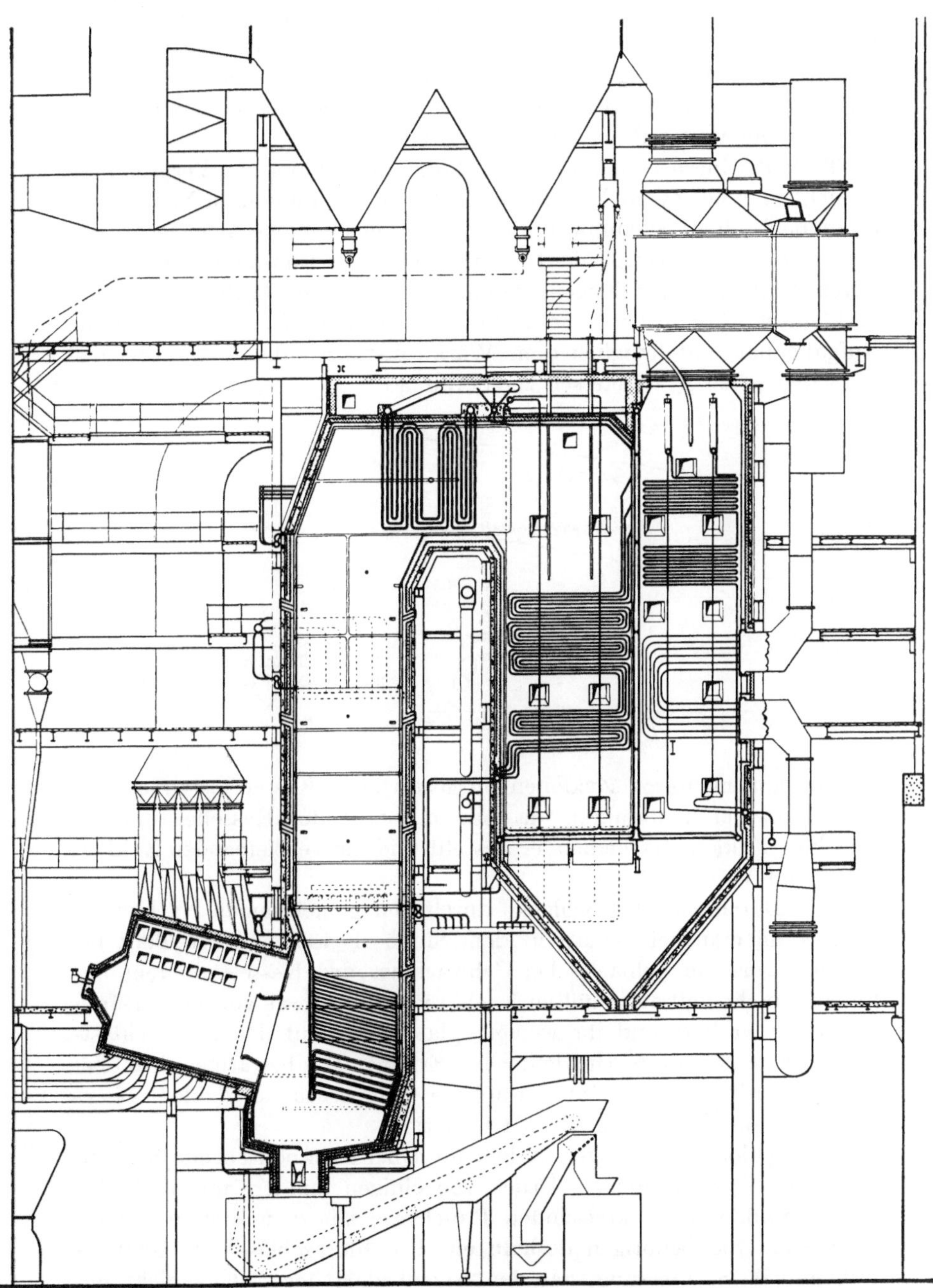

Abb. 30. Zyklon-Großkessel (Deutsche Babcockwerke AG)

Die Vereinigung aller Schlackenteilströme im Schlackenbad auf dem Boden des Nachbrennraumes macht auch eine gemeinsame Entschlackungseinrichtung für den ganzen Kessel möglich. Der Nachbrennraum ist meistens vom Strahlungsraum des Kessels durch ein Schlackenfangrost mit weiter Rohrteilung abgetrennt.

Trotz der intensiven, im kleinen Raum abgeschlossenen Verbrennung braucht man bei Zyklonkesseln hinter dem Zyklon und dem Nachbrennraum noch einen Strahlungsraum, wo die entbundene Wärme an das Wasser bzw. den Dampf übertragen wird. Dieser Raum kann allerdings durch Einbau von Schotten, Trennwänden sowie Gardinen wirksam verkleinert werden, da er bei Zyklonkesseln keine feuerungstechnische Aufgabe hat und lediglich dem Wärmeaustausch dient. Ein Beispiel eines deutschen Zyklonkessels zeigt Abb. 30.

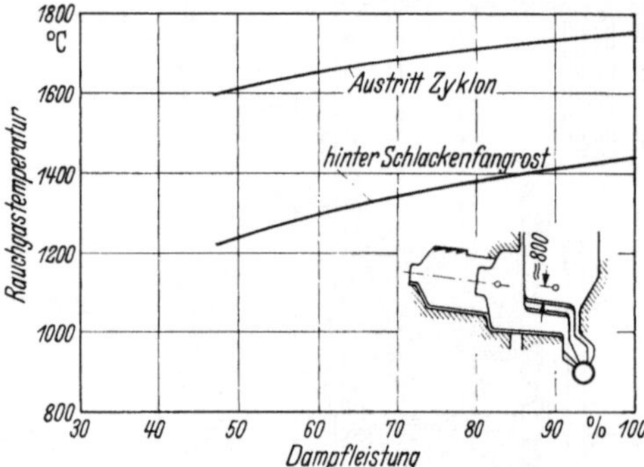

Abb. 31. Temperaturverlauf im Zyklon und im Nachverbrennungsraum [59]

Die mit mehreren Zyklonen ausgestatteten Kessel lassen sich in ihrer Last tief herabfahren, da man mit fallender Kesselleistung die einzelnen Zyklone nacheinander abstellt und die verbleibenden Zyklone weiter mit Vollast fährt.

Den Durchgang der Schlacke durch den gemeinsamen Nachbrennraum kann man bei Teillast in dem Sinne als weniger vorteilhaft bezeichnen, als die Schlacke bei Schwachlast des Kessels in dem mit Flamme nicht voll ausgefüllten Nachbrennraum etwas von ihrer Dünnflüssigkeit verliert und ihr weniger glatter Auslauf den Schwachlastbetrieb hemmen kann. Die deutschen Erfahrungen bestätigen dies aber nicht. Allerdings findet man die höchste Temperatur im Zyklon, wie es der Temperaturverlauf in Abb. 31 bestätigt.

Die Zyklone werden gewöhnlich für Überdruckbetrieb eingerichtet, da an der Zyklonwand ein Druck von einigen hundert mm W. S. bestehen muß, um die kreiselnden Rauchgase aus dem Zyklon hinauszudrücken. Sie benötigen deshalb ein Frischluftgebläse mit 1000 bis 2000 mm W. S. Pressung, das den Eigenbedarf der Anlage nicht unwesentlich erhöht. Hinsichtlich der Mahlfeinheit wird angegeben, daß sich bei den amerikanischen Kohlen ein Rückstand von 85% auf dem Sieb Nr. 70 als zulässig erwiesen habe.

Im Brennstoffprogramm unterscheidet sich die Zyklonfeuerung von der normalen Großraum-Schmelzfeuerung nicht wesentlich.

IV. Großkessel mit Öl- bzw. Gasfeuerung

1. Ölfeuerung

Die Verfeuerung der Heizöle, die nach der Verarbeitung des Rohöls in den Raffinerien als Rückstand verbleiben, hat eine alte Tradition vor allem in Amerika und UdSSR. Das Öl ist ein vorzüglicher Brennstoff mit hohem Heizwert (beim Heizöl S ist $H_u = 9600$ kcal/kg) und leicht zu gewinnen [53]. Es verliert nichts an seiner Güte während des Transportes, der besonders durch Ölfernleitungen geschehen kann, wobei die Kosten wesentlich unter der Bahnfracht liegen. Auch die Lagerung des Öles bietet keine Schwierigkeiten.

Das Ölleitungsnetz ermöglicht es, die Ölverarbeitungsanlagen im Schwerpunkt des Verbrauchs zu errichten, was eine vorteilhafte Auflockerung der Energieerzeugung zur Folge hat. Daher hat man auch bei der Wahl des Standortes für neue Kraftwerke mehr Freiheit. Allerdings besitzt das Öl auch manche unangenehmen Eigenschaften; das gilt insbesondere von den schwefel- und vanadiumhaltigen Ölen.

Einen reinen Ölkessel zeigt Abb. 32. Feuerungstechnisch gestattet es das Öl, elastische Kessel zu bauen, die wegen der hohen Belastbarkeit des Brennraumes und der stark leuchtenden Flamme klein ausfallen. Günstig sind auch die geringen Verbrennungsrückstände, so daß auf die beim Kohlekessel nötigen Entaschungseinrichtungen verzichtet werden kann. Auch Kessel für wahlweise Verfeuerung von Öl oder Kohle sind heute nicht selten. Solche Anlagen können sich jeder Änderung der Situation auf dem Brennstoffmarkt leicht anpassen.

Einen Kohlenstaubkessel mit Ölzusatzfeuerung zeigt Abb. 33 [54, 55, 56]. Der Hauptbrennstoff ist hier Kohle, deren Asche vom Brennstoff im trockenen Zustand abgezogen wird. Wenigstens ein Teil der Ölbrenner muß im Brennraum näher an den Überhitzer gerückt werden. Sonst könnte man beim Übergang von Kohle auf Öl nicht die volle Heißdampftemperatur erreichen, weil die Ölflamme schwarz und stark strahlend ist, wodurch der Anteil der Wärmeabgabe im Brennraum groß ausfällt und die Austrittstemperatur der Rauchgase aus dem Brennraum niedrig liegt [57]. Dies wird jedoch manchmal, bei kurzen Betriebsperioden mit Öl, als Vorteil empfunden, weil dadurch der Überhitzerwerkstoff geschont wird, der infolge der bei Ölbetrieb möglichen wesentlich stärkeren Beheizung eine höhere Wandtemperatur annimmt, was die Langzeitfestigkeit beeinträchtigen könnte [58].

Bei der gleichzeitigen Verfeuerung von Öl und Kohle wächst die Anzahl der Aschenkörner in der Flamme, die wie Inhibitoren gegenüber der SO_3-Bildung wirken und den Taupunkt der Rauchgase erniedrigen. Auf diese Weise gelang es z. B., den Taupunkt der Abgase unter 50···60°C zu halten. Das ist nach Abb. 22 wesentlich niedriger als bei alleiniger Verfeuerung von Öl, bei der die Taupunkte weit über 100° C liegen.

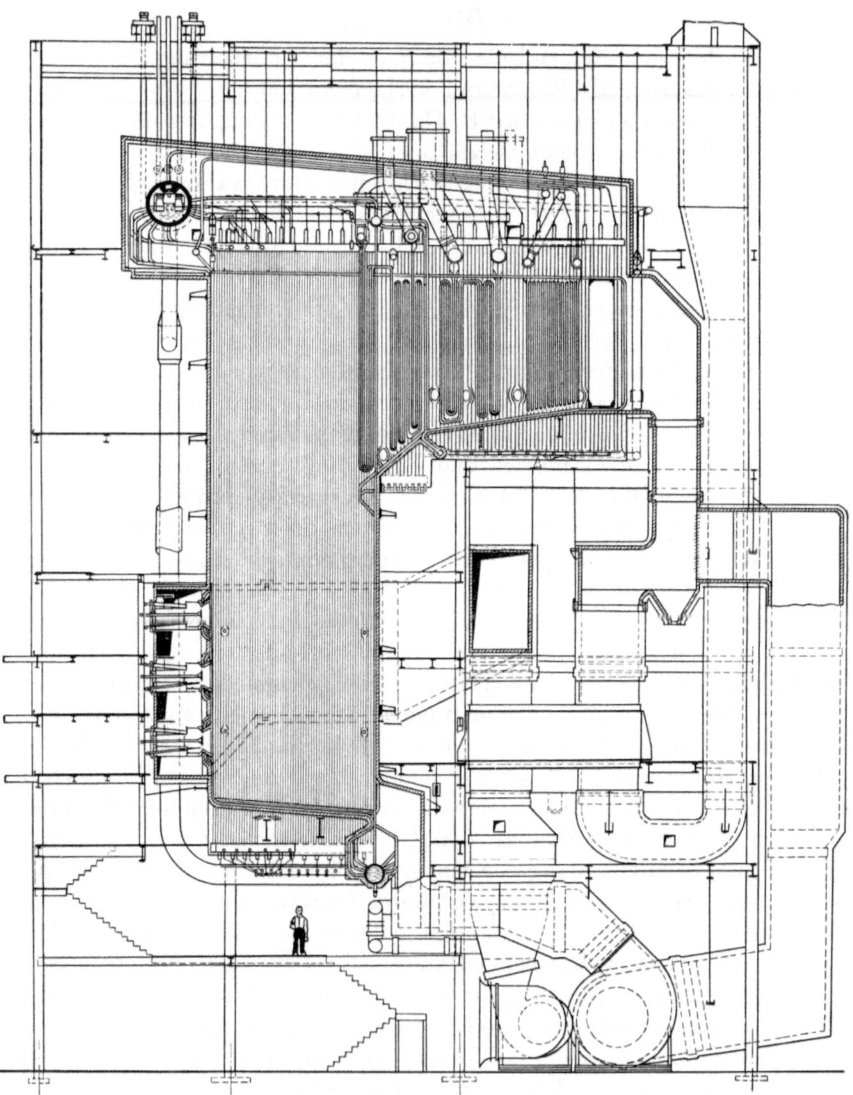

Abb. 32. Ölkessel (Babcock & Wilcox)

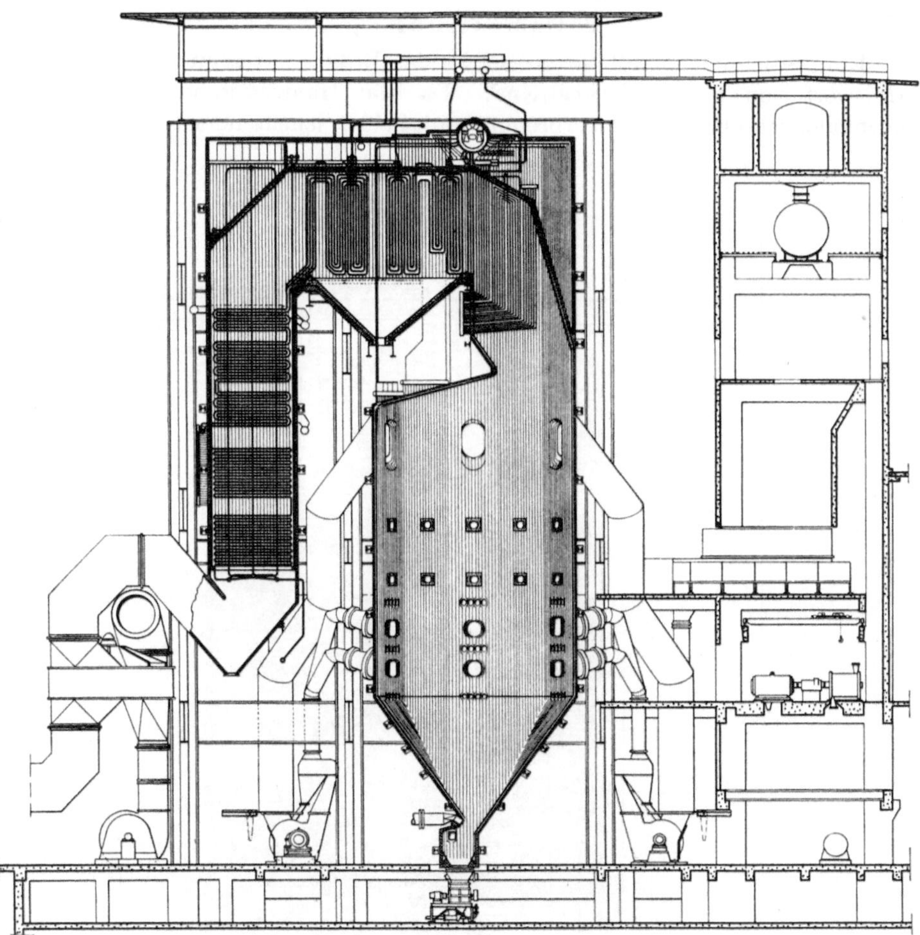

Abb. 33. Kombinierter Braunkohlen- und Ölkessel (Deutsche Babcockwerke AG)

Auch die Aggressivität von Vanadiumpentoxyd gegenüber den Überhitzerrohren ist bei gleichzeitiger Verfeuerung von Öl und Kohle geringer. Die Zusatzölfeuerung erweitert den zulässigen Lastbereich des Kessels, indem bei Schwachlast der Kessel ausschließlich mit Öl gefahren werden kann.

Die Ölfernleitungen machen Öl als Brennstoff nicht nur für die küstennahen Länder, sondern auch für weit vom Meer entfernte Gebiete verlockend. Das sieht man heute klar an der Energiebilanz europäischer Länder, in denen bei der Krafterzeugung Öl eine immer wichtigere Rolle spielt, während der Kohleverbrauch langsamer wächst oder zeitweise sogar zurückgeht.

2. Gasfeuerung

Ein idealer Brennstoff für Kessel ist das Erdgas mit seinem hohen Heizwert von über 8000 kcal/Nm³. Da sein Hauptbestandteil das hochkalorische Methan ist, verbrennt es mit heißer, leuchtender Flamme.

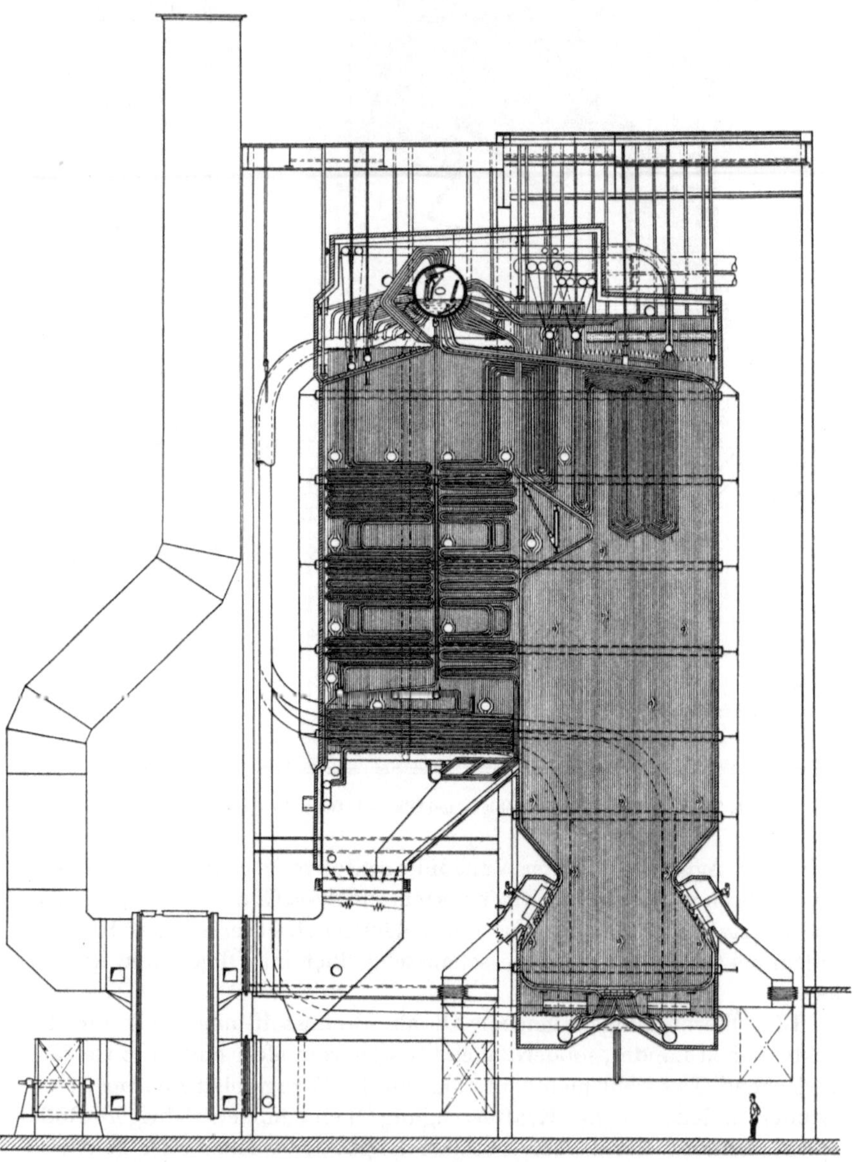

Abb. 34. Erdgaskessel mit Überdruckfeuerung (Riley Stoker Corp.) [59]

Die Gasbeförderung zum Verbraucher erfolgt durch Fernleitungen. Die Erdgasaufbereitung geschieht, falls notwendig, schon an der Fundstelle, wo man die unerwünschten Beimengungen entfernt, bevor das Gas durch das Rohrnetz weiterverteilt wird. An der Verbrauchsstelle enthält das Gas daher fast keine festen Fremdstoffe, wodurch die Schwierigkeiten der Verschmutzung des Kessels wegfallen. Die Schwefelfreiheit prädestiniert das Erdgas als Brennstoff für Kraftwerke in dichtbesiedelten Gebieten. Es besteht allerdings die Tendenz, das Erdgas als Rohstoff für Synthese-Werke der chemischen Industrie zu reservieren oder es in Gasturbinen zu verstromen.

Einen Erdgaskessel zeigt Abb. 34 [59, 60]. Die Erdgasfeuerungen sind noch elastischer als die Ölfeuerung und deshalb für die frequenzfahrenden Anlagen besonders gut geeignet.

Die reine Gasfeuerung wird in der Zukunft immer mehr als Überdruckfeuerung gebaut werden. Das Erdgas entweicht nämlich aus seinen Fundstätten mit hohem Druck, der vor dem Verteilernetz auf einige Atmosphären reduziert werden muß. Die Aufladung des Kessels mit Luft besorgen Verdichter, die durch eine Gasentspannungsturbine angetrieben werden. Der hohe Rauchgasdruck verkleinert die Kesselabmessungen erheblich, weil nicht nur ein wesentlich kleinerer Brennraum ausreicht, sondern weil auch die Berührungsheizflächen wegen der größeren Wärmeübergangszahl durch Konvektion auf einen Bruchteil der Größe bei drucklosem Betrieb schrumpfen, da die Geschwindigkeit reiner Rauchgase lediglich durch das verfügbare Druckgefälle begrenzt ist. Einen aufgeladenen Kessel mit Gasfeuerung zeigt Abb. 35 [60].

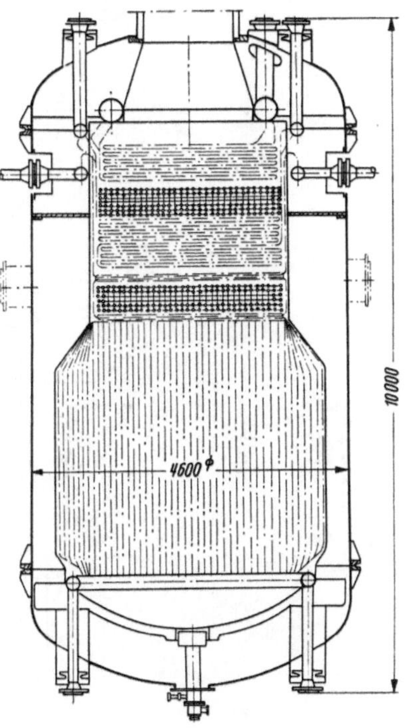

Abb. 35. Erdgaskessel mit aufgeladener Feuerung [60]

Der kombinierten Verfeuerung von Gas und Öl begegnet man häufig, da die meisten Erdgaskessel für die wahlweise Verfeuerung von Heizöl eingerichtet sind (Abb. 36). Das Erdgas eignet sich gut als Zusatzbrennstoff für alle Kohlenstaub- und Ölkessel, weil dazu keine großen Umbauten des Kessels notwendig sind und weil auch die Verteilung der

Wärmeübertragung auf die einzelnen Kesselheizflächen sich nicht wesentlich ändert, wenn es mit leuchtender Flamme verbrannt wird [63].

Auch andere, weniger heitzwertreiche Gase werden in Großkesseln ausgenutzt. So kommt in den Hüttenwerken oft das Bedürfnis, neben der Kohle in den Kesseln auch Gichtgas zu verfeuern (Abb. 37), wobei sein Anteil sich in weiten Grenzen ändert, je nach dem Gang der Hochöfen [61, 62]. Diese Aufgabe ist nicht leicht, da die schnellere Gasver-

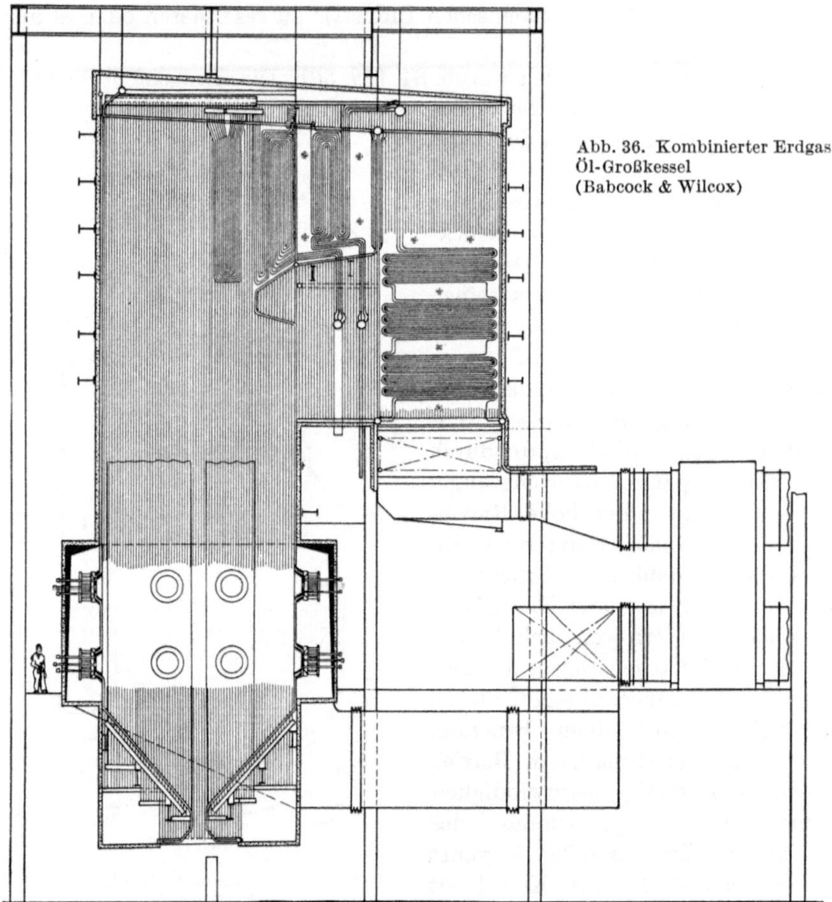

Abb. 36. Kombinierter Erdgas-Öl-Großkessel (Babcock & Wilcox)

brennung, welche den Sauerstoffteildruck rasch absinken läßt, die Bedingungen für Kohlenstaubverbrennung verschlechtert. Das viel Stickstoff sowie Kohlensäure enthaltende Gichtgas wirkt außerdem gegen Kohlenstaub wie ein Inertgas, welcher den Sauerstoffteildruck stark erniedrigt und deshalb seine Verbrennung bremst.

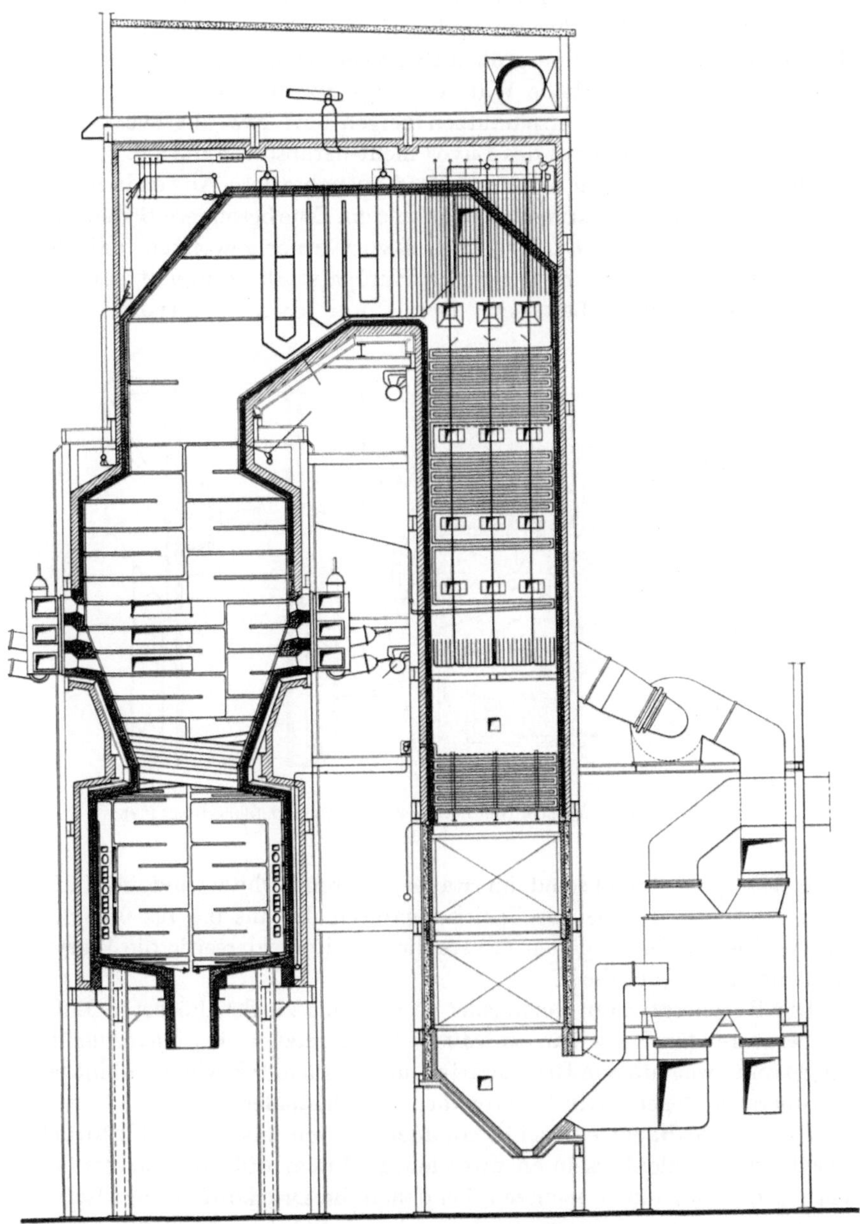

Abb. 37. Kombinierter Gichtgas-Kohle-Schmelzkessel (Deutsche Babcockwerke AG) [55]

V. Bauarten der Luftvorwärmer

Wegen des günstigeren Temperaturgefälles ist beim Wärmeaustausch im Luvo zwischen Rauchgasen und Luft der Gegenstrom zu wählen. Man benötigt außerdem ohne großen Druckverlust an der Rauchgas- wie an der Luftseite sehr hohe Wärmeübergangszahlen, wobei der Luftvorwärmer nicht zum Verschmutzen neigen darf bzw. die eventuellen Ansätze den Wirkungsgrad des Luvos nicht herabsetzen dürfen.

Darin liegt die Ursache für die fast ausnahmslose Anwendung der regenerativen Luftvorwärmer bei Großkesseln. Eine besondere Bedeutung hat hier vor allem der Ljungström-Luftvorwärmer gewonnen [64], der sich nach dem letzten Kriege auch in Europa stark verbreitet hat, wie die Kesselstatistiken beweisen. Der Rotor dieses Luftvorwärmers

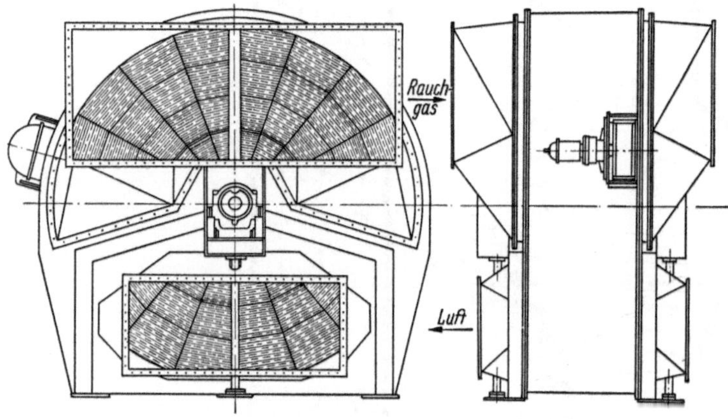

Abb. 38. Schema des regenerativen Luftvorwärmers (Bauart Ljungström) [69]

(Abb. 38) wird abwechselnd im Rauchgasstrom erhitzt und im Luftstrom abgekühlt, wobei als Speichermaterial die aus 0,5 bis 0,75 mm dünnen Blechen bestehenden Pakete dienen, die beiderseitig die Wärme aufnehmen bzw. abgeben.

Die Regenerativ-Luftvorwärmer werden bis zu den höchsten Lufttemperaturen (im Kesselbau etwa 400° C) eingesetzt, wobei auch Ausführungen mit zweistufigem Regenerativ-Luftvorwärmer sowie kombinierte Rekuperator-Regenerativ-Luftvorwärmer nicht fehlen.

Diese Luvo-Bauarten sucht man auch bei den mit hohem Luftdruck arbeitenden Zyklonkesseln anzuwenden, und man will sie sogar bei den Verbrennungsturbinen benutzen, bei denen die Druckdifferenz zwischen den Rauchgasen und der zu erwärmenden Luft bis zu mehreren Atmosphären beträgt.

Die Regenerativ-Luvos brauchen wenig Raum, etwa vier- bis
sechsmal weniger als die Rekuperatoren. Mit ihrem winzigen Temperaturgefälle sind sie die einzige Luvoart, die eine große Wärmeaustauschfläche billig zu erstellen erlaubt. Ihnen kann ohne Übertreibung das
Verdienst zugesprochen werden, daß sie die heutigen niedrigen Abgastemperaturen zu erreichen ermöglicht haben. Auch ihre geringere
Neigung zu Taupunktkorrosionen ist hervorzuheben, insbesondere, wo
schwefelhaltige Brennstoffe verfeuert werden [65]. Außerdem lassen sich
eventuell korrodierte Blechpakete leicht und schnell auswechseln. Sie
lassen sich auch gut reinigen, indem man die
Spalten in den Blechpaketen mit Dampfstrahl
abbläst.

Abb. 39. Verformung des
erwärmten Läufers beim
Ljungström-Luvo

Weil zwischen dem Rotor und dem Gehäuse
des rotierenden Ljungström-Vorwärmers immer
ein kleines Spiel vorhanden sein muß, der sich
im Betrieb noch zusätzlich um die Verformung
des Rotors vergrößert (Abb. 39), ist ein Überströmen von Luft mit der höheren Pressung in den
Rauchgaskanal nicht zu vermeiden. Das ist eine Schwäche der regenerativen Luftvorwärmer, da es natürlich einen Mehraufwand an Energieverbrauch der Luftventilatoren und des Saugzuges bedeutet. Hinsicht-

lich ihrer Dichtigkeit wurden
jedoch die Ljungström-Luvos
in den letzten Jahren so ver-
vollkommnet, daß es gelungen
ist, den CO_2-Abfall der Rauchgase im Luvo auf weniger als
1 % herabzudrücken. Es wurde
nicht nur die mechanische Abdichtung des sich mit 3 bis 4
Umdrehungen pro Minute bewegenden Rotors verbessert,
sondern man sucht auch das
unvermeidbare Überströmen
zwischen Gas- und Luftseite
in solche Richtung zu lenken,
daß sich die Strömungen
wenigstens zum Teil gegenseitig aufheben. Man benutzt
dazu nach Abb. 40 auch die
Gasschleuse, indem man die

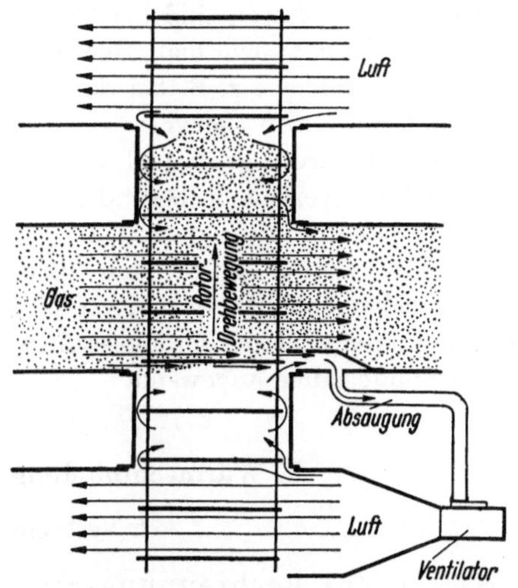

Abb. 40. Schematische Darstellung des Strömungs-
verlaufes im Ljungström-Luftvorwärmer und Wirkungsweise der Abdichtung (Kraftanlagen A G)

von der Luft- zur Gasseite übertretende Luft absaugt und zusammen
mit etwas Rauchgas auf die Eintrittsseite des Luvos leitet. Bei Klein-

last kompensiert dabei die zunehmende Rückführung der Rauchgase auf die Kaltluftseite die mit fallender Belastung abnehmende Speicherblechtemperatur.

Die in gewissem Maße empfindlichen Wärmeaustauschflächen des Ljungströmluvos sind leider für die Verfeuerung stark aschenreicher Kohlen weniger geeignet. Die dünnen Bleche verlangen auch eine gute Verbrennung ohne Rußbildung, da sonst Luvobrände drohen, wobei die Zündungstemperatur der verunreinigten Luvobleche sehr niedrig liegen kann, namentlich wenn Öl verfeuert wird [65].

Es werden auch Regenerativ-Luftvorwärmer gebaut, bei denen der Rotor mit Blechpaketen stillsteht und die Kanäle sich bewegen. Dabei entfällt die Radialabdichtung des Rotors; dafür müssen allerdings die rotierenden Kanalanschlüsse abgedichtet werden, was angeblich konstruktiv einfacher zu lösen sein soll.

Daß stets neue Formen der regenerativen Luftvorwärmer gesucht werden, sieht man auch am Beispiel des Federband-Luftvorwärmers, bei dem der sich drehende Rotor mit seinen Blechpaketen durch das aus gewickeltem Federdraht zusammengesetzte Band als Wärmeübertragungselement ersetzt wird. Diese Art des Luftvorwärmers ist erst am Beginn ihrer Entwicklung, und es bleibt abzuwarten, inwieweit sich diese Neuheit bei Großkesseln durchsetzen wird.

Die Rekuperatoren sind bei Großkesseln im Rückgang und werden nur dort benutzt, wo man den regenerativen Luftvorwärmer nicht anwenden kann, wie z. B. bei den Gasfeuerungen. Der Nachteil dieser anderen Gruppe von Luftvorwärmern, nämlich der Rekuperatoren, liegt vor allem in ihrem großen Gewicht und Raumbedarf sowie in ihrem höheren Druckverlust, insbesondere auf der Luftseite. Die rekuperativen Luftvorwärmer werden derzeit als Röhren- oder als Plattenvorwärmer ausgeführt, wobei die meisten Firmen dem Röhrenvorwärmer den Vorzug geben, obwohl er teurer ist als der Plattenvorwärmer. Gußeiserne Luvos sind bei Großkesseln weniger oft zu finden; sie werden nur in Sonderfällen angewendet.

C. Wärmeentbindung im Brennraum

I. Verbrennung

1. Zur Verbrennungsreife führende Vorgänge

Lediglich die brennbaren Gase sind nach ihrer Vermischung mit Luft verbrennungsfertig. Die flüssigen und festen Brennstoffe dagegen müssen zur Verbrennung in den gasförmigen Zustand überführt werden, d. h., sie werden nach ihrem Eintritt in den Brennraum zunächst verdampft bzw. vergast. Erst danach erreichen sie im Gemisch mit dem Sauerstoffträger und nach Erwärmung auf die Zündtemperatur die Verbrennungsreife.

In der Kette der vor der Verbrennung des Heizöles stattfindenden Vorgänge bildet seine Verdampfung das am langsamsten verlaufende Glied. Sie ist stark von der Flüchtigkeit sowie von dem molekularen Aufbau des Öles abhängig. Da die aus verschiedenen aliphatischen und aromatischen Kohlenwasserstoffen bestehenden Brennöle wegen der verschiedenartigen chemischen Zusammensetzung ihrer Bestandteile bei verschiedenen Temperaturen in Dampf übergehen, erfolgt hier wegen der schneller verlaufenden Verdampfung der leichteren wasserstoffhaltigen Fraktionen eine allmähliche Anreicherung der Moleküle mit Kohlenstoff.

Deswegen wird der Verbrennungswirkungsgrad in starkem Maße auch von der Zündung und dem Strömungsbild wesentlich beeinflußt [66]. Um Rußbildung zu vermeiden, soll man die Tröpfchen des zerstäubten Öles so schnell wie möglich auf hohe Temperatur bringen, wobei die Luftzufuhr zu ihnen zu sichern ist, damit sie sofort verbrennen können. Deshalb muß in den Ölfeuerungen die gesamte Verbrennungsluft schon im Brenner zugeführt werden, damit eine kurze, nicht qualmende Flamme entsteht.

Zur Beschleunigung der Verdampfung benötigen die flüssigen Brennstoffe zwecks Oberflächenvergrößerung eine feine Zerstäubung, die der Brenner bewirken muß. Bei Heizölen liegen die Tropfengrößen im Bereich von 30 bis 200 μ [58]. Offenbar genügt hier eine weniger vollkommene Zerstäubung als z. B. bei den Dieselmotoren, da die Brennraumabmessungen sowie die zur Verfügung stehende Zeit bei Kesselfeuerungen viel größer sind.

Da die Vergasung fester Brennstoffe ebenso wie die Verdampfung flüssiger Brennstoffe eine heterogene Oberflächenreaktion ist, so ist auch mit der Verbrennung der Kohle der Begriff ihrer Reaktionsoberfläche eng verknüpft; denn sie bestimmt den zeitlichen Ablauf der Vergasung. Deswegen wird bei Großkessel-Feuerungen die Kohle gemahlen. Nur so kann man in der zur Verfügung stehenden Zeit von größenordnungsmäßig etwa 1 sek. die Kohleteilchen in der Schwebe verbrennen.

Im Unterschied zu den unter der Wirkung der Oberflächenspannung stehenden homogenen Öltropfen sind die Kohleteilchen porös. Das Vergasungsmittel kann deshalb in ihr Inneres eindringen und dort mit dem Brennbaren der Kohle reagieren, so daß auch die inneren Porenwände zur Reaktionsoberfläche zu rechnen sind. Bei der Erhitzung des Kohleteilchens findet eine Vergrößerung dieser Poren statt, wenn die Feuchtigkeit und die flüchtigen Bestandteile die Kohlemasse verlassen, wobei sie durch ihren Überdruck die Hohlräume in den Körnern noch aufweiten. Man kommt deshalb auch bei Kohle mit einer Zerkleinerung auf Staubteilchendurchmesser in der Größenordnung von $10^1\,\mu$ aus. Eventuell werden die Kohlenkörner durch ihren Druck gesprengt, wobei sie in mehrere Fragmente zerfallen.

2. Kinetik der Kohleverbrennung

Nach Einführung in den Brennraum wird die Kohle ausgetrocknet, entgast und gezündet. Ein Teil der flüchtigen Anteile kann eventuell kurze Zeit im Innern des Kornes aufgehalten werden, da bei dem plötzlichen Temperaturüberfall die von den äußeren Partien des Kornes freigemachten Gase an der Kornoberfläche eine Barriere hoher Teildrücke ausbilden, wie es die Abb. 41 [67] veranschaulicht. Infolgedessen diffundieren die Gase nicht nur vom Kohleteilchen weg, sondern auch in die poröse Masse der Kohle hinein.

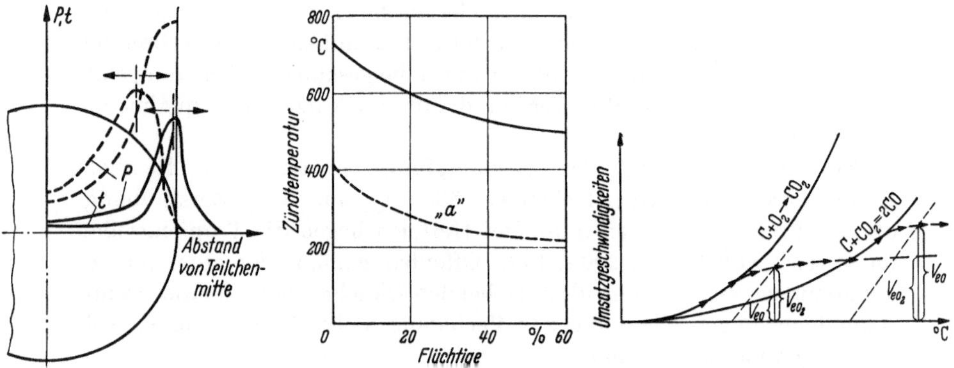

Abb. 41. Temperaturverlauf und Teildruck-Barriere an der Oberfläche des porösen Kohlenstaubkornes [67]

Abb. 42. Zündtemperatur des aufgewirbelten Kohlenstaubes in Abhängigkeit von seinem Gehalt an Flüchtigem [142]. (a Glimmtemperatur des gelagerten Kohlenstaubes)

Abb. 43. Ablauf des Verbrennens und Vergasens eines reinen Kohlenstoffkornes [67]

Bei der Verbrennung gibt es eine untere Temperaturgrenze, die die Flammentemperatur nicht unterschreiten darf und die etwas über der Zündungstemperatur liegt. Wird sie unterschritten, so ist eine stabile Zündung nicht mehr möglich. Diese Temperatur liegt nach Abb. 42 bei den meisten Brennstoffen unter 700° C [68].

In den technischen Feuerungen müssen allerdings höhere Temperaturen herrschen, da für eine wirksame Verbrennung nicht nur die stabile Zündung, sondern auch eine ausreichende Verbrennungsgeschwindigkeit notwendig ist, damit die chemischen Reaktionen schnell genug verlaufen und die Verbrennung in vernünftig langer Zeit abgeschlossen wird, ohne zu voluminöse Brennräume zu benötigen. Die höhere Flammentemperatur über 1000° C ist auch vom Standpunkt der Flammenstrahlung aus erwünscht, damit die Feuerraumwände zur Wärmeübertragung bzw. Dampferzeugung gut genutzt werden. Andererseits ist die Flammentemperatur in Kohlenfeuerungen nach oben durch die Verflüchtigungserscheinungen der Asche beschränkt; sie soll 1700° C nicht wesentlich überschreiten.

Die Mikroerscheinungen bei der Verbrennung lassen sich gut am Beispiel eines Teilchens aus reinem Kohlenstoff verfolgen, worüber das Diagramm Abb. 43 berichtet [67]. In diesem Diagramm sind die Geschwindigkeiten der Reaktion des Kornes mit Sauerstoff bzw. mit Kohlensäure (Reduktion von CO_2) in Abhängigkeit von seiner Oberflächentemperatur durch voll ausgezogene Kurven angegeben, wobei die Reaktion mit Sauerstoff schneller vor sich geht. Beinahe parallel mit der waagerechten Achse verläuft die gestrichelte Kurve mit Pfeilen, die die tatsächliche Geschwindigkeit der ersten Reaktion angibt. Sie stimmt mit der Geschwindigkeit der chemischen Reaktion nur im Bereich niedriger Temperaturen überein, also nur im Bereich der sogenannten kinetischen Verbrennung, wo noch nicht die physikalischen Bedingungen der Sauerstoffzufuhr für den Verbrennungsablauf maßgebend sind, sondern die noch kleine Geschwindigkeit der chemischen Reaktion.

Die chemische Reaktionsgeschwindigkeit wächst jedoch mit der Temperatur steil an, so daß bald die physikalische Seite des Prozesses für seinen Ablauf entscheidend wird, womit sich die Verbrennung in den Diffusionsbereich verschiebt. Da dort die Intensität der Sauerstoffzufuhr zur Kohle hinter der Geschwindigkeit der chemischen Reaktion zurückbleibt, wird das durch die Verbrennung entstandene CO_2 reduziert, und in der Atmosphäre dicht an der Kornoberfläche ist deshalb neben CO_2 auch CO anwesend. Der freie Sauerstoff verschwindet nach Abb. 44, die die Zusammensetzung der Grenzschicht des Kornes wiedergibt, ganz aus der unmittelbaren Nähe des Kornes.

Bei weiterer Steigerung der Temperatur und bei unveränderter Intensität der Sauerstoffzufuhr zum Korn wächst der CO-Anteil im Gemisch. An der Stelle, wo die bepfeilte Kurve die für die Reduktion von CO_2 geltende Kurve überschneidet, endet der kinetische Bereich der Vergasungsreaktion, die wegen ihrer größeren Aktivierungsenergie viel langsamer verläuft. Dort entscheidet wieder die Temperatur über die Geschwindigkeit des Stoffumsatzes. Bei noch höheren Temperaturen nimmt die CO-Konzentration zu, und bei rund 2000° C verschwindet CO_2 vollständig aus der unmittelbaren Nähe des Kornes. Die Vergasung gelangt hier in den Diffusionsbereich, und ihre Geschwindigkeit wird durch die CO_2-Zufuhr zum Korn bestimmt.

Zum besseren Verständnis der weiter beschriebenen Vorgänge ist noch die Abb. 45 wichtig, die den Verbrennungsablauf im Diffusionsbereich bei verschieden großen Massenaustauschzahlen an der Kornoberfläche veranschaulicht. Der Unterschied Δv zwischen der kinetischen und der tatsächlichen Geschwindigkeit der Verbrennung ist dabei ein Maßstab für die noch vorhandene Reserve an Verbrennungsgeschwindig-

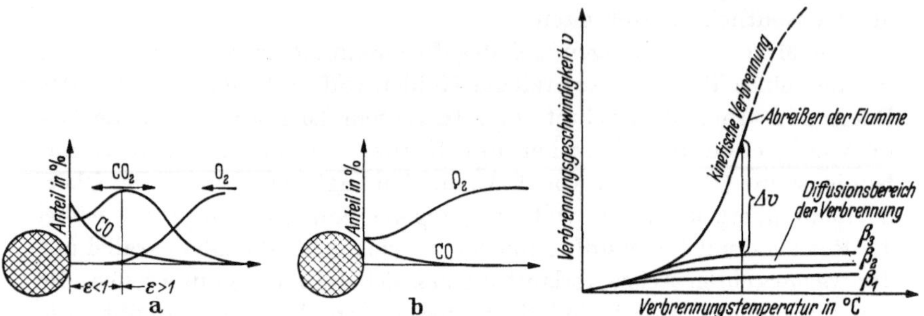

Abb. 44a-b. Gaszusammensetzung in der Nähe des reinen Kohlenstoffkornes [67]

a) bei hoher Temperatur,
b) bei niedrigerer Temperatur

Abb. 45. Reserve an chemischer Umsatzgeschwindigkeit bei Hochtemperaturverbrennung, die sich durch Verbesserung der Zufuhr des Oxydationsmittels ausnutzen ließe [67]

keit, die man noch durch Verbesserung der physikalischen Seite der Verbrennung, d. h. durch Intensivierung der Mischvorgänge in der Flamme, ausnutzen könnte, ohne ein Abreißen der Flamme und Löschen des Kohlekornes befürchten zu müssen. Diese Reserve ist um so größer, je höher die Verbrennungstemperatur ist.

3. Mischvorgänge in der Flamme

Die Verbrennungsvorgänge sind in großen Feuerungen eng mit den Strömungsvorgängen gekoppelt. Die Verbrennung verläuft in Großkesseln bei Temperaturen, die über 1000° C liegen — manchmal bis um mehrere hundert Grad —, also in dem Temperaturbereich, wo der Stoffumsatz an der Kornoberfläche die Verbrennungsgeschwindigkeit bestimmt. Es wird deshalb oft behauptet [69], daß die relative Geschwindigkeit zwischen dem Kohlenkorn und den umgebenden Gasen die Verbrennung kennzeichne.

Der zur Vergasung und Verbrennung des Kohlenstoffs notwendige Sauerstoff wird zum kleineren Teil durch die Wärmebewegung des gasförmigen Oxydationsmittels und zum größeren Teil durch die turbulente Flammenwirbelung an das Kohleteilchen herangebracht. Bei der molekularen Diffusion kommen die Molekeln des Oxydationsmittels einzeln zur Kohle, während bei der Wirbelung im Brennraum Billionen von Molekeln gleichzeitig ihren Platz wechseln. Selbst wenn die Geschwindigkeit der wirbelnden Gasmassen nur einen Bruchteil der

Molekulargeschwindigkeit ausmacht, kann man ihr die Hauptrolle am Mischvorgang nicht absprechen.

Deswegen ist in der folgenden Gleichung für den Stoffmengenstrom an der Stelle x, die den Mischvorgang in der Flamme beschreibt:

$$q_x = - A \cdot \delta c / \delta x \qquad (20)$$

eine allgemeine Austauschgröße A m²/sek. einzusetzen, die neben der Diffusion auch den turbulenten Stoffaustausch berücksichtigt. Dieser Stoffmengenstrom hat dabei (Abb. 46) an der Stelle $x + dx$ die Größe

$$q_{x+dx} = - A \left(\frac{\delta c}{\delta x} + \frac{\delta^2 c}{\delta x^2} \right) \cdot dx , \quad (21)$$

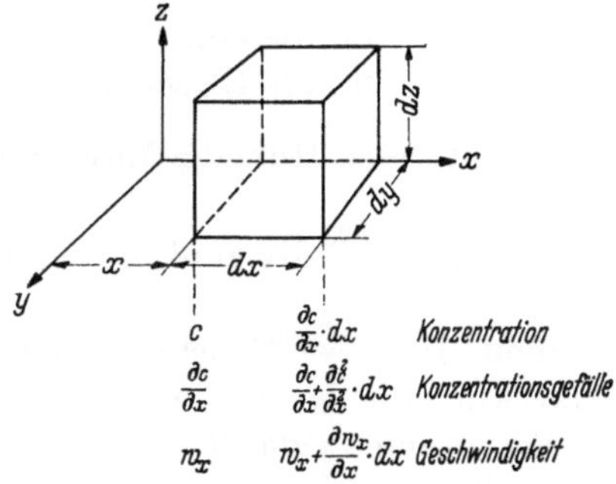

Abb. 46. Skizze zur Ableitung der Mischgleichung [71]

so daß innerhalb des aus der Flamme ausgeschnittenen Volumelementes $dx \cdot dy \cdot dz$ eine Konzentrationsänderung stattfindet, und zwar auch infolge der in den übrigen Richtungen y und z vorliegenden Konzentrationsgefälle.

Außerdem entsteht als Folge des in der Flamme vorhandenen Geschwindigkeitsfeldes ein Stofftransport, der durch die Fläche $dy \cdot dz$ quer zur x-Achse vor sich geht und an der Stelle x mit der Intensität

$$w_x \cdot c \cdot dy \cdot dz \qquad (22)$$

abläuft bzw. an der Stelle $x + dx$ auf

$$[(c + \delta c / \delta x \cdot dx)(w_x + \delta w_x / \delta x \cdot dx)] \, dy \cdot dz \qquad (23)$$

ansteigt, und der ebenfalls an den Konzentrationsänderungen im Volumelement teilnimmt, wobei allerdings auch die übrigen Geschwindigkeitskomponenten in den Achsenrichtungen y und z wieder mit zu berücksichtigen sind.

Nach Summierung der einzelnen Konzentrationsänderungen in allen drei Richtungen erhält man die Grundgleichung der Gemischbildung in der Flamme als

$$m = \frac{\delta c}{\delta t} = A \operatorname{div} \operatorname{grad} c + c \operatorname{div} w + w \operatorname{grad} c . \qquad (24)$$

Unter Bezugnahme auf die mittlere örtliche Konzentration im Brennraum c_a, auf die mittlere Axialgeschwindigkeit der Flamme im

Feuerraum und schließlich auf die gesamte Aufenthaltszeit im Brennraum lassen sich die dimensionslosen Größen [49]

$$\left.\begin{array}{ll}\text{für die Konzentration} & \varphi = c/c_a, \\ \text{für die Geschwindigkeit} & \omega = w/w_a, \\ \text{für die Zeit} & \tau = t/z_a \text{ und} \\ \text{für die Länge} & \xi = x/L, \quad \eta = y/L, \quad \zeta = z/L\end{array}\right\} \qquad (25)$$

bilden, mit deren Hilfe die Mischgl. (24) die Form

$$\frac{\delta\varphi}{\delta\tau} = \frac{A\,z_a}{L}\,\text{div grad}\,\varphi + \frac{H}{L}\,(1+\varphi)\,\text{div}\,\Omega + \frac{H}{L}\,\Omega\,\text{grad}\,\varphi \qquad (26)$$

annimmt. In dieser Gleichung sind Ω der dimensionslose Geschwindigkeitsvektor mit den Komponenten $\omega_x, \omega_y, \omega_z$ und H die axiale Länge des Brennraumes, da $H = w_a \cdot z_a$. Die Größe L bedeutet den Durchmesser des Brennraumes.

Aus der Gl. (24) ergibt sich für die Modellierung der Mischvorgänge in Feuerräumen als Voraussetzung die Gleichheit der folgenden Größen:

1. Mischkennzahl $Fo = L^2/A \cdot z_a$,
2. geometrische Ähnlichkeit in den Hauptabmessungen H/L,
3. gleiche Volumdilatation div Ω.

Die molekulare Diffusionskonstante läßt sich nach der kinetischen Gastheorie als Produkt der mittleren Molekelngeschwindigkeit und der mittleren Weglänge, d. h. in der Form

$$D = \frac{1}{3} \cdot l_{\text{mol}}\,\overline{w}_{\text{mol}} \qquad (27)$$

angeben. Ähnlich kann man nun annehmen, daß auch die turbulente Austauschgröße durch das Produkt

$$D_{\text{turb}} = l \cdot \overline{w} \qquad (28)$$

darstellbar ist, wo $\overline{w}$ die Geschwindigkeit der Wirbelballen bei turbulenter Strömung bedeutet. Unter l ist die Distanz zu verstehen, über die sie sich fortbewegen.

Die mittlere Geschwindigkeit $\overline{w}$ ist nach [49] aus dem Strömungsfeld der Flamme mittels des Geschwindigkeitsgefälles du/dy als

$$\overline{w} = l \cdot du/dy \qquad (29)$$

zu finden. Das Strömungsfeld soll danach zur Erzielung großer Austauschintensität mit steilen Geschwindigkeitsgradienten quer zum Gasstrom durchsetzt werden, wie z. B. nach Abb. 47 bei einer Zyklonfeuerung, wo für die einzelnen Strömungskomponenten als du/dy die Gradienten dw_x/dr bzw. dw_r/dr einzusetzen sind. Das intensive

Mischen der Flamme findet also nach Abb. 47 im ganzen Zyklonraum statt [70].

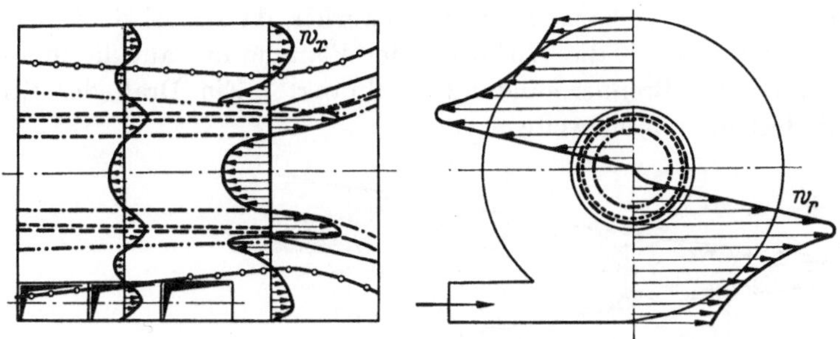

Abb. 47. Verteilung der Radial- und Axialgeschwindigkeiten im Zyklon [51]

Nach [71] läßt sich der Wert der Austauschgröße auch aus der Beziehung

$$A \sim L^2 \sqrt{N_v \cdot \eta_a} \tag{30}$$

bestimmen, wo die spezifische Mischleistung N_v die durch das Brennraumvolumen dividierte kinetische Energie des Brennerstrahls

$$N_v = N/V_F = \frac{G_{\text{sec}}}{V_F} \cdot \frac{w_0^2}{2g} \tag{31}$$

bedeutet. Die Größe η_a ist die mittlere dynamische Zähigkeit der Flamme. Demnach läßt sich die Mischzahl als

$$Fo = \frac{1}{K_m\,(Re) \cdot z_a \sqrt{N_v/\eta_a}} \tag{32}$$

angeben. Die Konstante K_m soll dabei von der Reynoldsschen Zahl der Flammenströmung abhängen.

4. Erzeugung der Flammenwirbelung

Die Wärmebewegung der Molekeln ist eine Folge der hohen Temperatur der Flamme. Die Wirbelung der Flammenmasse im Brennraum dagegen muß erzwungen werden. Ihre Aufwirbelung kostet in den weiten Feuerräumen der Großkessel viel Energie, da die Zähigkeit der heißen Rauchgase stark dämpfend wirkt. Durch äußere Eingriffe läßt sich die Wirbelung am einfachsten in der Weise erzeugen, daß man die Verbrennungsluft mit großer Geschwindigkeit in einigen mächtigen Strahlen großen Durchmessers in die Flamme einbläst, um erhebliche Transportwege für Brennstoff bzw. Luft zu erreichen, wobei die später beschriebenen Vorgänge des Zusammenfließens der Einzelstrahlen ausgenutzt werden.

Den Geschwindigkeitsabfall der Luftstrahlen in der zähen Flammenmasse gibt die Abb. 48 [*37, 72*] wieder. Die Reichweite des Strahls ist
seinem Durchmesser proportional. Die früher oft benutzte Auflösung des
Strahles in viele Teilströme ist zu verwerfen, da sie bei derselben Anfangsgeschwindigkeit die Wirbelung der Flamme nur auf die unmittelbare Nähe der Brennermündung beschränkt. Ein Drall des Strahls
vermindert seine Reichweite.

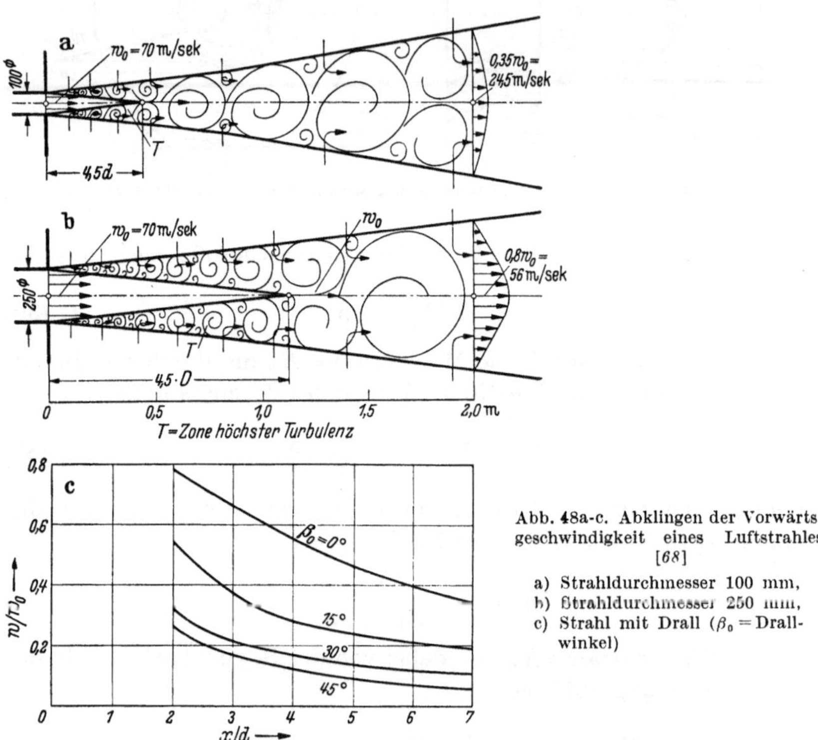

Abb. 48a-c. Abklingen der Vorwärtsgeschwindigkeit eines Luftstrahles
[*68*]

a) Strahldurchmesser 100 mm,
b) Strahldurchmesser 250 mm,
c) Strahl mit Drall (β_0 = Drallwinkel)

Die Aufwirbelung der Flamme von außen ist jedoch nur bei kleineren
Brennräumen völlig wirksam, da zur Erzeugung der Turbulenz in der
Mitte großer Feuerräume wirtschaftlich untragbare Luftgeschwindigkeiten notwendig wären. Die Flamme läßt sich aber bei Kohlefeuerungen
auch durch geeignete Führung des Verbrennungsprozesses aufwirbeln.
Nach dem vorgehenden sind für die Verbrennung der Kohle die endothermen Reaktionen

$$C + CO_2 \quad \rightarrow 2\,CO \qquad -41{,}3\ \text{kcal} \qquad\qquad (1^*)$$

$$C + H_2O \quad \rightarrow H_2 + CO \quad -31{,}5\ \text{kcal} \qquad\qquad (2^*)$$

$$C + 2\,H_2O \rightarrow CO_2 + 2\,H_2 - 21{,}6\ \text{kcal} \qquad\qquad (3^*)$$

besonders wichtig, bei denen der Kohlenstoff durch die dreiatomigen Gase vergast wird. Bei ihrem Ablauf wird Wärme verbraucht, um die Kohlenstoffatome aus dem Kohlenstoffgitter freizumachen.

Die beiden ersten der genannten Vergasungsreaktionen sind bekanntlich mit einer Verdoppelung des Gasvolumens an der Kohlenoberfläche verbunden, weil eine Molekel des Vergasungsmittels sich in zwei Molekeln des brennbaren Gases spaltet; diese Vergrößerung des Volumens muß kurzzeitig eine örtliche Druckerhöhung bewirken. Die so entstandenen brennbaren Gase verbrennen dicht am Kohleteilchen außen an seiner Grenzschicht, wobei ihr Volumen schrumpft, da bei diesen exothermen Reaktionen die Anzahl der Gasmolekeln kleiner wird, so daß umgekehrt Stellen örtlichen Unterdruckes entstehen. Der vergaste Kohlenstoff und der als Nebenprodukt entstandene Wasserstoff verbrennen dabei nach den Bruttoreaktionen

$$2\,CO + O_2 \rightarrow 2\,CO_2 + 135{,}4\,kcal \qquad (4^*)$$

$$2\,H_2 + O_2 \rightarrow 2\,H_2O + 115{,}6\,kcal, \qquad (5^*)$$

die exotherm sind.

Durch die richtige Lenkung des Verbrennungsprozesses, wobei man die Kohle zuerst vergasen und dann verbrennen läßt, was z. B. mit Hilfe des Zünddreiecks nach Abb. 49 [73] durch getrenntes Einführen des reichen Primärgemisches und der Zweitluft in den Brennraum erzielen kann, ist es möglich, in der Flamme Senken und Quellen der Molekeln zu erzeugen, die sich durch örtliche Unter- bzw. Überdruckzonen kennzeichnen. Da nun die Gase diese Druckunterschiede auszugleichen suchen, indem sie von den Überdruckstellen in die Unterdruckstellen fließen, entsteht ein zusätzlicher Impuls für die Mikroturbulenz in der Flamme. Ähnlich

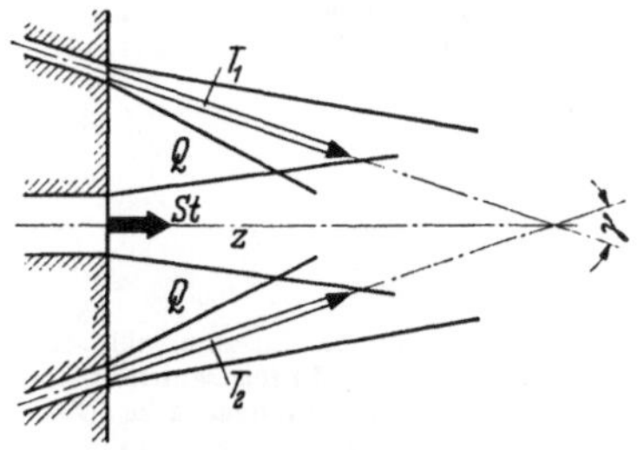

Abb. 49 Zünddreieck [73].
St Staubgemisch, T Treibstrahlen, Q Bereich der Wärmezufuhr aus dem Brennraum, Z Zündbereich

muß auch die plötzliche Vergrößerung des Volumens des Erstgemisches nach seiner Zündung wegen seiner Erwärmung wirken.

Die starke Wirbelung soll die toten Ecken des Brennraumes mit Flamme ausfüllen. Die Flamme wird bis an die Wände des Brennraumes hingedrückt, wodurch der sonst entlang der Wände abwärtsströmende Umschlag aus ausgebrannten Gasen beseitigt werden kann. Die dabei entstehenden Massenkräfte verursachen eine Erhöhung der relativen Geschwindigkeit der noch nicht vergasten Kohlekörner in der Flamme.

5. Zusammenfließen der Einzelstrahlen

Nach erfolgtem Zünden muß man jede zur Verlängerung der Flamme
führende Verzögerung des Mischens der Gemisch- bzw. Luftstrahlen
ausschließen. Zu solchen Erscheinungen gehört das ungeeignete Zusammenfließen der Einzelstrahlen, dessen Wesen in Abb. 50 dargestellt
ist. Seine Ursache liegt in den instationären Wirbelerscheinungen,
wodurch Druckunterschiede quer zur Strömungsrichtung entstehen,
durch deren Ausgleich ein Ineinander- oder Auseinanderfließen der
Strahlen stattfindet und das symmetrische Strömungsfeld entartet [74].

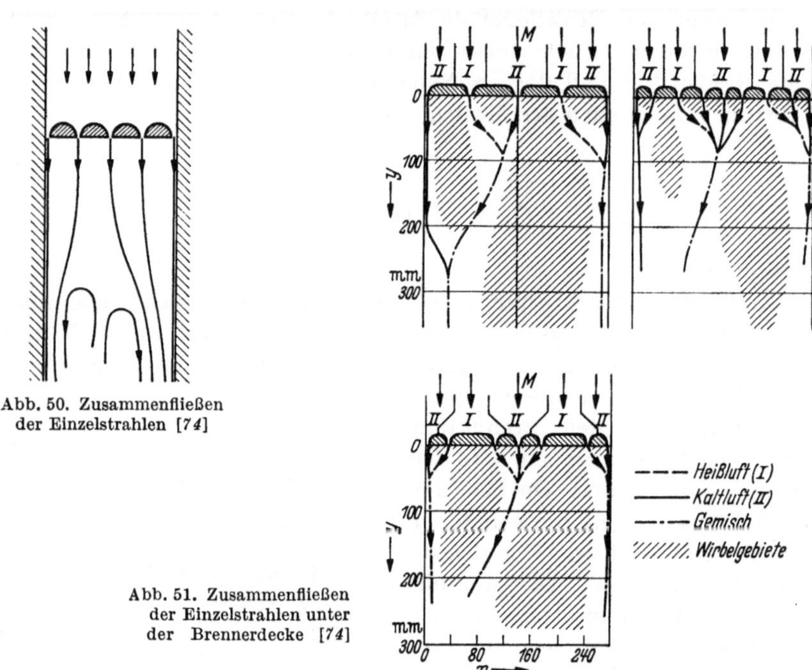

Abb. 50. Zusammenfließen
der Einzelstrahlen [74]

Abb. 51. Zusammenfließen
der Einzelstrahlen unter
der Brennerdecke [74]

Die Auswirkung der eben beschriebenen Erscheinung sieht man z. B.
an den Deckenbrennern, bei denen die Öffnungen in der Feuerraumdecke abwechselnd dem Einblasen von Kohlenstaubgemisch und von
Zweitluft dienen. Wie sich die Art ihrer Einführung auf die Symmetrie
der Strahlwege auswirkt, zeigt das Kaltluft-Heißluft-Modell in Abb. 51;
die Heißluft ist hier mit I, die Kaltluft mit II bezeichnet. Durchmessen
des Temperaturfeldes unter dem oberen Düsengitter läßt den Verlauf
der Strömungslinien erkennen. Die beiden oberen Ausführungen mit in
fast regelmäßigen Abständen angeordneten Düsen zeigen ein durch
Ineinanderfließen bedingtes unsymmetrisches Strömungsbild, da der

Heißluftstrahl I sich einmal zum mittleren Kaltluftstrahl, ein andermal zum kalten Randstrahl ablenkt und mit ihm vereinigt. Die entstandenen Wirbelfelder stabilisieren dabei die unerwünschte Asymmetrie. Insbesondere bei der linken Ausführung ist das Durchmischen erst in großem Abstand vom Gitter vollendet. Das Zusammenziehen von Kalt- und Heißluftdüsen zu ausgeprägten, voneinander entfernten Gruppen beseitigt das Ineinanderfließen zwar nicht, es sichert aber das Mischen der zugehörigen Strahlen infolge ihres Ineinanderfließens näher am Gitter. Die mächtigen Strahlen mit großem Impuls ziehen dabei die Nachbarstrahlen mit kleinerem Impuls an sich, wobei die schwächeren Strahlen um so stärker abgelenkt werden, je kleiner ihre Bewegungsgröße ist.

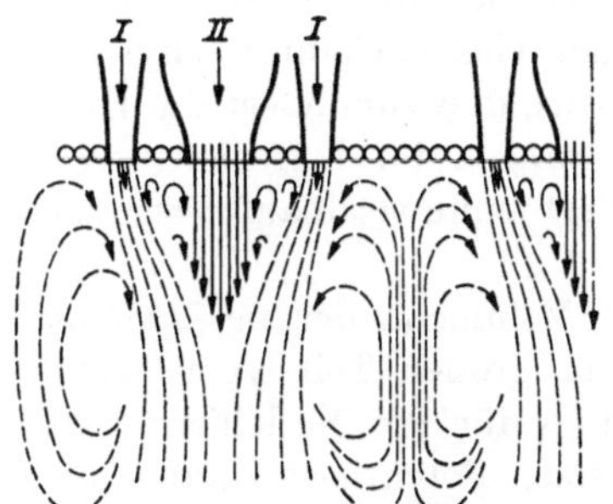

Abb. 52. Richtige aerodynamische Auslegung des Schlitzbrenners [74].
I = Erstgemisch, II = Zweitluft

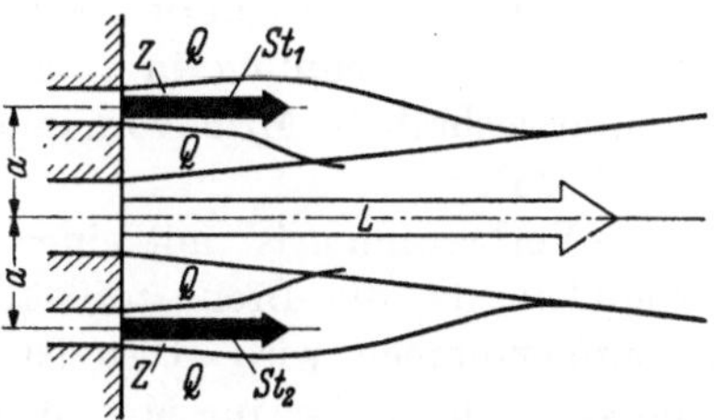

Abb. 53. Theorie der Mischung bei gebündeltem Luftstrahl [75]

St Staubgemisch, *L* Zweitluft, *Q* Wärmezufuhrbereich aus dem Feuerraum, *Z* Zündbereich

Eine richtige Ausbildung eines als Deckenbrenner ausgeführten Strahlenbrenners zeigt die Abb. 52. Hier wird die Zweitluft in mächtigem Strahl in die Brennermitte eingeblasen, wobei die beiden Gemischdüsen seitlich von ihm stehen. Das zwischen zwei Brennern sich ausdehnende Wirbelfeld aus heißen Rauchgasen sichert dabei die rasche Zündung der Gemischstrahlen vor ihrer Vereinigung mit der Zweitluft. Den Brennerabstand a muß man deshalb möglichst groß bemessen, um die Zufuhr möglichst großer Mengen von brennenden Gasen zum Gemisch zu ermöglichen.

Eckenbrenner sind insofern gut, als die einzelnen Brennergruppen in den weit voneinander entfernten Ecken angebracht sind und sich gegenseitig wenig beeinflussen können. Wie sich dabei der Mischvorgang gestaltet, wenn die Zweitluft in der Mitte eingeführt wird, veranschaulicht die Abb. 53 [75]. Nach intensiver Vermischung gehen die beiden Gemischstrahlen in der Zweitluft auf, nachdem sie durch ihre Turbulenz in ihr Wirbelfeld eingezogen wurden.

6. Strömungsmodellversuche

Die Größe und die Form des Feuerraumes sind für die Strömungsverhältnisse in der Flamme von Wichtigkeit. Sie beeinflussen die Ausnutzung des Brennraumes beim Verbrennungsvorgang sowie den Verlauf des Temperaturfeldes und damit auch die Austrittstemperatur der
Rauchgase.

Die Modelluntersuchungen zeigen den Flammenweg durch den Brennraum, so daß man sofort die von Totwirbeln bzw. Rückströmungen ein-
genommenen Brennraumpartien erkennt und über die Ausfüllung des
Brennraumes mit aktiver Flamme ein Bild gewinnen kann. Obwohl die
Ähnlichkeitsgesetze für Feuerungsvorgänge bisher noch nicht völlig
geklärt sind, leisten die isothermen Modelle, in denen man die
Strömungsvorgänge im kalten Wasser oder Gas nachahmt, eine gute
Hilfe. Man geht hier von der Auffassung aus, daß zumindest die Hoch-
temperatur-Verbrennung in großen Feuerungen im Diffusionsbereich
liegt und deshalb die Mischvorgänge den Verbrennungsablauf bestimmen
[76, 77, 78].

Die Verbrennung ist mit einer starken Volumenänderung [298, 299]
verbunden, da die Brennstoffwärme zum großen Teil vom Rauchgas aufgenommen wird. Dies ist allerdings für die Modellierung ein
Hindernis; denn die im Modell vorliegende Potentialströmung setzt
eine homogene Flüssigkeit voraus, deren Dichte nur eine Funktion vom
Druck allein sein darf. Der Großteil des Staubes brennt allerdings in der
unmittelbaren Brennernähe ab, und nur ein kleiner Anteil benötigt zum
Ausbrennen den ganzen Brennraum. Die zu vergleichenden Strömungen
stimmen also am Anfang des Brennweges nicht ganz überein. Aber schon
unweit vom Brenner stellen sich näherungsweise konstante Volumenver-
hältnisse ein, so daß in den nachfolgenden Brennraumpartien mit ausreichender Genauigkeit Modellversuche mit volumenbeständigen Stoffen
wie Luft oder Wasser sich anwenden lassen. Deshalb sind die Strömungsverhältnisse in der oberen Feuerraumhälfte und in den Kesselzügen der
visuellen Beobachtung am Modell zugänglich.

Die Strömungsvorgänge im Brennraum liegen im Bereich turbulenter
Strömung und sind durch auf Axialgeschwindigkeit bezogene Reynolds-
sche Zahlen in der Größenordnung von 10^5 gekennzeichnet. Da diese
Kennzahl das Verhältnis der Trägheits- zu den Zähigkeitskräften darstellt, so nähert sich der Strömungsverlauf oberhalb Re = 100 000 weitgehend dem Charakter einer reibungslosen Flüssigkeit. In diesem großen
Abstand von der kritischen Reynoldszahl bringt also eine selbst in der
Größe einer Zehnerordnung liegende Verkleinerung bzw. Vergrößerung
von Re keine qualitativen Änderungen im Strömungsbild mit sich. Das
hat den Vorteil, daß man beim Modell und bei der Großausführung

dieselbe Reynolds'sche Zahl nicht ganz genau einzuhalten braucht, was die Technik des Versuches manchmal wesentlich erleichtern kann.

Die praktische Unabhängigkeit des Strömungsbildes von den Zähigkeitskräften gestattet es in geräumigen Brennräumen die Rauchgasströmung als Potentialströmung aufzufassen. Bei dieser ist nämlich die Superposition zulässig, d. h. man kann die Gesamtströmung durch Überlagerung von Teilströmungen aufbauen und umgekehrt die Gesamtströmung in einfache Teilströmungen zerlegen, was vornehmlich bei Betrachtungen über dreidimensionale Strömungen besondere Vorteile bringt [298].

7. Die Brennraumgestalt und die Mischvorgänge

Für geordnete Strömungsverhältnisse sind die kleinräumigen Zyklonfeuerungen am besten. In Abb. 54 ist angedeutet, wie die Rauchgase im Zyklon strömen. Sie bewegen sich schraubenförmig von der letzten Brennerzone an der Kesselwand längs der Zyklonwand zur Zyklonspitze zurück, wo sie umkehren und durch die Zyklonmitte zur Austrittsöffnung abströmen. Der aus der letzten Brennerzone abziehende Gemischstrom hat den längsten Brennweg, und deshalb wird dort der Zündbrenner bzw. der Brüdenbrenner angeordnet. Die stabile Zündung des grünen Erstgemisches ist dabei nicht nur durch den Kontakt mit den glühenden Zyklonwänden sowie durch die Mischung mit dem mittleren heißen Flammenkern gesichert, sondern auch durch Berührung mit dem Strom aus benachbarter Brennerzone.

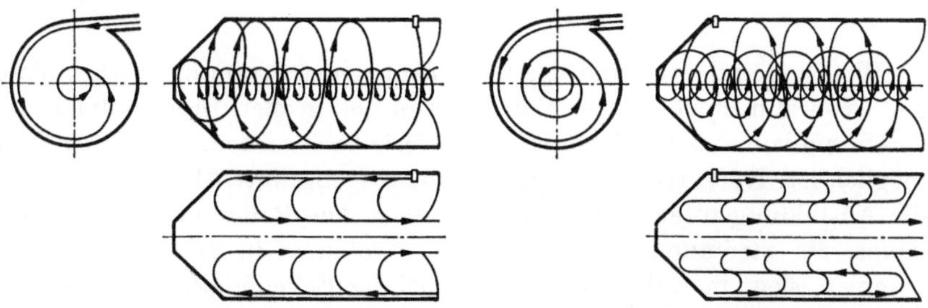

Abb. 54. Flammenweg im Zyklon [70]   Abb. 55. Mehrschichtiger Flammenweg
im Zyklon [70]

In Abb. 55 ist nach [70] der Zustand erfaßt, wenn die Rauchgase durch den Zyklon von hinten nach vorn mehrmals durchlaufen. Die Kurven beweisen deutlich die Aufteilung des Zyklonraumes in mehrere konzentrische Ringräume mit Längsströmung in umgekehrter Richtung. Zwischen diesen nacheinander durchströmten Ringräumen entstehen die Grenzflächen, an denen die Längsgeschwindigkeit ihr Vorzeichen ändert.

Nach [67] trägt es wesentlich zum erfolgreichen Abschluß des Verbrennungsvorganges im Zyklon bei, wenn ein großer Teil des Zyklonvolumens mit Zonen mit steilen Geschwindigkeitsgradienten ausgefüllt ist, die nach [29] eine intensive Mischung der ganzen Flammenmasse hervorrufen.

Die Abb. 56 erfäßt die Druckverteilung im Zyklon [51]. Infolge der hohen Fliehkräfte entsteht das Druckmaximum an den Zyklonwänden, während in der Zyklonmitte ein Druckminimum liegt. Das führt nach einer früheren Abb. 47 eventuell dazu, daß die Rauchgase aus dem Zyklon in einem schmalen Ring längs der Kragenwände heraustreten, während sie durch die Mitte der Öffnung aus dem Nachbrennraum zurückgesaugt werden.

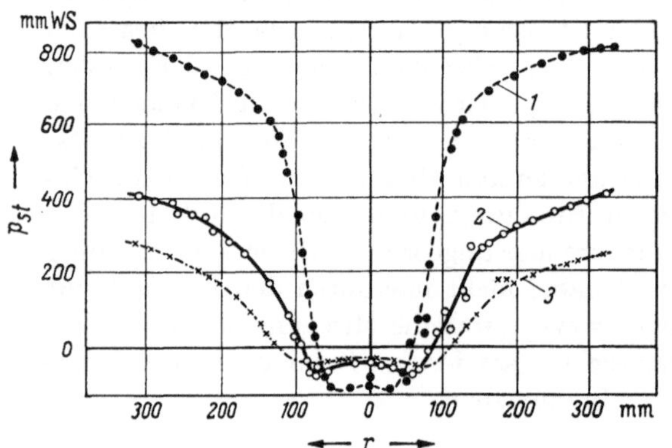

Abb. 56. Druckverteilung im Zyklon-Innern [51]
1 - d/D = 0,3, 2 - d/D = 0,4
3 - d/D = 0,5
(d/D = Verhältnis von Durchmesser der Austrittsöffnung zum Zyklondurchmesser

Weniger eindeutig sind die fast chaotischen Strömungsverhältnisse der Großraum-Feuerungen. Man kann in den großen Brennräumen die Strömung von außen her nur sehr schwierig beherrschen, so daß es kaum möglich ist, Rückströmungen der schon ausgebrannten Rauchgase bzw. die Ausbildung toter Ecken zu verhindern. Die Bemühung der Kesselbauer, die Strömungen im Brennraum trotzdem in die Hand zu bekommen, sieht man deutlich am Beispiel der Eckenfeuerung. Falls man sie beim Brennraum mit ungefähr quadratischem Grundriß anwendet, kann man nach Abb. 57 die einzelnen Ströme des Erstgemisches sowie der Zweitluft auf den Umfang eines fiktiven Brennerkreises richten, den man um die Feuerraummitte beschreibt. Man sucht dadurch die Flamme in Drehung um die senkrechte Brennraumachse zu versetzen, wodurch man die Ausbildung der relativen Bewegung zwischen Kohleteilchen und Luft unterstützen will. Gleichzeitig will man auch eine bessere Ausfüllung des Brennraumes mit der Flamme erzwingen, da die durch die Drehung entstehenden Fliehkräfte die Flamme auch in die Brennraumecken und an die Brennraumwände drücken. Die vollkommene Ausfüllung des Brennraumes mit der Flamme ergibt dann auch eine gleichmäßigere Wärmebelastung der Brennraumwände ohne örtlich überlastete Stellen.

Um den Einfluß der Brennraumgestalt auf den Verbrennungsablauf irgendwie bewerten zu können, sucht man neben den früher angeführten dimensionsbehafteten Vergleichszahlen, wie Raumbelastung bzw. spezi-

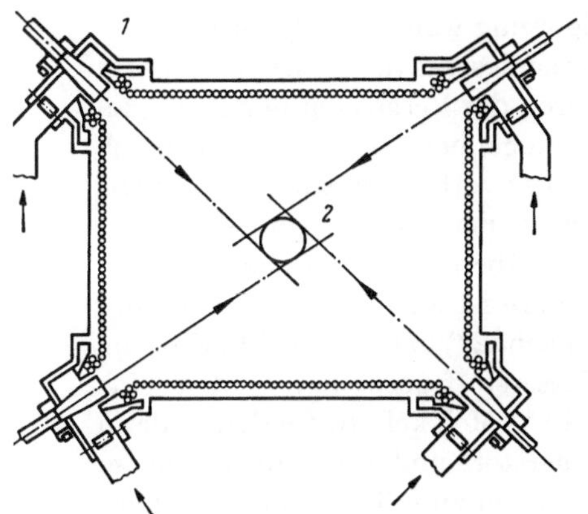

Abb. 57. Schema einer Eckenfeuerung mit imaginärem Mittelkreis [41] *1* Brenner, *2* Brennerkreis

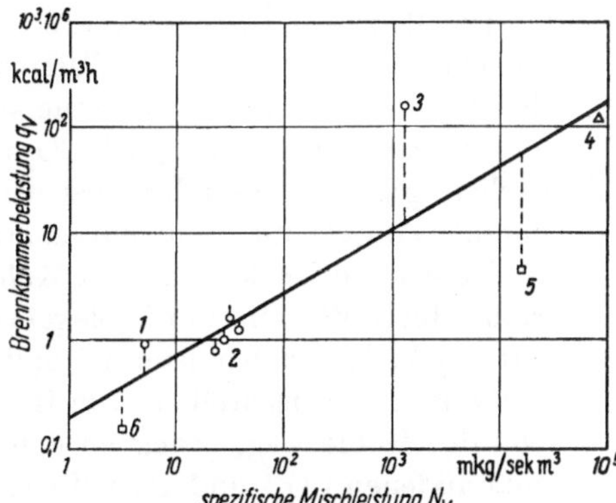

Abb. 58. Vergleich der Mischgüte bei einzelnen Feuerungsarten
1, 2, 3 und *4* Ölfeuerungen, *5* Zyklonfeuerung, *6* Kohlenstaub-Großraumfeuerung

fischer Wärmefluß durch die Brennraumwand sowie Formfaktor, dimensionslose Kennzahlen zu finden, die aus der Größe und Form des Brennraumes auf den zeitlichen Ablauf der Mischvorgänge schließen lassen. Nach [76] eignet sich dazu die frühere Mischkennzahl

$$Fo = L^2/A \cdot z_a. \tag{33}$$

In Abb. 58 ist für eine konstante Kennzahl $Fo \cdot K_m$, die einer Ölfeuerung für Heizungskessel entspricht, eine für verschiedene spezifische Mischleistungen aus Gl. (33) berechnete Kurve aufgetragen, wobei angenommen wurde, daß die Raumbelastung sich zur Brennzeit umgekehrt proportional verhält. Die Kurve besagt, daß die Kohlefeuerungen einschließlich der Zyklonfeuerung im Hinblick auf das Mischen den Ölfeuerungen unterlegen sind, da die unter Aufwand einer bestimmten Mischleistung erzielten Raumbelastungen tief unter der Kurve in Abb. 58 liegen, was indirekt die aus dem Diagramm Abb. 45 [67] gezogenen Folgerungen über die Möglichkeit der weiteren Intensivierung der Verbrennungsvorgänge bei Kohlefeuerungen bestätigt.

8. Wasserdampf als Verbrennungskatalysator

Die endothermen Reaktionen (1*) bis (3*), die durch die hohe Temperatur der Flamme ermöglicht werden, verbrauchen einen Teil der durch Verbrennung freigewordenen Wärme. Demzufolge wird die Mineralsubstanz der Kohleteilchen in dieser Vergasungsperiode nur mäßigen Temperaturen ausgesetzt, solange sie sich im Kontakt mit dem reagierenden Brennbaren befindet. Erst wenn das Brennbare verschwunden ist, schmilzt die verbleibende Asche, so daß der Einschluß von Brennbarem in eine Schlackenhülle wenig wahrscheinlich ist.

Die Bedeutung der erwähnten Vergasungsreaktionen ist auch darin zu sehen, daß sie bei hohen Temperaturen die Vergasung der Kohle an den Stellen ermöglichen, wo Sauerstoffmangel herrscht und wo demnach als Vergasungsmittel lediglich CO_2 und H_2O vorhanden sind. Und solche Stellen gibt es besonders bei Großraum-Feuerungen immer, zumal dann, wenn sie mit dem minimalen Luftüberschuß betrieben werden.

Neben den Reaktionen mit Kohlensäure ist auch der Vergasung der Kohle durch Wasserdampfmolekeln die nach (2*) bzw. (3*) bei Berührung mit der Kohle in Kohlenoxyd und Wasserstoff gespalten werden, eine große Rolle zuzuschreiben. Die H_2- und CO-Molekeln diffundieren dann von der Kohle weg, begegnen dem Sauerstoff und verbrennen. Die so entstandenen CO_2- und H_2O-Molekeln kehren zum Teil zum Kohlekorn zurück, wo sie weitere Kohlenstoffatome abbauen. Dieser Vorgang wiederholt sich bis zur vollständigen Vergasung der Kohle.

Die Vergasung des Kohlenstoffes mit Wasserdampf geht schneller vor sich als ihre Vergasung mit CO_2. Nach Tab. 5 ist die molekulare Geschwindigkeit des Wasserstoffes ungefähr 3,7mal größer als die des CO. Ihre Diffusionskonstante ist sogar 7,5mal größer, da die Wasserstoffmolekeln einen längeren freien Weg besitzen.

Tabelle 5. Einige physikalische Konstanten für Gase

Gas	Molekulargeschwindigkeit u_a m/sek.	Freier Weg m · 10^8	Diffusionskonstante D m²/sek.	Temperaturleitzahl a m²/sek.
H_2	1838	17,8	109	136
H_2O	615	7,2	14,8	263
CO	493	9,5	15,6	18,1
CO_2	393	6,5	8,5	8,9
O_2	461	10,2	15,7	18,6

Auch die Molekulargeschwindigkeit des Wasserdampfes ist rund 1,5mal größer als jene der Kohlensäure. Es kann deshalb in der gleichen Zeit eine Wasserdampfmolekel mehr Kohlenstoffatome vergasen als eine CO_2-Molekel, die außerdem dazu noch mehr Reaktionswärme benötigt. Die große Beweglichkeit des Wasserdampfes und des Wasserstoffes ist die Ursache dafür, daß die Anwesenheit von Wasserdampf in der Flamme die Verbrennung in so hohem Maß beschleunigt.

Die Vergasungsvorgänge nach (1*) bis (3*) erklären, warum es bei den ungeheuren Volumina der Luft und den riesigen Feuerraumabmessungen in der kurzen für die Verbrennung zur Verfügung stehenden Zeitspanne überhaupt möglich ist, die Kohle mit so hohem Wirkungsgrad zu verbrennen. Die vergaste Kohle in der Form von CO bzw. H_2 hat viel bessere Voraussetzungen für die Verbrennung als fester Kohlenstoff, da sich die CO-Molekeln im Brennraum mit großer Geschwindigkeit bewegen und deshalb ihr Zusammenstoß mit Sauerstoff wahrscheinlicher ist als bei den im Rauchgas passiv schwebenden Kohlenstoffkörnern.

Wegen der katalytischen Wirkung des Wasserdampfes ist z. B. bei den Schwebefeuerungen die Einführung der Brüden in den Brennraum wünschenswert, wenn sie nicht infolge der Verdünnung der Flamme durch die Menge des Wasserdampfes eine zu große Senkung der Verbrennungstemperatur herbeiführt, die sich nicht durch andere Mittel, wie z. B. durch höhere Luftvorwärmung, aufheben läßt, oder wenn sie, wie z. B. bei den Schmelzfeuerungen, die Höhe der Minimallast mit Schmelzfluß bedroht. Der schnellere Ablauf des Verbrennungsvorganges kann sonst Gewinne an Verbrennungstemperatur bis zu 100° C bewirken [79, 80].

Andere Verhältnisse liegen bei den Ölfeuerungen vor, bei denen man wegen schneller Zündung und Verbrennung die Luft in die unmittelbare Nähe des Öltröpfchens bringen muß. Die Öltröpfchen brauchen eine ausreichende Temperatur an ihrer Oberfläche, damit die Teilverdampfung und Krackung eintreten kann, die das einzelne Tröpfchen immer ärmer an Wasserstoff macht, bis zuletzt das stark strahlende Kohlenstoffskelett in der Flamme verbleibt. Die notwendige Verbrennungsluft muß eine ausreichende Relativgeschwindigkeit besitzen, damit sie die H_2O- bzw. CO_2-Hülle von der Tröpfchenoberfläche dauernd entfernt und das Tröpfchen mit Sauerstoff versorgt.

In Hinsicht auf den Feuchtigkeitsgehalt ist zu erwähnen, daß die Wasserdämpfe, wie es z. B. bei den Injektionsbrennern mit Dampfzerstäubung der Fall ist, den Schwärzegrad der Flamme stark beeinflussen. Vor allem wird der Dampf in der Ölflamme dissoziiert, so daß die Temperatur im Flammenkern absinkt. Andererseits wird die Flamme entleuchtet, da bei der Spaltung von H_2O der Sauerstoff im Flammenkern die Kohlenstoffmolekeln bindet, die verbrennen, was den Rußgehalt der Flamme erniedrigt und damit auch ihr Strahlungsvermögen senkt.

II. Verbrennungsluft

1. Luftvorwärmung

Die hohe Speisewasservorwärmung mittels Anzapfdampf beseitigt die Möglichkeit, die Abgase im Speisewasservorwärmer tief abzukühlen. Damit bleiben allein die Luft und der verfeuerte Brennstoff die einzigen Medien, an welche die Abgase ihre Wärme abgeben können, bevor sie in den Schornstein abziehen. Die unmittelbare wirtschaftliche Folge der Luftvorwärmung ist also die Senkung des Abgasverlustes, der sonst um einige Prozent höher wäre [64].

Die Luftvorwärmung gestattet es, die in den Abgasen enthaltene Wärme wenigstens zum Teil aufzuwerten. Es ist ja bekannt, daß die mit der Warmluft in die Feuerung zurückgeführte Abwärme dort als Nutzwärme in voller Höhe verfügbar wird, da eine Kalorie des Wärmegehaltes der Luft einer Kalorie der im Brennstoff gebundenen Wärme gleichwertig, ja sogar überlegen ist, weil von der Brennstoffwärme infolge der Verluste ein Teil nicht genutzt wird [82]. Die Luftvorwärmung hat deshalb bei Verfeuerung von heizwertarmen, minderwertigen Brennstoffen besondere Bedeutung, da sie den kalorischen Wert verbessert. Die Luftvorwärmer sind ähnlich wie z. B. die Mahlanlage als untrennbarer Bestandteil der Feuerung zu behandeln.

Der Vorteil der Luftvorwärmung offenbart sich auch darin, daß die Luftvorwärmung den Temperaturpegel der Rauchgase hebt, so daß für den Wärmeaustausch im Kessel kleinere Heizflächen ausreichen. Damit vermindern sich die druckführenden Teile des Kessels, deren Preis ein Mehrfaches der billigen Luvoheizfläche ausmacht.

Die Luftvorwärmung hat auch die Anwendung der Schmelzfeuerungen möglich gemacht, da ohne Luftvorwärmung die Erreichung sehr hoher Flammentemperaturen kaum möglich wäre. Hier erniedrigt die hohe Luftvorwärmung die Zähigkeit der Schlacke und senkt die Minimallast mit Schmelzfluß, so daß man im Kohlenprogramm nicht so ängstlich auf das Schmelzverhalten der Kohle zu achten braucht. Die durch Luftvorwärmung bedingte höhere Flammentemperatur verbessert auch die Ausnutzung der Schmelzraumwände hinsichtlich der Dampferzeugung, da die Schlackenschicht dünner wird und mehr Wärme durchläßt.

Die warme Luft kann man auch zum Trocknen der Kohle verwenden, falls es sich um Steinkohlen mit niedrigem Wassergehalt handelt, bei denen keine Explosionsgefahr droht. Mittelbar wirkt sich die Luftvorwärmung auf den Kesselwirkungsgrad durch den kleineren Verlust an Unverbranntem aus, indem die höhere Lufttemperatur die Zündung und die Verbrennung der Kohle beschleunigt und den Ausbrand verbessert.

Allerdings bringt die Luftvorwärmung neue Ansprüche an den Kesselaufbau mit sich. Man braucht nicht nur den eigentlichen Luftvorwärmer, sondern man benötigt zum Durchdrücken der Luft durch den Luvo ein Gebläse, da der natürliche, durch den Schornstein erzeugte Zug nicht mehr ausreicht. Der Luftvorwärmer, besonders wenn er als Rekuperator ausgeführt ist, beansprucht viel Raum, da der Wärmeaustausch im Luvo wegen des geringen Temperaturgefälles und der kleinen Wärmedurchgangszahl wenig intensiv verläuft.

Bei den Großkesseln gibt es heute keinen großen Unterschied in der Lufttemperatur für die Trocken- oder die Schmelzfeuerung. Bei beiden Feuerungsarten arbeitet man meistens mit 300 bis 400° C warmer Luft, ohne daß Verschlackung die Betriebstüchtigkeit der stark ausgekühlten Feuerung beeinträchtigt. Die derzeitigen hohen Lufttemperaturen sind weniger durch die Kohlenbeschaffenheit, als durch die heutigen hohen Speisewassertemperaturen sowie durch die verlangten niedrigen Abgastemperaturen bedingt. Man wendet deshalb hohe Luftvorwärmung auch bei Öl- und Gasfeuerungen an. Im Verbundbetrieb mit mehreren Brennstoffen ist die Lufterwärmung dem zündschwierigsten Brennstoff anzupassen [55].

Noch bis vor kurzem wurde die Luft ausschließlich in den abgasbeheizten Luvos am Kesselende vorgewärmt. Bei hoher Lufttemperatur wurde der Luvo oft in zwei Stufen aufgeteilt, wobei in den Raum zwischen den Luvostufen der Speisewasservorwärmer geschaltet wurde. Die Lufttemperatur hinter der ersten Luvostufe stimmte dabei größenordnungsmäßig mit der Speisewassertemperatur überein. Die bei einstufiger Luftvorwärmung höchstens erreichbare Lufttemperatur ist in Abb. 59 als Funktion der Abgastemperatur sowie des Verhältnisses der Wasserwerte der Luft und der Abgase aufgetragen.

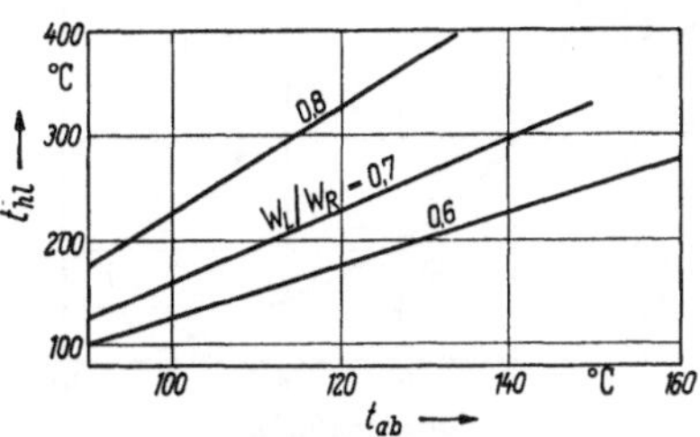

Abb. 59. Zusammenhänge zwischen der Abgastemperatur, dem Wasserwertverhältnis von Luft- zu Rauchgasmenge und der im einstufigen Luvo erreichbaren Lufterwärmung [26]

Bei herkömmlichen Anlagen wird die Luft vor ihrem Eintritt in den abgasbeheizten Luvo häufig mittels Dampf vorgewärmt [83], und zwar mittels Abdampf, der von der Turbine abgezapft wird; bei Schmelzkesseln eignet sich zu diesem Zweck auch der durch Schlackenwärmeausnutzung erzeugte Dampf. Die Luftvorwärmung im Dampfkalorifer ist allerdings gering, fast immer unter 50° C, weil man durch diese Maßnahme weniger die Verbesserung des thermischen Wirkungsgrades

der Anlage als die Verhinderung von Taupunktkorrosion in den Winter-
monaten bezweckt. Auch beim Anfahren des kalten Kessels bringt der
dampfbeheizte Luftvorwärmer Vorteile.

2. Luftüberschuß

Die Entwicklung hoher Verbrennungstemperaturen wird bei Trocken-
und in noch stärkerem Maße bei Schmelzfeuerungen neben der Anwendung hoher Luftvorwärmung auch durch minimalen Luftüberschuß
gefördert. Während hohe Lufttemperatur die Geschwindigkeit der
Wärmentbindung begünstigt, muß man dem die Verbrennung verzögern-
den kleinen Luftüberschuß durch starke Wirbelung der Flamme entgegenwirken.

Dadurch, daß man in die Feuerung mehr Luft einbläst, als für die
Verbrennung der Kohle theoretisch notwendig ist, will man die vollkommene Verbrennung der Kohle erleichtern, weil dadurch noch ein
kleiner Teildruck des Sauerstoffes selbst am Flammenende ermöglicht
wird. Der größere Luftüberschuß vergrößert jedoch den Abgasverlust. Der Luftüberschuß ist deshalb so zu wählen, daß die Summe
der Verluste durch Unverbranntes und durch Abgase ein Minimum
erreicht.

Die Vergrößerung des Luftüber-schusses wirkt auch auf den eigentlichen Verbrennungsvorgang, und zwar in zweierlei Weise. Einmal
verkürzt die höhere Sauerstoff-konzentration die Flamme. Dieser
Einfluß [68] ist in Abb. 60 erfaßt, auf der man sieht, daß die Verkürzung der Brennzeit durch Luft-

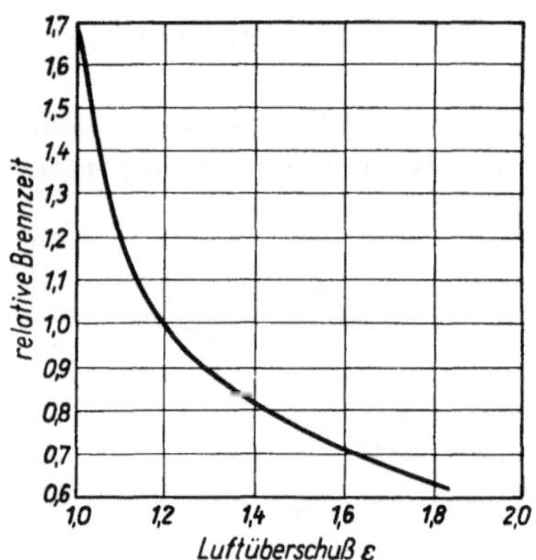

Abb. 60. Einfluß des Luftüberschusses
auf die Brennzeit [68]

zugabe eben im Bereich kleiner Luftüberschüsse am größten ist.
Andererseits wird durch den größeren Luftüberschuß die Flamme verdünnt, so daß die theoretische und auch die tatsächliche Verbrennungstemperatur sinken, was umgekehrt eine Bremsung des Verbrennungsprozesses herbeiführen kann. Der Luftüberschuß, bei dem beide Einflüsse gerade im Gleichgewicht stehen, kann als optimales Luft-
verhältnis betrachtet werden.

Die durch Erfahrung ermittelten optimalen Luftüberschüsse für
verschiedene Brennstoffe und verschiedene Feuerungstypen sind in der
Tab. 6 [81] zusammengefaßt.

Tabelle 6. Optimale Luftüberschüsse [81]

Feuerungsart	Brennstoffart	optimaler Luftüberschuß
Trockenfeuerung	Anthrazitstaub	1,25
	magere Steinkohle	1,25
	fette Steinkohle	1,20
	Braunkohle	1,20
Mühlenfeuerung	Braunkohle	1,25
Schmelzfeuerung	Anthrazit	1,20
	Steinkohle	1,15
	Braunkohle	1,15
Zyklonfeuerung	alle Kohlensorten	1,05
Ölfeuerung	Schweröl	1,15
Gasfeuerung	Erdgas	1,15
	Gichtgas	1,15

III. Asche und Schlacke

1. Ballast im Brennstoff und Aschenzusammensetzung

Die verfeuerten Brennstoffe enthalten neben dem Brennbaren noch den aus Asche und Feuchtigkeit bestehenden Ballast. Zur besseren Differenzierung der Begriffe werden die in der Kohle im Naturzustand

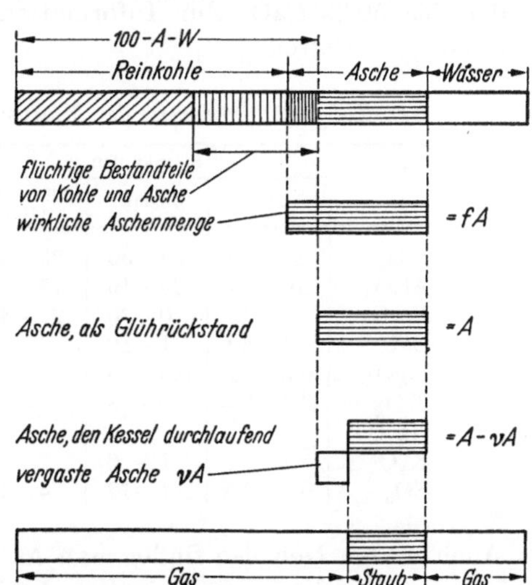

Abb. 61. Umwandlung der Kohle in Verbrennungsprodukte [43]

vorkommenden anorganischen Stoffe als ihre Mineralsubstanz bezeichnet. Bei der Veraschung der Kohlenprobe in der Kurzanalyse verwandelt sich die Mineralsubstanz bei $775 \pm 25°$ C durch Verlust einiger ihrer

Komponenten in Asche. In der wirklichen Feuerung bleibt als fester Rückstand die mehr oder weniger zusammengeschmolzene Schlacke, die im Brennraum Temperaturen von über 1000° C ausgesetzt war.

Die Zusammensetzung der Kohle und ihrer Verbrennungsrückstände ist im Diagramm Abb. 61 [43] aufgezeichnet. Man sieht, daß die durch Kurzanalyse festgestellte Aufteilung der Kohlebestandteile mit der Kohlenzusammensetzung im Naturzustand nicht übereinstimmt, da ein Teil der Mineralsubstanz bei der Verbrennung verflüchtigt wird. Der flüchtig gewordene Aschenanteil ist in der ersten Säule des Diagramms durch Gitterschraffur angedeutet, während die zweite Säule die echte Größe der Mineralsubstanz zeigt. Diese Menge kann durch Multiplizieren des durch Kurzanalyse festgestellten Aschengehaltes der Kohle mit dem Aschenfaktor f gefunden werden, dessen Größe zwischen 1,07 und 1,15 schwankt. In der Hitze des Feuerraumes gehen noch einige weitere Bestandteile der Asche in gasförmigen Zustand über, die nach Abb. 61 (viertes Band von oben) die Größe $v \cdot a$ haben, wobei v sich in der Größenordnung von 0,05 bewegt.

Die Zusammensetzung der Kohlenaschen ist sehr verschieden. Sie ist nicht gleich bei Kohlenmarken aus demselben Revier, ja nicht einmal aus derselben Grube, da die von verschiedenen Flözen derselben Grube geförderte Kohle eine unterschiedliche Mineralsubstanz haben kann. Während in den Steinkohlenaschen die Bestandteile SiO_2 und Al_2O_3 überwiegen, findet man z. B. in den Aschen der rheinischen Braunkohlen bis 50 % CaO. Zur Information gibt Tab. 7 den Anteil der einzelnen Bestandteile [84].

Tabelle 7. Grenzwerte der Analysen von Kohlenaschen

	Steinkohlen			Braunkohlen	
	USA	England	Deutsch-land	Deutsch-land	Böhmen
SiO_2	20—60	25—50	25—46	8—18	40—57
Al_2O_3	10—35	20—40	15—21	4—9	20—36
Fe_2O_3	5—35	0—30	20—45	2—6	5—13
CaO	1—20	1—10	2— 4	25—40	3—10
MgO	0,3— 4	0,5— 5	0,5— 1	0,5— 6	3—10
TiO_2	0,5—2,5	0— 3	—	—	—
Na_2O + K_2O	1— 4	1— 6	—	—	—
SO_3	0,1—1,2	1—12	4—10	0—50	0—10

Auch in den Heizölen findet man Asche, deren Gehalt und Zusammensetzung allerdings von derjenigen der Kohlenaschen sehr verschieden sind. Neben den in der Kohlenasche enthaltenen Bestandteilen findet man in der Ölasche oft noch V_2O_5 (in Form organischer Komplexe) und NiO in größeren Mengen, wie Tab. 8 bestätigt.

Tabelle 8. Analysen von Ölaschen [85]

	Venezuela	Texas	Californien	Mittelost
Aschengehalt % davon	0,01	0,1	0,07	0,03
SiO_2	2,3	1,6	38,8	34,7
Al_2O_3	0,1	0,1	17,3	0,1
Fe_2O_3	1,5	4,3	5,1	8,7
CaO	0,1	2,4	8,7	4,2
MgO	1,9	2,0	1,8	—
$Na_2O + K_2O$	12,4	30,5	9,5	5,0
V_2O_5	63,2	0,7	5,1	21,8
NiO	6,4	1,3	4,4	10,8

2. In der Kohle vorkommende Minerale

Die Natur der Aschensubstanz in der Kohle wirkt sich stark auf den Betrieb sowie auf die Wirtschaftlichkeit der Kesselanlage aus, da sie nicht nur die Wärmeverluste, sondern auch die Reisezeit des Kessels maßgebend beeinflußt. Die große Mannigfaltigkeit der Aschenzusammensetzung hat zur Folge, daß der gleiche Kessel in verschiedenen Kraftwerken bei Verfeuerung verschiedener Kohlen sich vollkommen anders verhält, was die Kesseltypisierung ziemlich erschwert. Es wird deshalb den Mineralen in der Kohle eine immer steigende Aufmerksamkeit gewidmet, da man durch Erforschung der inneren Zusammenhänge zwischen der Zusammensetzung der Asche und den rauchgasseitigen Vorgängen den Kessel auch bei den heute verwendeten aschereichen Kohlen betriebssicher machen will [86, 87, 88].

Tabelle 9.
Beziehungen zwischen chemischer Aschenanalyse und Mineralzusammensetzung [45]

Aschenanalyse	%	mögliche Mineralzusammensetzung	%		
SiO_2	44,00	Ton	95,5	85,7	91,4	85,1
Al_2O_3	27,23	Quarz	0,6	3,1	1,7	3,5
MgO	1,81	Pyrit	1,4	1,5	1,4	—
Fe_2O_3	12,71	Eisenspat	2,5	—	—	2,1
CaO	5,50	Hämatit	—	7,5	3,3	5,4
SO_3	3,75	Kalkspat	—	2,2	—	—
CO_2	5,00	Magnesit	—	—	2,2	2,4
	100,00	org. Schwefel	—	—	—	1,5
			100,0	100,0	100,0	100,0

Aus der chemischen Analyse der im Labor veraschten Kohlenprobe allein läßt sich nicht auf die Zusammensetzung ihrer Mineralsubstanz schließen. Das zeigt die Tab. 9 [45]. Sie beweist überzeugend, daß es bei gegebener Aschenanalyse eine Reihe von Möglichkeiten gibt, wie die festgestellten Oxyde auf die einzelnen Minerale verteilt sein können.

Viele Isomorphien, die vor allem bei Silikaten und Karbonaten vorkommen, ebenso wie die Eigenschaft von Al und Si, substituierend für einander einzutreten, und ferner die Mischkristallreihe von Karbonaten erschweren die Möglichkeit, die ursprüngliche Zusammensetzung der Minerale in der Kohle festzustellen. Dazu bedarf es einer Reihe von weiteren physikalischen Untersuchungen, wie Mikroskopie, Röntgenographie, Differentialthermoanalyse usw., aus denen sich erst die Natur der in der Kohle vorkommenden Minerale ermitteln läßt.

Die Untersuchungen zeigen allerdings, daß die Tonminerale in der Steinkohle vor allem aus Illiten ($2 K_2O \cdot 3 MeO \cdot Al_2O_3 \cdot 24 SiO_2 \cdot 12 H_2O$) und seltener aus Kaolinit $2 SiO_2 \cdot Al_2O_3 \cdot 2 H_2O$ bzw. Montmorillonit $Al_2O_3 \cdot 4 SiO_2 \cdot nH_2O$ bestehen. Der reine Quarz (SiO_2) dagegen ist in der Mineralsubstanz sehr selten. Eisensulphid FeS_2 kommt in zwei mineralogisch verschiedenen Formen, nämlich als Pyrit und als Markasit vor. Auch die Karbonspate, wie Eisenspat ($FeCO_3$), Ankerit ($CaFe(CO_3)_2$), Kalkspat ($CaCO_3$) und Dolomit ($CaMg(CO_3)_2$) werden in der Mineralsubstanz der Kohle oft gefunden.

Das beim Abbau in die Kohle gelangende Nebengestein besteht bei Steinkohlen aus Schieferton (überwiegend Illit), Sandstein und Quarzit, wobei den Hauptbestandteil der beiden letzten Quarz bildet.

Das in der Asche rheinischer Braunkohlen in großen Mengen vorkommende Kalzium ist zum Teil organischer Herkunft, da im Unterschied zur Steinkohle die anorganische Substanz der Braunkohle in hohem Maße in organischer Bindung vorliegt. Das Kalzium ist an die Karboxylgruppen der Humussäuren gebunden, wobei es als Kalziumhumat auftritt. Das Kalzium ist da allerdings auch in anorganischen Verbindungen anwesend, wie z. B. im Kalkspat, Gips, Dolomit und Phosphorit.

3. Erhitzen und Schmelzen der Asche

Einschneidende Änderungen in der Mineralsubstanz verursacht die Erhitzung der Kohle. Es wird erstens das Hydratwasser ausgetrieben. Ferner werden auch die wenig beständigen Minerale zersetzt, was z. B. bei den Karbonaten und bei höheren Temperaturen auch bei Sulphiden, Sulfaten und Chloriden der Fall ist. Damit nimmt nicht nur das Gewicht der Mineralsubstanz in der Kohle ab, sondern es ändert sich auch ihre chemische Zusammensetzung.

Die in der Flammenhitze entstehende Schlacke wird durch eine große Anzahl einzelner Aschenteilchen gebildet, die zu einer homogen aussehenden, glasigen Masse zusammengeschmolzen sind. Diese besteht aus Schlackenglas, in dem in wechselnder Menge typische Minerale auftreten können [84]. Die unter sich reagierenden Aschenbestandteile bilden neue Eutektika mit niedrigem Schmelzpunkt, die in sich weitere schwerschmelzende Aschenkomponenten auflösen. So zeigt z. B. die Differentialthermoanalyse, daß sich in dem in der Steinkohlenasche häufig vorkommenden Illit nach Austreiben seines Hydratwassers im Temperaturbereich zwischen 850 und 1200° C Spinelle (kubisch-kristallisierte Magnesium-Eisen-Aluminate) bilden, während die Alkalien und SiO_2 zusammen mit dem restlichen Al_2O_3 die glasige Masse erzeugen. In diesem Schlackenglas, das die Hauptmenge der Schlacken ausmacht, da sie bis 50 % SiO_2 enthalten, lösen sich die Spinelle bei 1300° C auf. Ab 1100° C beginnt sich der Mullit (3 Al_2O_3 · 2 SiO_2) zu bilden, der bis 1400° C nachweisbar ist. Oberhalb 1400° C zerfällt der Mullit bei Anwesenheit von Alkalien in eine flüssige Phase und in Korund (Al_2O_3), der ebenfalls in Gegenwart von Alkalien in Glas aufgeht.

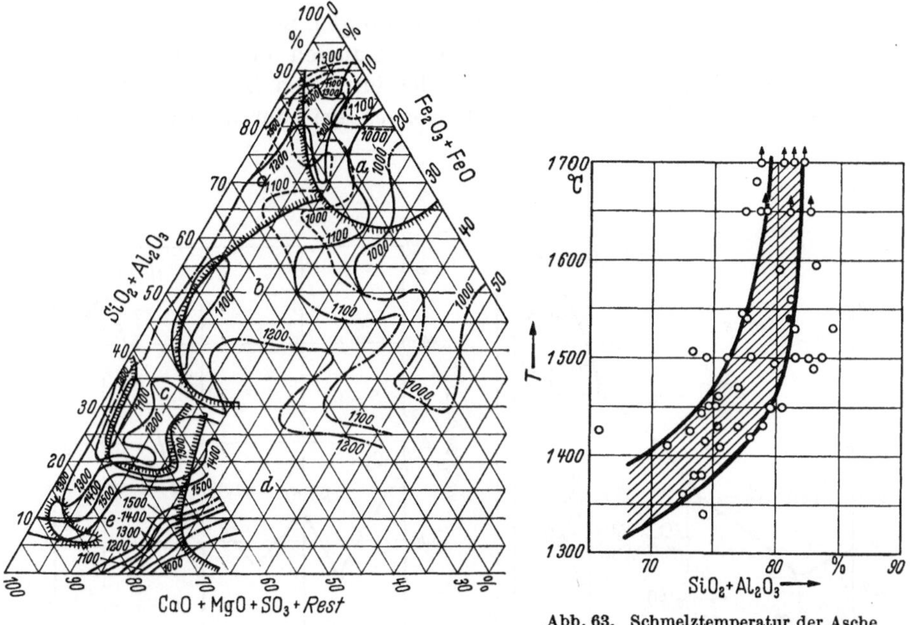

Abb. 62. Dreieck-Schmelzdiagramm [69]

Abb. 63. Schmelztemperatur der Asche
in Abhängigkeit von ihrem
(SiO_2 + Al_2O_3)-Gehalt [32]

Damit läßt sich erklären, daß die Verflüssigung fast aller Aschen im Temperaturbereich unter 1500° C abgeschlossen ist, obwohl die Schmelzpunkte mancher reinen Aschenkomponenten wesentlich höher liegen, bis über 2000° C, wie bei Al_2O_3, CaO und MgO. Im Gegensatz dazu erniedrigt sich in sauren Schlacken bei Anwesenheit von schwerschmelzendem CaO bzw. MgO der Schlackenschmelzpunkt, während umgekehrt bei kalkhaltigen basischen Schlacken SiO_2 als Schmelzmittel wirkt. Auch die Alkalien wirken schmelzpunkterniedrigend.

Die Kohlenschlacken haben bekanntlich keinen ausgeprägten Schmelzpunkt. Seine Definition beruht deshalb bei den verschiedenen Untersuchungsverfahren auf einer Konvention. Da die Schlacken aus zahlreichen Komponenten bestehen, läßt sich ihr Verhalten aus ihrer chemischen Zusammensetzung nur schwer voraussagen. In dieser Hinsicht ist die Arbeit [69] bemerkenswert, die zur Aufstellung des bekannten Dreieckdiagramms Abb. 62 führte. Danach kann man auf Grund der chemischen Zusammensetzung der Schlacke auf die Höhe ihres Schmelzpunktes schließen. Dieses Diagramm ist allerdings nur informativ und soll eine schnelle Orientierung ermöglichen, kann aber manche wichtigen Einflüsse, wie z. B. den Oxydationsgrad des Eisens, bei seiner Einfachheit nicht berücksichtigen.

Aus dem erwähnten Dreieckdiagramm läßt sich allerdings entnehmen, daß die niedrigsten Schmelzpunkte der Schlacke in der Nähe von 1000° C liegen und daß bei Temperaturen unter 1000° C alle Schlackenbestandteile sich schon wieder im festen Zustand befinden. Diese Ansicht bestätigt auch [89], wonach bei sauren Schlacken ihr

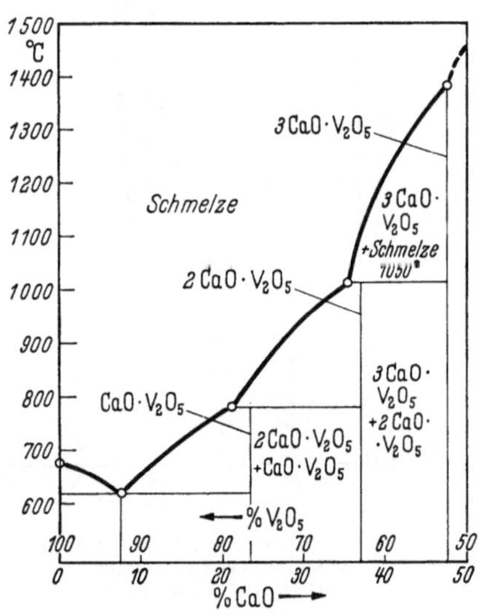

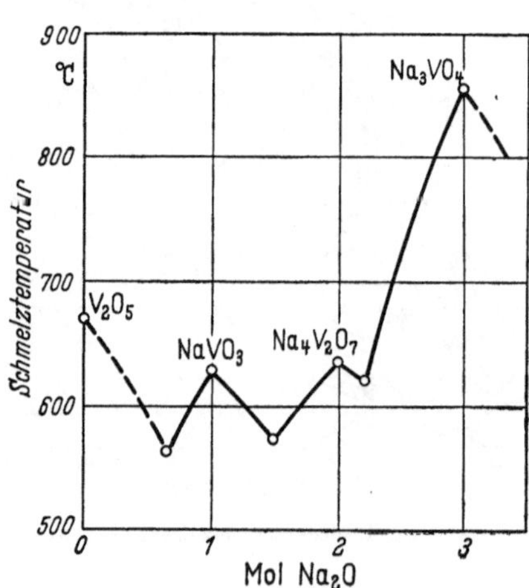

Abb. 64. Zustandsdiagramm des V_2O_5-CaO-Systems [38]   Abb. 65. Zustandsdiagramm des V_2O_5-NaO-Systems [38]

Hauptbestandteil, das Kieselglas, sogar schon im Temperaturbereich zwischen 1100 und 1200° C erstarrt. Die in ihr gelösten Minerale scheiden sich schon bei wesentlich höheren Temperaturen aus, z. B. um 1500° C Magnetit und andere Minerale der Spinellgruppe oder Korund. Anschließend werden bei langsamer Abkühlung Wollastonit (CaO · SiO$_2$), Hypersthen (Fe, Mg SiO$_3$), Hedenbergit (CaO · FeO · 2 SiO$_2$) und basische Feldspate abgeschieden.

Bei sauren Schlacken läßt sich der ungefähre Zusammenhang zwischen der Schlackenzusammensetzung und ihrem mit dem LEITZschen Mikroskop gefundenen Schmelzpunkt nach [32] aus dem Diagramm Abb. 63 bestimmen, was aus der Summe der (SiO$_2$ + Al$_2$O$_3$)-Gehalte der betreffenden Schlacke geschieht. Die Genauigkeit dieser Methode ist um so größer, je tiefer unter 70 % die erwähnte Summe liegt.

Eine wichtige Rolle spielen die Eutektika auch bei den Ölfeuerungen, wo die Vanadiumschmelzen sehr niedrige Schmelztemperaturen haben. Abb. 64 ist das Zustandsdiagramm des Systems V$_2$O$_5$ — CaO, nach dem bei 8 % CaO in der Schmelze der Schmelzpunkt bei 620° C liegt. Daraus erklären sich die oft am Mauerwerk der Ölkessel gefundenen Schäden, die insbesondere durch die Schmelzen des Systems V$_2$O$_5$ — Na$_2$O hervorgerufen werden, da sowohl V$_2$O$_5$ als auch Na$_2$O den Fließpunkt der Schamottesteine herabsetzen. Die Schmelztemperaturen des letzten Systems sind aus dem Diagramm Abb. 65 zu ersehen; sie liegen in Extremfällen sogar unter 600° C.

4. Verflüchtigungsvorgänge

In den Schmelz- sowie Ölfeuerungen, bei denen die Feuerraumtemperatur am höchsten liegen, muß man mit der Verflüchtigung mancher Aschenbestandteile rechnen, die bei den im Feuerraum von Trockenfeuerungen herrschenden niedrigeren Temperaturen noch ganz stabil sind. Da sie nach dem Verlassen des Brennraumes an den Kesselnachschaltheizflächen kondensieren, soll man die Temperaturen im Brennraum nicht unnötig hoch treiben.

Man hat festgestellt [45, 89], daß die Verflüchtigungsvorgänge nicht nur von der Temperatur, sondern auch von der Erhitzungsgeschwindigkeit und von der Länge der Brennzeit stark abhängen (Abb. 66). Der weitere Ablauf der Sublimationsvorgänge hängt grundsätzlich davon ab, ob das betreffende Korn aus der reinen Mineralsubstanz besteht oder ob es sich um ein Teilchen aus Verwachsenem handelt. Im letzteren Fall berührt das Brennbare, das den Kohlenstoff bzw. den Schwefel enthält, die benachbarte Mineralsubstanz, auf die es bei der schnell verlaufenden Verbrennung intensiv reagiert. Die Reinkohle schafft dabei die reduzierende Atmosphäre, die den Ablauf der Reaktionen maßgebend beeinflußt.

Nach Abb. 66 findet nach Trocknen der Kohle durch langsames Erhitzen (bis 10° C/min) die Zündung bei einer Temperatur um 400° C statt. Im folgenden Temperaturbereich zwischen 400 und 800° C zerfallen die Karbonate und Pyrit. Die Tone ändern sich in amorphe

Aluminiumsilikate. Bei Temperaturen zwischen 800 und 1200° C bildet sich der Mullit und verbrennt das Pyrrhotin zu Eisenoxyd und SO_2. Im Bereich über 1200° C entstehen die verschiedenen Eutektika, wie z. B. die Kalziumsilikat- oder Fayalit-Schmelzen.

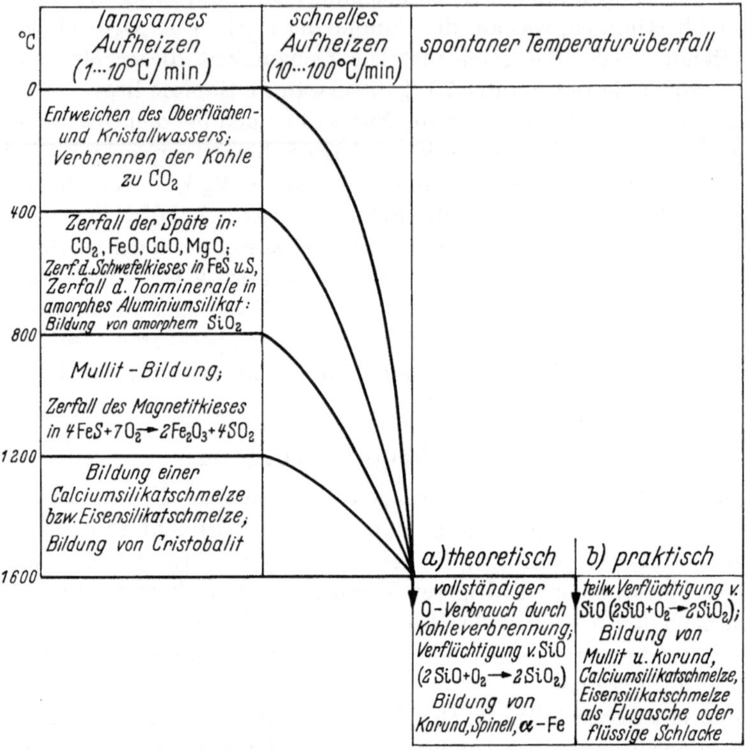

Abb. 66. Vorgänge in der Mineralsubstanz bei verschieden schneller Aufheizung [45]

In der Kohlenstaubfeuerung und insbesondere in der Schmelzfeuerung wird das Kohlekorn im Bruchteil einer Sekunde (0,03 bis 0,05 sek.) auf die Temperatur von 1600° C gebracht, so daß die Aufheizgeschwindigkeit in der Größenordnung von 10^{6}° C/min liegt. Dieser Temperaturüberfall bedeutet, daß die vorher beschriebenen Vorgänge nicht hintereinander, sondern praktisch gleichzeitig stattfinden. Diese Gleichzeitigkeit wird deutlich durch die Existenz der Hohlkügelchen aus Schlacke (Cenosphären) bewiesen, die dadurch entstanden sind, daß die gerade erst sich bildenden Schlackentropfen durch freigemachte flüchtige Anteile des Brennbaren und verdampfte Feuchtigkeit aufgebläht wurden.

Die große Affinität des Sauerstoffs zur Kohle bewirkt, daß der gesamte Sauerstoff zur Kohlenverbrennung verbraucht wird. Die Tonbestandteile sind dabei nicht in der Lage, sich zum Mullit und Cristoballit umzuwandeln. Auch Silikatschmelzen werden nicht gebildet, da bei ausreichend langer Aufenthaltszeit der schwebenden Schlacke im Brennraum das gesamte SiO_2 sich in Form von SiO-Dämpfen verflüchtigt. Die restliche Schlacke besteht dann vor allem aus Korund, Spinellen und α-Eisen. Wenn ausreichender Luftüberschuß vorhanden ist, oxydiert sich der SiO-Dampf wieder zum SiO_2-Nebel, der mit den Rauchgasen in die Kesselzüge abzieht, so daß man in den Ansätzen an den Rohren eine größere oder kleinere Anzahl der mikroskopischen SiO_2-Kügelchen findet.

Aus dem Diagramm Abb. 66 kann man den Schluß ziehen, daß Verbrennung und Schlackenabscheidung möglichst schnell ablaufen sollen, wobei die Verbrennungstemperatur im Brennraum nicht zu hoch liegen sollte. Als Grenze für die SiO_2-Verdampfung wird die Temperatur von 1550° C angegeben. Die Verflüchtigung der Aschenbestandteile im Flammenkern weist auch darauf hin, daß die Bildung der Ansätze auf den Nachschaltheizflächen nicht nur von der Austrittstemperatur der Rauchgase aus dem Brennraum, sondern in starkem Maß auch von der Verbrennungstemperatur abhängt.

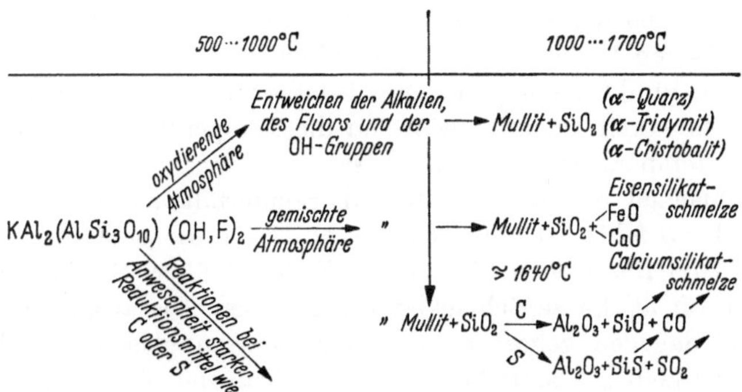

Abb. 67. Vorgänge bei schneller Aufheizung des Serizits bei verschiedenen Atmosphären [84]

Im Diagramm Abb. 67 ist der mutmaßliche Verlauf der Reaktionen im Verwachsenen mit Serizit angedeutet [84]. Man erkennt hier klar, wie stark sich die umgebende Atmosphäre auf das Verhalten des Serizits auswirkt. Der Serizit ist mit dem Illit nahe verwandt, und sein Verhalten ist gründlicher als beim Illit durchforscht. Während bei Abwesenheit von Kohlenstoff bzw. Schwefel keine SiO-Bildung vorkommt, ist im entgegengesetzten Fall mit ihr zu rechnen.

Auch bei den Ölaschen ist mit Verflüchtigungsvorgängen zu rechnen, weil die Verbrennungstemperaturen in den stark warmbelasteten Ölfeuerungen gleichfalls ziemlich hoch liegen [*90*].

5. Fließverhalten der Schlacke

Als Maß des Flüssigkeitsgrades der Schlacke nimmt man seinen Kehrwert, die Schlackenzähigkeit. In Abb. 68 sind die rheologischen Eigenschaften von drei typischen Schlackengattungen in halblogarithmischen Koordinaten aufgetragen.

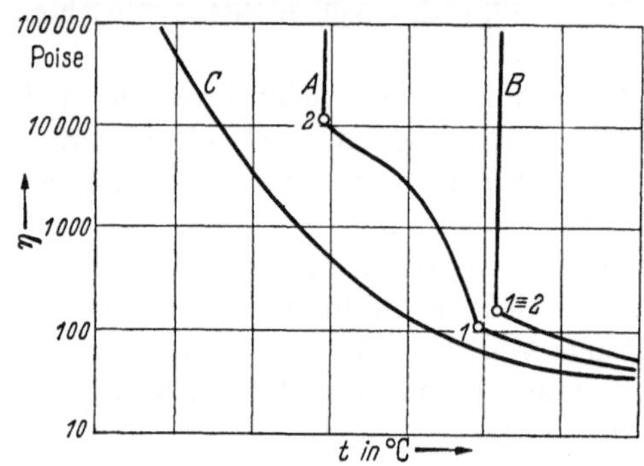

Abb. 68. Rheologische Eigenschaften der verschiedenen Schlackengattungen [*91*]
A mit plastischem und flüssigem Bereich,
B ohne plastischen Bereich,
C glasartige Schlacke;
1 Temperatur kritischer Zähigkeit,
2 Erstarrungstemperatur

Die Schlacken der Gattung A sind rechts vom Punkt 1 flüssig, im Bereich zwischen 1 und 2 sind sie plastisch, und im Punkt 2 erstarren sie. Die dem Punkt 1 entsprechende Temperatur wird Temperatur der kritischen Zähigkeit genannt, während die Temperatur im Punkt 2 die Erstarrungstemperatur der Schlacke ist.

Die Schlacken B und C sind nur als Sonderfälle zu betrachten. Bei der Schlacke B fehlt der plastische Bereich, und die Schlacke geht unmittelbar vom flüssigen in den festen Zustand über. Solche Schlacke pflegt man oft als kurze Schlacke zu bezeichnen. Die ausgeprägt lange Schlacke C dagegen gehört zu den sogenannten glasigen Schlacken, die ebenfalls keinen plastischen Bereich haben und ohne Knick in der Zähigkeitskurve bei niedriger Temperatur allmählich erstarren.

Die Zähigkeit läßt sich bei den Schlacken in ihrem flüssigen Zustand (rechts vom Punkt 1) durch die Beziehung

$$\eta = \frac{\eta_0}{(t - t_F)^m} \tag{34}$$

beschreiben, wobei die Konstanten η_0 und m nur wenig von der chemischen Zusammensetzung der Schlacke abhängen [*91, 92*]. Die Temperatur t_F wird allerdings durch die chemische Zusammensetzung der Schlacke stark beeinflußt.

IV. Schwefel in der Kohle und rauchgasseitige Korrosionen

1. Verhalten des Schwefels in den Feuerungen

Von den gasförmigen Verbrennungsrückständen gewinnen in Großkraftwerken die Schwefeloxyde immer größere Bedeutung, da sie an Rauchgasschäden stark beteiligt sind. Der Schwefel ist deshalb ein unwillkommener Bestandteil der Brennstoffe, weil die aus seiner Anwesenheit sich ergebenden Schwierigkeiten durch seine Teilnahme an der Wärmeentbindung bei weitem nicht ausgewogen werden. Der Heizwert des Schwefels ist ungefähr 3,5mal kleiner als der des Kohlenstoffs.

Der organische Schwefel ist in den komplizierten hochmolekularen organischen Verbindungen des Brennbaren enthalten. Deshalb ist die Entschwefelung bei festen bzw. flüssigen Brennstoffen so schwierig; sie hat sich bisher nur bei brennbaren Gasen durchgesetzt. Außerdem: sollte sie als Mittel zur Taupunktabsenkung einen Sinn haben, so müßte man nach Abb. 22 den Schwefelgehalt unter 1 % herabdrücken. Der anorganische Schwefel ist zum Teil im Pyrit gebunden, zum Teil kommt er in den Sulfaten der Mineralsubstanz vor. Manchmal wird der schwere Pyrit aus der Kohle zum Teil beim Mahlvorgang entfernt.

Der organische Schwefel und der Pyritschwefel nehmen an der Verbrennung teil, da durch ihre Oxydation die Wärme entbunden wird. Die Sulfate zersetzen sich dagegen endotherm bei Temperaturen über 1000° C unter Abgabe von freiem SO_3.

Im Hinblick auf die Kesselverschmutzung sind die flüchtigen Sulphide unangenehm, da sie neben Alkalien die Bildung der hartnäckigen zementierten Aschenansätze an den Nachschaltheizflächen unterstützen, wenn sie an diesen kälteren Heizflächen niedergeschlagen werden [40,122,123].

Als Verbrennungsprodukte des Schwefels kommen in die Rauchgase das Schwefeldioxyd SO_2 und das Schwefeltrioxyd SO_3, das besonders unerwünscht ist. Es erhöht den Taupunkt der Abgase um so mehr, je größer seine Konzentration in den Abgasen ist. Hinsichtlich der Einwirkung der Temperatur auf den Taupunkt findet man bei Kohlenstaub- und bei Ölfeuerungen umgekehrte Resultate. Während bei den ersteren die hohe Verbrennungstemperatur ein Absinken des Taupunktes zur Folge hat, wurde bei den anderen das Gegenteil festgestellt. Als Ursache vermutet man bei Kohlenstaubfeuerungen die große adsorbierende Oberfläche der Flugasche. Dagegen fehlen in der Flamme der Ölfeuerungen feste Mineralteilchen. Die hohe Flammentemperatur bewirkt hier die Spaltung des molekularen Sauerstoffes O_2 zu atomarem Sauerstoff, der hochaktiv ist und SO_2 zu SO_3 aufoxydiert [93].

Die großen Wirbelenergien der Flamme erniedrigen den Taupunkt, wie es sich bei Zyklonfeuerungen offenbart. Tatsächlich sind schwefel-

haltige Kohlen den Schmelzfeuerungen weniger gefährlich als den anderen
Feuerungsarten [94]. Bei den Schmelzfeuerungen werden nach Abb. 22
sehr niedrige Taupunkte gemessen, was eben auf die Abwesenheit von
SO_3 in den Abgasen hinweist. Der geringe SO_3-Gehalt in den Rauchgasen ist daher sehr willkommen, da er auch die Bildung der Pyrosul-
phate unterdrückt, die für Rohrabzehrungen mitverantwortlich gemacht
werden [95, 96].

Das Schwefeltrioxyd verbindet sich in den Rauchgasen mit Wasserdampf zu Schwefelsäure. Die Höhe des Taupunktes scheint deshalb außer
vom Schwefelsäure-Teildruck auch vom Teildruck des Wasserdampfes
in den Rauchgasen abhängig zu sein. Eine Vorstellung darüber vermittelt
die Abb. 69 [97], nach der der Wasserdampfgehalt in den Rauchgasen
eine einschneidende Rolle spielt. Nach den erwähnten Versuchen hebt

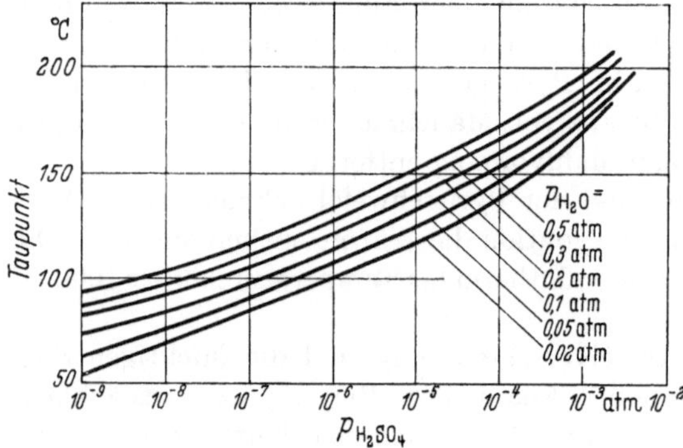

Abb. 69. Abhängigkeit des Taupunktes vom SO_3-Gehalt sowie vom Wasserdampfteildruck in den Abgasen [97]

auch die Anwesenheit von Salzsäuredämpfen in den Rauchgasen ihren
Taupunkt. Das vorgenannte Bild gestattet, bei Kenntnis des Wasser-
und des Schwefelsäuregehaltes der Rauchgase den Taupunkt zu finden,
wobei allerdings zu berücksichtigen ist, daß beide Werte örtliche Abweichungen vom Mittelwert zeigen können. Der günstige Einfluß
niedrigen Wasserdampfgehaltes in den Abgasen weist auf den Vorzug des
offenen Mahlkreises bei schwefelhaltigen, feuchten Kohlen. Umgekehrt
könnte der hohe Wasserdampfgehalt in den Abgasen der Ölfeuerungen
als Erklärung ihres hohen Taupunktes angesehen werden.

Die SO_3-Bildung spielt sich in der Verbrennungszone ab, wenn die
hochaktiven Sauerstoffatome, die durch Spaltung des molekularen
Sauerstoffs in der Flamme entstanden sind, SO_2 zu SO_3 aufoxydieren
[98]. Es ist noch hinzuzufügen, daß auch der SO_3-Gehalt der Rauchgase
auf ihrem Weg durch den Kessel ansteigen kann, wenn sie mit Stoffen
in Berührung kommen, die als Katalysatoren wirken. So werden die
Eisenoxyde Fe_2O_3 zu Katalysatoren, während bei der Verbrennung von

Öl die Rolle des Vanadiumpentoxyds als Katalysator angezweifelt wird [99], obwohl bekanntlich Kontakte aus Platin und Vanadium zur technischen Schwefelsäureherstellung benutzt werden. Auch CO ist als Katalysator anzusehen. Man hält diese katalytischen Vorgänge für maßgebend, da das im Brennraum gebildete SO_2 zum größten Teil unter Einwirkung der Hitze durch die Reaktion

$$SO_3 \rightarrow SO_2 + {}^1/_2\,O_2 \tag{6*}$$

dissoziiert.

Im Bereich höherer Temperaturen [86] sollen die Sulfate vor allem aus SO_2 entstehen, wenn in Anwesenheit von α-Fe_2O_3 die Sulphatbildung aus SO_2 stark katalysiert wird, diejenige aus SO_3 jedoch nicht. Die Sulphatbildung durch SO_2 bzw. H_2SO_3 über Sulphitbildung geht nach

$$2\,NaCl + H_2SO_3 = Na_2SO_3 + 2\,HCl \tag{7*}$$

$$Na_2SO_3 + {}^1/_2\,O_2 = Na_2SO_4 \tag{8*}$$

vor sich, wobei auch die unerwünschten Salzsäuredämpfe als Begleiter der Rauchgase miterzeugt werden.

Für die katalytische Oxydierung von SO_2 ist der Temperaturbereich zwischen 425 und 625° C am wichtigsten. Bei dieser Oxydierung dürften auch die feinen, in den Rauchgasen dispersierten Aschenteilchen eine große Rolle spielen, da sie durch ihren adsorbierenden Einfluß als Inhibitoren wirken, so daß bei Kohlenstaubfeuerungen nur 2 bis 5 % zu SO_3 oxydiert werden gegen 10 bis 12 % bei den reinen Ölfeuerungen. Die kurze Aufenthaltsdauer der Rauchgase im Kessel läßt aber keine zu große Aufoxydierung von SO_2 zu, die vor allem bei niedrigen Temperaturen stattfindet.

Die inhibitorische Wirkung der Flugasche wird durch den hohen Siedepunkt des SO_2 unterstützt, da eben die Gase mit hohem Siedepunkt stärker zur Adsorption neigen [100]. Man muß sich vergegenwärtigen, daß die Oberfläche der Flugasche in den Rauchgasen 6 bis 8 m^2/Nm^3 Rauchgas ausmacht, die notwendige Adsorptionsfläche also vorhanden ist. So wurden z. B. die Taupunkte bei Ölfeuerungen durch Kohlenstaub-Zusatzfeuerung auf 50 bis 60° C erniedrigt [38], was die vorhergehenden Annahmen unterstützt.

Hoher Schwefelgehalt der Kohle verstärkt ihre Neigung zur Selbstentzündung, was die Lagerfähigkeit auf nicht gewalztem Stapelplatz erniedrigt.

2. Schwefelbilanz im Kessel

Den Schwefelgehalt in Heizölen verschiedener Herkunft zeigt die Abb. 70 [38]. Der Schwefelgehalt in den Kohlen bewegt sich zwischen 0 und 5 %; der Schwefelgehalt von 10 bis 12 % in italienischen Pechkohlen ist eine Ausnahme.

Unter der Schwefelbilanz im Kessel versteht man die Verteilung der nach der Verbrennung gebildeten Schwefel-Verbindungen auf die einzelnen Verbrennungsprodukte. Bekanntlich zieht bei den heutigen Kesselanlagen die Mehrheit des Schwefels vom Kessel mit den Abgasen in gasförmigem Zustand ab, und nur ein Teil wird chemisch oder durch

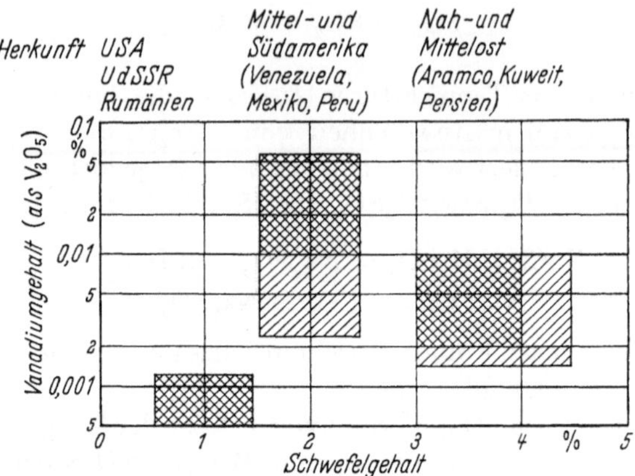

Abb. 70. Vanadingehalt in Ölen verschiedener Herkunft [38]

Adsorption an die Flugasche gebunden. Diese Aufteilung ist vom Standpunkt der hygienischen Verhältnisse in Kraftwerksnähe wichtig, da es nach der Auffassung mancher Forscher günstig ist, wenn sich ein recht großer Anteil der Schwefeloxyde an die Flugasche bindet, die sich aus den Rauchgasen mechanisch beseitigen läßt, so daß dieser Anteil die Atmosphäre nicht vergiftet.

Nach [101] gehen in den Schmelzfeuerungen bei Verfeuerung von Steinkohle 70 bis 100 % der Schwefelverbindungen in die Rauchgase über, d. h. es werden bis 30% des Schwefels an die Flugasche gebunden. Der Anteil der mit der Schlacke abgeführten Schwefelverbindungen ist winzig, rund 1 bis 3 %. Bei Rückführung und Einschmelzen der Asche geht also der gesamte Schwefel in die Rauchgase über.

In den Trockenfeuerungen kann bei Steinkohlen der Schwefelanteil in den Rauchgasen bis auf 75 % und bei Braunkohlen sogar auf 60 % der entstandenen Schwefelverbindungen absinken. Die Schlacke vom Trichter der Trockenfeuerungen enthält ebenfalls wenig Schwefel, da die Sulfate bei Temperaturen der anfallenden Schlacke über 1000° C nicht beständig sind.

Bei den rheinischen Braunkohlen bindet sich ein Teil der Schwefeloxyde chemisch an ihre stark basische Asche, wie das Diagramm Abb. 71 beweist [40].

Eine besonders starke Erhöhung des Schwefelgehaltes der Rauchgase läßt sich bei gleichzeitiger Verbrennung von Kohle und Öl bemerken. Die reine Ölfeuerung bindet nämlich aus noch nicht geklärten Ursachen

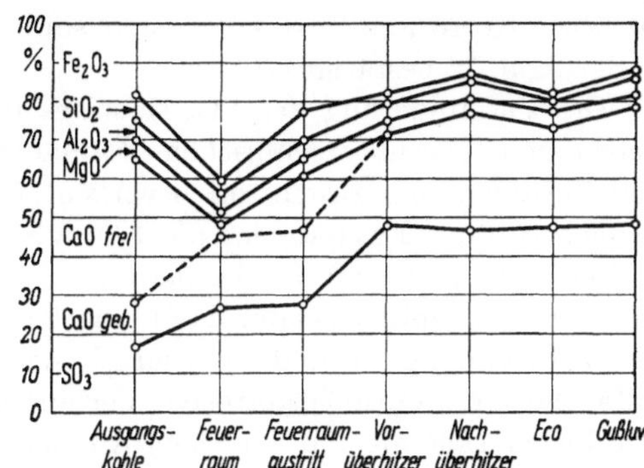

Abb. 71. Analysen der Aschen und Schlacken aus einem Braunkohlenkessel [40]

einen verhältnismäßig großen Anteil des Schwefels, so daß in die Rauchgase nur 55 bis 70 % Schwefel übergehen. Bei gemischter Verfeuerung von Öl und Kohle steigt dieser Anteil.

3. Niedertemperaturkorrosionen

Niedertemperaturkorrosionen treten im Luvo der kohlegefeuerten und in noch stärkerem Maß der ölgefeuerten Kessel auf; als ihre Ursache ist eindeutig das SO$_3$ im Rauchgas. Der Einfluß der Feuerungsart auf den Taupunkt ist der Abb. 22 zu entnehmen.

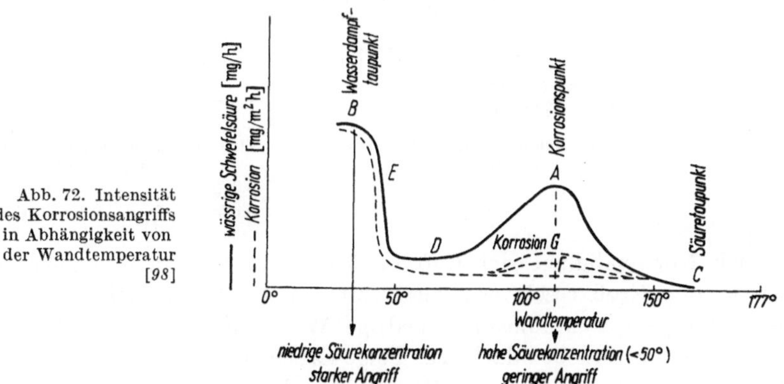

Abb. 72. Intensität des Korrosionsangriffs in Abhängigkeit von der Wandtemperatur [98]

Bei den Großkesseln werden von Niedertemperaturkorrosionen ausschließlich die kalten Ecken der Luftvorwärmer betroffen. Die Korrosionskurve hat zwei ausgeschrägte Maxime. Die erste Spitze ist nach Abb. 72 [102] bei Temperaturen zu finden, die 15 bis 40° C unter dem

Säurepunkt liegen, wo das Maximum des Kondensatniederschlages auftritt. Das Ausmaß der Korrosionsangriffe wird dabei nicht ausschließlich
durch die Niederschlagsmenge, sondern auch durch die Säurestärke
bestimmt, da bekanntlich bei Schwefelsäurekonzentrationen von 20 bis
40 % die Korrosionen am schwersten sind, was auch die zweite Spitze
in der Abb. 72 bestätigt [103].

Die Verminderung des SO_3-Gehaltes in den Rauchgasen läßt sich
neben den feuerungstechnischen Maßnahmen auch durch Anwendung
von Zusätzen zum Brennstoff bewirken [104]. Hier sind vor allem diejenigen Stoffe zu erwähnen, die SO_3 adsorbieren, wie z. B. SiO_2 oder
Kohlenstoff. Auch Stoffe, die fähig sind, mit dem atomaren Sauerstoff
zu reagieren, sind wirksam, da sie die Umsetzung von SO_2 zu SO_3 bei
der Verbrennung verhindern. Endlich schaffen auch solche Stoffe Abhilfe, die mit SO_3 nichtkorrosive Verbindungen bilden. Von ihnen hat
sich bisher Dolomit und vor allem Ammoniak am wirksamsten erwiesen
(Abb. 73).

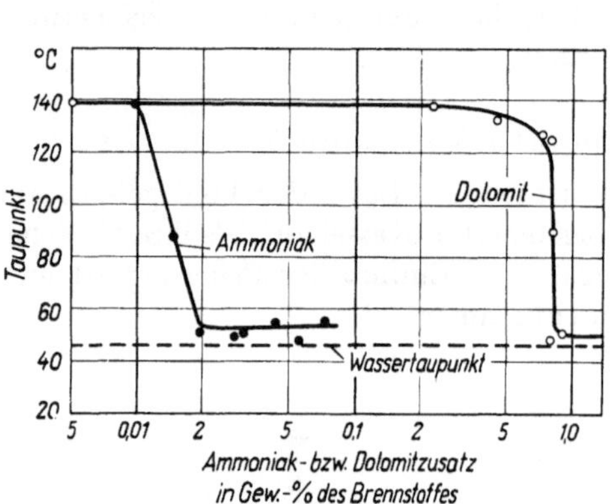

Abb. 73. Einfluß des Dolomits und Ammoniaks
auf den Taupunkt [98]

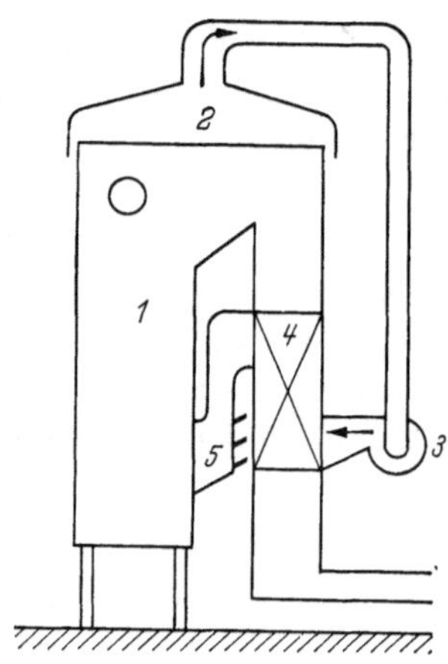

Abb. 74. Kessel mit Luftabsaugung
mittels Haube [105]

1 Kessel, 2 Haube, 3 Frischluftgebläse, 4 Luvo, 5 Brennerkasten

Die Notwendigkeit, den Luftvorwärmer vor Korrosion zu schützen,
ist bei den Großkesseln eng verknüpft mit der Forderung nach tiefen
Abgastemperaturen, die eine niedrige Wandtemperatur auf der Eintrittsseite der Luvoheizfläche zur Folge haben. Vielerorts greift man deshalb zu den verschiedensten Mitteln, die die Temperatur der Wärmeaustauschfläche des Luvo heben.

Mit Rücksicht darauf und auf den auch bei guter Kesselisolierung
nicht ganz vermeidbaren Wärmeverlust durch Wärmeableitung von der
Kesseloberfläche, wodurch die Luft im Kesselhaus erwärmt wird und

durch den Auftrieb zum Kesselhausdach steigt, hat sich die Luftansaugung aus den oberen Partien des Kesselhauses durchgesetzt. Auf diesem Wege wird nicht nur das Kesselhaus gelüftet, sondern auch die verlorene Wärme wenigstens zum Teil zurückgewonnen und dadurch der Kesselwirkungsgrad etwas verbessert.

Dieser Wärmeverlust entsteht bei den mit einem strahlungmindernden Aluminiumanstrich versehenen Kesseln vor allem durch Berührung, indem die mit der Kesselummantelung im direkten Kontakt stehende Luft erwärmt wird und längs der Ummantelung aufsteigt. Die warme Luft läßt sich nach [105] einfach durch eine Kesselhaube (Abb. 74) auffangen. Der in der aufsteigenden Luft enthaltene Staub zieht mit ihr in die Feuerung und weiter mit der Flugasche in die Entstauber ab, wodurch auch die Sauberkeit im Kesselhaus verbessert wird.

Außer durch die früher geschilderte Dampfvorwärmung der Verbrennungsluft läßt sich die Wandtemperatur im Luvo auch durch Heißluft-Umwälzung anheben. Man erhöht in diesem Fall die Eintrittstemperatur der Luft, allerdings auf Kosten des Kraftbedarfs des Luft-

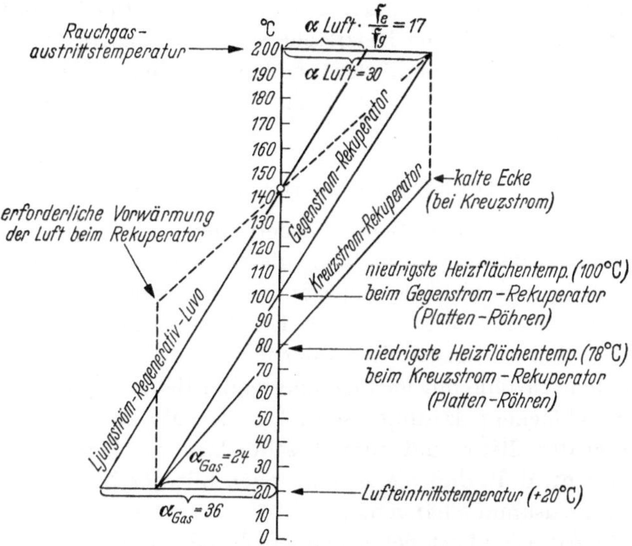

Abb. 75. Niedrigste Wandtemperatur bei verschiedenen Luvo-Bauarten

ventilators. Die Schaltung der ersten Luvostufe im Gleichstrom kann ebenfalls helfen, ebenso die Umführung der Rauchgase im Bypass neben dem Wasservorwärmer. Auch die Minderung des durch den Luvo gehenden Luftanteils bedingt durch Anheben der Abgastemperatur und durch Herabsetzen der luftseitigen Wärmeübergangszahl eine höhere Temperatur der kalten Luvoecke [106]. Es versteht sich von selbst, daß alle diese Maßnahmen vor allem im Winter notwendig sind.

Der regenerative Ljungström-Luftvorwärmer, der nach dem reinen Gegenstromprinzip arbeitet, ist, was Korrosion betrifft, vorteilhafter. Erstens ist bei ihm die niedrigste Wandtemperatur höher als bei Rekuperatoren (Abb. 75), und zweitens gibt es keine kalte Ecke, die bei dem Kreuzstrom zwischen Luft und Rauchgasen im Rekuperator immer entsteht. Man kann deshalb mit den Abgastemperaturen wesentlich tiefer gehen, ohne Gefahr zu laufen, den Taupunkt zu unterschreiten.

Die bei Großkesseln angewendeten rauchgasseitigen Maßnahmen zum Regeln der Zwischendampftemperatur wirken sich in der Weise aus, daß sie neben der Zwischendampftemperatur auch die Abgastemperatur in gewissem Maß stabilisieren und damit bei den sehr niedrigen Abgastemperaturen der üblichen Kessel im Teillastbereich einer Unterschreitung des Taupunktes der Abgase entgegenwirken.

Einen anderen Weg weist der Vorschlag [107], die zu den Steinkohlenderivaten gehörenden heterozyklischen Teramine bei einer Temperatur von 250° C in die Rauchgase zu zerstäuben, wo sie verdampfen und danach auf den kälteren Heizflächen kondensieren. Der Teraminenfilm schützt dann die metallische Heizfläche vor dem Angriff der Schwefelsäure. Da sich der Film mit der kondensierenden Schwefelsäure zu Teraminsulphaten verbindet, muß die Zugabe zu den Rauchgasen dauernd erfolgen.

4. Hochtemperaturkorrosionen

Insbesondere bei den Schmelzfeuerungen beobachtet man im Schmelzraum Abzehrungen in den glatten oder bestifteten Kühlschirmen auf der der Flamme zugewandten Rohrseite. In Deutschland vom VGB durchgeführte statistische Erhebungen zur Klärung dieser Frage zeigen, daß zu diesem Rohrangriff diejenigen Feuerungen mehr neigen, bei denen Kohle mit leichtschmelzender Schlacke verfeuert wird, so daß der Schlackenpelz dünn ist und es deshalb zu einer intensiven Abzunderung der Stifte und zum Abschmelzen der keramischen Verkleidung kommt, d. h. daß die Abzehrungen mit der Natur der Wandverschlackung zusammenhängen.

Dieser Angriff offenbart sich als eine mehr oder weniger gleichmäßige Flächenätzung der Rohre an ihrer Feuerseite (Abb. 76). Das Mikrogefüge des so angegriffenen Rohres zeigt Abb. 77, aus der man den ausgeprägten Korngrenzenangriff ersieht.

In Schmelzfeuerungen werden glatte ebenso wie bestiftete und verkleidete Kühlschirme angegriffen. Nach der klassischen Theorie [108] hält man für die Ursache dieser Abzehrungen eben die Schwefelverbindungen. Die auf den Rohren sich niederschlagenden Alkalien reagieren mit SO_3 aus den Rauchgasen zu Na_2SO_4 bzw. K_2SO_4, wobei ihre Schichtstärke solange wächst, bis ihre Oberfläche die Schmelztemperatur erreicht, die z. B. bei K_2SO_4 bei $335°$ C liegen soll. Auf diese Schicht klebt sich natürlich die Asche und bildet eine poröse Schicht, durch die

Abb. 76. Äußere Rohrabzehrungen [*108*]

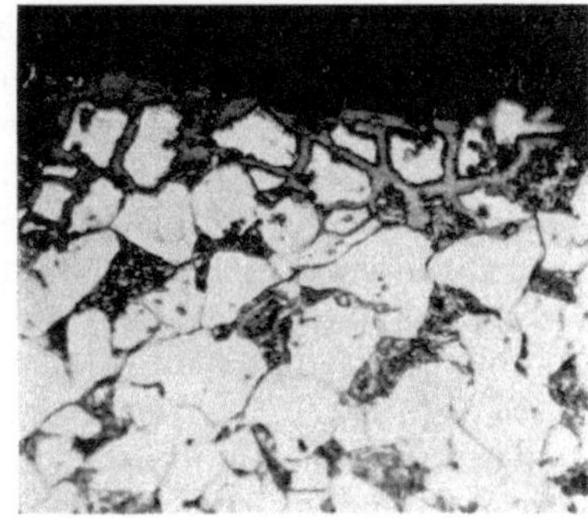

Abb. 77. Mikrogefüge des angegriffenen Rohres

weitere Rauchgase zu den Alkalisulfaten durchdringen können. Sie verbinden sich mit den Alkalisulfaten zu Pyrosulfaten nach der Reaktion

$$3 \, K_2SO_4 + 3 \, SO_3 + Fe_2O_3 \rightleftarrows 2 \, K_3Fe(SO_4)_3, \qquad (9*)$$

wobei sie das Fe_2O_3 von der Schutzschicht an der Rohroberfläche verbrauchen.

Beim Abfallen der Aschenansätze werden die entblößten Pyrosulfate der Flammenstrahlung ausgesetzt, sie zerfallen in Alkalisulfate und freies Fe_3O_4, und nach erneuter Aschenansatzbildung kann sich der Vorgang wiederholen.

Es ist auch möglich, daß die Abzehrung durch Pyrit verursacht wird, der sich durch Hitze zu Schwefel und Magnetitkies nach

$$FeS_2 \rightarrow FeS + S \qquad (10*)$$

zersetzt, wobei der Magnetitkies weiter nach

$$3 \, FeS + 5 \, O_2 \rightarrow Fe_3O_4 + 3 \, SO_2 \qquad (11*)$$

zu Fe_3O_4 und Schwefeldioxyd verbrennt.

Ferner machte man für die Rohrabzehrungen die reduzierende Atmosphäre verantwortlich, die dort entstand, wo die Flamme gegen die Wand aufprallte und deshalb Kohlekörner an die Wand abgeschieden wurden. Diese Hypothese wurde durch das Verschwinden der Abzehrungen nach Einführung der Drittluft in die betroffenen Stellen bekräftigt. Die Beseitigung der Korrosion läßt sich allerdings ebensogut durch die Verdünnung der SO_3-Konzentration in den Rauchgasen an jener Stelle, wie durch die Beseitigung der reduzierenden Atmosphäre erklären.

Neuere Arbeiten weisen darauf hin [*109*], daß auch in der oxydierenden Atmosphäre vorkommende Stoffe wie SO_3, Na_2SO_4, HCl, NaCl, Wasserdampf u. a. starke Rohrangriffe verursachen können, ebenso unvollständig oxydierte Stoffe wie SO_2, H_2S, S, Na_2S, Na_2S_x usw. Unter bestimmten äußeren Betriebsbedingungen können die völlig oxydierten Stoffe sogar gefährlicher sein als die schwächer oxydierten. Beide Stoffarten sind in der Feuerung vorhanden. Ihre lokale Konzentration hängt von den örtlichen Verhältnissen, d. h. vom chemischen Gleichgewicht zwischen den einzelnen Stoffen bei der dort herrschenden Temperatur ab. Durch den Betrieb mit größerem Luftüberschuß lassen sich also die erwähnten Rohrabzehrungen nicht verhindern, da der große Luftüberschuß lediglich die nicht vollständig oxydierten Stoffe beseitigt, während die korrodierend wirkenden volloxydierten Stoffe bleiben.

Bei schlechter Verbrennung können sich die Rohrabzehrungen bis in den Strahlungsraum ausdehnen [*110*], wie es die Abb. 78 zeigt. Danach kam es zu stärksten Rohrabzehrungen ungefähr in der Mitte der Strahlungsraumwände. Im Betrieb wurde an den angegriffenen Stellen ein Sauerstoffmangel festgestellt und das Wasserstoffsulfid H_2S sowie Wasserstoff und CO nachgewiesen. Die Korrosionsprodukte enthielten an

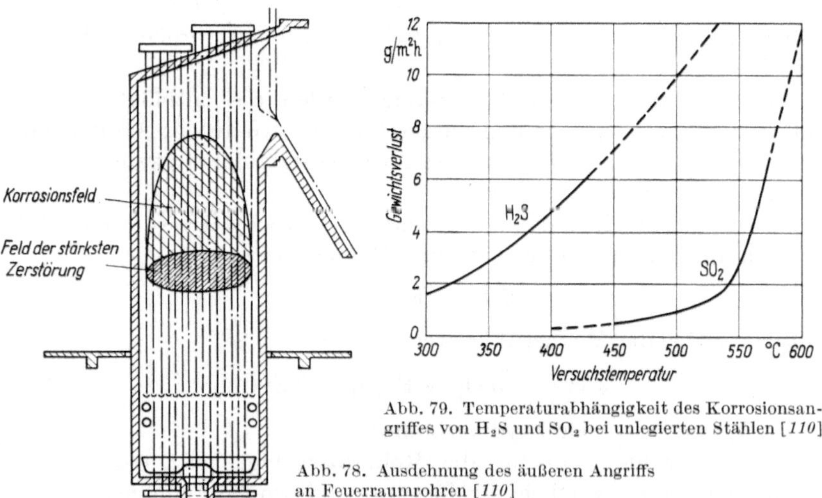

Abb. 79. Temperaturabhängigkeit des Korrosionsangriffes von H_2S und SO_2 bei unlegierten Stählen [*110*]

Abb. 78. Ausdehnung des äußeren Angriffs an Feuerraumrohren [*110*]

den angegriffenen Stellen bis 20 % FeS, wobei im Mikrogefüge an den Korngrenzen neue Angriffe zu erkennen waren. Als Ursache der Abzehrungen wurde in diesem Fall das Wasserstoffsulfid angesehen, da es nach Abb. 79 im Bereich der Temperaturen zwischen 300 und 400° C, d. h. bei den Temperaturen der Siederohre, korrosionsfähiger ist als SO_2, das bei richtiger Verbrennung entsteht.

Zu den die Rohrabzehrungen mildernden Maßnahmen kann man die Verhinderung des Aufpralls der Flamme auf die Wand an der angegriffenen Stelle zählen. Auch die Entfernung des Pyrits aus der Kohle hat dazu beigetragen, ebenso wie die Verbesserung der Mahlfeinheit, wenn im Staub keine gröberen Teilchen mehr vorkommen. Im ganzen muß man sagen, daß die Ursachen der Rohrabzehrungen sowie ihre wirksame Bekämpfung noch nicht ganz geklärt sind.

Die besprochenen Korrosionen sind ein Zeichen für nicht einwandfreie Feuerführung mit Luftmangelzonen und lassen sich durch feuerungstechnische Maßnahmen beheben. Dazu gehört z. B. das oft bewährte Zusammenfassen der aus dem Brenner austretenden Luftstrahlen in wenige, mächtige Treibstrahlen mit großer, für das Mischen günstiger kinetischer Energie [48, 95, 96].

Eine andere Art von oberhalb 600° C stattfindender Hochtemperaturkorrosion, die sich aber durch konstruktive oder feuerungstechnische Eingriffe nicht beseitigen läßt, findet man bei ölgefeuerten Kesseln. Hier sind die Ursache der an heißen Überhitzerschlangen vorkommenden Korrosionen die in den Verbrennungsrückständen enthaltenen Oxyde des Vanadiums und Natriums. Die Forderung nach möglichst niedrigem Gehalt von Vanadium bzw. Natrium im Öl schafft wenig Abhilfe, da

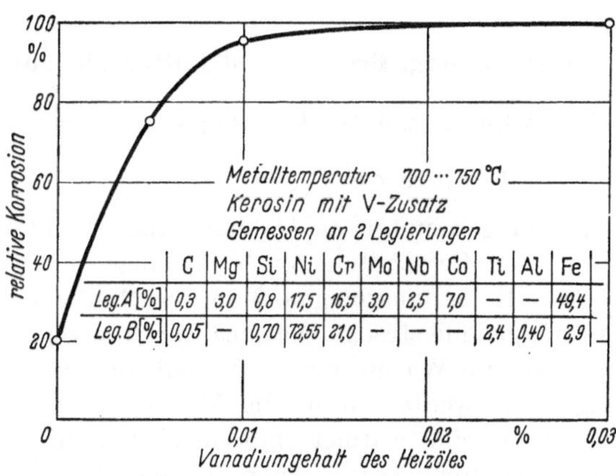

	C	Mg	Si	Ni	Cr	Mo	Nb	Co	Ti	Al	Fe
Leg.A [%]	0,3	3,0	0,8	17,5	16,5	3,0	2,5	7,0	—	—	49,4
Leg.B [%]	0,05	—	0,70	72,55	21,0	—	—	—	2,4	0,40	2,9

Abb. 80. Relative Größe der Korrosion in Abhängigkeit vom Vanadiumgehalt des Öls [111]

nach dem Diagramm Abb. 80 die Vanadiumkorrosionen schon bei einem Vanadiumgehalt von 0,01 % ihr Maximum erreichen und bei höheren Gehalten kaum noch ansteigen [111].

Das Vanadiumpentoxyd V_2O_5 für sich allein schmilzt bei 675° C, während Gemische aus V_2O_5 und Na_2SO_4 Eutektika mit Schmelztemperaturen von 550 bis 580° C haben. Infolge ihrer niedrigen Ober-

flächenspannung benetzen sie die Rohrwände, beseitigen die Schutzschicht auch bei legierten Stählen, und als Sauerstoffträger ermöglichen
sie die weitere Oxydation des ungeschützten Metalls. Bei den eisen-
haltigen Legierungen erfolgt der Angriff frontal, während bei den nickel-
haltigen Legierungen mit hohem Gehalt an Ni vor allem die Korngrenzen
angegriffen werden [112]. Bei Verfeuerung von vanadiumhaltigen Ölen
dürfen deshalb die Wandungstemperaturen der metallischen Kessel-
bestandteile 565° C nicht überschreiten, was die Frischdampftemperatur
auf 530° C beschränkt.

Als Gegenmaßnahme gegen diese Art von Korrosionen haben sich
verschiedene Ölzusätze, wie z. B. die Zugabe von Dolomit, mehr oder
weniger gut bewährt [113]. Ihre günstige Wirkung beruht auf der
Erhöhung des Schmelzpunktes der Vanadiumverbindungen, so daß die
Asche in granulierter Form niedergeschlagen wird und deshalb nicht
mehr aggressiv ist.

Nach [109] hängen die vorher beschriebenen Korrosionen auch vom
Brenneraufbau, d. h. von der erreichbaren Verbrennungsgüte ab. Je
niedriger der notwendige Luftüberschuß liegt, desto kleiner ist der
Sauerstoff-Teildruck in den Rauchgasen, und desto schwächer verlaufen
die SO_3-Bildung sowie die Vanadiumkorrosionen.

D. Brennstoffaufbereitung, Brenner und Luftzufuhr zum Kessel

I. Trocknung und Zerkleinerung der Kohle

1. Tiefe der Trocknung

Mit Ausnahme der getrennten Zentralmahlanlagen bildet die Mahlanlage einen integralen Bestandteil der Kesselanlage und ist deshalb
gleichzeitig mit dem Kessel auszulegen. Von der Mahlanlage und dem
Kessel wird demzufolge eine strenge Wärmeautarkie verlangt [82]. Die
in der Feuerung erzeugte Wärme muß innerhalb des Kessels und der
Mahlanlage ausgenutzt werden, d. h. die Vorgänge im Kessel samt
Mahlanlage müssen als eine wärmetechnisch vollkommen in sich geschlossene Einheit gestaltet werden. Auch bei der Wirtschaftlichkeits-
bewertung der Dampferzeugung sind der Kessel und die Mühle als
einheitliches Ganzes zu untersuchen.

Für die vorzuschreibende notwendige Mahlfeinheit ist neben der
Oberflächenvergrößerung auch die verlangte Restfeuchtigkeit von
Bedeutung, da eine tiefgehende gute Austrocknung der Kohle bei
gleichzeitig grober Ausmahlung einander widersprechende Begriffe sind.
Wird z. B. bei den Zyklonkesseln für die Braunkohle mit Zwischen-
bunkerung ein glatter Durchgang des Kohlenstaubes durch den Bunker

verlangt, wozu die Restfeuchtigkeit des Staubes in den Grenzen zwischen 10 und 12 % zu halten ist, so ist dazu eine dem Zyklonkessel verbrennungstechnisch keinen Nutzen bringende feine Ausmahlung der Kohle mit $R_{70} < 30 \%$ notwendig [115].

In der Tab. 10 sind für verschiedene Kohlenarten die optimalen Mahlfeinheiten angegeben, wie sie für eine Trockenfeuerung gelten.

Tabelle 10. *Optimale Mahlfeinheit verschiedener Kohlen für eine Trockenfeuerung* [114]

	% Rückstand auf dem Sieb	
	DIN 30	DIN 70
Anthrazit	2	8
Magerkohle	2	8—12
Eßkohle	2	12—15
Fettkohle	2—3	15—22
Gaskohle	3—5	22—28
Gasflammkohle	5—6	28—35
Steinkohlenschwelkoks	2—3	20—30
Braunkohle	10—22	42—60
Braunkohlenschwelkoks	6—8	25—35

Andere Feuerungsarten stellen freilich andere Ansprüche an die Mahlfeinheit, wie z. B. die Steinkohlen-Zyklonfeuerung, die eine grobe Ausmahlung zuläßt, während die Großraum-Schmelzfeuerungen manchmal einen feineren Staub als Trockenfeuerungen benötigen (Abb. 26).

Bei der Festsetzung der notwendigen Luft- bzw. Rauchgasmenge für die Mühle sind nicht nur die aerodynamischen Verhältnisse im Sichter entscheidend, sondern man muß auch die Brüdentemperatur sowie ihren Wassergehalt berücksichtigen, was insbesondere bei feuchten Kohlen sehr wichtig ist. Die Aufnahmefähigkeit der Brüden wird bekanntlich mit ihrer steigenden Feuchtigkeit immer geringer und ist bei Erreichung des Sättigungspunktes gleich Null, so daß Restwasser im Kohlekorn bleibt. Im Laufe des Trocknungsvorganges darf also an keiner Stelle der Mühle der Sättigungspunkt der Brüden erreicht oder gar überschritten werden.

Zur Erzielung guten Trocknungseffektes und zur Vermeidung von Taupunktunterschreitungen sollte man also immer anstreben, mit Brüdentemperaturen über 100° C zu fahren. Die richtige Brüdentemperatur hinter der Mühle hängt dabei von der Art der Kohle sowie von dem angewandten Trocknungsmittel ab. Weniger Sorgen bereitet die hohe Temperatur dort, wo man mit inerten Rauchgasen trocknet und deshalb auch bei reaktiven Kohlen hohe Brüdentemperaturen zuläßt. Übliche Werte sind in der Tab. 11 [116] angegeben.

Tabelle 11. Günstigste Brüdentemperatur hinter dem Sichter

| | Trocknungsmittel | |
	Luft	Rauchgase
Torf	80° C*)	100° C
Braunkohle	100° C*)	200° C**)
Steinkohle		
(je nach Gasgehalt)	100—130° C	200° C**)
Anthrazit	unbegrenzt	unbegrenzt

*) Mühlenfeuerung
**) O_2 — Gehalt in Brüden $< 4\%$

Die Mühle ist am Eintritt des einströmenden Trocknungsmittels hohen Temperaturen ausgesetzt. Während diese Temperatur bei Steinkohlen meistens unter 200° C liegt, bewegt sie sich bei feuchten Braunkohlen im Bereich über 500° C. Im letzteren Fall ist der Mühle ein Trocknungsschacht vorzuschalten (Abb. 81), in dem die zugesaugten heißen Rauchgase mit der Frischkohle in Kontakt kommen und auf dem Weg zur Mühle wenigstens etwas abgekühlt werden. Auch dieser Temperaturabbau hängt stark von der Ausgangsoberfläche der Grünkohle ab; er ist um so größer, je feiner der Staub ist. Deshalb ist es nicht ganz ungewöhnlich, daß man die Kohle durch einen Vorbrecher gehen läßt, der ihre Oberfläche wenigstens etwas vergrößert.

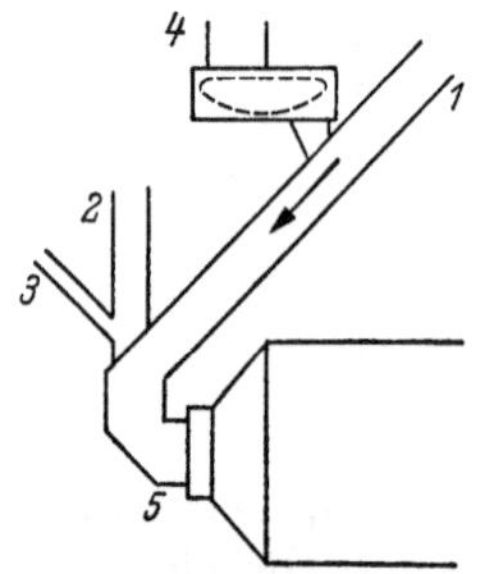

Abb. 81. Vortrocknungsschacht vor der Mühle

1 Zufuhr der grünen Kohlen,
2 Grießrückkehr,
3 umgewälzteBrüden,
4 Rohkohlenzuteiler

2. Mahlkreis und Trocknungsmedium

Die Mühle und ihre Hilfseinrichtungen, wie Mühlenventilator, Kohlenzuteiler, Kohlenstaubabscheider, Regelklappen usw., bilden zusammen den Mahlkreis, durch den die Kohle und das Trocknungsmittel sowie die durch Verdampfung der Kohlenfeuchtigkeit entstandenen Brüden strömen. Die Kohle wird also im Mahlkreis transportiert, gemahlen und getrocknet. Es ist wesentlich, daß die Kohle im Mahlkreis stets in Bewegung bleibt und an keiner Stelle sich absetzt, da man so die gefürchteten Mühlenexplosionen sicher vermeidet [*117*, *118*, *119*].

Grundsätzlich ist immer darauf zu achten, daß die Mühle ausreichend belüftet wird. Bei genügender Austrocknung der Kohle in der Mühle ist die Ventilationswirkung des Fördergases der entscheidende Faktor, der die Mühlenleistung beeinflußt. Die ausreichende Belüftung der Mühle hat die notwendige Ventilationswirkung der Mühle selbst, bzw. des

Mühlenventilators, zur Voraussetzung, da man die Widerstände des Sichters, Brenners, Kohlenstaubleitungen usw. überwinden muß.

Als Trocknungs- und gleichzeitig Fördermittel kommen entweder Heißluft oder Rauchgase in Betracht, je nach der Natur der Kohle. Grundsätzlich sind bei Rauchgasen im Vergleich mit Luft ihre höhere Temperatur und ihre größere spezifische Wärme hervorzuheben, so daß man bei Einhaltung beschränkter Trocknungsgasmengen auch die feuchtesten Kohlensorten austrocknen kann, was mit Luft nicht in gleichem Maße möglich ist; Luft kommt deshalb mit Ausnahme der Mühlenfeuerung vor allem für die Steinkohlenmühlen in Betracht. Die inerten Rauchgase sind auch hinsichtlich der Betriebssicherheit vorteilhafter, da sie sich gegen Kohlenstaub träge verhalten.

Bei den Kohlenstaubfeuerungen kommen die offenen und die geschlossenen Mahlkreise vor. Bei den ersteren werden die Brüden ins Freie entlassen, bei den letzteren in den Kessel zurückgeführt. Bei offenem Mahlkreis müssen sie allerdings gründlich entstaubt werden, um Kohlenverluste zu vermeiden und die Luftreinheit in Kraftwerksnähe nicht zu beeinträchtigen. Bei geschlossenem Kreislauf verbrennen die in den Brüden schwebenden Kohlenteilchen im Kessel, doch ist ihr Anteil auch hier klein zu halten. Für feuchte Kohlen sowie für die Schmelzfeuerungen eignen sich die offenen Mahlkreise besser, da die verdampfte Kohlenfeuchtigkeit die Verbrennungstemperatur nicht herabsetzt und ohne nachträgliche Erwärmung im Kessel ins Freie gelangt, so daß der Abgasverlust klein ist.

Für offene Mahlkreise sind die Rauchgase als Trocknungsmittel wirtschaftlicher. Die Anwendung von Heißluft heißt hier, die Leistung der Luftgebläse des Kessels erhöhen, da die Trocknungsluft mit den Brüden ins Freie entweicht. Ihre Menge ist groß, weil sie niedrigere Temperatur und eine kleinere spezifische Wärme hat als die Rauchgase. Auch im Hinblick auf den Abgasverlust ist diese Lösung weniger zu empfehlen, da bei ihr die gesamten Rauchgase als Abgase mit höherer Temperatur den Kessel verlassen. Außerdem ist die Wärme in der mit Brüdentemperatur ins Freie entlassenen Luft zum Abgasverlust noch zu addieren.

Beim geschlossenen Mahlkreis nimmt die Heißluft als Trocknungsmittel an der Verbrennung teil, so daß vor allem die dem Mahlkreis zugesetzte Kaltluftmenge klein zu halten ist. Bei Schmelzfeuerungen ist hier als Trocknungsmittel ausschließlich Luft zu wählen, während für die Trockenfeuerungen, insbesondere wenn man niedrigere Verbrennungstemperaturen anstrebt, die Rauchgase vorzuziehen sind. Bei Trocknung mit Rauchgasen werden nämlich die Rauchgase durch den Kessel umgewälzt, da sie mit den Brüden in die Feuerung zurückkommen, wo sie die Rauchgasmenge vergrößern und dadurch die Flammentemperatur senken. Sie verzögern auch den Verbrennungsvorgang und veranlassen so die Bildung einer Gleichtemperaturflamme, was bei zur Kesselverschmutzung neigenden Kohlen angebracht sein kann. Mit Luft als Trocknungsmedium muß man im Mahlkreis vorsichtig umgehen, weil Explosionsgefahr besteht, insbesondere beim Anfahren und Abstellen des Mühlenkreises, wobei dem Absetzen und Glimmen des Kohlenstaubes vorzubeugen ist.

Bei Rauchgasen als Trocknungsmittel ist die Gefahr von Taupunktskorrosionen zu berücksichtigen, was durch Einhalten genügend hoher Brüdentemperaturen geschehen muß. Der hohe Gehalt an Wasserdampf in den Brüden erhöht den Taupunkt der Rauchgase. Leider kommen eben zum Trocknen der feuchten Braunkohlen ausschließlich die Rauchgase in Betracht, die einen hohen Taupunkt haben und außerdem einen hohen Teildruck des Wasserdampfes besitzen.

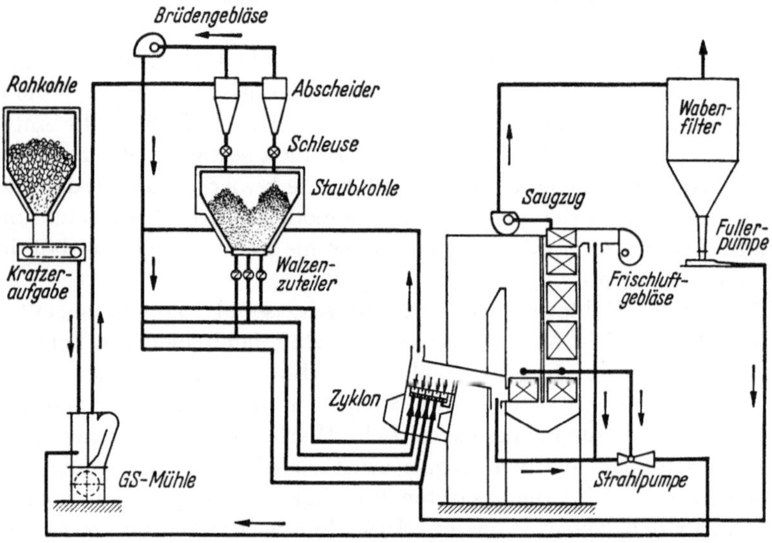

Abb. 82. Mahlanlage mit Rauchgaszusaugung mittels Ejektor [120]

Als Nachteil der Trocknung mit heißen Rauchgasen, falls sie erst aus den Kesselzügen zugesaugt werden, ist der Unterdruck in den Kesselzügen zu erwähnen. Man muß deshalb an der Stelle der Einführung der Rauchgase in den Mahlkreis einen noch niedrigeren Unterdruck schaffen, wodurch der Druckpegel des Mahlkreises oft unnötig tief heruntergedrückt wird. Bei den Einblasemühlen braucht man dann eine große Ventilationswirkung der Mühle, bzw. bei Anwendung des Brüdenventilators benötigt dieser eine hohe Pressung. Wird der Mahlkreis undicht, so bedeutet der tiefe Unterdruck mehr Falschluft in den

Brüden. Die Rauchgase sollten deshalb möglichst aus der oberen Partie des Brennraumes entnommen werden, wo sie den höchsten Druck haben.

Bei den Zyklonfeuerungen [120] mit hoher Luftpressung benutzt man oft eine kleine Menge der Kaltluft dazu, ihre Strömungsenergie in einem nach Abb. 82 in die Zuleitung zur Mühle eingebauten Ejektor zum Zusaugen der Rauchgase zu verwenden. Durch die Umsetzung der Druckenergie der Kaltluft in Geschwindigkeit wird die notwendige Energie zum Zusaugen der Rauchgase aus dem Kessel sichergestellt, so daß man die Mühle ohne Unterdruck oder sogar mit Überdruck betreiben kann. Es werden allerdings auch andere Wege angegeben, wie man den Unterdruck im Mahlkreis beherrschen kann [105].

3. Mühle und Sichter

Die Mineralsubstanz der Kohle ist ein Konglomerat verschiedener Minerale, die in der Kohlensubstanz mehr oder weniger gleichmäßig zerstreut sind. Deshalb müssen sie an dem Mahlvorgang teilnehmen, und zwar in um so größerem Umfang, je feiner die Kohle gemahlen wird. Durch Zerkleinern zerlegt man also das Verwachsene nicht nur in die Reinkohle und die Asche, sondern man scheidet bei feiner Ausmahlung auch die verschiedenen Komponenten der Mineralsubstanz der Kohle voneinander. Diese Trennung vollzieht sich in verschiedenem Maß und wird natürlich durch die unterschiedlichen physikalischen Eigenschaften der Reinkohle und der Mineralsubstanz begünstigt, wobei vor allem ihre verschiedenen spezifischen Gewichte und ihre unterschiedlichen Mahlbarkeiten zur Auswirkung kommen.

Die üblichen Mühlenbauarten bestehen aus der Mühle selbst und dem Sichter, der die Feinheit des Kohlenstaubes regelt. Die mechanische Sichtung des Mahlgutes führt dazu, daß die schwerere Mineralsubstanz unnötig fein übermahlen wird, da sie durch den mechanischen Sichter so lange in die Mühle zurückgeführt wird, bis ihre Korngröße so klein geworden ist, daß sie im Sichter nicht mehr abgeschieden wird.

Auch die Mahlbarkeit spielt da eine gewisse Rolle, indem z. B. die harten Mineralsubstanzen, wie Quarz oder das schwere Pyrit, weniger fein zerkleinert werden als die übrigen Substanzen. Die Ursache liegt in der unvollkommenen Wirkung des Mühlensichters, der im Staubstrom stets etwas Überkorn durchläßt, das er eigentlich in die Mühle zurückführen sollte. Da die harten Bestandteile unzerkleinert vielmals zwischen Mühle und Sichter umlaufen, ist die Wahrscheinlichkeit groß, daß sie mit Überkorn durchdringen.

Bei der Untersuchung der Kohle durch Siebanalyse ist deshalb in den feineren Staubfraktionen mehr Asche zu erwarten, was die Erfahrung tatsächlich bestätigt [121]. Da nun die Mahlfeinheit des Kohlenstaubes nach dem Rückstand auf dem Sieb 30 bzw. 70 bewertet wird, ermittelt die Körnungsanalyse für sich allein bei Verfeuerung aschenreicher Kohlen die Eigenschaften des Mahlgutes nur unvollkommen, indem sie über die Feinheit des eigentlichen Brennbaren nichts Bestimmtes aussagt [115].

Zwischen dem Sichter und der Mühle stellt sich also wegen des Sichters ein Grießumlauf ein, der nicht nur den Kraftbedarf der Mühle erheblich steigert, sondern auch den Mühlenverschleiß erhöht. Die Menge des rückgeführten Grießes beträgt z. B. bei rheinischen Braunkohlen trotz ihrer verhältnismäßig groben Ausmahlung bis zu 70% des aus der Mühle austretenden Mahlgutes. Neben dem Grießumlauf entsteht auch ein unerwünschter Gasumlauf, der bis 25% der durch die Mühle strömenden Gasmenge ausmacht.

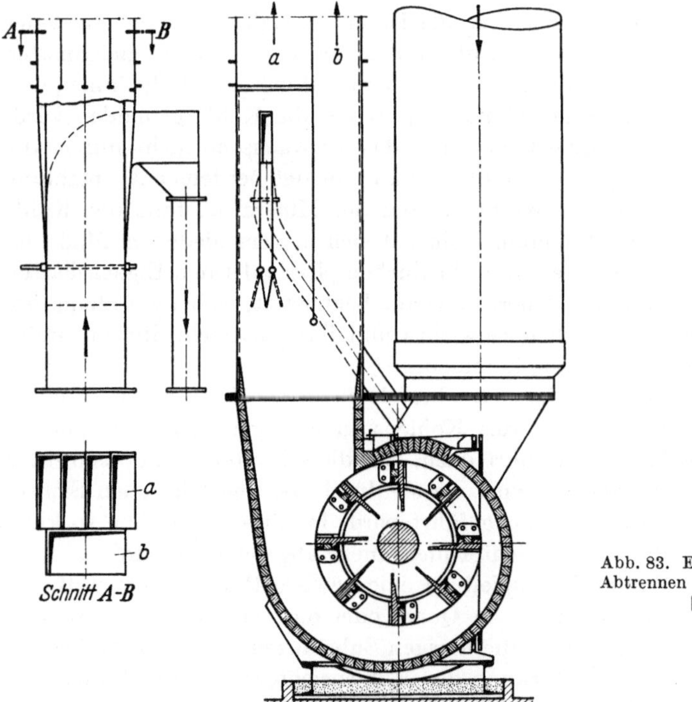

Abb. 83. Einrichtung zum Abtrennen vom Grobkorn [122]

Ferner ist nachteilig, daß die Mühlen mit mechanischem Sichter kein Gleichkorn erzeugen, sondern daß der Kohlenstaub ein Korngemisch von kleinsten bis zu größten Durchmessern darstellt. Damit entsteht einerseits ein unerwünschtes Großkorn, andererseits werden die feinen Staubfraktionen unnötig fein übermahlen. Der Steigungskoeffizient in der ROSIN-RAMMLERschen Formel für die Korngrößenverteilung nimmt dabei Werte von 0,9 bis 2 je nach der Mühlen- bzw. Sichterbauart und der Kohle an, wobei insbesondere die kleinen Exponenten unerwünscht sind, weil sie viel Grobkorn liefern.

Die weitere Mühlenentwicklung sollte deshalb als ihre Hauptaufgabe die Schaffung der sichterlosen Mühle betrachten, die die Kohle in einem einzigen Durchgang durch die Mühle brennfertig aufbereitet. Einen Vorstoß in dieser Richtung stellt die Mühle in Abb. 83 dar [122], bei der man bewußt den Gasumlauf ausnutzt. Hier wird die Teilrückführung benutzt, indem man einen Teilstrom, der mit sehr großer Staubmenge beladen ist und gleichzeitig auch das Grobkorn enthält, in die Mühle zurückführt. Die regelbaren Klappen unter der Entnahmestelle des Teilstromes gestatten, jene Stelle im aufsteigenden Strom abzutasten, die den vorgehenden Bedingungen genügt.

Da bekanntlich der Grießumlauf mit steigender Mahlfeinheit zunimmt, entlastet jede Herabsetzung der Ansprüche an die Güte des Mahlgutes den Sichter. Deshalb kann man z. B. die Flugaschenrückführung als eine indirekte Maßnahme zur Senkung des Grießumlaufes betrachten, wenn sie eine gröbere Ausmahlung gestattet. Man kann sich bei ihrer Anwendung als Endlösung sogar eine sichterlose Mühle vorstellen, wobei das unverbrannte Grobkorn teils im Feuerraum und teils im Flugaschenabscheider aufgefangen wird. Soll dabei der Verlust durch Unverbranntes nicht ansteigen, so müßte man nicht nur die Flugasche, sondern auch die Schlacke vom Trichter zurückführen.

4. Geschlossener Mahlkreis mit Einblasemühlen

Der geschlossene Mahlkreis mit Einblasemühlen ist in Abb. 84a u. b schematisch dargestellt. Die Einfachheit der Einblasemühlen ist hervorzuheben. Deshalb wird ihnen bei Großkesseln der Vorzug gegeben. Sie benützen die Brüden gleichzeitig zum Fördern des Kohlenstaubes bis zum Brenner, so daß der Erstluftventilator entfällt. Das in die Brenner gelangende Gemisch enthält auch die feinsten Kohlenfraktionen. Wird die Mühle bei Teillast mit weniger Brüden gefahren, so ist der Kohlenstaub wegen der kleineren Brüdengeschwindigkeiten im Sichter feiner, was besonders bei mageren Kohlen nutzbringend ist.

Nachteilig ist allerdings das arme Erstgemisch, insbesondere falls man wegen Sichter 1 bis 2 Nm³ Brüden pro kg Kohle verlangt. Das Gemisch wird um so ärmer, je kleiner die Mühlenlast ist. Auch die Kaltluftzugabe ist bei Teillast größer, da bei der unverminderten Brüdenmenge weniger Kohle getrocknet wird.

Die Aufteilung der Kohlenstauberzeugung auf mehrere Mühlen ist hier in erster Linie durch die beschränkte Mühlenleistung bedingt, da die Einheitsleistungen der Mühlen mit den Kesselleistungen nicht

Schritt gehalten haben, so daß die heutigen Mühlenkonstruktionen zumindest bei Großkesseln und bei Verfeuerung minderwertiger Kohlen, nicht imstande sind, die ganze Kohlenstaubmenge in einer Einheit herzustellen. Die zu große Mühlenanzahl mit vielen Zuteilungseinrich-

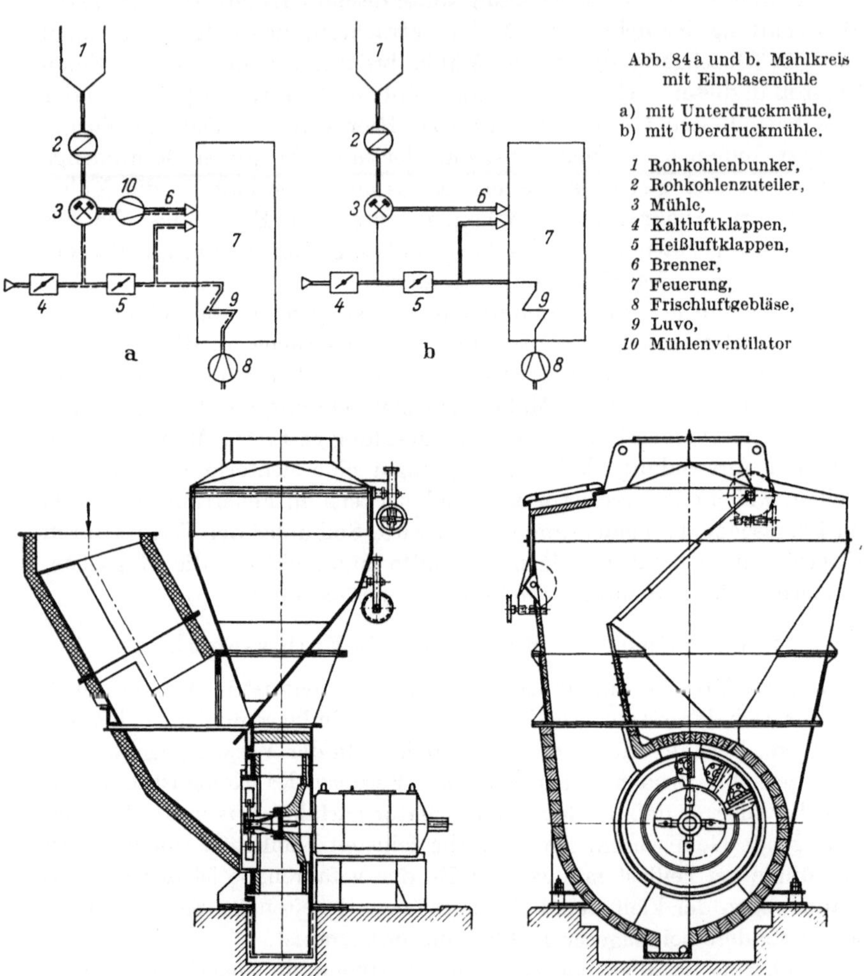

Abb. 85. Schlagradmühle mit Verteilkreuz (KSG) [115]

tungen und Staubrohrleitungen ist räumlich schwer unterzubringen und im Betrieb schwer zu überwachen, so daß auch bei den größten Kesseln ihre Zahl nicht über zehn liegen sollte. Bei Betriebsstörung einer Mühle kann der Kessel allerdings wenigstens mit verminderter Leistung weiterfahren.

Als ausgereiftesten Vertreter der Einblasemühlen kann man die Schlagradmühle ansehen, die keinen Mühlenventilator benötigt. Der Kohlenvorrat in der Mühle ist nicht groß, und die Mühlenleistung wird mittels des Rohkohlenzuteilers geregelt [123, 124]. Als Werkzeug zum Mahlen der Kohle dient das Schlagrad mit Schaufeln, das gleichzeitig die Kohle zerkleinert und die Druckerhöhung bewirkt, so daß man für die Mühle einen konventionellen zentrifugalen Sichter und für die Feuerung die normalen Brenner verwenden kann. Als Beispiel sei in Abb. 85 die Schlagradmühle der KSG-Naßkohlenfeuerung angeführt. Bei dieser wird neuerdings dem Ventilatorrad ein Schlägerteil vorgeschaltet, der in den Eintrittsstutzen der Mühle verlagert ist und die Kohle gleichmäßig auf das Schlagrad verteilen soll.

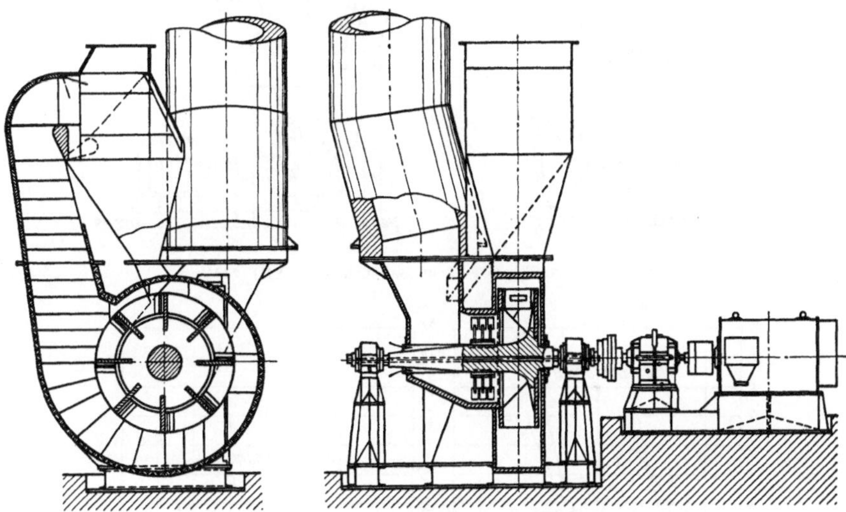

Abb. 86. DGS-Mühle (Deutsche Babcockwerke AG) [115]

Da die Kohle sich stets im Flug befindet und lediglich durch Aufprall zerkleinert wird, eignet sich die Schlagradmühle ausgezeichnet für sehr feuchte Kohlenarten, weil sie die Kohle nicht preßt. Die Kohleteilchen bewegen sich im Mahlraum mit großer relativer und absoluter Geschwindigkeit, was den Übergang der Feuchtigkeit aus der Kohle in das Trocknungsmittel stark unterstützt. Der Kraftverbrauch der Mühle dient zum Teil der Zerkleinerung der Kohle, zum Teil der Mühlenventilation und ist von der Mühlenbelastung abhängig, d. h. bei Teillast wird sie kleiner.

Die Umfangsgeschwindigkeit des Schlagrades ist 80 m/sek. Als Trocknungsmittel werden bei Verfeuerung feuchter Braunkohlen die

Rauchgase zugesaugt, die man vom Brennraum mit einer Temperatur von 1000° C durch den Trocknungsschacht abzieht, in dem eine wesentliche Vortrocknung der Kohle stattfindet. In der Mühle wird während des Zerkleinerns die Trocknung abgeschlossen, nachdem im Trocknungs-

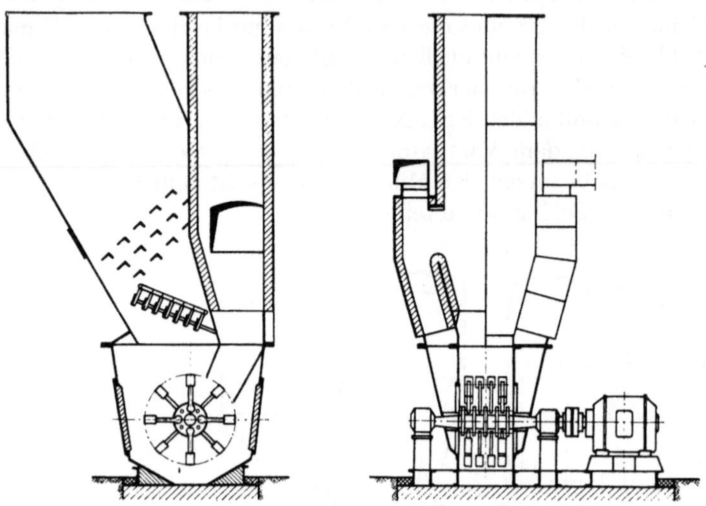

Abb. 87 Schlägermühle (Deutsche Babcockwerke AG) [115].

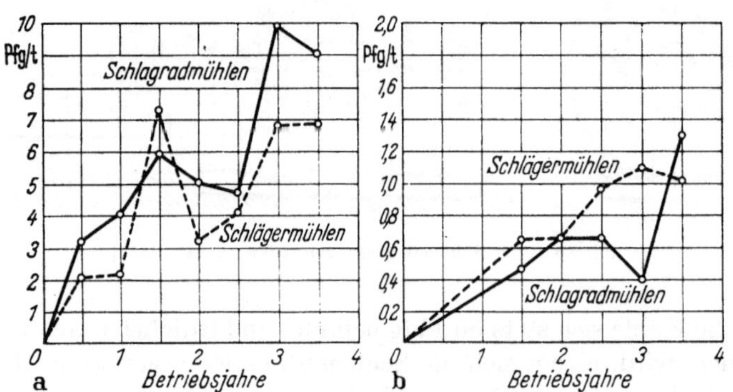

Abb. 88a u. b. Vergleich des Verschleißes einer Schlagrad- und einer Schlägermühle in zwei rheinischen Kraftwerken [40]

schacht durch die rasche Vortrocknung der Kohle, infolge des Temperaturüberfalls mit den 1000° C heißen Rauchgasen, die Kohlestruktur vorher schon aufgelockert worden war.

Die Schlagradmühle kann unmittelbar von einem Elektromotor ohne Untersetzungsgetriebe angetrieben werden. Da es sich aber bei Großkesseln um Mühleneinheiten bis für 50 und mehr t/h Kohle handelt, die mit großen Kurzschlußläufern angetrieben werden, muß man zur Vermeidung der sonst notwendigen Überdimensionierung des Motors Anfahrkupplungen anwenden. Diese Kupplungen gestatten ein schnelles Hochfahren der Mühle, ohne daß der Motor das volle Drehmoment zu übertragen hat.

Bei den Braunkohlen hat sich auch die DGS-Mühle gut bewährt, bei der nach Abb. 86 dem Schlagrad fliegend ein kleinerer Rotor mit Schlägern vorgeschaltet ist, der die Leistung des Schlagrades steigert.

Schnellaufende Schlägermühlen nach Abb. 87 kommen ebenfalls als Einblasemühlen in Betracht. Der relativ große Kohlenvorrat im Mühlensumpf macht die Mühle träge. Bei den Schlägermühlen hat sich die tangentiale Kohleneinführung am besten bewährt, weil sich die Schläger längs der Rotorlänge gleichmäßig abnutzen.

Der Verschleiß der Schläger- und der Schlagradmühlen ist größenordnungsmäßig gleich, worüber die Abb. 88 für die Rheinkohle berichtet.

Die Auswechslung der abgenutzten Mahlorgane ist aber bei der Schlagradmühle einfacher. Hinsichtlich der Mahlarbeit sind beide Mühlenarten gleichwertig, wobei sich die Mühlengröße stark ausprägt, wie Abb. 89 zeigt. Bei großen Mühlen kann man deshalb mit kleinerer Mahlarbeit rechnen, was in dem größeren Anteil der nützlichen Mühlenarbeit am Mahlvorgang begründet ist.

Eine Kombination stellt die HGS-Mühle Abb. 90 dar, deren wassergekühlte Welle

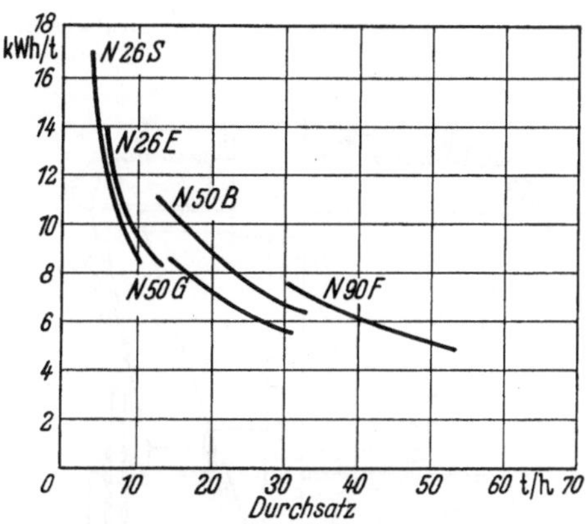

Abb. 89. Einfluß der Mühlengröße auf den Kraftverbrauch (KSG-Schlagradmühle) [40]

einen mittleren Schlägerteil und zwei beiderseitig angeordnete Ventilatorräder trägt. Die Rauchgase und die feuchte Braunkohle werden durch den Trocknungsschacht tangential in den mittleren Teil der Mühle mit den Schlägern zugeführt, und der fertige Kohlenstaub samt Brüden geht beiderseitig längs der Mühlenwelle in die Ventilatoren über. Dabei wird der Staub grob vorgesichtet, indem die gröberen Kohleteilchen unter der Fliehkraftwirkung zurück zum Umfang des Schlägerteils abgeschleudert werden, so daß längs der Welle durch den Kreisring in der Trennwand nur der feine Staub entweicht. In den Ventilatoren wird der Druck des Gemisches erhöht, und dort wird auch die Mahlung der gröberen Teilchen fortgesetzt.

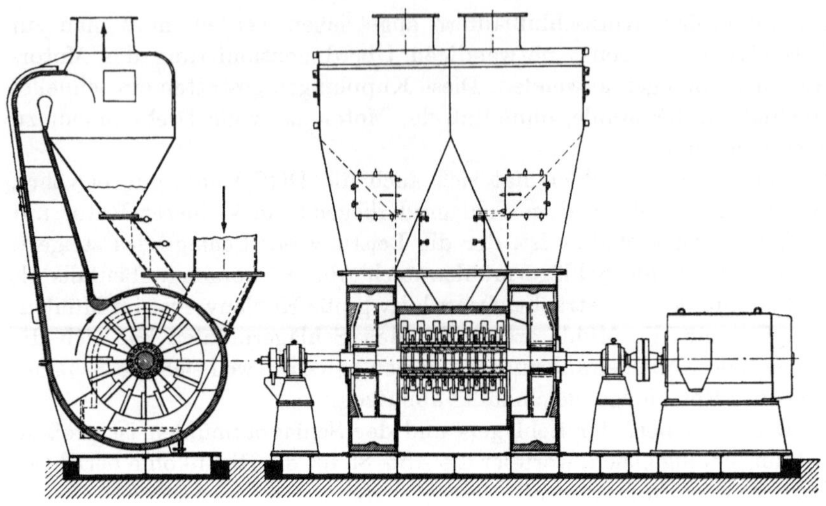

Abb. 90. HGS-Mühle (Deutsche Babcockwerke AG) [*115*]

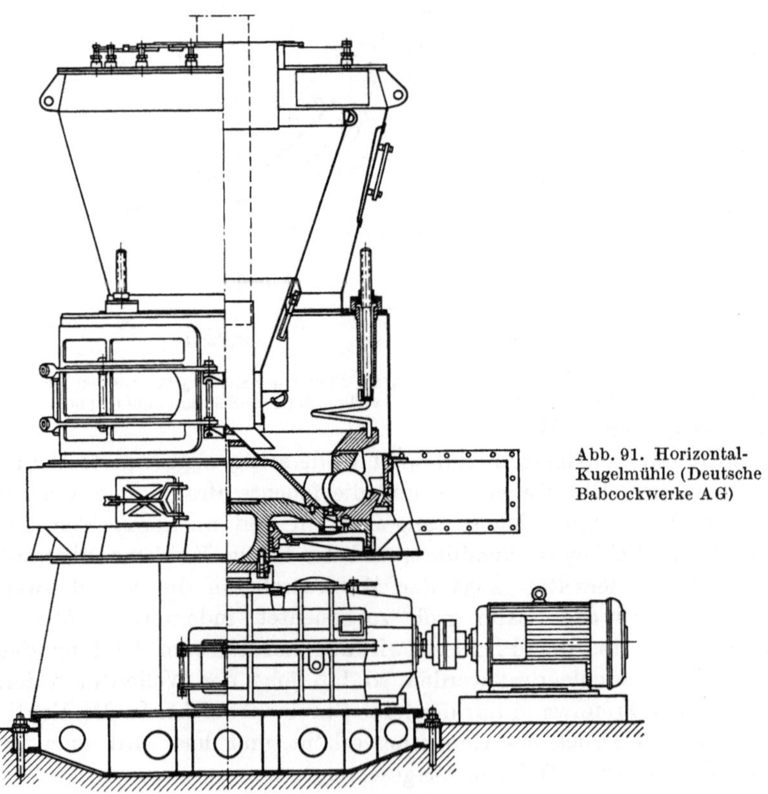

Abb. 91. Horizontal-
Kugelmühle (Deutsche
Babcockwerke AG)

Bei Braunkohlenfeuerungen kann man sich mit einem grob gemahlenen Staub begnügen, wobei über 50 % des Staubes aus Körnern über 90 μ besteht. Deshalb sind bei diesen Mühlen die einfachsten Sichterausführungen am Platze, oder man versucht auf den Sichter ganz zu verzichten. Die Steinkohle dagegen benötigt nach Tab. 10 eine wesentlich feinere Ausmahlung. Falls man sie in selbstansaugenden Schläger- oder Schlagradmühlen ohne Mühlenventilator vermahlen will, muß man ihrem Sichter besondere Aufmerksamkeit widmen und ihn mit der minimalen Belüftung betreiben. Sonst müßte man beim Zerkleinern von

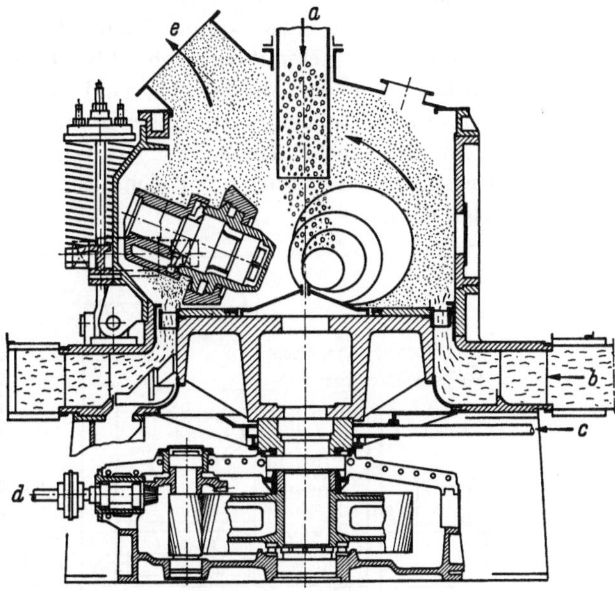

Abb. 92. Schlüssel-Kegelmühle (Combustion Engineering Ltd.) [12]

a Rohkohle,
b Heißluft,
c Sperrluft,
d Antrieb (Motor 650 PS),
e Kohlenstaub zum Sichter

trockenen Steinkohlen viel Kaltluft zugeben, um die Brüdentemperatur hinter der Mühle unter der höchstzulässigen Grenze zu halten. Die zu große Kaltluftzugabe wäre aber vom Standpunkt des Luvos aus ungünstig, da durch den Luvo weniger Luft strömte und die Luft- sowie Abgastemperatur steigen würden. Deshalb beschränkt man bei modernen Steinkohlenfeuerungen den Anteil der Mühlenluft auf 15 % [126].

Für die Steinkohlen-Zerkleinerung lassen sich als Einblasemühlen auch die mittelschnellen Mühlen verwenden, wie z. B. die Kugelmühle nach Abb. 91, die mit den zwischen den beiden Mahlringen angebrachten Kugeln mahlt, wobei die Ringe auf die Kugeln durch eine Feder aufgedrückt werden. Ähnlich arbeitet auch die Kegelmühle nach Abb. 92. Diese Mühlenart wird bis zu Leistungen von 50 t/h Kohle gebaut [12]. In englischen und amerikanischen Anlagen findet man auch Rohrmühlen mit direkter Einblasung [125].

Diejenigen Mühlenbauarten, bei denen die Ventilatorwirkung des Mühlenrotors entfällt, benötigen einen besonderen Mühlenventilator. Bei den Unterdruckmühlen wird nach Abb. 84 der Mühlenventilator an der Austrittseite der Mühle aufgestellt, so daß durch ihn das staubhaltige Erstgemisch strömt, weshalb sein Verschleiß ziemlich hoch liegt, so daß neben den Mahlorganen auch sein Rotor von Zeit zu Zeit ausgewechselt werden muß. Vorteilhaft ist jedoch neben dem Unterdruck in der Mühle auch die unbegrenzte Temperatur des Trocknungsmittels, da die Brüden im Ventilator erst nach Abkühlung verdichtet werden, wo außerdem ihr Volumen klein ist.

Heute bei den gut entwickelten Mühlendichtungen gibt es auch Mahlkreise mit Überdruckmühlen nach Abb. 84. In diesem Fall ist der Mühlenventilator vor der Mühle eingeschaltet und muß deshalb ein heißes Trocknungsmittel befördern. Daher braucht er wegen des größeren Volumens der Gase mehr Arbeit bzw. die Gastemperatur im Mühlenventilator ist mäßig zu halten, so daß sich diese Lösung nur für trockene Kohlensorten eignet.

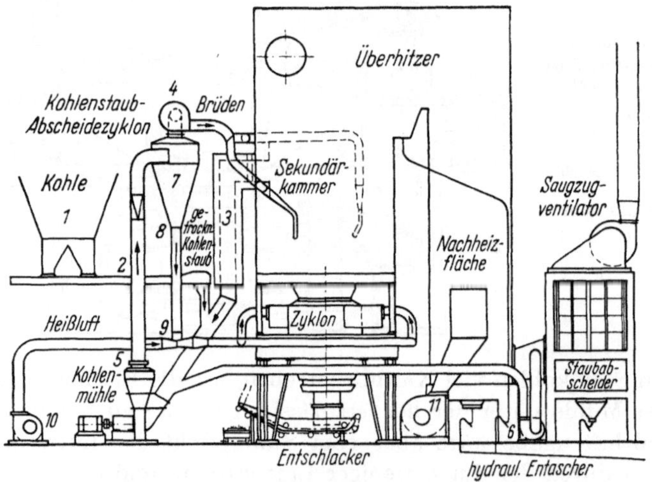

Abb. 93. Mahlanlage mit Brüdenabtrennung hinter der Einblasemühle im Kohlenstaub-Abscheidezyklon [127]

Bei den Schmelzfeuerungen kann man für feuchte Kohlen die reinen Einblasemühlen nicht ohne weiteres anwenden. Es läßt sich jedoch nach Abb. 93 ein Abscheidezyklon einschalten, in dem die Brüden abgetrennt werden, während der abgeschiedene Kohlenstaub in den Schmelzraum mittels Heißluft eingeblasen wird [127]. Die Brüden mit etwas Kohlenstaub werden in die Flamme erst hinter dem Schmelzraum eingeführt. Dieses Schema bildet schon einen Übergang zum Mahlkreis mit Zwischenbunkerung. In diesem Fall muß man allerdings die Staubschleuse unter dem Abscheider reichlich bemessen, damit der gesamte abgeschiedene Kohlenstaub ohne Speicherung in die Erstluft durchgelassen wird, so daß keine Stauung der Kohle im Mahlkreis auftritt.

Im Vergleich mit der Zwischenbunkerung ist die größere Trägheit der Einblasemühle zu betonen, so daß man bei der Feuerungsregelung mit einer größeren Zeitkonstante rechnen muß.

5. Geschlossener Mahlkreis mit Zwischenbunkerung

Gut geeignet für die Steinkohlenfeuerungen und in Sonderfällen [128] auch für die Braunkohlenfeuerung (Zyklonfeuerung) ist der Mahlkreis mit Zwischenbunkerung, bei dem man nach Abb. 94 zwischen Mühle und Feuerung einen Kohlenstaubbunker als Ausgleichsglied einschaltet. Man kann bei dieser Anordnung den Kohlenstaub und die Brüden getrennt in die Feuerung einführen, so daß man ein beliebig reiches Erstgemisch auch bei Teillast zu schaffen vermag. Es läßt sich

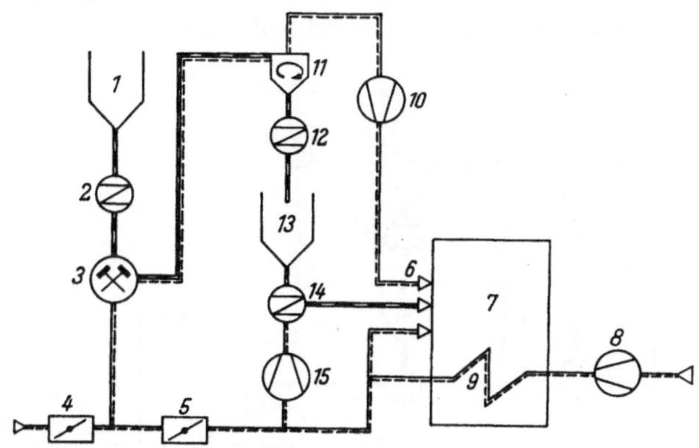

Abb. 94. Mahlanlage mit Zwischenbunker [41]

1 Rohkohlenbunker,	6 Brenner,	11 Kohlenstaubabscheidezyklon,
2 Rohkohlenzuteiler,	7 Feuerung,	12 Kohlenstaubschleuse,
3 Mühle,	8 Frischluftgebläse,	13 Kohlenstaubbunker,
4 Kaltluftklappen,	9 Luvo,	14 Kohlenstaubzuteiler,
5 Heißluftklappen,	10 Mühlenventilator,	15 Erstluftgebläse

außerdem als Erstluft die heiße Luft anwenden, wobei als Trocknungsmittel wieder Luft oder Rauchgase in Betracht kommen. Im Bunker darf man allerdings nur die Stäube von weniger reaktiven Kohlen speichern, oder man muß den Bunker unter eine Schutzatmosphäre aus Inertgas setzen.

Der Kohlenstaubvorrat im Bunker ist für die Betriebssicherheit vorteilhaft. Man kann außerdem die Mühle immer mit Vollast fahren lassen und sie bei vollem Bunker abstellen. Deshalb läßt sich bei Anlagen mit Zwischenbunkerung der Mühlenbetrieb so organisieren, daß man bei kurzzeitigen Lastspitzen durch Abstellen der Mühle [*129*] die Stromabgabe ins Netz nicht unwesentlich erhöht, indem man zu diesem Zweck in den Zeiten kleiner Stromabgabe einen genügenden Staubvorrat im Bunker ansammelt.

Die Möglichkeit der Kohlenstaubvorratbildung in Schwachlastperioden hat auch dort geholfen, wo man von einer guten Kohle auf eine minderwertige Kohle übergehen mußte. In diesen Kraftwerken kann man, z. B. während der Schwachlastperiode in der Nacht, einen genügenden Staubvorrat herstellen, den man dann bei Lastspitzen verstromt. Allerdings muß man wegen des höheren durchschnittlichen Kohlenverbrauchs die Mühlen mit kürzeren Pausen betreiben. Vorteilhaft ist auch die Möglichkeit, vom Bunker aus, falls notwendig, auch die Nachbarkessel mit Staub versorgen zu können, wie z. B. beim Anfahren.

Das Zeitverhalten der Kohlenstaubzufuhr in die Feuerung ist da sehr günstig, weil sie praktisch nur vom Zeitverhalten der Kohlenstaubzuteiler abhängt, die eine kleine Zeitkonstante haben und sich deshalb dem veränderten Kohlenstaubbedarf schnell anpassen.

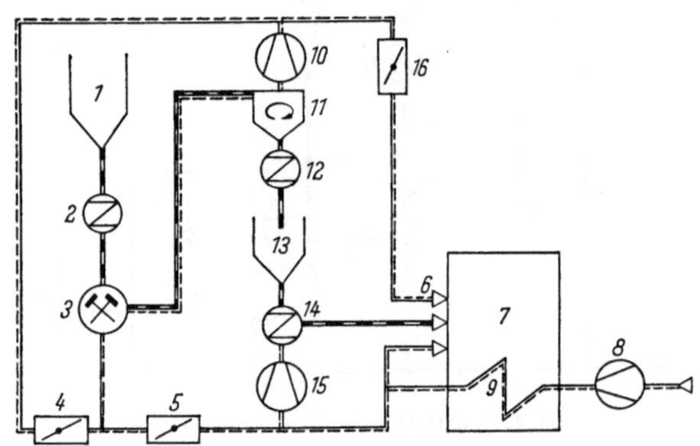

Abb. 95. Mahlanlage mit Zwischenbunker und Brüdenumwälzung [*41*]

1 Rohkohlenbunker,	*6* Brenner,	*11* Kohlenstaubab-scheidezyklon,	*15* Erstluftgebläse,
2 Rohkohlenzuteiler,	*7* Feuerung,		*16* Klappe zur Einstellung der in die Feuerung abgelassenen Brüdenmenge
3 Mühle,	*8* Frischluftgebläse,	*12* Kohlenstaubschleuse,	
4 Kaltluft-Brüden-klappen,	*9* Luvo,	*13* Kohlenstaubbunker,	
5 Heißluftklappen,	*10* Mühlenventilator,	*14* Kohlenstaubzuteiler,	

Bei Anlagen mit Zwischenbunkerung kann man die Brüdentemperatur entweder durch Kaltluftzugabe oder durch Brüdenumwälzung regeln. Eine Anlage mit Brüdenumwälzung zeigt Abb. 95. Die vom Kohlenstaubabscheider abgesaugten Brüden werden vom Mühlenventilator zum Teil zu den Brüdenbrennern des Kessels, zum Teil zurück in die Mühle geliefert. Bei dieser Anordnung ist die in den Mahlkreis von außen zugesaugte Gasmenge nicht konstant, sondern sie ändert sich je nach der Kohlenfeuchtigkeit; eine absichtlich gewollte Kaltluftzugabe fällt dabei ganz fort.

Bei Steinkohlenfeuerungen mit Zwischenbunkerung begegnet man oft neben den im vorhergehenden Abschnitt behandelten Mühlentypen auch der Rohrmühle, die sich für die feine Zerkleinerung trockener Steinkohlensorten, vom Anthrazit bis zum Steinkohlenkoks, bis zu Leistungen von 50 t/h Kohle anwenden läßt. Ihr Schema ist in Abb. 96

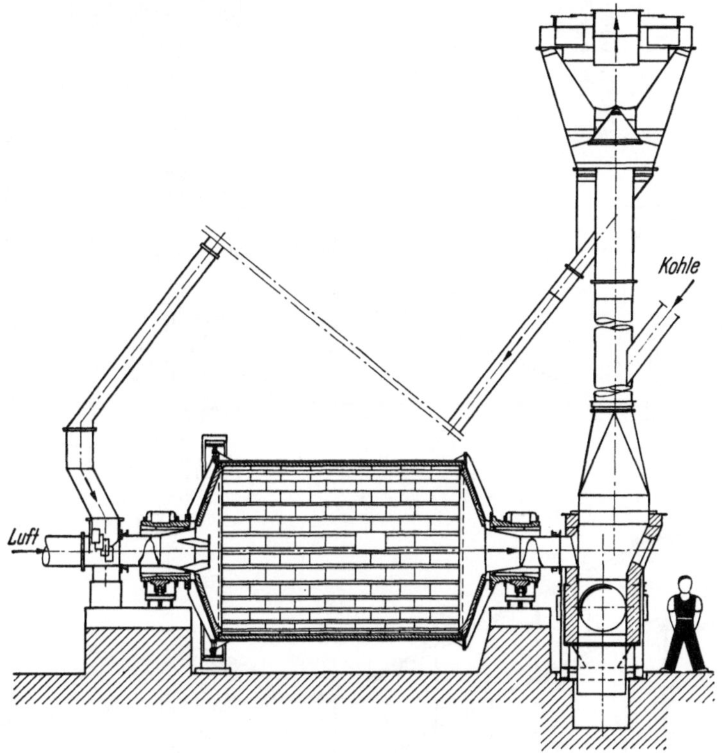

Abb. 96. Kugelrohrmühle (Deutsche Babcockwerke AG)

dargestellt. Die Mühle besteht aus einem kurzen Zylinder, dessen Wände mit Hartstahlplatten gepanzert sind und der ungefähr zu einem Drittel mit Kugeln von 30 bis 80 mm Durchmesser gefüllt ist [130]. Die Rohrmühle ist einfach und hat niedrige Drehzahlen. Sie ist auch gegenüber Fremdkörpern, wie Eisen, Holz usw., verhältnismäßig unempfindlich. Nachteilig ist im Hinblick auf Mühlenbrände die große Kohlenspeicherung in der Mühle. Der Kraftbedarf ist groß und von der Mühlenbelastung wenig abhängig, da die Motorleistung vor allem zum Umwälzen

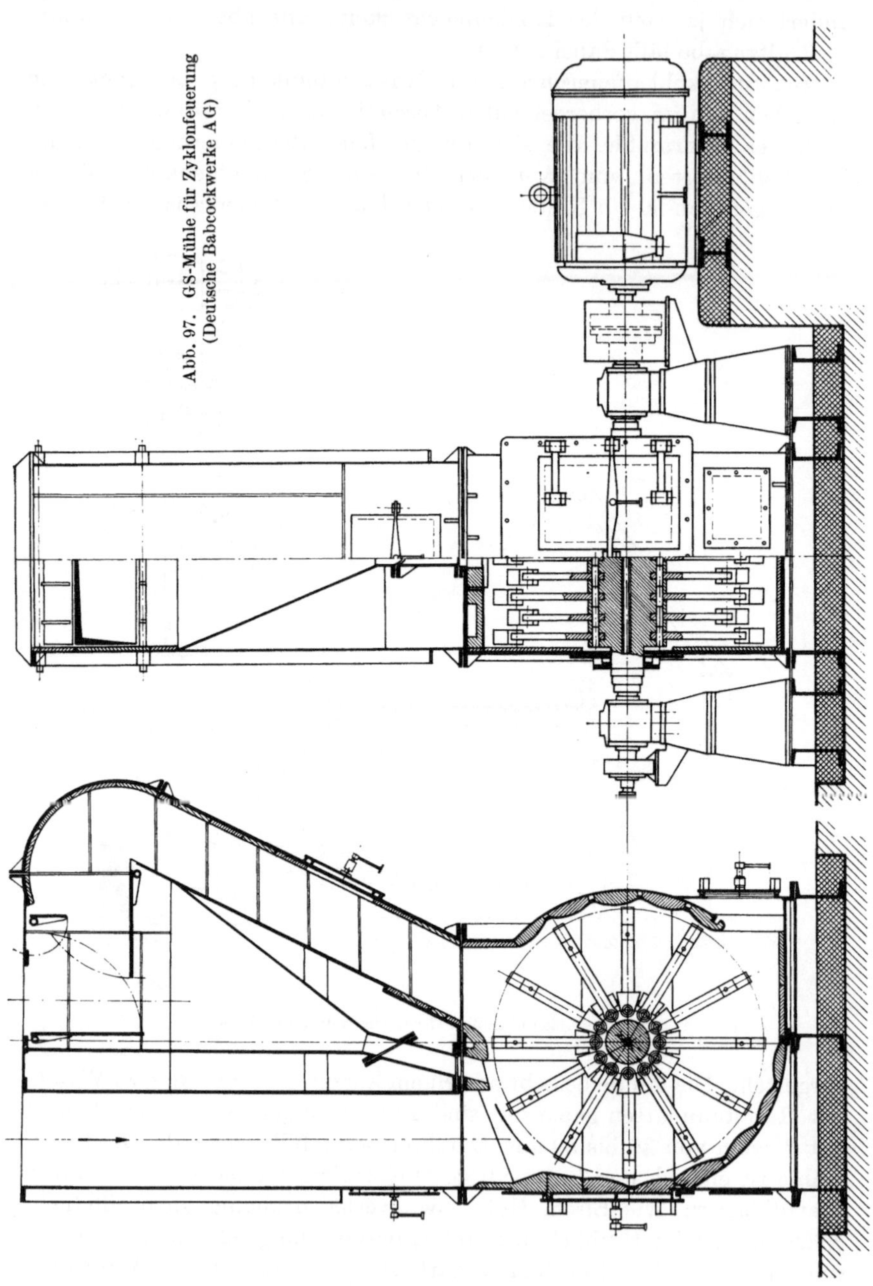

Abb. 97. GS-Mühle für Zyklonfeuerung (Deutsche Babcockwerke AG)

der Kugelfüllung verbraucht wird. Zu den Nachteilen gehören die großen Abmessungen und der Lärm.

Zum Zerkleinern der grob gemahlenen Kohle für die Horizontalzyklon-Feuerungen, die fast immer mit Zwischenbunker ausgestattet sind, benutzt man die einfachen Schlägerbrecher, wie es z. B. bei dem GS-Brecher nach Abb. 97 der Fall ist. Bei den Vertikalzyklonen, die schon eine etwas feinere Ausmahlung benötigen, verwendet man meistens die Schlagradmühle, die in derselben Ausführung auch für die übrigen Schmelzfeuerungen gut zu gebrauchen ist.

Zuletzt ist zu sagen, daß in Europa die Schläger-, Schlagrad- und Rohrmühlen vorherrschen. Das ist durch den hohen Aschegehalt unserer Kohlen sowie durch ihre häufig vorkommende schlechte Mahlbarkeit begründet. Auch der Wassergehalt dieser Kohlen pflegt hoch zu liegen. Dagegen beziehen die Amerikaner, die die mittelschnellen Kugel- und Kegelmühlen bevorzugen, meistens gute Steinkohle, die weniger Asche hat und sich gut zerkleinern läßt.

Bei den Anlagen mit Zwischenbunkerung des Kohlenstaubes hat sich die Anwendung der heißen Erstluft sehr verbreitet. Der Kohlenstaub wird hier mittels Heißluft von derselben Temperatur wie die Zweitluft befördert, wodurch man vor allem den Wasserwert der durch den Luvo strömenden Luft zu erhöhen sucht. Die heiße Erstluft vergrößert auch die in den Brennraum zugeführte Wärmemenge und steigert die Flammentemperatur. Die Gefahr von Kohlenstaubbränden ist dabei gering, weil die Erstluftmenge im Vergleich zur Kohlenstaubmenge klein ist und die Luft deshalb nach Einführung des kalten Kohlenstaubes stark abgekühlt wird, so daß die Erstgemischtemperatur auch da kaum über 250° C liegt. Es ist allerdings auf die Dichtigkeit der abgestellten Kohlenstaubzuteiler zu achten, damit die heiße Erstluft nicht in den Kohlenstaubbunker entweichen kann.

6. Offene Mahlkreise

Eine erhöhte Bedeutung für die Wirtschaftlichkeit der Großkesselfeuerungen hat der offene Mahlkreis gewonnen, bei dem die Mühlenbrüden nach gründlicher Entstaubung direkt in den Schornstein abgeführt werden, also nicht durch die Feuerung und durch die Kesselzüge gehen. Bei geschlossenem Mahlkreis ist man nämlich insofern inkonsequent, als man die durch Trocknung der Kohle tiefabgekühlten Rauchgase in den kalten Brüden in den Kessel zurückführt, den sie mit Abgastemperatur verlassen, die fast immer höher ist als die Brüdentemperatur.

Bei den Schmelzkesseln [*128, 131*] begann man mit der Anwendung des offenen Mahlkreises dort, wo es sich um die Verfeuerung feuchter Kohlen handelte und wo man nicht mit den Brüden die Flamme im Schmelzraum belasten durfte. Der Fortschritt im Bau der Intensiv-

filter für Kohlenstaub hat jedoch den offenen Mahlkreis für die Schmelzfeuerung auch bei Kohlen mit niedrigem Feuchtigkeitsgehalt verlockend
gemacht.

Das Schema des offenen Mahlkreises ist in Abb. 98 dargestellt. Die
vom Brüdenventilator abgesaugten Brüden werden in einem Kohlenstaubabscheider mechanisch vorgereinigt und dann in die zweite, aus

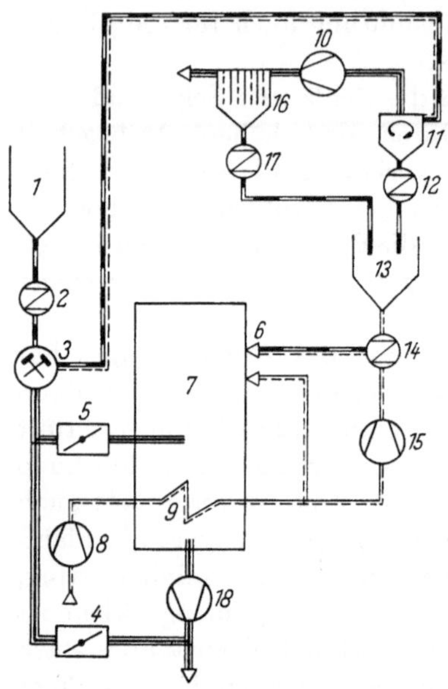

Abb. 98. Offener Mahlkreis [41]

1 Rohkohlenbunker, 2 Rohkohlenzuteiler,
3 Mühle, 4 Regelung der zugesaugten Ab-
gasmenge, 5 Regelung der zugesaugten
Rauchgase, 6 Brenner, 7 Feuerung,
8 Frischluftgebläse, 9 Luvo, 10 Mühlenventilator, 11 Kohlenstaubabscheider,
12 Kohlenstaubschleuse, 13 Kohlenstaubbunker, 14 Kohlenstaubzuteiler, 15 Erstluftgebläse, 16 E-Filter zur intensiven
Brüdenreinigung, 17 Feinststaubschleuse,
18 Saugzug

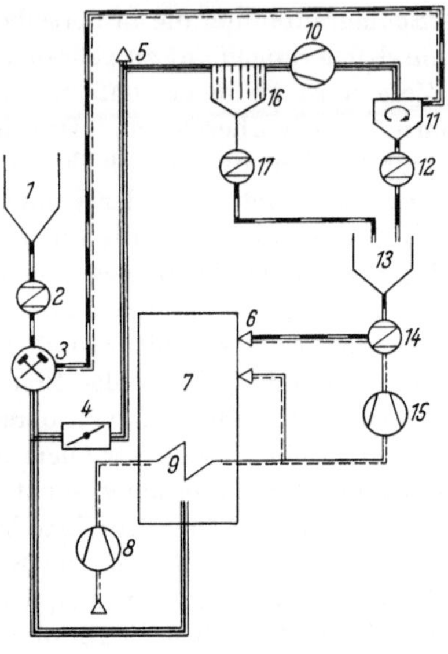

Abb. 99. Offener Mahlkreis mit Trocknung durch
die gesamten Abgase [41]

1 Rohkohlenbunker, 2 Rohkohlenzuteiler,
3 Mühle, 4 Regelklappe für Abgasumwälzung,
5 Abgase zum Schornstein, 6 Brenner, 7 Feuerung, 8 Frischluftgebläse, 9 Luvo, 10 Mühlenventilator (gleichzeitig Saugzug), 11 Kohlenstaubabscheider, 12 Kohlenstaubschleuse,
13 Kohlenstaubbunker, 14 Kohlenstaubzuteiler,
15 Erstluftgebläse, 16 E-Filter, 17 Kohlenstaubschleuse

einem Intensivfilter bestehende Entstaubungsstufe gedrückt, in der
auch die feinsten Staubfraktionen der Brüden restlos aufgefangen werden
sollen. Erst danach führt man die staubfreien Brüden zum Schornstein.
Ein Teil der Brüden wird in die Mühle zurückgeleitet oder auch in den
Zyklon eingeblasen.

Wenn die Hochleistungs-Entstauber eine konstante Gasmenge
verlangen, werden die Brüden umgewälzt. Die Zugabe von Kaltluft zur
Regelung der Brüdentemperatur ist aber baulich einfacher als die

Brüdenrückführung in die Mühle. Die hinzugegebene Kaltluftmenge muß allerdings minimal sein, da diese Luft gemeinsam mit den warmen Brüden ins Freie ausgelassen wird, so daß der dadurch vergrößerte Abgasverlust die durch den offenen Mahlkreis erzielten Ersparnisse zum Teil verschluckt. Im entgegengesetzten Fall wendet man vorteilhafter wieder die Brüdenumwälzung nach Abb. 95 an oder gibt in die Mühle die kalten Abgase zu, wozu man allerdings einen besonderen Hilfsventilator braucht, falls es sich nicht um einen Überdruckkessel handelt.

Vereinzelt gibt es Anlagen mit Trockenfeuerung, in denen die Kohle durch die gesamten Abgase getrocknet wird [132] (Abb. 99). Hier läßt sich der Abgasverlust auf ein absolutes Minimum herabdrücken, da alle Abgase bis auf die Brüdentemperatur abgekühlt werden. Aus dem Kessel selbst treten bei feuchten Kohlen die Rauchgase mit einer Temperatur von 200 bis 300° C — je nach der Kohlenfeuchtigkeit — aus, so daß die Kesselheizflächen samt Luvo sehr klein ausfallen. Da die Rauchgase in diesem Fall durch Trocknung der Kohle tief abgekühlt werden, verliert die Luftvorwärmung als Mittel zur Senkung der Abgastemperatur an Bedeutung, so daß man die Luft eventuell mit anderen Abwärmern vorwärmen kann, z. B. durch die Schlackenwärme oder durch Anzapfdampf von der Turbine, ohne die Abgastemperatur zu heben. Bei den Trockenfeuerungen allerdings, bei denen man mit der Aschenrückführung nicht rechnen will, müssen die Aschenteilchen noch vor Eintritt in die Mahlanlage aus den Rauchgasen entfernt werden. Der Entstauber arbeitet dann mit einer erhöhten Rauchgastemperatur von 200 bis 300° C.

Bei Verfeuerung schwefelhaltiger Kohlen ist aber zu überlegen, ob die mit Brüdentemperatur abziehenden Abgase, die SO_2 bzw. SO_3 enthalten, wegen ihrer niedrigen Temperatur ($\sim 100°$ C) und deshalb auch wegen ihrem geringen Auftrieb nicht schädliche Wirkungen auf die Umgebung ausüben werden [4]. Im Hinblick auf die Taupunkt-Korrosion ist es allerdings zu begrüßen, daß die Abgase in der Mahlanlage abgekühlt werden, also in einem System mit nicht gekühlten Wänden, wo bei sorgfältiger Isolierung die Wände der Mahlanlage beinahe dieselbe Temperatur wie die Brüden haben und der Taupunkt deshalb nur selten unterschritten wird [133]. Die letzte Wärmeaustauschfläche dagegen, der Luvo, liegt im Bereich hoher Rauchgastemperaturen, wo keine Korrosionsgefahr droht.

Die Brüdenreinigung wird gewöhnlich in zwei Stufen vollzogen. Als erste Stufe kommen meistens die mechanischen Fliehkraftentstauber in Betracht, von denen man allerdings einen hohen Wirkungsgrad bis zu 95 % verlangt. Die vorgereinigten Brüden gelangen dann in die zweite Entstauberstufe, für die man vor allem die Tuchfilter oder den elektrostatischen Filter zu ihrer gründlichen Reinigung einsetzt.

8*

Die Tuchfilter erreichen Wirkungsgrade bis zu 99%. Als Tuch eignen sich die verschiedenen Kunstfasern. Auch die Anwendung von Elektrofiltern zur Brüdenreinigung hat sich durchgesetzt, wobei ebenfalls Wirkungsgrade von 99 % erzielt werden [134]. Die Brüdenreinigung gemeinsam mit Flugascheabscheidung im Elektrofilter für die Abgasreinigung hat sich nicht bewährt [135].

Die Einrichtungen des offenen Mahlkreises nehmen viel Raum ein. Deshalb sucht man immer neue Anordnungen, um sie in einem gedrängteren Raum unterbringen zu können. So wurde z. B. vorgeschlagen, die gesamte Anlage samt Rohkohlenbunker, Mühle, Trocknungsanlage, Kohlenstaubabscheider, Kohlenstaubbunker und Brüdenfilter in einem Turm anzuordnen, wobei in dem oberen Teil des Turmes noch Aschenabscheider mit Saugzug stehen sollten. Am Turm würde endlich noch der Schornstein aufgestellt [136].

Neben den reinen offenen Mahlkreisen begegnet man den gemischten Mahlkreisen mit Vortrocknung der Kohle. So wird z. B. in Abb. 100 die sehr feuchte Kohle zuerst im Trockenrohr mittels Rauchgasen vorgetrocknet, wobei die entstandenen Brüden nach Entstaubung ins Freie entlassen werden. Die vorgetrocknete Kohle zerkleinert man danach in der Mühle auf die gewünschte Größe und beendet zugleich ihre Trocknung. Die Brüden werden dann aus der Mühle direkt in den Kessel mit Kohlenstaub eingeblasen. Für die Vortrocknung kommen auch die Dampftrockner in Betracht.

Theoretisch bieten die offenen Mahlkreise nur dort eine wirtschaftliche Lösung, wo der Verlust der in den Brüdenentstaubern nicht aufgefangenen Kohle kleiner

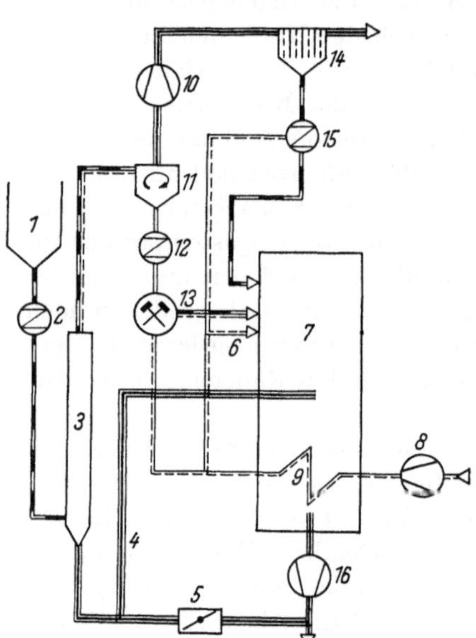

Abb. 100. Offener Mahlkreis mit Vortrocknung im Trockenrohr [41]

1 Rohkohlenbunker, 2 Rohkohlenzuteiler, 3 Trockenrohr, 4 Rauchgaszufuhr, 5 Zufuhr kalter Abgase, 6 Brenner, 7 Feuerung, 8 Frischluftgebläse, 9 Luvo, 10 Mühlenventilator, 11 Trockengutabscheider, 12 Kohlenschleuse, 13 Mühle, 14 E-Filter, 15 Kohlenstaubschleuse, 16 Saugzug

ist als die Verbesserung des Kesselwirkungsgrades infolge des geringeren Abgasverlustes. Die erhebliche Vereinfachung des Kesselbetriebes sowie die Vermeidung der Schwierigkeiten mit der im Mahlkreis zugesaugten Falschluft können allerdings die Anwendung des offenen Mahlkreises auch in anderen Fällen rechtfertigen.

7. Zentrale Mahlanlagen

Die schlechter werdende Kohle sowie die Planung von Riesenkraftwerken mit Leistungen über 1000 MW bedingen die Wiedereinführung der schon fast aufgegebenen zentralen Mahlanlagen, wie es in der letzten Zeit besonders in der UdSSR zu beobachten ist [137]. Die zentralen Mahlanlagen sollen für Kohlen mit einer Feuchtigkeit

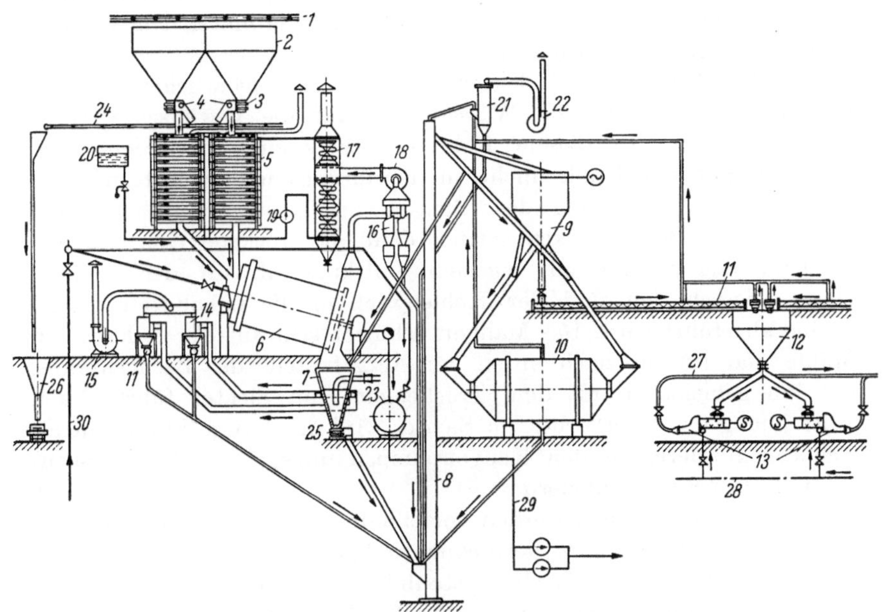

Abb. 101. Zentrale Mahlanlage [137]

1 Rohkohlenband,	11 Staubschnecken,	21 Tuchfilter,
2 Rohkohlenbunker,	12 Kohlenstaubbunker,	22 Brüdenventilator,
3 Rohkohlenzuteiler,	13 pneumatischer Staubförderer,	23 Kondensatbehälter,
4 Trommelsieb,		24 Bandförderer für Fremdkörper,
5 Tellertrockner,	14 Tuchfilter,	
6 Rohrtrockner,	15 Brüdenventilator,	25 Rohkohlenzuteiler,
7 Kühler des Trockengutes,	16 Multizyklon,	26 Bunker für Fremdkörper,
8 Becherwerk,	17 Wärmeaustauscher,	27 Kohlenstaubleitung,
9 mechanischer Abscheider,	18 Ventilator,	28 Preßluftleitung,
	19 Umlaufpumpe,	29 Kondensatleitung,
10 nicht ventilierte Rohrmühle,	20 Zusatzwasserbehälter,	30 Dampf für Kohlentrockner

über 10 % wirtschaftlicher sein als die Einheitsmühlen. Die Trocknung erfolgt da mittels Dampf, weshalb die Hauptturbine des Blockes mit einer geregelten Entnahme bei 5,5 ata und 170—180° C versehen wird, die bei 300 MW bzw. 600 MW Block eine Dampfmenge von 60 bzw. 120 t/h für die Trockner liefert.

Das Schema der Anlage ist aus Abb. 101 zu ersehen. Die auf die geeignete Größe unter 20 mm vorgebrochene Rohkohle wird zuerst auf den Tellertrocknern vorgetrocknet. Diese Tellertrockner werden mit in geschlossenem Kreis umlaufendem Wasser beheizt, das man durch die Abwärme der Brüden aus den Dampftrocknern in einem besonderen Wärmeaustauscher vorwärmt, in dem die Brüdenfeuchtigkeit niedergeschlagen wird. Die Brüden müssen allerdings vorher einen mechanischen Abscheider passieren, in dem sie vom Kohlenstaub befreit werden, damit man die nicht kondensierbaren Gase hinter dem Wärmeaustauscher ins Freie entlassen kann.

Das Trockengut schüttet sich dann in den eigentlichen Dampfrohrtrockner, in dem sein Wassergehalt auf die gewünschte Höhe erniedrigt wird. In diesem Rohrtrockner kommt der Heizdampf natürlich mit der Kohle nicht in Berührung, und sein Kondensat kehrt in den Kreislauf des Blockes zurück. Auf mechanischem Wege mittels Becherwerken gelangt dann die trockene Kohle in den mechanischen Sichter mit eigenem Luftkreislauf, wo der Kohlenstaub abgeschieden und der Kohlengrieß in die unbelüftete Rohrmühle abgeführt wird. Das Mahlgut schüttet sich aus der sichterlosen Mühle und rutscht nach unten zur Aufgabestelle des Becherwerkes, das ihn gemeinsam mit dem Trockengut zum Sichter führt. Nach Abtrennung des Überkornes im Sichter wird der fertige Staub mittels Schneckenförderer zu den Kenyonpumpen aufgegeben, die ihn pneumatisch dem Kessel zuliefern.

Sehr feuchte Kohlen werden vorteilhafterweise schon im Bergwerk in einer Kohlenstaubfabrik getrocknet und gemahlen, so daß das Kraftwerk den fertigen frachtwürdigen Staub bezieht. Der auf die gewünschte Feinheit gemahlene und getrocknete Kohlenstaub muß allerdings in luftdicht abgeschlossenen Bunkerwagen transportiert werden, wobei jeder Luftzutritt zur Kohle wegen der Brandgefahr vermieden werden muß. Im Kraftwerk wird der Kohlenstaub mittels pneumatischer Fördermittel, z. B. einer Fullerpumpe, direkt in den Bunker im Kesselhaus getragen, von wo ihn Kohlenstaubzuteiler unmittelbar zum Kessel liefern. Da sein Wassergehalt unter 20 % liegt, eignet sich solcher Braunkohlenstaub auch für zur Steinkohlenverfeuerung ausgelegte Trocken- sowie Schmelzkessel [54].

Da in den beiden vorhergehenden Fällen die Kohlenstaubaufbereitung mit dem Kessel nicht zusammenhängt, wird der Kessel durch den Wärme- und den Fördergasbedarf der Mahlanlage nicht beeinflußt. Auch bei den Anlagekosten des Kraftwerkes fällt im zweiten Fall die Mahlanlage weg. Dies bedeutet allerdings, daß man für den Transport der Kohle von der Grube ins Kraftwerk eine bestimmte Anzahl spezieller Wagen zur Verfügung haben muß.

II. Ölaufbereitung

Bei den Heizölen versteht man unter ihrer Aufbereitung im Kraftwerk ihre Vorwärmung sowie die Einführung von Zusätzen in das Öl.

Das im Kraftwerk ankommende Öl gelangt über den Grobfilter in außerhalb des Kesselhauses stehende Vorratsbehälter, wo es bis zu seiner Verbrennung gespeichert wird. Die meist zylindrischen Vorratsbehälter sind wärmeisoliert und tragen einen strahlungabweisenden Anstrich. Von hier fördert eine Verdrängerpumpe mit vorgeschaltetem Feinfilter das Öl kurz vor seinem Verbrauch in den Tagesbehälter, der schon in Kesselnähe aufgestellt ist.

Die schweren Heizöle brauchen vor ihrer Zerstäubung im Brenner eine Vorwärmung, die sie weniger zähe macht und die auf dem Wege vom Tagesbehälter zum Brenner stattfindet.

Die Vorwärmung geschieht bei Großkesseln mit Dampf. Gut haben sich die Einsteckvorwärmer bewährt, die das vom Tagesbehälter abfließende Öl auf hohe Temperatur bringen, ohne den ganzen Tankinhalt mit zu erwärmen. Der Heizdampf befindet sich hier innerhalb von Schlangen. Werden dagegen die freistehenden Durchflußvorwärmer benutzt, so ist das zu erwärmende Öl, innerhalb der Schlangen, während der Heizdampf im druckfesten Dampfgehäuse den Rohrschlangen die Wärme von außen übergibt. Die Temperaturabhängigkeit der Zähigkeit des Heizöls S zeigt die Abb. 102. Die schweren Heizöle benötigen deshalb eine Temperatur von 40 ... 60° C zum Pumpen. Mit dieser Temperatur gelangen sie in den Tagesbehälter. Ihrer Zerstäubung soll eine Aufwärmung auf 80 ... 110° C vorgehen. Danach soll das Öl auf kürzestem Wege in die Brenner gelangen, um die Wärmeverluste einzuschränken.

Wie oben erwähnt, werden dem Öl Zusätze zugeführt, die den Niedertemperatur- und Hochtemperaturkorrosionen entgegenwirken sollen, indem sie das Verhältnis zwischen Alkalioxyden, Vanadiumpentoxyd sowie Schwefel und den Grundoxyden im Öl herabsetzen. Von den festen

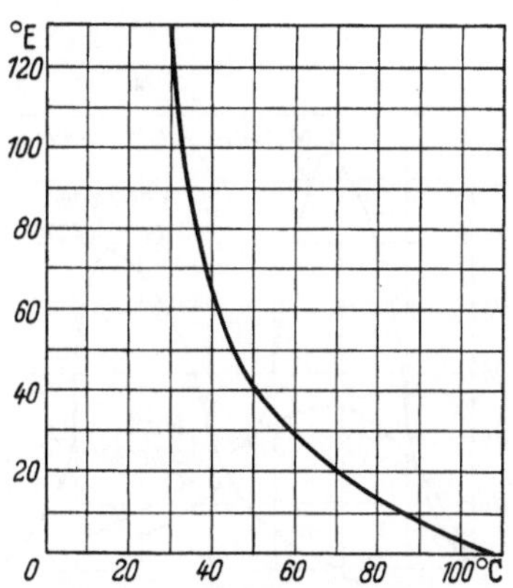

Abb. 102. Temperaturabhängigkeit der Zähigkeit von Heizöl S [85]

Zusätzen hat sich Dolomit sehr eingeführt. Er wird als feingemahlener Staub mit mittlerer Korngröße von 20 μ dem Öl unmittelbar vor dem Brenner zugesetzt. Ein Schema solcher Dosieranlage zeigt Abb. 103 [138, 139, 140]. Da die Zusätze im Öl nur zum Teil aufgelöst werden, muß auf die Gefahr von Schlammablagerungen geachtet werden. Man pflegt deshalb bei manchen Anlagen den Dolomitstaub direkt in den Brennraum einzublasen.

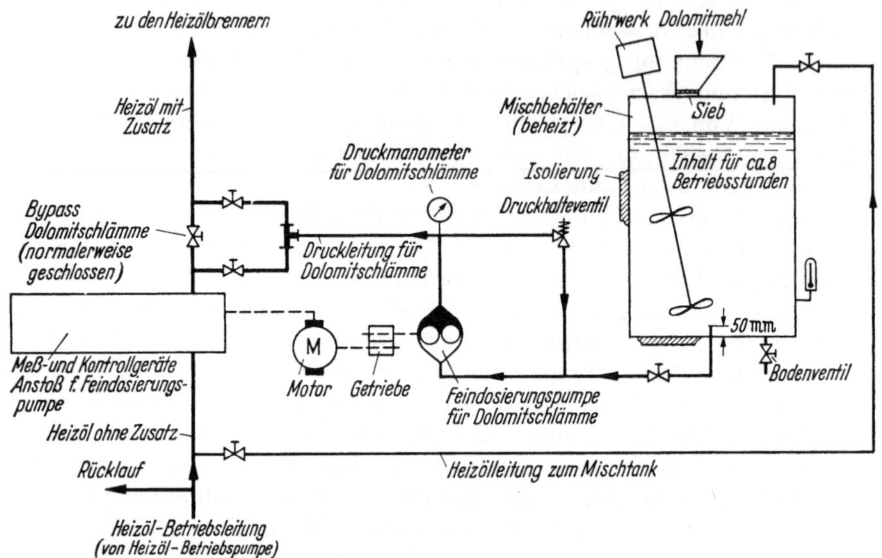

Abb. 103. Schema für Zusatz flüssigen Dolomits bei einer Heizölfeuerung [*138*]

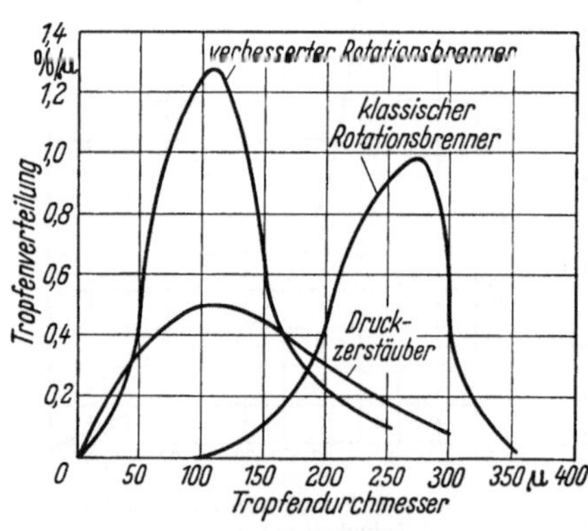

Abb. 104. Tropfenverteilung bei Dreh- und Druckzerstäubern [*85*]

Bei der Ölzerstäubung im Brenner entstehen Tröpfchen verschiedenen Durchmessers, deren Größenverteilung demselben Gesetz gehorcht wie die Korngrößenverteilung beim Kohlenstaub. Die Steigungsexponenten der Verteilungskurve haben allerdings andere Größen und liegen bei Zerstäubungsbrennern zwischen 2 und 2,5, bei den Rotationsbrennern sogar zwischen 7,5 und 9. Die Tröpfchen sind also hinsichtlich des Durchmessers insbesondere beim Rotationsbrenner viel gleichmäßiger als die Körnchen des Kohlenstaubes. (Abb. 104). Wegen gleichmäßiger Brennerleistung soll die Ölzähigkeit am Brenner konstant gehalten werden.

III. Gasaufbereitung

Die Aufbereitung von Brenngas erfolgt schon bei seiner Quelle und hat einen doppelten Zweck. Erstens soll das Gas von allen aggressiven und gesundheitsschädlichen Stoffen gereinigt werden, insbesondere wenn vom Gasverteilernetz auch andere Verbraucher als Kraftwerke gespeist werden. Zweitens werden dem Gas diejenigen Bestandteile entzogen, die als Rohstoffe weiterverarbeitet werden sollen. Wird allerdings das Gas in nahe der Gasquelle liegenden Kraftwerken verstromt, so läßt sich es eventuell ohne Aufbereitung verfeuern.

Das von Kohlenlagerstätten stammende Erdgas besteht fast ausschließlich aus Methan. Das als Ölbegleiter vorkommende Erdgas enthält neben Methan auch die leicht flüchtigen Kohlenwasserstoffe des Öles. Aus Transportgründen darf das Gas keine leicht kondensierbaren Stoffe, wie Wasserdampf und leichte, flüssige Kohlenwasserstoffe, enthalten. Ihre Verflüssigung erfolgt nach Abkühlung und Druckminderung des Gases, wobei das Wasser in besonderen Trennanlagen abgeschieden wird. Die Erdgasaufbereitung wird durch den hohen Druck des aus der Erde strömenden Gases erleichtert [141].

Sehr wichtig ist die Entschwefelung. Der im Gas anwesende H_2S, der Metalle korrodiert und giftig ist, wird vom Gas chemisch extrahiert, indem man ihn an organische, schwach alkalische Verbindungen, wie z. B. Äthanolaminen adsorbiert. Hierbei werden auch die übrigen sauren Beimengungen, wie CO_2, aus dem Gas entfernt. Aus dem gewonnenem H_2S wird weiter der Schwefel gewonnen. Das Schwefelsulfid sowie Kohlensäure lassen sich aus dem Gas auch mit Wasser auswaschen.

Zu den nutzbaren im Erdgas vorkommenden Beimengungen gehören die leichten Kohlenwasserstoffe wie Äthan, Propan und Butan sowie das Erdöl. Die ersten benötigen für ihre Extraktion eine tiefere Abkühlung in Kälteanlagen. Die dabei entstehende Flüssigkeit wird nach der Abscheidung aus dem schon reinen Erdgas durch Destillation in ihre einzelnen Bestandteile getrennt.

Auch die vom Hüttenbetrieb herkommenden Gase, wie Gichtgas oder Koksgas, werden aufbereitet, wobei die oben angeführten Richtlinien auch hier gültig bleiben.

Das heizwertarme Gichtgas benötigt wie alle kalorisch minderwertigen Gase eine hohe Vorwärmung, möglichst bis auf die Zündtemperatur [55]. Die Vorwärmung bezweckt hier einerseits die Erreichung einer genügend tiefen Abgastemperatur, da das Verhältnis von Rauchgas- zu Verbrennungsluftmenge bei Gichtgas fast 1,9 beträgt und daher die tiefe Abkühlung der Abgase durch die Luft allein nicht erreicht werden kann. Andererseits sucht man durch Gasvorwärmung die

Temperatur der nichtleuchtenden Flamme und damit die relative Wärmeabgabe im Brennraum etwas zu heben. Bei Feuerungen für mehrere Brennstoffe vermindert man dadurch den sonst auftretenden großen Unterschied in der Wärmeaufnahme des Überhitzers.

Die Erfahrungen mit Gichtgasvorwärmern bei Gasturbinen zeigen, daß im Temperaturbereich zwischen 300 und 600° C die Reaktion

$$2\,CO + Katalysator = CO_2 + C$$

stattfindet, wobei als Katalysator der im Gichtgas anwesende Eisenstaub bzw. oxydierte Oberflächen wirken. In Vorwärmern mit eingewalzten Rohren kann deshalb an der Einwalzstelle bei heißer Rohrplatte in Mikroundichtheiten fester Kohlenstoff entstehen und zum Lockerwerden der Einwalzstelle führen [294].

IV. Brenner

1. Aufteilung der Brenner nach der Art des Mischvorganges

Bei Großkesseln verlangt die Planung und Konstruktion der Brenner besondere Sorgfalt, da durch den Brenner mehrere Tonnen Brennstoff durchgesetzt werden. Die Abmessungen ihrer Brennstoff- und Luftkanäle sind insbesondere bei Kohlenverfeuerung schon so groß, daß die Beherrschung des in ihnen sich ausbildenden Geschwindigkeits- bzw. Staubbeladungsfeldes schon besondere strömungstechnische Maßnahmen verlangt [74]. Man studiert deshalb die Probleme an Modellen in Laboratorien, um zuverlässige Konstruktionsunterlagen zu bekommen, wobei man vor allem jede Entmischung bzw. Strähnenbildung im Brennstoff-Luftgemisch tunlichst zu verhindern sucht.

Der Brenner muß ein stabiles und rechtzeitiges Zünden des Brennstoffgemisches gewährleisten. Neben der Zündreife muß der Brenner auch die Brennreife des aus ihm austretenden Gemisches sicherstellen, das den Brenner in einem solchen Zustand verlassen soll, daß beim Kontakt mit Zweitluft die Verbrennung sofort einsetzt und vollkommen durchläuft. Deswegen ist die Temperatur des Gemisches besonders wichtig. Außerdem soll der Brenner den zeitlichen Ablauf der Verbrennung in der gewünschten Art gestalten; z. B. bei Schmelzfeuerungen muß er eine schnelle Verbrennung in kleinstem Raume bewerkstelligen. Der Brenner soll auch den Feuerraum gut mit Flamme ausfüllen.

Ein gut oder schlecht funktionierender Brenner bestimmt nicht nur den Feuerungswirkungsgrad, sondern auch die Reinheit der Feuerraumwände wird von ihm entscheidend beeinflußt [142]. Bei Schmelzfeuerung ist der glatte Schmelzfluß von ihm stark abhängig. Die Brennergüte erweitert auch das vom Kessel beherrschbare Kohlenprogramm. Die

Mindestlast mit noch stabiler Verbrennung läßt sich durch geeignete Brennerart senken.

Der Brenneraufbau wirkt sich auch auf den Taupunkt der Abgase aus. Er beeinflußt ferner in starkem Maße die Rohrabzehrungen im Feuerraum der Schmelzfeuerungen. In Abb. 105a und b sind zwei Ausführungen des Eckenbrenners dargestellt, von denen die linke (Aus-

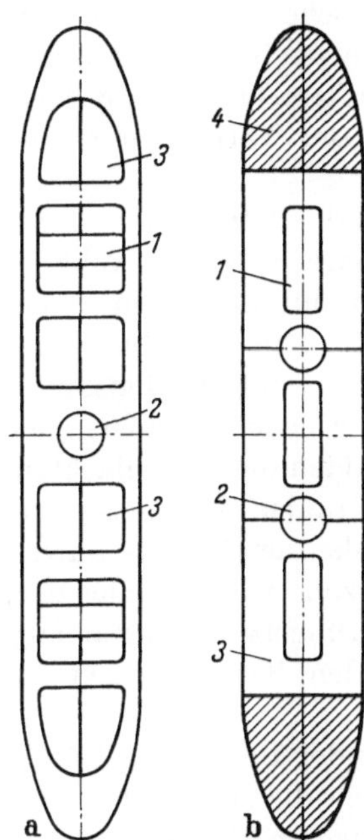

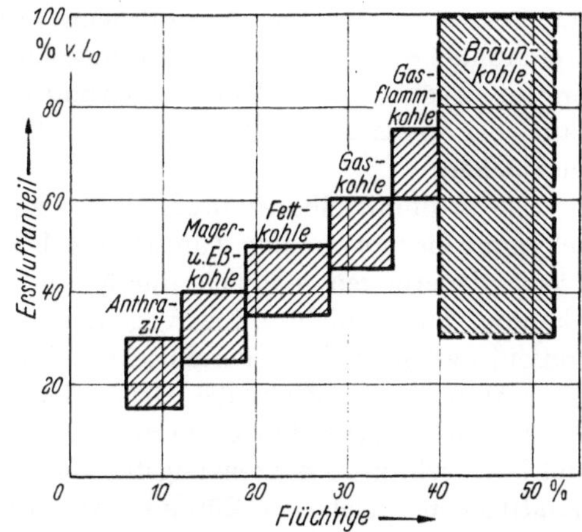

Abb. 106. Abhängigkeit zwischen dem Flüchtigen im Kohlenstaub und dem Erstluftanteil [*142*]

Abb. 105. Einfluß der Brennerbauart auf Rohrabzehrungen [*41*]
a ohne Abzehrungen, b mit Abzehrungen;
1 Kohlenstaubgemisch, *2* Zündbrenner, *3* Zweitluft

führung A) starke Abzehrungen herbeiführte. Es ist interessant, daß es sich in diesem Fall um einen Mischbrenner mit Mantelluft handelt, bei dem sich die gesamte Luft mit Erstgemisch schon im Brenner vermischt, so daß die Ausbildung einer reduzierenden Atmosphäre wenig wahrscheinlich war. Durch Umbau des Brenners zu einem Strahlbrenner nach Ausführung B wurde die Korrosionsursache beseitigt, da die Flamme sich verkürzt hat, und auch die hohen Temperaturen haben die Bildung von SO_3 unterdrückt.

In letzter Zeit wird bei Großkesseln dem Brenner auch die Aufgabe zugeteilt, die Heißdampftemperatur bzw. die Temperatur des zwischenüberhitzten Dampfes zu regeln, indem der Brenner die Wärmeabgabe an die Verdampferrohre im Brennraum einstellt. Der Brennereingriff kann in verschiedener Weise erfolgen, z. B. durch die Einstellung des Flammenkernes in verschiedenen Höhen des Brennraumes, wie es bei Schwenkbrennern oder bei mehreren Brennergruppen der Fall ist. Auch durch Umschalten der einzelnen Brenner, welche die einzelnen Teilbrennräume befeuern, läßt sich die gestellte Aufgabe erfüllen.

Die Kohle kommt in den Brenner gemischt mit Erstluft oder mit Rauchgas als Fördermittel. Die Erstluftmenge ist erfahrungsgemäß um so kleiner zu halten, je weniger flüchtige Bestandteile die Kohle enthält. Die Abb. 106 zeigt den entsprechenden Anteil der Erstluft an der gesamten Verbrennungsluftmenge für deutsche Kessel, die für Steinkohle bestimmt sind. Bei Braunkohlenfeuerungen ist der Anteil der Erstluft, besonders bei Mühlenfeuerungen mit Lufttrocknung, groß; er kann bei Teillast des Kessels bis volle 100 % der Verbrennungsluft ausmachen.

Das in unmittelbarer Brennernähe zu zündende Brennstoffgemisch bekommt die notwendige Zündwärme bei den heute voll ausgekühlten Trockenfeuerungen lediglich durch das Mischen mit der brennenden Flamme. Ist es nicht intensiv genug, dann muß man zu Zündhilfen greifen, wozu neben keramischen Zündgürteln und kohlenstaubbefeuerten Zündmuffeln die Gas- oder Ölstützbrenner besonders gut geeignet sind. Bei Schmelzfeuerungen dagegen bilden die verschlackten und hoch erhitzten Begrenzungsflächen des Feuerraumes sehr geeignete Zündflächen, welche die Zündung durch Zustrahlen der Wärme unterstützen und die Bildung einer kalten Rauchgaszone in der Nähe der Brennraumwände weitgehend verhindern. Bei Schmelzfeuerungen mit Schmelzbad sind deshalb die Brenner gegen den Schmelzboden zu richten.

Mit der Zündung des Primärgemisches hängt der Begriff der Zündtemperatur der Kohle eng zusammen. Wenn auch dieser Begriff einen konventionellen Charakter besitzt [68], ist es trotzdem klar, daß er vor allem von dem Gehalt der Kohle an Flüchtigen abhängt. Je gashaltiger die Kohle ist, desto niedriger ist nach Abb. 42 ihre Zündtemperatur [142]. Sie wird auch durch die zunehmende Feinheit der Kohle gesenkt (Abb. 107), da die feinere Kohle größere Oberfläche besitzt und deshalb leichter angefacht wird.

Bei den Mischbrennern bemüht man sich, schon im Brenner ein möglichst gleichmäßiges Gemisch der Kohle mit der gesamten Verbrennungsluft zu erzeugen, das keinen örtlichen Luftmangel oder Luftüberschuß aufweisen sollte. Dadurch entsteht allerdings ein armes Brennstoffgemisch, so daß zur Zündung nicht nur die Kohle, sondern auch die Verbrennungsluft auf Zündtemperatur gebracht werden muß. Dazu ist viel Wärme von außen zuzuführen, vor allem dann, wenn die Lufttemperatur niedrig ist. Deshalb findet bei Mischbrennern die Zündung erst in einem gewissen Abstand von der Brennermündung statt, und deshalb ist auch der heiße Flammenkern vom Brenner weiter entfernt. Die Verbrennungsfront hat keine feste Lage, sondern sie flattert hin und her.

Die Verbrennungsverhältnisse bei Mischbrennern sind aus der Abb. 108 [*143*] zu ersehen. Hier ist die Zündgeschwindigkeit des Steinkohlengemisches für verschieden reiche Kohlengemische dargestellt. Unter Zündgeschwindigkeit wird hier die Fortpflanzungsgeschwindigkeit der Verbrennung im Gemischvolumen verstanden. Sie hat ein

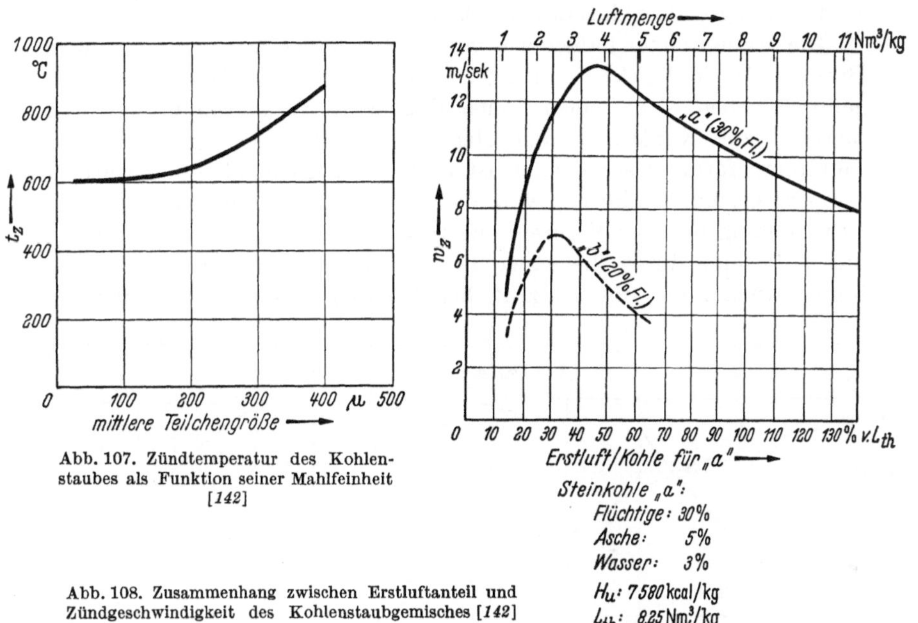

Abb. 107. Zündtemperatur des Kohlenstaubes als Funktion seiner Mahlfeinheit [*142*]

Abb. 108. Zusammenhang zwischen Erstluftanteil und Zündgeschwindigkeit des Kohlenstaubgemisches [*142*]

Maximum, das bei einem um so reicheren Gemisch liegt, je kleiner der Gasgehalt der Kohle ist. Steigender Gehalt an Flüchtigen erhöht außerdem die absolute Größe dieser Maximalgeschwindigkeit. Der Mischbrenner gewährleistet deshalb ein stabiles Zünden vor allem bei den stark gashaltigen Braunkohlen, insbesondere, wenn ihr Aschegehalt niedrig liegt. Der hohe Aschegehalt bremst nämlich nach Abb. 109 die Zündung.

Aus dem Diagramm Abb. 108 ergibt sich auch, daß bei den in reichen Gemischen zu verfeuernden Steinkohlen das Gemisch eine kleinere als die maximale Zündgeschwindigkeit besitzt, da es reicher ist als dem Optimum entspricht. Daß auf die Zündgeschwindigkeit auch die Mahlfeinheit Einfluß hat, braucht nicht betont zu werden. Die Geschwindigkeitskurven in Abb. 108 sind ein Maßstab für die minimale Geschwindigkeit des Erstgemisches, die nötig ist, um einem Zurückspringen der Flamme in den Brenner vorzubeugen.

Die Mischbrenner lassen keine weitere Luft mehr übrig, die in den Mischvorgang im Feuerraum eingreifen könnte. Deshalb können diese Brenner mit Erfolg nur bei hochreaktiven Kohlen angewandt werden, bei denen der gute Ausbrand selbst bei wenig turbulenter Flamme und trotz etwaiger Mischfehler gesichert ist. Ein solcher Brenner beeinflußt den Verbrennungsvorgang nur am Anfang, während das Verbrennungsende sich selbst überlassen ist.

Die Mischbrenner haben sich vor allem bei Verfeuerung von jungen Braunkohlen in Trockenfeuerungen sehr gut bewährt, obwohl das Erstgemisch neben Kohle einen hohen Ballast an Wasserdampf sowie an inertem, zur Kohletrocknung abgesaugtem Rauchgas aufweist. Die Zündtemperatur dieser Kohlen ist niedrig, niedriger als die Zweitlufttemperatur. Zur Verhütung von Verschlackung benötigt man bei ihrer Verstromung niedrige Verbrennungstemperaturen. Eine träge Verbrennung, die eine durch die ganze Brennraumlänge ausgedehnte Gleichtemperaturflamme gibt, ist z. B. bei den rheinischen Braunkohlen ein

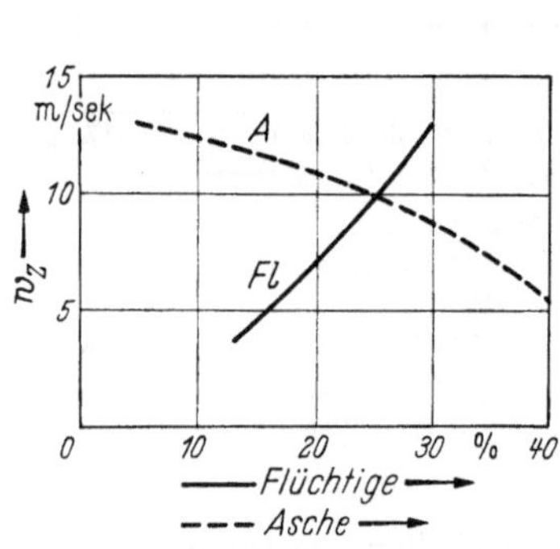

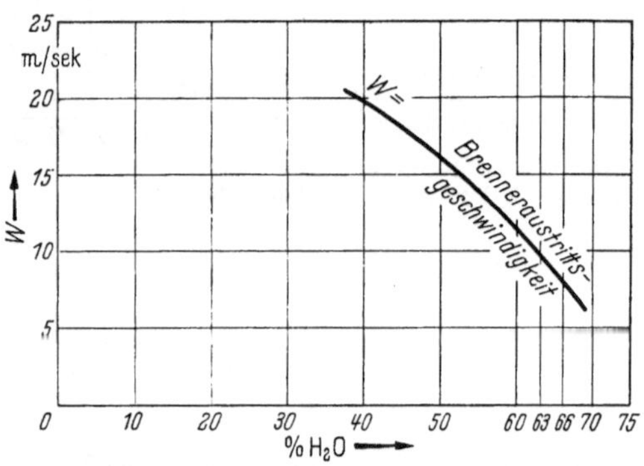

Abb. 109. Einfluß des Gehaltes an Flüchtigem sowie des Aschegehaltes auf die Zündgeschwindigkeit des Kohlenstaubgemisches [142]

Abb. 110. Höchstzulässige Austrittsgeschwindigkeit des Kohlenstaubgemisches aus der Brennermündung bei feuchten Braunkohlen als Funktion ihres Feuchtigkeitsgehaltes [155]

wünschenswerter Zustand, da bei ihnen der heißeste Flammenort 1100° C nicht übersteigen soll [40]. Für Steinkohlen kann man die Verwendung von Mischbrennern nur dann vertreten, wenn der Gasgehalt der Kohle wenigstens 20% ausmacht, wobei die hohe Lufttemperatur nicht zu vergessen ist. Da die Mischbrenner eine kurze, aber breite Flamme erzeugen, finden sie nur bei Decken-, Front- und Seitenfeuerungen Anwendung [75].

Bei Strahlbrennern begegnet man dagegen einer getrennten Einführung des Erstgemisches und der Zweitluft in den Brennraum. Ihr gegenseitiges Durchmischen findet erst im Feuerraum statt. Bei den stark wasserhaltigen Braunkohlen ist aber darauf zu achten, daß die Austrittsgeschwindigkeit des Erstgemisches die in Abb. 110 angegebenen Geschwindigkeiten nicht übersteigt, weil die Flamme sonst abreißt. Das reiche Erstgemisch, das nur so wenig Luft enthält, wie aus Transportgründen zulässig ist, muß sofort gezündet und weitgehend vergast werden. Die zur Vergasung notwendigen Molekeln des CO_2 und H_2O werden nicht nur durch die Erstluft geliefert, sondern auch von den umgebenden heißen Gasen, welche die schnell diffundierenden Molekeln des Wasserdampfes und der Kohlensäure enthalten. Die Erstluftmenge braucht deshalb nicht den gesamten, zum Vergasen von Kohlenstoff notwendigen Sauerstoff zu enthalten [49].

Gleichzeitig mit dem Erstgemisch wird durch benachbarte Öffnungen in den Brennraum die Zweitluft in wenigen mächtigen Strahlen großen Querschnitts eingeblasen. die das brennende Erstgemisch erst in bestimmter Entfernung treffen, wie es das Diagramm Abb. 49 [73] gezeigt hat. In dieser Mischstelle soll die Vergasung der Kohle weit fortgeschritten sein; das entgaste Gemisch verbrennt dann schnell unter Ausbildung hoher Temperaturen. Der kräftige Zweitluft-Freistrahl übt hier durch seine starke Saugwirkung die Funktion einer Mischvorrichtung aus. Die mit ihm verbundene Turbulenz scheint allen anderen Mischvorgängen überlegen zu sein, abgesehen davon, daß die Verbrennung durch die starke Wirbelung der Flamme begünstigt wird.

2. Verhalten des Brenners bei Teillast

Bei den herkömmlichen Kohlenstaubbrennern, ob sie nun als Strahl- oder als Mischbrenner ausgeführt sind, handelt es sich immer um Gruppenbrenner. Jede Feuerung hat mehrere Brenner, die sich gegenseitig Zündhilfe leisten sollen und dadurch die Verbrennung stabilisieren. Die Aufteilung der Brennerleistung auf mehrere Brenner verbessert auch den Feuerungswirkungsgrad, da man den Feuerraumquerschnitt besser mit Flamme ausfüllen kann.

Bei Brennern muß man damit rechnen, daß ihr wirtschaftlicher Stellbereich beschränkt ist. Er liegt z. B. bei den Kohlenstaubbrennern bei Anlagen mit Einblasemühlen bei 1 : 2 bzw. 1 : 3. Etwas breiteren Lastbereich gestatten die Anlagen mit Zwischenbunkerung; hier kann er bis 1 : 5 ausmachen. Die gut reaktiven Brennstoffe, wie Öl oder reiche Gase, erlauben die Brennerleistung noch tiefer herabzuregeln, bis 1 : 8 bei Rücklaufölbrennern. Dagegen verengt sich bei den armen Gasen, wie z. B. bei Gichtgas, ihr Stellbereich unter Umständen auf nur 1 : 2.

Um den Stellbereich zu erweitern, verfährt man bei den Gruppenbrennern so, daß man, anstatt alle Brenner in ihrer Leistung gleichzeitig herabzusetzen, einige Brenner abstellt und die übrigen mit der vollen

Leistung bei Auslegungsverhältnissen weiter betreibt. Es besteht da eine Analogie mit der Dampfturbine, bei der auch nur ein einziges Regelventil den Dampf drosselt und die übrigen Ventile entweder voll geöffnet oder

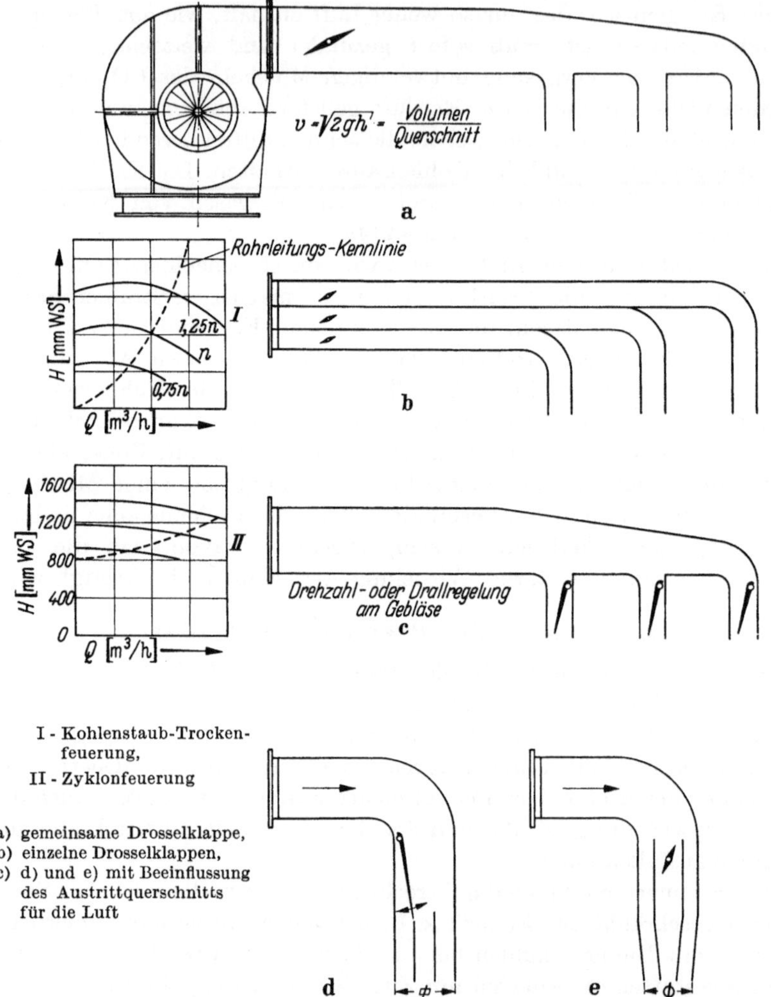

Abb. 111a—e. Verschiedene Möglichkeiten der Luftregelung und Kennliniendiagramme [*142*]

ganz geschlossen sind. Dadurch erzielt man infolge Einhaltung der aerodynamischen Auslegungsverhältnisse auch bei Teillast ein gutes Brennerverhalten im ganzen Lastbereich des Kessels.

Jeder Brenner muß eigene Luftklappen besitzen, durch die man die Zweitluftzufuhr zum Brenner richtig einstellen kann und die heute meistens fernbetätigt werden. Bei Verkleinerung der Zweitluftzufuhr zum Brenner soll man jedoch darauf achten, daß die Luftaustrittgeschwindigkeit unverändert bleibt, weil sonst eine Verschlechterung der Verbrennung infolge geänderter aerodynamischer Verhältnisse eintreten würde. In Abb. 111a—e sind fünf Möglichkeiten der Luftmengenregelung bei Brennern dargestellt, von denen nur die drei letzten Ausführungen (c, d und e) den vorher genannten Ansprüchen in allen Punkten genügen [75]. Die Abb. zeigt auch, wie sich das schon ohnehin ungünstige Aufteilen der Luft auf viele Düsen bei der Ausführung einer geeigneten Luftregelung erschwerend auswirkt.

Die Brenner dürfen auch nicht verschlacken, vor allem nicht, wenn sie abgestellt werden, da sonst die Brennstoff- bzw. Luftströme von ihrer vorgeschriebenen Richtung abweichen würden. Besonders wichtig ist deshalb, daß die Brenner von außen gut zugänglich sind, was nicht nur zur Beobachtung der Flamme, sondern auch bei etwa erforderlich werdenden Eingriffen zur Beseitigung von Schlackenansätzen u. ä. notwendig ist.

3. Kohlenstaubzuleitungen

Die Kohlenstaubzuleitungen bringen den Brennstoff zum Brenner. Sie werden als gewalzte dickwandige Rohre aus hartem Stahl gefertigt, welche miteinander verschweißt sind. Bei Mühlen großer Leistung werden sie als aus dickem Blech geschweißte Kanäle von rundem oder rechteckigem Querschnitt gebaut.

Die Kohlenstaubzuleitungen müssen kurz und mit möglichst wenigen Umlenkungen ausgelegt werden. Bei der Montage soll man Schweißnähte mit durchgeschweißter Wurzel vermeiden, da sie den Kohlenstaubstrom behindern. Als Geschwindigkeit des Gemisches in der Rohrleitung ist 20 bis 25 m/sek. zu nehmen.

Bei den Großkesseln ist den Kohlenstaubzuleitungen besondere Sorgfalt zu widmen, und zwar schon bei der Planung. Die einen wollen die Kohlenstaubleitung möglichst kurz und mit wenig Umlenkungen haben. Als Beispiel kann da der Kessel Abb. 112 [*122, 143*] dienen, bei dem jede der sechs Mühlen eine Ecke der sechseckigen Brennkammer mit Kohle versorgt. Andere behaupten dagegen, daß jede Mühle alle Brennergruppen in der Feuerung versorgen soll, ein Grundsatz, dem z. B. bei Eckenfeuerungen oft gefolgt wird, damit auch beim Abstellen einiger Mühlen die Symmetrie der Flamme erhalten bleibt. Als Beispiel zeigt Abb. 113 die Kohlenstaubzuleitungen einer achteckigen Feuerung [*144*]. Wenn man auf der Versorgung aller Ecken von allen Mühlen besteht, ist die Verteilung des Kohlenstaubes hinter der Mühle auf die einzelnen Zuteilungen von besonderer Bedeutung.

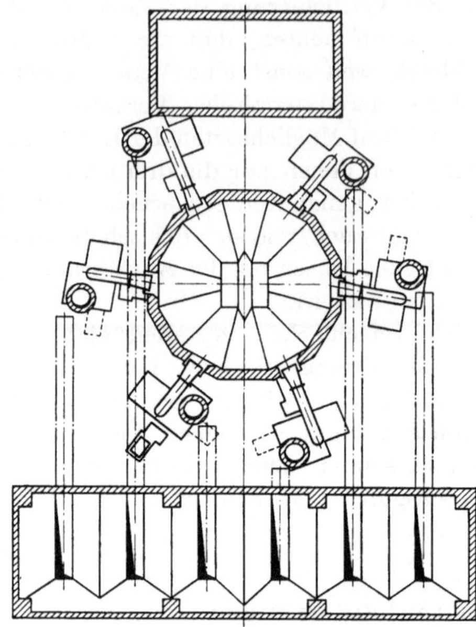

Abb. 112. Vieleck-Eckenfeuerung mit Beaufschlagung jeder Ecke nur durch eine Mühle [*143*]

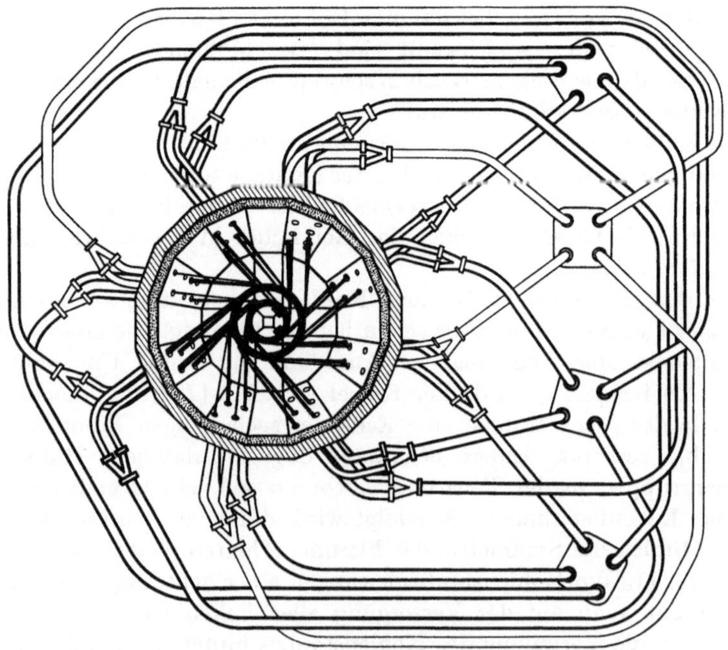

Abb. 113. Vieleck-Eckenfeuerung mit Beaufschlagung jeder Ecke durch vier Mühlen [*144*]

Bei der Bewegung des Gemisches ist streng darauf zu achten, daß
es möglichst homogen bleibt und keine örtlichen Konzentrations-
erhöhungen durch Entmischung stattfinden, da an solchen Stellen der
Abriebverschleiß auf das Mehrfache ansteigt. Jede Ungleichmäßigkeit
des Gemisches ist dort zu vermeiden, wo man den Gemischstrom ver-
zweigen will, da sonst die erwünschte gleichmäßige Aufteilung des Staubes in die einzelnen Teilströme nicht zu erreichen wäre. Nach Abb. 114
läßt sich der kohlenstaubbeladene Gasstrom am besten mittels schichtweiser Teilstromverzweigung aufspalten [74], wobei die Schichten
abwechselnd in den einen und anderen Rohrzweig geführt werden. Je
ungleichmäßiger die Staubverteilung im Zustrom ist, um so mehr
Schichten sind erforderlich.

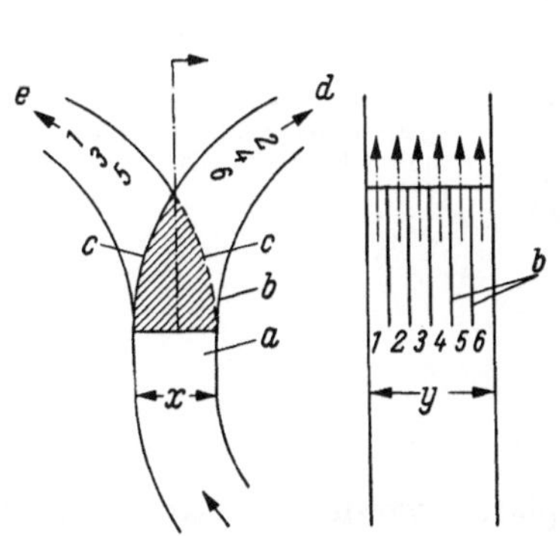

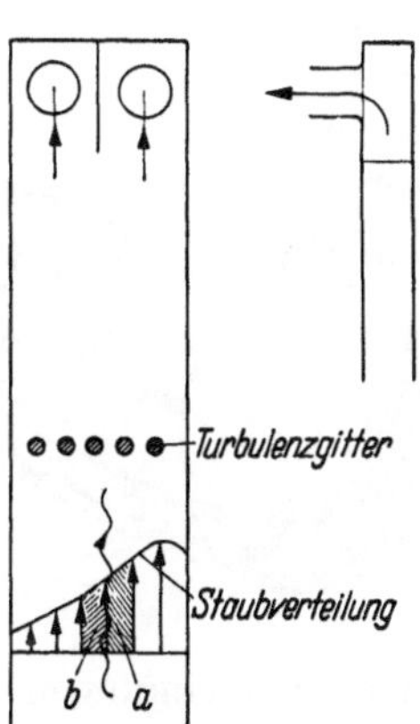

Abb. 114. Verzweigung des Kohlenstaubgemisches   Abb. 115. Verzweigung des Kohlenstaub-
mittels schichtweiser Aufspaltung [74]   stromes hinter Turbulenzgitter [74]

Eine Möglichkeit zum Ausgleich des Gemisches bieten die auf-
steigenden Schächte, wenn sie ausreichend hoch sind. Die turbulente
Strömung des Gemisches im Schacht sorgt für den Ausgleich der Staub-
beladung über den ganzen Stromquerschnitt. Ist die ausreichende
Schachtlänge nicht vorhanden, so kann man das Mischen durch ein
Turbulenzgitter nach Abb. 115 unterstützen, indem man durch heftiges
Aufwirbeln des Gemischstromes dieselbe Wirkung wie durch einen
langen Schacht erzielt.

Nach [145, 146] hat sich auch die Anwendung des senkrechten
Rohres mit diffusorartiger Rohrerweiterung oberhalb der Umlenkung
gut bewährt, wobei die Aufwirbelung durch Abreißen der Strömung von
der Diffusorwand erzwungen wird. Allerdings muß hinter dem Diffusor
noch ein mindestens 15 D langes gerades Rohrstück vorhanden sein,
damit die Staubverteilung beendet ist, bevor der Strom verzweigt
wird. Um ein Drehen des Stromes und das dadurch bedingte Abschleu-

9*

dern des Staubes vom Gemisch zu verhindern, baut man oberhalb des Diffusors noch einen Gleichrichter ein.

Eine andere Lösung zeigt die Abb. 116. Das Gemisch wird hier tangential in einen Konfusor eingeleitet, wobei sich infolge der Fliehkraft eine schraubenförmige Staubsträhne ausbildet. Diese wird danach an den längs der Konfusorwände angeschweißten Stolperleisten zerschlagen und in starke Wirbelung versetzt, so daß wieder ein gleichmäßiges Gemisch am Brenneraustritt entsteht [*147*].

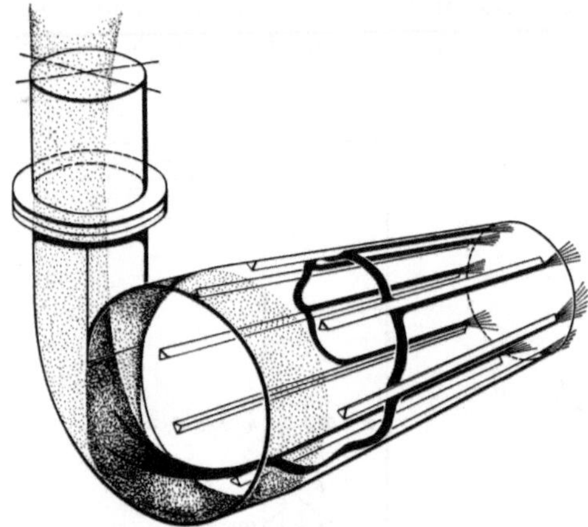

Abb. 116. Vergleichmäßigung des austretenden Kohlenstaubgemisches mittels Konfusor mit Stolperleisten [*147*]

Scharfe Umlenkungen mit Prallplatte werden in Kohlenstaubzuleitungen immer mehr benutzt, da der Prallverschleiß bekanntlich viel kleiner ist als der Abriebverschleiß, der in den normalen, als langer Bogen mit großem Radius ausgebildeten Umlenkstücken auftritt. Die Prallplatte hat auch den Vorteil, daß sie eine starke Turbulenz erzeugt und dadurch eine gleichmäßige Staubverteilung im ganzen Rohrquerschnitt begünstigt. In den langen Bögen kommt es dagegen zum Abschleudern des Kohlenstaubes zum äußeren Umfang des Bogens.

Bei den Anlagen mit Zwischenbunkerung sichern die richtige Staubverteilung auf die einzelnen Brenner die Kohlenzuteiler selbst, weil bei Großkesseln die Brenneranzahl gleich der Zuteilerzahl oder kleiner zu sein pflegt. Die heiße Erstluft erleichtert den Kohlenstaubtransport, da die Rohrwand heiß ist und ein Schwitzen, wodurch das Ankleben des Staubes begünstigt würde, nicht eintreten kann. Die heiße Kohlenstaubzuleitung muß isoliert werden. Der Wunsch, die Gefahr des Verstopfens und die Reparaturen an der Kohlenstaubzuleitung zu vermeiden, führt manchmal so weit, daß man sie ganz wegläßt und die Zuteiler direkt an die Brenner anschließt. In diesem Fall werden die Kohlenstaubzwischenbunker unmittelbar an den Kessel angebaut [*148, 149, 150*].

Um die Lebensdauer der Kohlenstaubzuleitungen zu verlängern, wendet man abriebfeste Einsatzstücke an. Diese Stücke aus gegossenem Basalt sind sehr hart und verschleißen deshalb wenig.

4. Hauptbrenner der Großraum-Feuerungen

Bei Trockenfeuerungen für gashaltige Steinkohle oder für Braunkohle begegnet man oft den Kreisbrennern, die man zu den Mischbrennern rechnen kann. Die klassische Ausführung des Brenners zeigt Abb. 117. Durch das mittlere Rohr kommt das Erstgemisch, während im äußeren Ringkanal die Zweitluft kreiselt, deren Drehbewegung durch Leitbleche hervorgerufen wurde. Durch die Brennermitte erfolgt auch die Zündung.

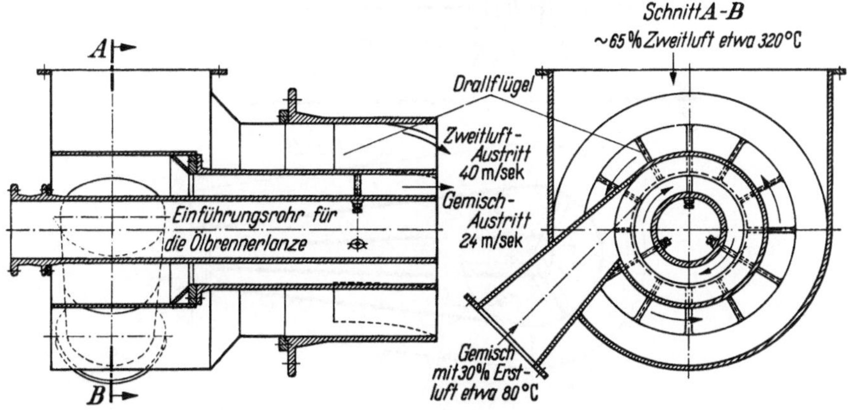

Abb. 117. Kreisbrenner für Steinkohle [*142*]

Durch den Luftdrall erzielt man die Ausbildung eines hohlen Kegels, an dessen innere Oberfläche sich das reiche Erstgemisch anschmiegen soll. Da im Kegelinnern ein Rücksog herrscht, wird dort die heiße Flamme hingesaugt. Durch gegensinniges Drehen der Zweitluft und des Erstgemisches will man eine hohe Relativgeschwindigkeit zwischen Kohle und Luft erzielen, bzw. bei ungleichmäßiger Kohlenstaubverteilung längs des Umfanges des inneren Rohres die örtlichen Konzentrationsspitzen des Staubes zerstreuen. Die Kreisbrenner geben eine stark nach den Seiten ausgedehnte Flamme mit geringer Durchschlagskraft nach vorn.

Ein derzeitiger Kreisbrenner für größte Feuerungsleistungen mit Braunkohle ist in Abb. 118 [*151*] dargestellt. Das Erstgemisch wird schon in der Zuführungsleitung durch Trennbleche in drei Ströme aufgeteilt. Nach Umlenkung um 90° wird es durch eine sich nach unten verjüngende kegelartige Düse in den Mischraum des Brenners geblasen. Um die innere Düse herum strömt durch einen Ringspalt mit einer Geschwindigkeit von 60 m/sek. der durch Leitbleche in Drehbewegung versetzte größere Anteil der Zweitluft hinein. Der Rest der Zweitluft kommt als Kernluft in die Mitte der Düse durch drei Zuleitungen, die

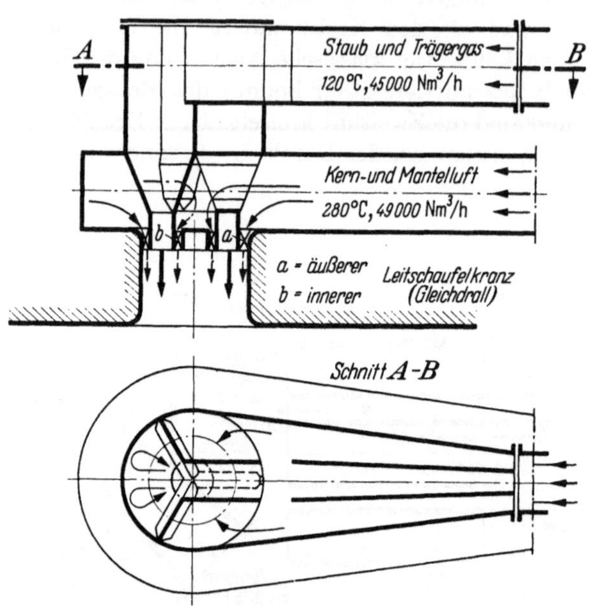

Abb. 118. Kreis-Mischbrenner für Braunkohle [142]

den Ringspalt und den Erstgemischstrom quer überschneiden. Auch diese Kernluft wird in Rotation versetzt.

Die Geschwindigkeit des Erstgemisches ist ungefähr 18 m/sek.; die Zweitluft hat im Ringspalt etwa 35 m/sek. Interessant ist die Erweiterung der Erstgemischzuleitung dicht vor dem Brenner; hier sinkt die Geschwindigkeit auf 10 m/sek. ab, wodurch die Verluste bei der Umlenkung des Gemisches in die Düse sehr klein ausfallen. Die geringe Durchschlagskraft des Brenners schadet hierbei nichts, da es sich um einen Deckenbrenner handelt. Die Austrittgeschwindigkeit vom Mischraum ist etwa 28 m/sek.

Die bei den Trockenfeuerungen oft benutzten Kreisbrenner findet man bei den Schmelzfeuerungen nur selten. Die Ursache liegt vielleicht darin, daß sie einen großen Querschnitt haben und deshalb der Einstrahlung besonders stark ausgesetzt sind, besonders während sie außer Betrieb sind.

Ein als reiner Mischbrenner ausgeführter Deckenbrenner ist auch in der Abb. 119 gezeigt. Er ist für eine Braunkohlentrockenfeuerung bestimmt [153]. Das aus den Mühlenbrüden und dem Staub bestehende, von einer Schlagradmühle kommende Erstgemisch wird schon in der Umlenkung in vier Ströme aufgeteilt. Um die Gemischzuführung herum ist ein Düsenkranz angebracht, durch den der größere Teil der heißen Zweitluft (60 bis 90%) in das Erstgemisch mit 50 m/sek. Geschwindigkeit eingeblasen wird. Die restliche Luft wird durch einen Ringspalt regelbarer Größe am Kranzumfang zugeleitet. Diese Mantelluft schützt den Brennermantel vor Abnutzung.

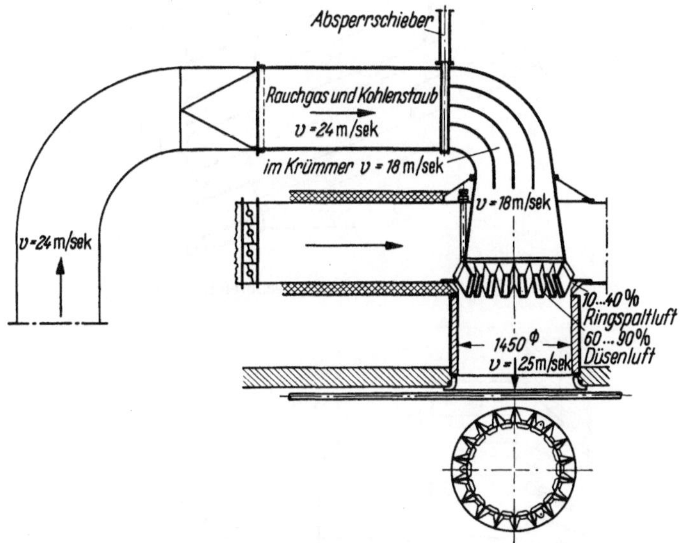

Abb. 119. Ejektor-Mischbrenner für Braunkohle [142]

Aus Düsen strömende Zweitluft mischt sich heftig mit Erstgemisch. Durch ihre Ejektorwirkung soll der Unterdruck in der Kohlenstaubleitung erhöht werden, um die Ventilatorwirkung der Mühle zu unterstützen. Die Eintrittsgeschwindigkeit des fertigen Gemisches in den Feuerraum von 25 m/sek. ist klein; sie ist nur so groß, daß die Flamme nicht in den Brenner zurückspringen kann.

Zu den Mischbrennern kann man auch den Stirn-Kreuzbrenner (Abb. 120) rechnen, der zum erstenmal bei einem 400 t/h-Großkessel benutzt wurde. Er zeichnet sich durch eine kurze Zufuhrleitung des Gemisches aus, da die Mühle unmittelbar unter dem Brenner steht. In der Zufuhrleitung gibt es nur eine scharfe Umlenkung, deren Wirkung auf Abscheiden des Staubes vom Gemisch durch eine Stolperleiste aus

Basalt behoben wird, die unmittelbar hinter der Umlenkung angebracht ist [*154*].

Die Kanäle des Brenners selbst sind gegen die Waagerechte um 20° nach unten geneigt. Die zwischen ihnen zugeführte Zweitluft wird durch

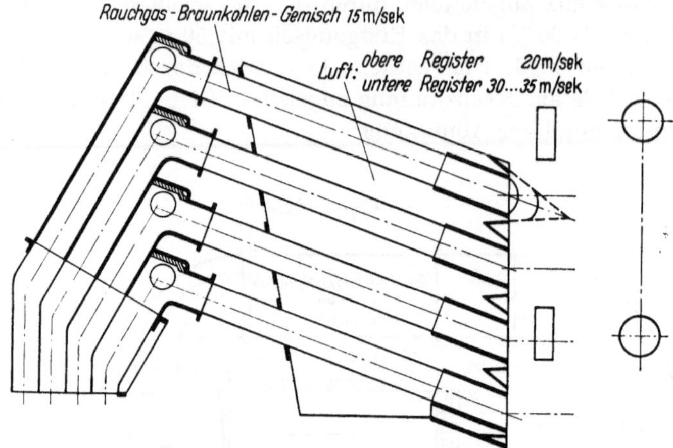

Abb. 120. Stirn-Kreuzbrenner (Mischbrenner) [*154*]

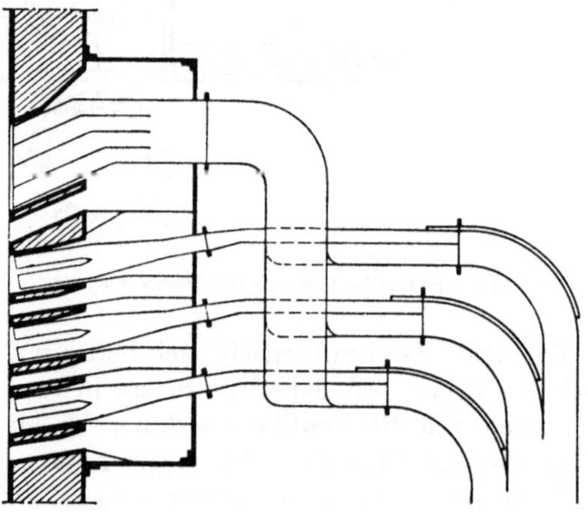

Abb. 121. Mischbrenner mit Brüdenvorabscheidung [*155*]

dachartige Einbauten am Kanalende zerschlagen, um ein intensives Mischen mit dem Erstgemisch zu erzwingen. In der Mitte des Brenners befinden sich zwei große Rohre von 300 mm Durchmesser, die einen Teil der Zweitluft zuführen und durch die man beim Anfahren den Brenner mit Öl zündet.

Der Brenner ist durch die verschieden große Austrittsgeschwindigkeit der Zweitluft längs der Brennerhöhe gekennzeichnet. Bei den unteren Kanälen beträgt sie 30 bis 35 m/sek., bei den oberen nur 20 m/sek. Das Erstgemisch hat in den Düsen eine Geschwindigkeit von rund 15 m/sek.

Da der im Erstgemisch vorhandene Wasserdampf bei der Zündung und Verbrennung als Ballast wirkt, der eventuell die Zündung labil machen kann, pflegt man bei manchen Anlagen wegen besserer Feuerführung die Brenner mit Brüdenabscheidung zu verwenden (s. Abb. 121). Vom Erstgemisch werden die Brüden mit etwa 20 % Kohlenstaub separiert und einem besonderen Brenner zugeführt, den man oberhalb des Hauptbrenners aufstellt. Hiermit erzielt man eine höhere Staubkonzentration im Erstgemisch und ein stabiles Zünden. Auf diese Weise verbrennt das feuchtere Großkorn mit wenig Brüden in der heißen Flamme, während der trockenere Feinstaub mit dem Großteil der Brüden in der nachfolgenden Verbrennungszone verbrennt, so daß keine örtlichen Temperaturspitzen entstehen. Es wird berichtet, daß in einem Fall [155] die Brüdenabtrennung einen Rückgang der Verschlackung zur Folge hatte und daß auch die Abgastemperaturen gesenkt wurden. Die Einengung des Erstgemisches ist auch bei Verfeuerung von Anthrazit bzw. Magerkohlen üblich, wenn man sie in den Einblasemühlen zerkleinert und mit den Mühlenbrüden zum Brenner transportiert.

Zu den Mischbrennern gehört auch das Schachtmaul der Mühlenfeuerung, die für Braunkohlen-Großkessel ihre Bedeutung noch nicht völlig verloren hat [156].

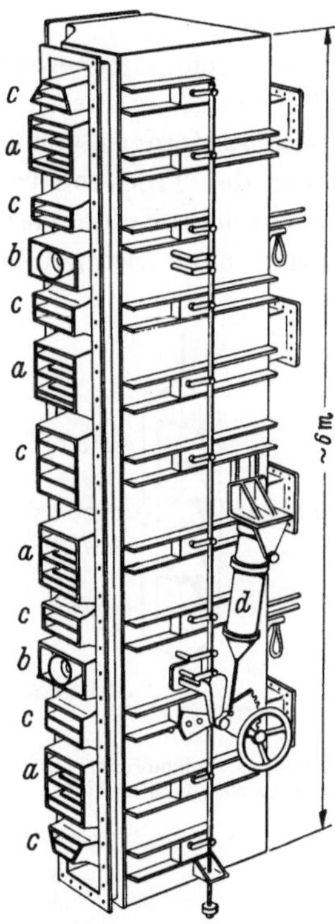

Abb. 122. Eckenbrenner mit schwenkbaren Düsen [12]

a Kohlenstaubgemisch
b Zündbrenner
c Ober- bzw. Unterluft

Mit den Eckenbrennern kommen wir zur zweiten Brennergruppe, nämlich zu den Strahlbrennern. Einen Eckenbrenner für Trockenfeuerung zeigt Abb. 122. Es ist ein Brenner mit zwecks Überhitzerregelung schwenkbaren Düsen, bei dem man dem Erstgemisch und der Zweitluft verschiedene Richtung geben kann. Die einzelnen Ströme mischen sich erst im Feuerraum. Um dem Erstgemisch genügend Zeit zur Vergasung zu geben, läßt man es mit einer Geschwindigkeit von 20 bis 30 m/sek.

aus der Brennerdüse ausströmen. Die in mächtigen Strahlen eingeblasene Zweitluft hat dagegen eine Geschwindigkeit von 40 bis 80 m/sek., womit sie die zähe Flammenmasse genügend weit durchschlagen kann.

Bei Trockenfeuerungen setzt man die untersten Brennerdüsen 1 bis 2 m über den oberen Rand des Aschentrichters. Bei schwenkbaren Brennern, die hier vor allem viel Verbreitung gefunden haben, muß man die Brenner etwas höherlegen, um beim Schwenken der Brennerachse nach unten keine Trichterverschlackung bei Vollast befürchten zu brauchen [157].

Bei Schmelzfeuerungen sind die Eckenbrenner dicht über dem Schmelzbad aufzustellen. Über ihre Lage können jedoch besondere Betriebsanforderungen mitentscheiden, wie z. B. die notwendige Dauer des Trockenbetriebes ohne Schmelzfluß. Wenn man z. B. eine aschenreiche Kohle verfeuert oder wenn man mit schwachem Nachtbetrieb ohne Schmelzen rechnen muß, so ist in jener Periode eine

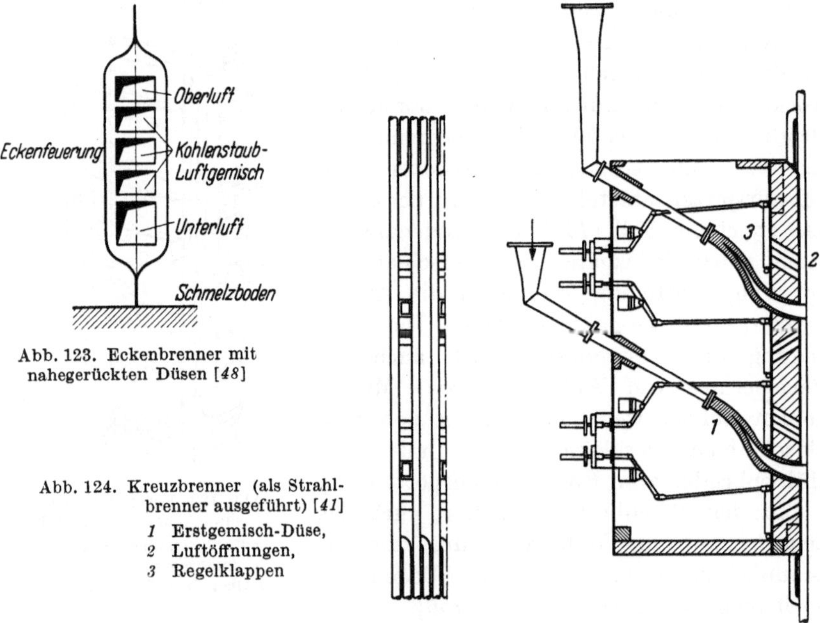

Abb. 123. Eckenbrenner mit nahegerückten Düsen [48]

Abb. 124. Kreuzbrenner (als Strahlbrenner ausgeführt) [41]
1 Erstgemisch-Düse,
2 Luftöffnungen,
3 Regelklappen

Speicherung der Schlacke am Boden unvermeidlich. In solchem Falle können vor den zu tief aufgestellten Brennern Schlackenberge entstehen, die zwar den Austritt des Brenngemisches aus den Brennern nicht ganz verhindern, aber den Flammenstrahl nach oben ablenken können. Damit verschwindet der Luftschleier über dem Schmelzboden, und es kann sich Eisen bilden.

Um bei Schmelzfeuerungen mit Schmelzbad die Eisenbildung mit Sicherheit zu vermeiden, muß die Luftzufuhr unterhalb der unteren Brennerdüse groß genug sein. Diese Luft soll über dem Schlackenbadspiegel einen Luftschleier ausbilden, der die oxydierende Atmosphäre sichert, die zur Verbrennung der auf dem Schlackenspiegel schwimmenden gröberen Koksteilchen notwendig ist. Deshalb haben sich bei Schmelzfeuerungen die Brenner nach Abb. 123 besonders gut bewährt, bei denen die Zweitluft nur in zwei Strömen als Ober- und Unterluft zugeführt wird. Je nach Art der Kohle führt man mehr Luft als Ober- oder als Unterluft zu. Die Mündungen der Brennerdüsen sind gegen das Schmelzbad gerichtet, so daß die abgeschiedenen gröberen Kohleteilchen vor dem Anschlagen gegen den Schlackenspiegel den erwähnten Luftschleier durchfliegen müssen. Die gegenseitige Neigung der Luft- und Brennstoffstrahlen ist hier von Wichtigkeit.

Als Strahlbrenner arbeiten auch die Kreuzbrenner nach Abb. 124, die gewöhnlich in die Stirnwand des Feuerraumes eingebaut werden. Die einzelnen Erstgemischdüsen münden zwischen den Kesselsiederohren. Die Zweitluft wird oberhalb und unterhalb der Düsen gegen den Erstgemischstrahl geneigt eingeführt. Das Mischen erfolgt wieder im Brennraum.

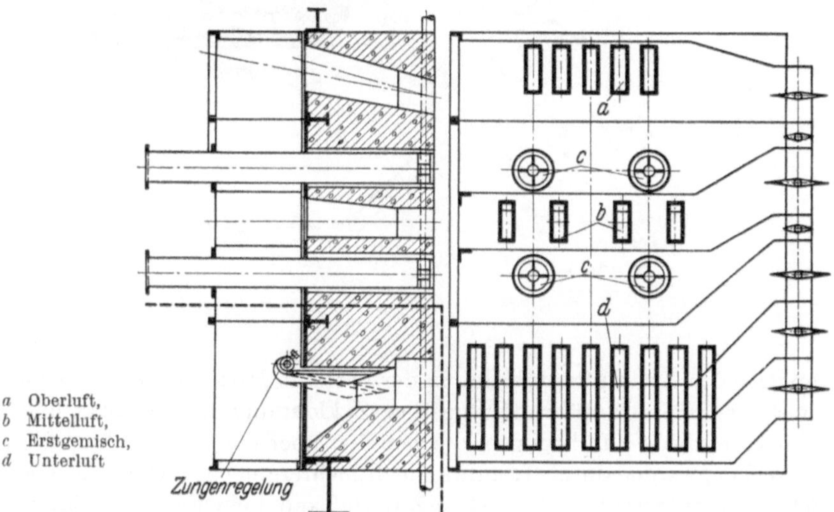

a Oberluft,
b Mittelluft,
c Erstgemisch,
d Unterluft

Abb. 125. Gegeneinanderblasende Strahlbrenner [158]

Im Brenner nach Abb. 125 blasen die in den Seitenwänden eingebauten Strahlbrenner gegeneinander, um ein gutes Mischen zu erzielen [158]. Die Regelklappen in den unteren Luftkanälen gestatten es, bei allen Kessellasten dieselbe Zweitluftgeschwindigkeit einzuhalten.

Beim Vertikalzyklon werden je nach der Kesselgröße am Zyklonumfang zwei bis acht Brennergruppen aufgestellt. Die Erstgemischdüsen der Brennergruppe sind nebeneinander in Schlitzform angeordnet, wobei die Zweitluft nur noch über einen einzigen Querschnitt mit einer durch Zungenklappen regelbaren Geschwindigkeit von 60 bis 100 m/sek zugeleitet wird. Die Erstgemisch-Austrittgeschwindigkeit beträgt je nach Brennstoff 15 bis 25 m/sek.

5. Hauptbrenner der Zyklonfeuerungen

Die Brenner der Zyklonfeuerungen sollen die Kohle und die Luft nicht nur in die richtige Stelle des Zyklons einführen, sondern sie müssen auch die Strömungsverhältnisse in gewünschter Richtung gestalten, indem sie im Zyklon einen sich mit konstanter Geschwindigkeit drehenden Wirbel erzeugen. Nach Abb. 126 besteht der Brenner aus einer

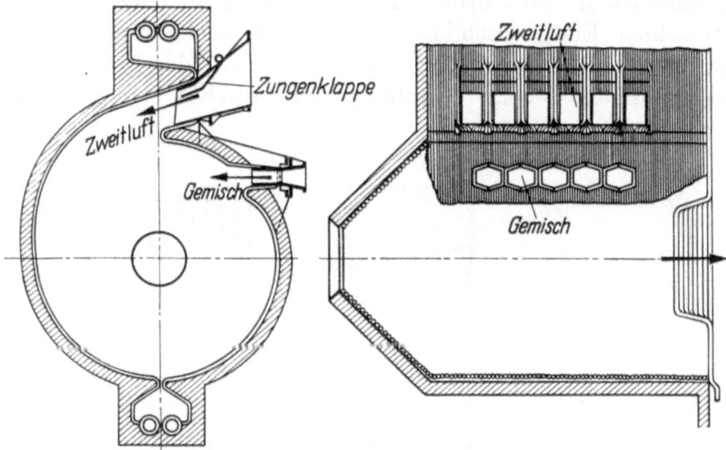

Abb. 126. Sekantenausführung des Zyklonbrenners

tangentialen Zweitluftzuführung in der obersten Partie des Zyklons und einer Erstgemischzuführung, die den Zyklonraum als Sekante überschneidet. Beide Zuführungen, die sich fast über die ganze Zyklonlänge erstrecken, werden durch Trennwände in mehrere nebeneinanderliegende Sektionen aufgeteilt, wobei jedem Zweitluftkanal ein Erstgemischkanal zugeordnet ist. Die rasch strömende Zweitluft bildet dabei eine sauerstoffhaltige Unterlage für die gegen die Wand abgeschleuderten Kohleteilchen, die beim Passieren des Zyklonraumes gezündet und weitgehend vergast werden. Der Zweitlufteintritt soll sich an die Zyklonwand möglichst glatt anschmiegen, damit keine störenden Wirbel am Lufteintritt entstehen [159, 160].

Da die Drallgeschwindigkeit im Zyklon im ganzen Lastbereich konstant zu halten ist, muß bei allen Kessellasten auch die Eintrittsgeschwindigkeit der Zweitluft unverändert bleiben. Man ordnet deshalb in den Zweitluftkanälen eine fliegende Zungenklappe nach Abb. 111 an, durch deren Drehung man die Austrittsöffnung für die Luft in dem Maße ändert, daß die Zweitluftgeschwindigkeit dauernd gleich groß bleibt. Besondere Aufmerksamkeit ist der seitlichen Abdichtung der Klappen zu widmen, da die Klappe gemeinsam mit den Kanalwänden eine verjüngte Düse bildet, in welcher die Druckenergie der Zweitluft in Geschwindigkeit umgewandelt wird (der Druckabfall ist rund 500 mm W.S). Die seitlichen Undichtheiten der Klappe wirken dabei in gleicher Weise wie die Verluste durch Drosselung. Die so entweichende Luft nimmt an der Drallausbildung im Zyklon nicht teil, wodurch die Drallgeschwindigkeit der Flamme absinkt, was das Mischen sowie die Ascheneinbindung beeinträchtigt. Aus demselben Grunde soll man auch den Erstluftanteil möglichst klein halten, da das Erstgemisch wegen Zündung und Vergasung mit einer Geschwindigkeit von nur 20 m/sek. gegen 120 m/sek. der Zweitluft in den Zyklon einströmt. Bei Lastsenkung werden die einzelnen Brennstoffkanäle und die ihnen entsprechenden Zweitluftzuführungen nacheinander abgeschaltet, wobei das Abschalten gewöhnlich in der Richtung von der Zyklonspitze her zu erfolgen hat.

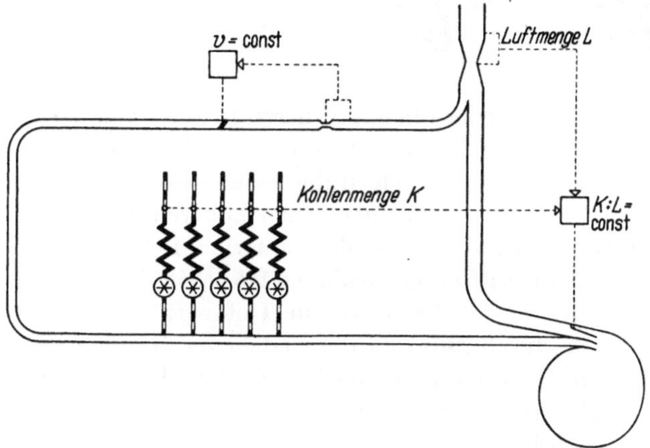

Abb. 127. Schema der Luftregelung beim Zyklonkessel [105]

Die Brennstoffzufuhr soll am besten in der ganzen Zyklonlänge stattfinden. Die Einregelung der Kohlen- und der Zweitluftmenge in den einander zugeordneten Kanälen soll möglichst genau durchgeführt werden, damit das richtige Kohle-Luft-Verhältnis in allen Teilströmen eingehalten wird.

Ein Schema der Luftregelung zeigt die Abb. 127 [*105*]. Die in einem Venturirohr gemessene Gesamtluftmenge teilt sich in Erst- und Zweitluft. Die Erstluftmenge hält man bei allen Kessellasten konstant, um ein Verstopfen der Kohlenstaubleitungen zu vermeiden. Ihre Menge wird durch ein weiteres Venturirohr gemessen und durch eine Klappe automatisch eingeregelt. Das Einhalten des richtigen Verhältnisses Kohle-Luft in den einzelnen Zyklonen wird erreicht, indem man den O_2-Gehalt in den Rauchgasen hinter jedem Zyklon mißt und nach diesem Meßwert die Luftverteilung korrigiert.

Bei Kesseln mit zwei Zyklonen sind die beiden Zyklone an der Kesselstirnwand symmetrisch aufgestellt, wie es die Abb. 128 zeigt. Der Sinn des Dralls in beiden Zyklonen ist jedoch umgekehrt, wodurch man das Abdrücken der Flamme zu einer Seite der Kesselbreite verhindern will.

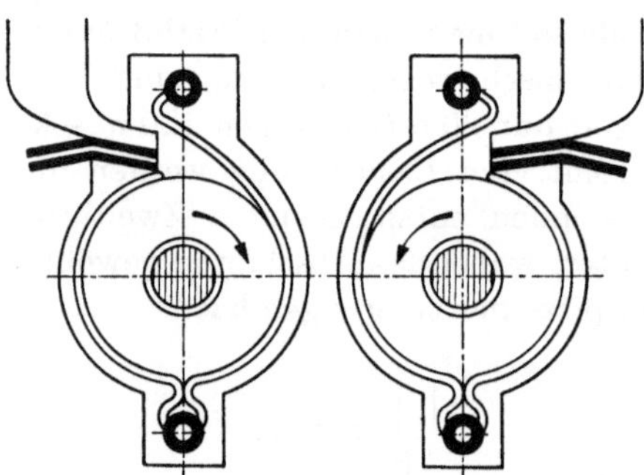

Abb. 128. Drehrichtungen der Flamme im Doppelzyklon

Infolge der Wirkung der Fliehkraft herrscht nach Abb. 56 am Umfang der größte Druck, etwa 300 bis 400 mm W.S. Man führt also bei deutschen Zyklonen das Erstgemisch in die Stelle des größten Überdruckes im Zyklon ein, was natürlich auch einen höheren Druck der Erstluft verlangt. Dieser Nachteil fällt bei dem amerikanischen Zyklon weg, bei dem man den Brennstoff in die Zyklonspitze axial einführt und bei dem nach Abb. 56 in der Zyklonachse ein Unterdruck herrscht. Da die Erstluft meistens durch Drosseln der heißen Zweitluft gewonnen wird, hat der genannte Nachteil der deutschen Zyklone keine wirtschaftlichen Folgen. Er erschwert jedoch den Aufbau der Kohlenzuteiler, da man die Kohle gegen einen höheren Luftgegendruck zuteilen muß.

Die bei den Zyklonfeuerungen streng zu wahrenden Grundsätze, wie das genaue Einhalten des Luftüberschusses bei jedem Brenner, konstante Austrittsgeschwindigkeit der Zweitluft, das schnelle Zünden und Vergasen des getrennt eingeführten Brennstoffgemisches durch seinen Kontakt mit heißer Flamme sowie die Ausbildung des Luftschleiers zwischen dem Erstgemisch und der verschlackten Wand, sollte man nicht nur auch bei den anderen Schmelzfeuerungen, sondern ebenso bei

Trockenfeuerungen geltend machen. Man könnte so die Güte der Verbrennung wesentlich verbessern und bei Schmelzfeuerungen die Minimallast mit Schmelzfluß senken.

6. Brüdenbrenner

Als besondere Brennerabart bei Anlagen mit Zwischenbunkerung sind die Brüdenbrenner zu erwähnen. In diese Brenner gelangen die Mühlenbrüden, die die feinsten, in den Kohlenstaubabscheidern nicht abgeschiedenen Kohlenfraktionen enthalten.

Von den Hauptbrennern unterscheiden sich die Brüdenbrenner vor allem dadurch, daß der Kohlenstaubgehalt und der Heizwert der in ihnen verfeuerten Brüden sehr klein ist. Auch ist ihre Temperatur von 70 bis 150° C niedriger als die Temperatur des Erstgemisches. Sie enthalten außerdem die aus der Kohle verdampfte Feuchtigkeit, die im Erstgemisch lediglich bei Einblasemühlen vorhanden ist. Falls man die Kohle mit Rauchgasen trocknet, bilden die inerten Rauchgase den Hauptbestandteil der Brüden, die deshalb wesentlich schwieriger zu zünden sind als das reiche Erstgemisch.

Die Brüdenbrenner kommen vor allem bei Schmelzfeuerungen vor. Früher war es üblich, bei Schmelzfeuerungen die Brüdenbrenner im Strahlungsraum anzuordnen, weil man eine Abkühlung der Flamme im Schmelzraum vermeiden wollte. Bei den meisten Anlagen geht aber die gesamte Luft in den Schmelzraum des Kessels, so daß die Brüdeneinführung in den Strahlungsraum große Luftüberschüsse im Schmelzraum mit sich bringt. Dies verursacht dann bei Mühlenbetrieb einen Abfall der Schmelzraumtemperatur.

Der große Luftüberschuß im Schmelzraum läßt sich auf zwei verschiedenen Wegen beseitigen. Erstens kann man einen Teil der Verbrennungsluft in die Brüdenbrenner einführen, zweitens kann man die Brüden in den Schmelzraum einblasen.

Die getrennte Brüdeneinführung in den Strahlungsraum findet man heute bei den vertikalen Zyklonfeuerungen, die zur Verfeuerung feuchter Braunkohle bestimmt sind [127]. Nach Abb. 93 werden die Brüden in die Flamme unmittelbar hinter der Einschnürung am Zykloneintritt eingeblasen, wodurch man nicht nur die hohe Rauchgastemperatur am Zyklonaustritt zum Zünden ausnutzen will, sondern man beabsichtigt auch eine plötzliche Senkung ihrer Temperatur, um der Verschlackung des kegelförmigen Strahlungsraumes zwischen Zyklon-Tauchrohr und dem Schottenüberhitzer vorzubeugen. Neuere Braunkohlen-Zyklonfeuerungen arbeiten jedoch mit offenem Mahlkreis.

Bei Trockenfeuerungen empfiehlt man, die Brüden in den Flammenkern einzuführen, wo sie gut verbrennen und außerdem die Flammentemperatur in gewissem Maße senken.

Bei nicht zu feuchten Kohlen ist es am besten, die Brüden in den Schmelzraum einzublasen, wenn man die Kohle mit Luft trocknet. In diesem Fall geht der gesamte Kohlenstaub in den Schmelzraum, in den man auch die gesamte Luft einbläst. Als nicht zu feuchte Kohlen sind bei den Steinkohlen die Kohlen mit weniger als 25 % Wassergehalt zu betrachten, bei denen mit einer Lufttemperatur von 400° C im Schmelzraum noch Verbrennungstemperaturen über 1700° C erzielt werden [*86*]. Rechnungsmäßig ergeben sich für 25 % Feuchtigkeit und 390° C heiße Luft dieselben Verhältnisse wie für die trockene Kohle und Luftvorwärmung auf 300° C. Aus der angezogenen Arbeit ergibt sich aber auch, daß man bei den rheinischen Braunkohlen mit 50 bis 60 % Wasser zur Erzielung der notwendigen Verbrennungstemperaturen im Schmelzraum Lufttemperaturen von 560 bzw. 627° C brauchte, die schon zu hoch sind, so daß bei diesen Kohlen die Brüden nicht in den Schmelzraum eingeführt werden dürfen. Mit Rauchgasen als Trocknungsmittel muß man jedoch bei Schmelzfeuerungen vorsichtig überlegen, bevor man die Brüden in den Schmelzraum einführt, da die mit Rauchgasumwälzung in diesem Fall identische Brüdeneinführung die Schmelzraumtemperatur stark zu senken vermag.

Der Aufbau der Brüdenbrenner ist meistens sehr einfach. Vorwiegend handelt es sich um ein Rohr größeren Durchmessers, aus dem die Brüden mit einer Geschwindigkeit von mindestens 30 bis 40 m/sek. ausströmen, damit sie sich gut mit der Flamme vermischen. Bei Anlagen mit mehreren Brüdenbrennern ist es wichtig, sie im Feuerraum symmetrisch anzuordnen, damit sie die Symmetrie des Temperaturfeldes im Brennraum nicht stören.

7. Ölbrenner

Die Ölbrenner sind ausgesprochene Mischbrenner. Sie besorgen neben der innigsten Vermischung des Brennstoffes mit Luft auch die Vernebelung des Öles. Es ist eben die Zerstäubungsgüte, die über den Wirkungsgrad entscheidet und die auch im Teillastbereich erhalten bleiben muß. Deshalb ist die Kenntnis der Zerstäubungskennlinie des Brenners in Abhängigkeit von der Durchsatzleistung besonders wichtig. Die effektive Zerstäubung hat eine niedrige Ölviskosität zur Voraussetzung.

Für Großkessel kommen die Ölbrenner mit Druckzerstäubung in Betracht, bei denen man das unter Druck zufließende Öl dadurch vernebelt, daß man den in der Wirbelkammer in Drehung versetzten Ölstrahl durch eine kleine Bohrung ausspritzen läßt. Nach Abb. 129 entsteht vor der Düsenbohrung ein feiner Ölnebel in der Form eines Trichters. Die Mengenregelung des Druckzerstäubers erfolgt auf die in Abb. 130 angedeuteten Arten, entweder durch Rücklauf, wobei ein Teil des Öls von der Wirbelkammer durch die Rücklaufleitung mit eingebautem Regelventil in den Öltank zurückgefördert wird, oder mittels Regelkolbens, der die Tangentialschlitze des Brenners schließt. Beide Verfahren zielen darauf ab, in der Wirbelkammer bei allen Lasten eine ausreichende Wirbelung zu erzwingen, indem die Ölgeschwindigkeit in den

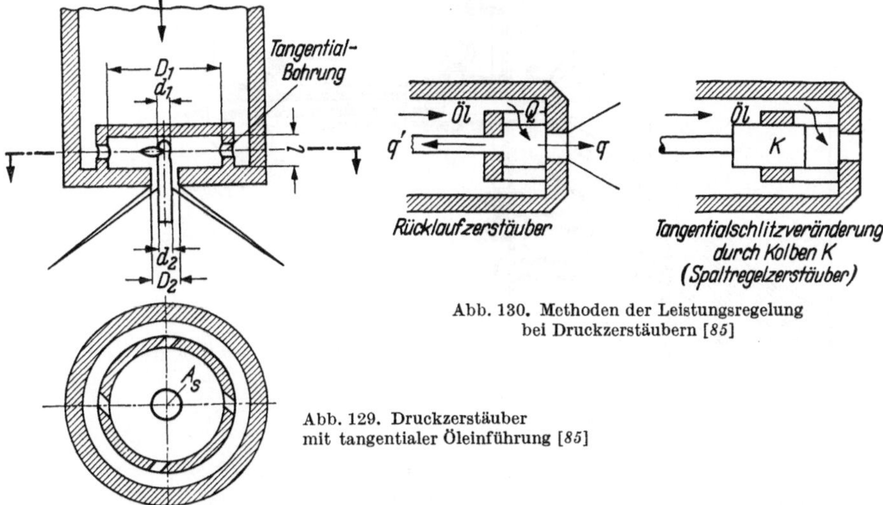

Abb. 130. Methoden der Leistungsregelung
bei Druckzerstäubern [85]

Abb. 129. Druckzerstäuber
mit tangentialer Öleinführung [85]

Tangentialschlitzen konstant gehalten wird. In Abb. 131 ist der Todd-Brenner mit Ölrücklauf [161] dargestellt.

Für Großkesselfeuerungen sind auch die Drehzerstäuber nach Abb. 132 [161] von Bedeutung. Das Öl fließt hier durch die hohle Welle in einen schnell rotierenden Becher und wird am Becherrand durch Fliehkraft zerstäubt. Die durch einen Ventilator eingeblasene Erstluft umströmt den Becher an der Außenseite und unterstützt die Ölzerstäubung, weil sie einen der Drehrichtung des Bechers entgegengesetzten Drall besitzt. Die Zerstäubungskennlinien von Druck- und Rotationszerstäubern sind in Abb. 103 [161] zu sehen.

Zu einer anderen Brennergattung gehören die Injektionszerstäuber nach Abb. 133. Das langsam ausfließende Öl wird durch schnell strömenden Dampf bzw. Luft mitgerissen, und die Öltröpfchen werden durch die großen Beschleunigungskräfte erzeugt.

Wird die Ölfeuerung als Zusatzfeuerung ausgeführt, so werden bei den Großraum-Feuerungen hinsichtlich der Brenner keine von der reinen Ölfeuerung wesentlich abweichenden Ansprüche an die Brenner gestellt. Anders ist es bei den Kleinraum-Zyklonfeuerungen, bei denen man die Drehung der Flamme zur Unterstützung der Ölzerstäubung

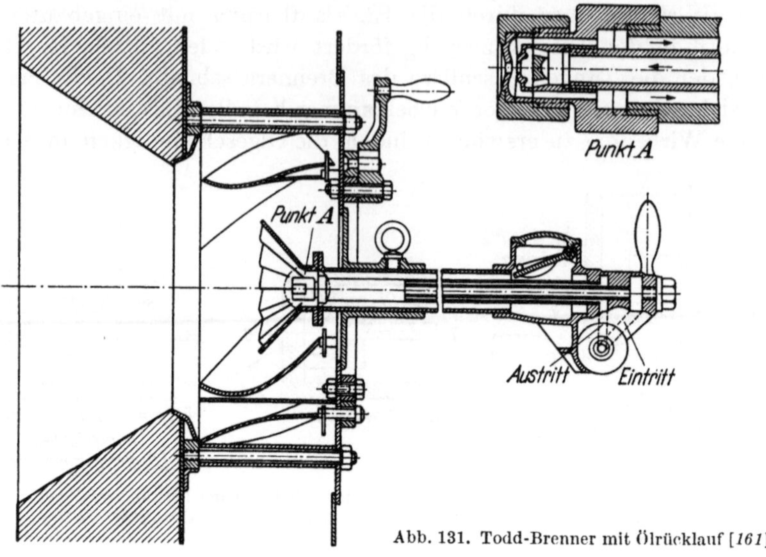

Abb. 131. Todd-Brenner mit Ölrücklauf [161]

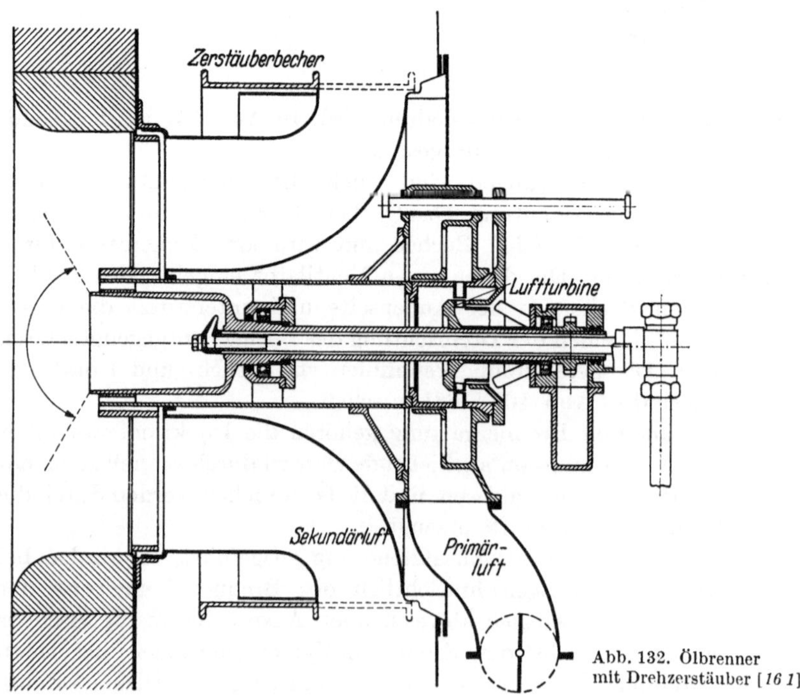

Abb. 132. Ölbrenner
mit Drehzerstäuber [161]

ausnutzen kann. Die beiden Möglichkeiten der Ölzufuhr in den Zyklon sind in Abb. 134 wiedergegeben. Das Öl wird entweder in die Vorkammer des Zyklons eingespritzt, oder man kann es ähnlich wie Gas in die Zweitluftkanäle eintreten lassen. Im letzten Fall braucht man, wenn der Zyklon mit voller Luftpressung gefahren wird, das eingespritzte Öl

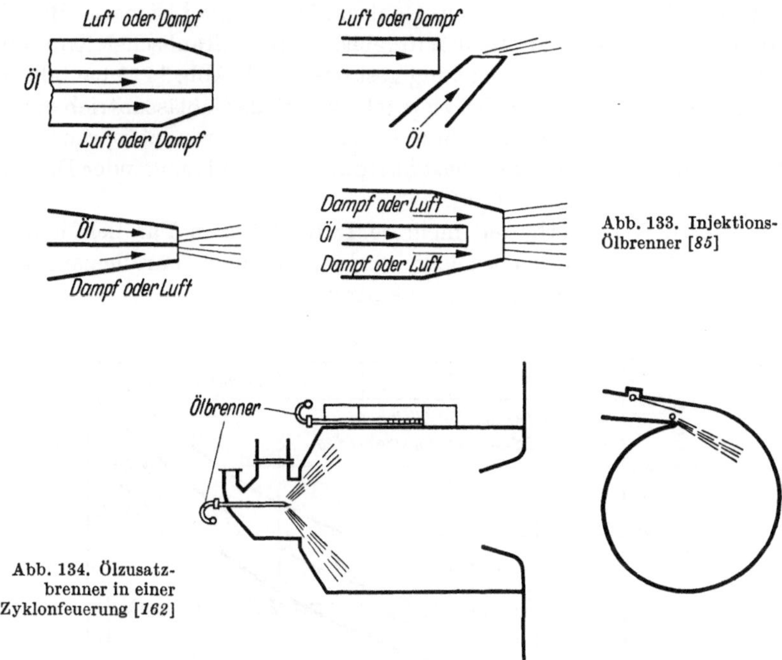

Abb. 133. Injektions-Ölbrenner [85]

Abb. 134. Ölzusatz-brenner in einer Zyklonfeuerung [162]

nicht zu zerstäuben, da seine Vernebelung von der rasch einströmenden Zweitluft durch Mitreißen besorgt wird. Sind die Betriebsperioden mit Öl länger, dann kann es allerdings vorteilhafter sein, die Luftpressung zu erniedrigen und das Öl mechanisch im Brenner selbst auf die verlangte Feinheit zu vernebeln [162].

V. Versorgung der Brenner mit Luft

1. Luftzufuhr für Feuerung

Zum Einblasen der Verbrennungsluft in die Kessel haben sich sowohl Radial- wie Axialgebläse behauptet. Im Laufrad des Gebläses wird die Strömungsenergie der Luft vergrößert, und im nachfolgenden Diffusor wird sie in Druck umgesetzt. Es ist begreiflich, daß die herkömmlichen

10*

hochturbulenten Großkessel-Feuerungen Luftgebläse mit hoher Pressung benötigen.

Da sich mit der wechselnden Kessellast der Luftbedarf sowie die notwendige Luftpressung ändern, müssen die Luftgebläse regelbar ausgeführt werden. Dazu verwendet man vor allem die Leitschaufelregelung, die die Stoßverluste im Teillastbereich vermeidet und dadurch auch bei Teillast einen guten Gebläsewirkungsgrad sichert. Bei den Großkesseln findet man auch Luftgebläse mit hydraulischer Kupplung. Diese stufenlose Drehzahlregelung gestattet nach Abb. 111 ebenfalls, die Gebläseleistung wirtschaftlich zu regeln, wobei als Gebläseantrieb der einfache Asynchronmotor mit Kurzschlußläufer angewendet werden kann. Die hydraulische Kupplung weist allerdings einen mit sinkender Drehzahl abfallenden Wirkungsgrad auf.

Größere Kessel erhalten mehrere Luftgebläse in Parallelschaltung. Ihre Kennlinie muß so ausgelegt werden, daß beim Parallelgang keine Schwierigkeiten mit dem Pumpen eintreten.

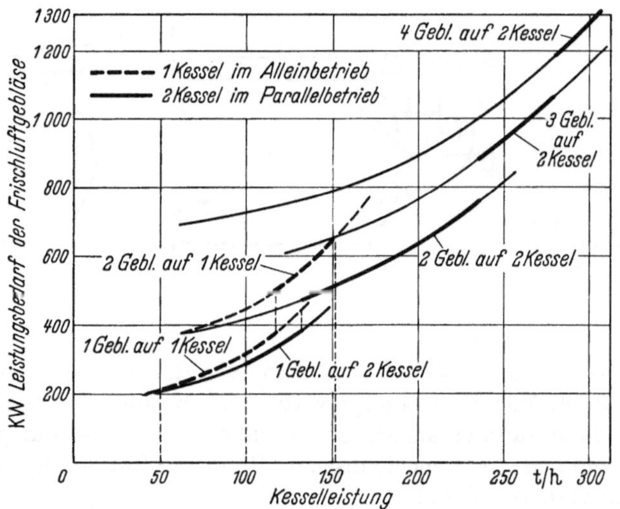

Abb. 135. Leistungsbedarf der Frischluftventilatoren im Teillastbereich [105]

Hier ist es möglich, durch Zu- und Abschalten einzelner Luftgebläse wesentliche Ersparnisse am Kraftverbrauch zu erzielen. Das gilt vor allem von den Zyklonkesseln, die sehr hohe Luftpressungen benötigen und bei denen deshalb der Kraftverbrauch des Luftgebläses neben dem Kraftverbrauch der Speisepumpe den größten Posten im Eigenverbrauch des Kessels darstellt. Über diese Ersparnisse geben Tab. 12 und Abb. 135 Auskunft.

Tabelle 12. Druckanforderungen

	2 Zyklone in Betrieb	2 Zyklone in Betrieb	1 Zyklon in Betrieb
Leistung der Kessel .... %	100	50	50
Zyklondruck .... mm WS	400	100	400
Treibdruck .... mm WS	500	500	500
Austrittsgeschwindigkeit ... m/s	120	120	120
Druckverlust im Luvo und in den Kanälen .... mm WS	400	100	100
Druck im Sammelkanal mm WS	1300	700	1000

Es kann vorteilhaft sein, bei nebeneinander aufgestellten Kesseln die Druckseiten ihrer Luftgebläse untereinander durch einen gemeinsamen Luftkanal zu verbinden, so daß man z. B. bei Kesseln mit zwei Luftgebläsen zwei benachbarte Kessel mit drei Ventilatoren betreiben kann. Dieser Betriebsfall ist in Abb. 136 veranschaulicht, das den Kraftverbrauch der Luftgebläse wiedergibt [105].

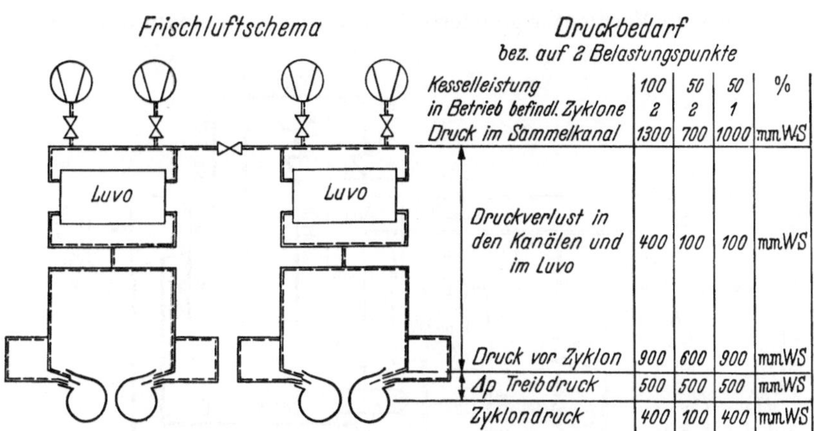

Abb. 136. Frischluftschema und Druckbedarf von Zyklonkesseln [105]

Bei den Hochdruck-Luftgebläsen, die die Luft bis um 2000 mm WS verdichten, wie es z. B. eben bei den Zyklonfeuerungen der Fall ist, darf man die im Gebläse eintretende Erwärmung der Verbrennungsluft nicht vergessen, da sie bis 15° C ausmacht und deshalb die Eintrittstemperatur der Luft in den Luvo sowie die Abkühlung der Abgase nicht unwesentlich beeinflußt.

Wegen der Notwendigkeit, die Brennstoffzugabe bei schnellen Lastwechseln zu übersteuern, muß man auch die Luftgebläse sowie die Saugzüge entsprechend überbemessen. Normalerweise wird so verfahren, daß die maximale Fördermenge bei diesen um 10 % über dem Vollastwert liegt, der von der Feuerung im Beharrungszustand benötigt wird. Eine größere Überdimensionierung verschlechtert gewöhnlich die Regelgüte, insbesondere wenn zugleich eine tiefe Mindestlast vom Kessel verlangt wird.

Werden beim Regelvorgang die Drehzahlen des Gebläses geändert [294], so verbieten das Schwungmoment des Läufers sowie die langen Zeitkonstanten des Regelbetriebes ihre alleinige Anwendung als Stellglieder. Man muß hier deshalb zu Regelklappen mit einer den betrieblichen Anforderungen angepaßten Charakteristik greifen, deren Verstellzeiten kurz sind. Leider sind die Drosselklappen mit der Notwendigkeit ausreichenden Differenzdruckes behaftet, der für einwandfreie Regelung mindestens 20 mm WS als bleibender Druckverlust bei voller Klappenöffnung betragen soll.

2. Kessel mit Luftturbine

Es ist vorgeschlagen worden, die mit Grundlast fahrenden Großkessel mit einer Luftturbine nach dem Schema Abb. 137 zu kombinieren [163]. Die vom Verdichter gelieferte Druckluft soll in einem am Kessel-

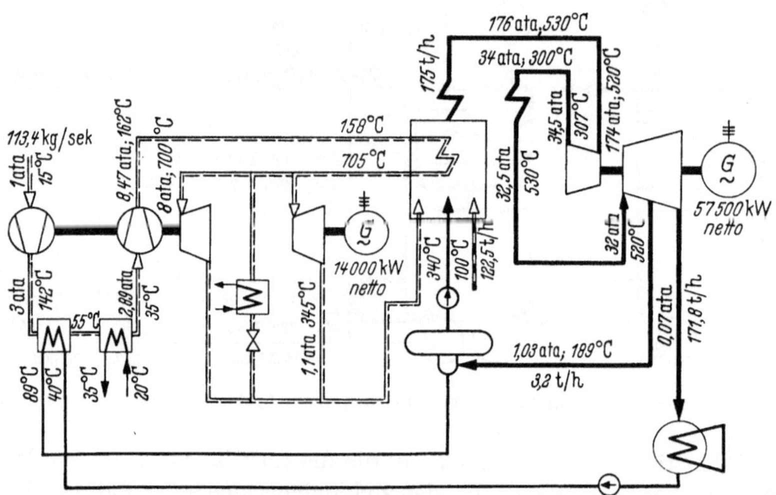

Abb. 137. Schema der kombinierten Anlage mit Zweiwellen-Luftturbine [163]

ende angebrachten Luftvorwärmer auf eine höhere Temperatur erhitzt und danach in einer Luftturbine entspannt werden, die einen Stromerzeuger antreibt. Die aus der Turbine mit einer Temperatur von 300 ··· 400° C austretende Abluft dient dann als Verbrennungsluft für die Kesselfeuerung. Die Turbine und der Kessel sind hier also unter-

einander durch die zur Verbrennung notwendige Luftmenge eng gekoppelt.

Nach Literaturangaben [*163*] läßt sich durch diese Kombination der
Gesamtwirkungsgrad bei Vollast bis um 4 % verbessern, weil die enge
Verbindung zwischen Kessel und Luftturbine bestimmte Konzessionen
auf seiten des Dampfprozesses bedingt. So muß z. B. wegen der hohen
Temperatur der Luft hinter der Turbine zur Erzielung der verlangten
tiefen Abkühlung der Abgase Speisewasser eingesetzt werden, dessen
Temperatur deshalb hier nicht durch die regenerative Vorwärmung
gehoben werden darf. Der thermische Wirkungsgrad des Dampfkreises
wird dadurch niedriger. Den größten Nutzen verspricht die Kupplung
Kessel—Luftturbine bei Braunkohlenkesseln mit Trocknung der
feuchten Kohle durch die gesamten Abgase, wobei man die ganze Kessel-
abwärme in der Mahlanlage unterbringen könnte, so daß man also auf
die Speisewasservorwärmung mit Turbinenanzapfdampf nicht zu verzichten brauchte.

Die mit der Last abnehmende Luftmenge bringt auch einen entsprechenden Abfall der Leistung der Luftturbine mit sich. Zu berücksichtigen ist weiter, daß man wegen der Regelung die Luftturbine als
Zweiwellenaggregat ausführen muß, damit man die Verdichterdrehzahl
entsprechend dem Luftbedarf anpassen kann. Die Heißluft muß deshalb

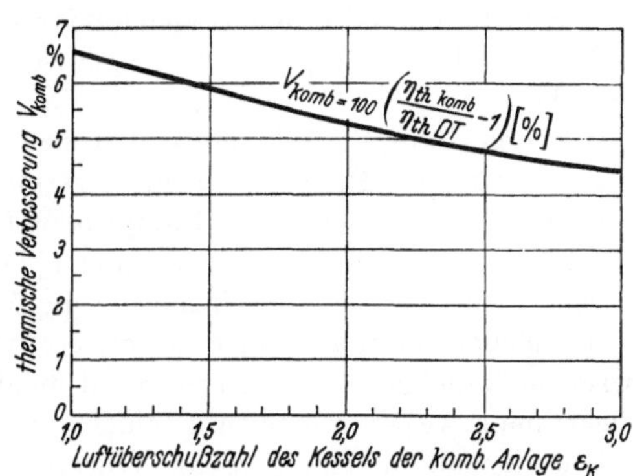

Abb. 138. Einfluß des Luftüber-
schusses im Kessel auf die thermische
Verbesserung bei kombiniertem
Prozeß [*273*]

($\eta_{th\ komb}$ = theoretischer Wirkungsgrad des kombinierten
Prozesses,

$\eta_{th\ Dt}$ = theoretischer Wirkungsgrad des reinen Dampf-
prozesses)

in zwei Ströme aufgeteilt werden, wie es auch die Abb. 137 zeigt, in je
einen Strom für die Verdichter- und für die Generatorturbine, und
demzufolge muß man im Unterschied zu den üblichen Gasturbinen
zwischen Verdichter und Turbine zusätzlich entsprechende Regelorgane
einschalten. Ungünstig ist auch die Lastabhängigkeit der Lufterwärmung, die in dem im Kesselzug liegenden Luftvorwärmer wegen seiner
ausgesprochenen Berührungscharakteristik mit der Last abnimmt und
dadurch die Lufturbinenleistung sowie ihren Wirkungsgrad erniedrigt.

Um die beschriebenen Nachteile dieser Kupplung zu umgehen, wird vorgeschlagen [*164*], die Einwellengasturbine mit unveränderlichem Luftdurchsatz zu verwenden. Die von der Feuerung nicht benötigte überschüssige Luft wird an geeigneten Stellen der Kesselzüge eingeblasen, wobei sie ähnlich wie die Rauchgasumwälzung die Heißdampftemperatur und die Lufttemperatur hinter dem Lufterhitzer günstig beeinflußt. Man kann auf diese Weise dem Abfall der Heißlufttemperatur entgegenwirken und damit neben der Leistung der Luftturbine auch ihren Wirkungsgrad bei Teillast verbessern. Die dadurch gewonnene Mehrleistung der Turbine wird allerdings durch den vergrößerten Abgasverlust verschluckt (Abb. 138).

E. Die wärmeaufnehmende Heizfläche

I. Ausbildung der Wärmeaustauschflächen im Brennraum und ihre wärmetechnischen Eigenschaften

1. Feuerraumwände als Wärmeaustauschfläche

Die Feuerraumwände umgrenzen gasdicht den Feuerraum. Ihre Hauptaufgabe ist, die Wärme aufzunehmen und sie an das Wasser bzw. den Dampf weiterzuleiten. In Schmelzfeuerungen bilden sie eine Auffangfläche für die Asche und tragen mit ihrer Isolierwirkung zur Schaffung höchster Flammentemperaturen durch Stauen der Wärme im Schmelzraum bei.

Bei den Dampfkesseln muß man sich mit der Tatsache abfinden, daß die von den Rauchgasen zu erwärmenden Arbeitsstoffe mit den höchsten Temperaturen, also Dampf oder Luft, bei ihrer Strömung nur eine kleine Wärmeübergangszahl haben. Deshalb läßt sich bei Dampfkesseln nicht immer der Grundsatz berücksichtigen, die Wärmeaustauschflächen hintereinander so anzuordnen, daß das Wärmegefälle zwischen Rauchgasen und Arbeitsstoff möglichst groß ist. Im Gegenteil pflegt man wegen Einhaltung einer minimalen Übertemperatur der Rohrwände überall dort, wo die Wärmeaufnahme am intensivsten ist, also innerhalb Kühlschirme, solche Arbeitsstoffe zu haben, die die größte Wärmeübergangszahl besitzen. Deshalb werden die Feuerraumwände insbesondere in Brennernähe mit siedendem oder nichtsiedendem Wasser gekühlt, so daß dort innere Wärmeübergangszahlen in der Größenordnung von 10^4 kcal/m² h° C vorliegen und die Übertemperatur der Rohrwand normalerweise 50° C nicht überschreitet.

Der Verlauf der Rauchgas- und Arbeitsstofftemperaturen längs des Rauchgasweges bei einem Hochdruckkessel ist in Abb. 139 dargestellt. Die Temperatur des Arbeitsmittels nimmt in der Richtung zur Mitte des Rauchgasweges im Kessel von beiden Seiten her zu. Der Anschaulichkeit halber ist im Diagramm bei den einzelnen Wärmeaustauschflächen auch die Größe der inneren Wärmeübergangszahl angegeben, die vom Anfang des Rauchgasweges absinkt. Eine Ausnahme bildet nur der Wasservorwärmer, der zwischen den beiden Stufen des Luvo liegt. Monoton nimmt auch der Wärmefluß durch die Wärmeaustauschfläche ab, wie ebenfalls die Abb. 139 erkennen läßt.

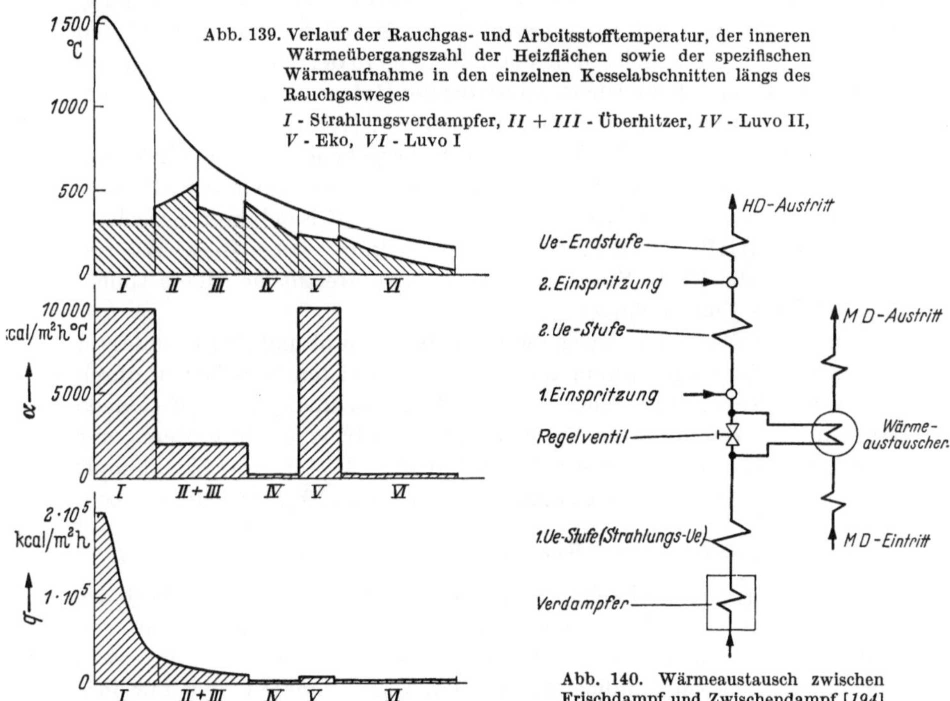

Abb. 139. Verlauf der Rauchgas- und Arbeitsstofftemperatur, der inneren Wärmeübergangszahl der Heizflächen sowie der spezifischen Wärmeaufnahme in den einzelnen Kesselabschnitten längs des Rauchgasweges

I - Strahlungsverdampfer, II + III - Überhitzer, IV - Luvo II, V - Eko, VI - Luvo I

Abb. 140. Wärmeaustausch zwischen Frischdampf und Zwischendampf [194]

Wollte man das hohe Temperaturniveau der Flamme zur Wärmetragung in vollem Maß ausnutzen, so müßte man die Feuerraumwände mit Dampf oder Luft kühlen, die beide höhere Temperaturen haben. Das ist aber aus werkstofflichen Gründen nicht möglich, da die Wärmeübergangszahl bei Dampf in der Größenordnung von 10^3 kcal/m² h° C, bei Luft sogar nur von 10^2 kcal/m² h° C liegt.

Es liegt deshalb der Gedanke nahe, in Zukunft ähnlich wie bei Atomreaktoren auch die Wände der Kesselfeuerung mit einer hochsiedenden Flüssigkeit, z. B. mit einem geschmolzenen Metall mit niedriger Schmelztemperatur, zu kühlen, wie es übrigens für Anlagen mit zweifacher Zwischenüberhitzung schon vorgeschlagen wurde [165] und auch bei den Zweistoffanlagen mit Quecksilber der Fall ist. Die Metalle haben eine sehr hohe Wärmeübergangszahl, da sie gut wärmeleitend sind und großes spezifisches Gewicht besitzen. Sie sollten im Unterschied zu den Quecksilberkesseln in der Feuerungswand bei einem vom atmosphärischen wenig verschiedenen Druck umlaufen, so daß die der hohen Temperatur ausgesetzten Kühlschirme nur durch den statischen Druck der Metallsäule beansprucht wären und als Werkstoff die hitzebeständigen Stähle ausreichten. Erst für den Wärmeaustausch zwischen Metall und Arbeitsstoff wären Rohre aus warmfestem Stahl notwendig. Die Größe der Wärmeübergangszahl ist bei Metallen ziemlich hoch, und selbst bei mäßigen Geschwindigkeiten liegt sie in der Nähe von 10^4 bis 10^5 kcal/m² h° C, so daß die Übertemperatur der Rohrwand auch bei größtem Wärmefluß nur wenige Grad Celsius ausmacht [166, 167].

Die an das Metall als Wärmeträger übergebene Wärme soll an die Arbeitsstoffe mit den höchsten Temperaturen übertragen werden. Dies geschieht in besonderen Wärmeaustauschern mit Frischdampf, Zwischendampf oder Luft als zu erwärmendem Medium, wobei diese Wärmeaustauscher die letzte Stufe der betreffenden Heizfläche bilden sollen, wie z. B. den Endüberhitzer.

Auch der Wärmeaustausch zwischen Heißdampf und Zwischendampf ist ein Beispiel dafür, wie man die stärker beheizten Heizflächen durch ein besser wärmeableitendes Mittel (Hochdruckdampf) beaufschlagen läßt und erst durch dessen Vermittlung die Wärme an ein weiteres, mit niedrigen Wärmeübergangszahlen behaftetes Mittel (Zwischendampf) überträgt. Das Schema solcher Anlage ist in Abb. 140 [18] wiedergegeben.

2. Auskühlung des Brennraumes und der Formfaktor

Nach Wirtschaftlichkeitsberechnungen liegt der optimale Wert der Austrittstemperatur der Rauchgase aus dem Brennraum in der Nähe von 1200° C [26]. Übliche Wandausführungen, wie sie heute bei Großkesseln vorkommen, haben nämlich den gemeinsamen Nachteil, daß nur ihre dem Feuer zugewandte Rohrhälfte ausgenutzt ist, während ihre Leeseite sich in keiner Weise am Wärmeaustausch beteiligt. Die Strahlungsfläche an den Feuerraumwänden muß deswegen möglichst hoch wärmebelastet werden, um ihre hohen Anlagenkosten zu rechtfertigen, was bei Temperaturen unter 1200° C nicht erfüllt ist, da dort die zum größten Teil schon ausgebrannte Flamme weniger intensiv abstrahlt (Abb. 141) [29].

Die Temperatur der den Brennraum verlassenden Gase soll aber eine bestimmte Grenze auch nicht überschreiten, die einerseits durch die Eigenschaften der Asche der verfeuerten Kohle gegeben wird, andererseits von der Ausführung der schon dicht gepackten Nachschaltheizflächen abhängig ist. Meistens wählt man bei der Planung des Kessels

diese Temperatur je nach der Kohle zwischen 900 und 1100° C und geht
nur in Ausnahmefällen bis auf 1150° C. Im höheren Temperaturbereich
lassen sich in der oberen Partie des Brennraumes nur glatte Wände

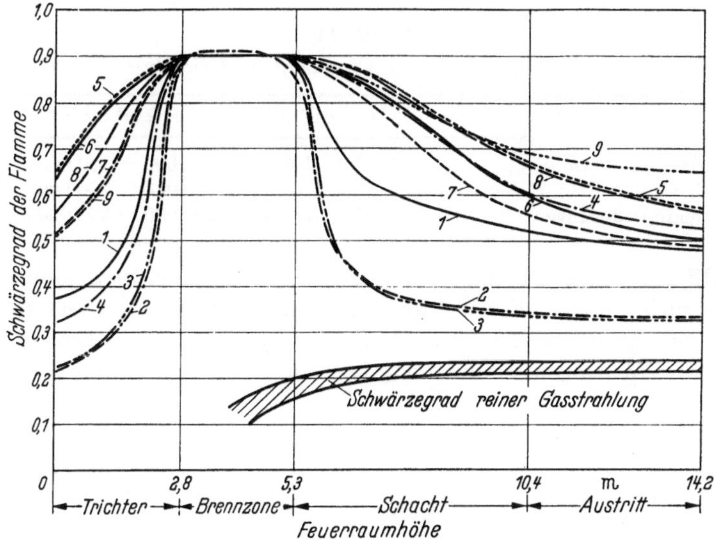

Abb. 141. Schwärzegrad der Flamme längs des Flammenweges für verschiedene Kohlearten [29]

1 Eßkohle,	3 Fettkohle,	9 Schlammkohlen-
2 Gasflammkohle,	4, 5, 6, 7, 8 Magerkohlen,	zumischung

anwenden, wie die Schotten, Gardinen usw., die zur Ausbildung von
Verschlackungen weniger Möglichkeit bieten.

Da der Wärmefluß durch die Größe der Kesseleinheit nicht wesentlich
beeinflußt wird, muß die Feuerraumoberfläche mit der Kesselleistung
fast direkt proportional anwachsen. Das Brennraumvolumen nimmt
dabei schneller zu, weil bei geometrisch ähnlichen Körpern ihre Oberfläche mit dem Quadrat und ihr Volumen mit dem Kubus ihrer Hauptabmessung zunimmt, der Brennraum-Formfaktor mit zunehmender
Kesselgröße also sinkt.

Die Austrittstemperatur der Rauchgase vom Brennraum läßt sich
aus der Gl. (15) berechnen. Da sich nun der Formfaktor mit wachsender Kesselgröße verkleinert, muß man zur Einhaltung der gleichen
Austrittstemperatur die Raumbelastung senken, wie früher angeführt.
Die Brennraumbelastung fällt dabei bei großen Kesseleinheiten bis unter
100 000 kcal/m³ h ab. Bei geometrisch ähnlichen Riesenfeuerungen wird
also die Ausnutzung des umbauten Raumes immer schlechter.

Die Gl. (15) offenbart gleichzeitig den Einfluß der Größe des mittleren Wärmeflusses durch die Wand. Es ist aber bekannt, daß z. B. bei

Zyklonfeuerungen, deren Raumbelastung bis fünfzigmal größer ist als
jene der Großraum-Feuerungen, der mittlere Wärmefluß durch die
Brennraumwand im Vergleich mit Großraumfeuerungen nicht wesentlich
ansteigt, wie es die Tab. 13 zeigt.

Tabelle 13

Brennraumbelastung und mittlerer Wärmefluß durch die Feuerraumwand

	q_v kcal/m³ h	q kcal/m² h
Trockenfeuerungen	$0,1 \cdot 10^6$	100 000 ⋯ 200 000
Großraum-Schmelzfeuerungen	$0,5 \cdot 10^6$	100 000 ⋯ 200 000
Zyklonfeuerungen	$3 \cdots 5 \cdot 10^6$	200 000 ⋯ 300 000

Deshalb muß man z. B. hinter dem Zyklon noch einen Strahlungsraum
mit möglichst hohem Formfaktor folgen lassen, der die mittlere Raumbelastung so weit senkt und das Verhältnis q/q_v so weit verbessert, daß
die relative Wärmeaufnahme die notwendige Größe annimmt.

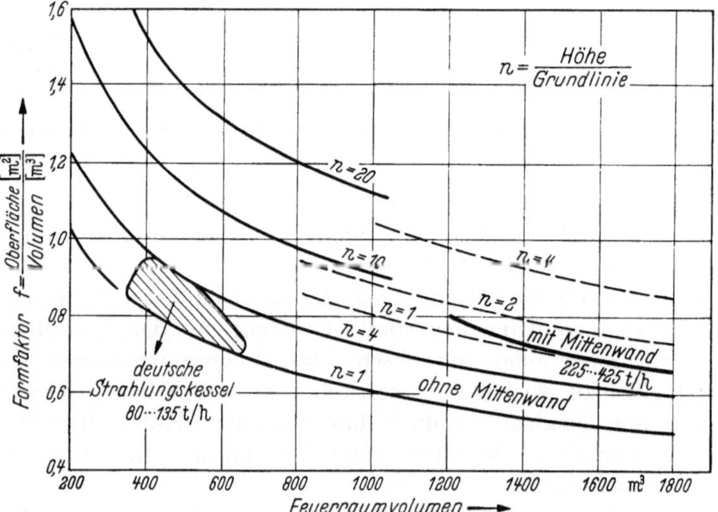

Abb. 142. Einfluß der Kesselgröße auf den Formfaktor [*31*]

Der quantitativen Prüfung des Formfaktors werde eine quader-
förmige Trockenfeuerung zugrunde gelegt, deren Basis ein Quadrat ist.
Das Verhältnis der Brennraumhöhe zur Seite des Quadrates ist der
Schlankheitsgrad des Brennraumes. Die Größe des Formfaktors ist der
Abb. 142 [*31*] zu entnehmen, wobei das Diagramm den erwarteten
Abfall des Formfaktors mit wachsender Kesselgröße bestätigt.

Konstruktiv läßt sich der Formfaktor nach Abb. 143 durch Anwendung großer Schlankheitsgrade heben, was jedoch nur in begrenztem Maß praktisch möglich ist, da es den Übergang zu hohen Kesseln bedeutet, die teuer sind und hohe Kesselhäuser benötigen.

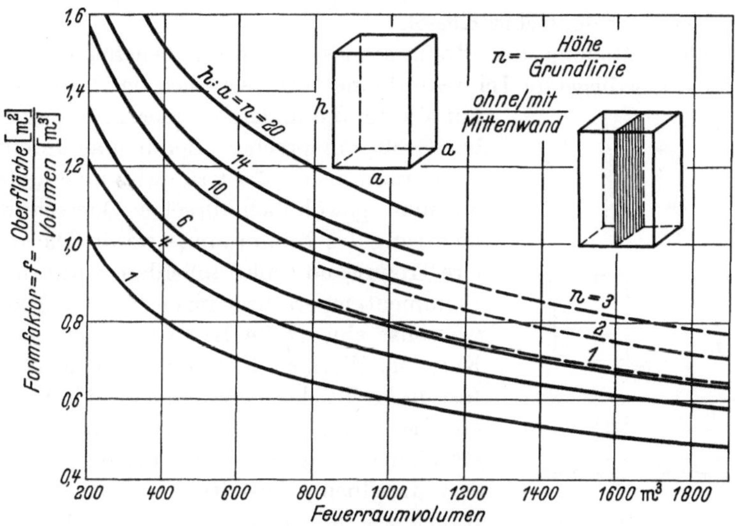

Abb. 143. Einfluß der Kesselgröße, des Schlankheitsgrades und einer Mittenwand auf den Formfaktor [31]

Der Schlankheitsgrad des Brennraumes darf einen Mindestwert nicht unterschreiten, weil der Rauchgasweg eine bestimmte minimale Länge haben muß. Ein zu kleiner Schlankheitsgrad verschlechtert die Ausfüllung des Brennraumes mit Flamme, weil ein großer Teil des Feuerraumvolumens mit unzweckmäßigen Rauchgaswirbeln ausgefüllt ist, die den Aufenthalt der Flamme im Brennraum verkürzen. So wird z. B. angegeben [81], daß bei 100 t/h-Kesseln der Rauchgasweg ungefähr 12 m, bei 200 t/h mindestens 15 m und bei noch größeren Kesseln entsprechend mehr betragen soll. Der Brennweg muß dabei um so länger sein, je kleiner der Gehalt an Flüchtigem in der verfeuerten Kohle ist.

Eine gewisse Verbesserung des Formfaktors läßt sich durch Anwendung des länglichen rechteckigen Querschnitts erzielen. Aber auch hier gibt es Grenzen. So z. B. muß man manchmal darauf achten, daß der Feuerraum eine gewisse Mindesttiefe besitzt, z. B. bei Trockenfeuerungen mit Stirnbrennern, wo die Rückwand eine bestimmte Entfernung vom Brenner haben muß, damit sie nicht den Verbrennungsvorgang stört bzw. Verschlackungen verursacht. Bei 100-t/h-Kesseln soll dieser Abstand mindestens 6 m betragen, bei 200-t/h-Kesseln sogar 7 m [81].

Eine geeignete Lösung stellt bei Großkesseln die Anwendung geteilter Brennräume nach Abb. 143 dar, wobei in den Brennraum noch eine beiderseits wärmeaufnehmende Trennwand kommt. Ihren Einfluß auf den Formfaktor zeigen die gestrichelten Kurven in Abb. 142 bzw. 143. Die Abb. 142 enthält außerdem noch die Formfaktoren einiger nach dem Kriege gebauter deutscher Kessel.

Durch Aufteilung des Brennraumes in zwei nebeneinander oder hintereinander liegende Teilbrennräume verbessert sich der Formfaktor auf Werte, die ungefähr einer Feuerung halber Größe entsprechen. Bei dem aufgeteilten Brennraum bleibt der Grundriß unverändert, da man gewöhnlich dieselbe Querschnittsbelastung des Brennraumes wählt. Die mittlere Trennwand senkt außerdem wirksam die Flammentemperaturen im Verbrennungskern, wo sonst eine große Hitze herrscht, da der Kern die Wärme nicht durch die thermisch fast undurchsichtigen Flammenrandschichten an die gekühlten Feuerraumwände abzustrahlen vermag. Die Trennwand ermöglicht es, dieselben Austrittstemperaturen der Rauchgase mit einer niedrigeren Feuerung zu erreichen.

Bei den größten Kesseln beabsichtigt man, in Zukunft den Brennraum nach Abb. 144 [26] in drei und mehr Teilräume zu teilen. Der Grundriß der einzelnen Teilfeuerungen wird quadratisch, was zu einem gedehnten viereckigen Gesamtquerschnitt führt, der im Hinblick auf den Formfaktor günstiger ist. Der Zellenaufbau vergrößert den Anteil der beiderseits bestrahlten Heizflächen und gestattet es dadurch, einen hohen Formfaktor zu erreichen. Deckenbrenner sind hier allerdings Voraussetzung.

Auf die Verbesserung des Formfaktors zielen auch die in den oberen Partien des Brennraumes heute üblicherweise eingebauten Strahlungsflächen, wie Schotten bzw. Gardinen. Diese bestehen aus Rohren, bei denen der Umfang fast vollständig zur Wärmeübertragung ausgenutzt ist [168, 169] und die deshalb eine wirtschaftliche Lösung der Strahlungsfläche für den Temperaturbereich unterhalb 1200° C darstellen. Mit ihnen kann man außerdem viel Wärmeaustauschfläche in wenig Raum unter-

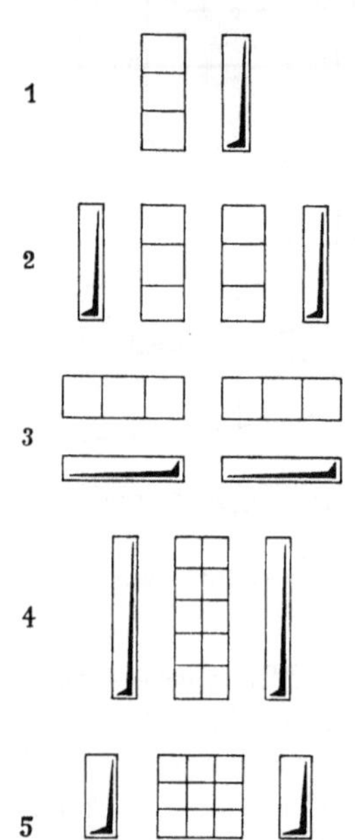

Abb. 144. Verschiedene Formen des Kesselgrundrisses für große Einheiten [26]

1 Drillingsfeuerung, 2 zwei Drillingsfeuerungen „parallel", „nebeneinander", 3 zwei Drillingsfeuerungen nebeneinander, 4 ausgedehnter Schachbrettquerschnitt, 5 quadratische Schachbrettfeuerung

bringen. Sie verhindern allerdings jede weitere Korrektur des unsymmetrischen Temperaturfeldes in der Breite durch Mischen, da sie das Rauchgas in mehrere selbständige Teilströme aufspalten.

3. Bewertung des Brennraumes

Bei Großkesselfeuerungen sucht man minimale Abmessungen zu erzielen. Zur Beurteilung der einzelnen auf Senkung des Raumbedarfes hinzielenden Maßnahmen eignen sich gut die früher erwähnten Vergleichszahlen, wie Raumbelastung, spezifische Wärmeaufnahme, relative Wärmeabgabe usw. Da in der modernen Feuerungstechnik der ausgedehnte Feuerraum aus mehreren hintereinandergeschalteten Teilabschnitten besteht, die sehr unterschiedliche Vergleichszahlen ausweisen, ist es zweckmäßig, die gesamte im Feuerraum abgegebene Wärme nach ROMADIN [170] in die einzelnen Komponenten

$$Q_{ab} = Z_{VK} Q_{VK} + Q_{SR} + Q_{SF} \tag{35}$$

aufzuteilen, wobei unter Q_{VK} die in den Vorkammern, wie z. B. in den Zyklonen, unter Q_{SR} die an die Kühlschirme im Strahlungsraum, unter Q_{SF} die an die Schotten im oberen Teil des Brennraumes abgegebene Wärme zu verstehen ist. Die Anzahl der Vorkammern ist dabei Z_{VK}.

Unter Berücksichtigung von (10) muß auch die Gleichung

$$Q_Z = \frac{Q_{ab}}{\mu} = \frac{1}{\mu} (Z_{VK} Q_{VK} + Q_{SR} + Q_{SF}) \tag{36}$$

gelten. Besteht nun die Feuerung aus Z_{TF} Teilfeuerungen mit Z_{VK} Vorkammern und sind die Wärmeaustauschflächen in den einzelnen Feuerraumabschnitten F_{VK}, F_{SR} bzw. F_{SF}, so läßt sich mit den Volumina jener Abschnitte V_{VK}, V_{SR}, bzw. V_{SF} die Gl. (36) in die Form

$$Q_Z = \frac{Z_{TF}}{\mu} \left[Z_{VK} \left(\frac{Q_{VK}}{F_{VK}}\right)\left(\frac{F_{VK}}{V_{VK}}\right) V_{VK} + \left(\frac{Q_{SR}}{F_{SR}}\right)\left(\frac{F_{SR}}{V_{SR}}\right) V_{SR} + \left(\frac{Q_{SF}}{F_{SF}}\right)\left(\frac{F_{SF}}{V_{SF}}\right) V_{SF} \right] \tag{37}$$

umgestalten. Nach Einführung der spezifischen Wärmeaufnahmen q_{VK}, q_{SR} und q_{SF} sowie der Formfaktoren f_{VK}, f_{SR} und f_{SF} für die einzelnen Feuerraumabschnitte geht Gl. (37) in

$$Q_Z = \frac{Z_{TF}}{\mu} [Z_{VK} q_{VK} f_{VK} V_{VK} + q_{SR} f_{SR} V_{SR} + q_{SF} f_{SF} V_{SF}] \tag{38}$$

über. Aus der letzten Gleichung läßt sich endlich für die gesamte Feuerung mit Gesamtvolumen V die resultierende Raumbelastung

$$q_V = \frac{Q_Z}{V} = \frac{Z_{TF}}{\mu} \left[Z_{VK} q_{VK} f_{VK} \frac{V_{VK}}{V} + q_{SR} f_{SR} \frac{V_{SR}}{V} + q_{SF} f_{SF} \frac{V_{SF}}{V} \right] \tag{39}$$

finden. Sie ist offenbar mit der relativen Wärmeabgabe im Feuerraum

sowie mit den mittleren spezifischen Wärmeaufnahmen und Formfaktoren der einzelnen Teilabschnitte des Feuerraumes eng verknüpft.
Je größer Wärmeaufnahme und Formfaktor sind, einen desto kleineren
umbauten Raum nimmt die Feuerung ein. Die kleinen spezifischen
Wärmeaufnahmen im Verbrennungschwanz lassen sich durch große Formfaktoren kompensieren, was die Richtigkeit der Anbringung von Schotten,
Gardinen usw. in den hinteren Partien des Feuerraumes bestätigt.

Auch die einzelnen Raumfaktoren V_{VK}/V, V_{SR}/V und V_{SF}/V dürfen
nicht unberücksichtigt bleiben, da z. B. bei den stark wärmebelasteten
Vorkammern mit großem Formfaktor der Raumfaktor relativ klein ist,
weil der größte Teil des Feuerraumes durch den Strahlungsraum bzw.
durch den Schottenraum eingenommen wird.

<h3 align="center">4. Schwärzegrad der Flamme</h3>

Die Wärmeabgabe im Feuerraum erfolgt vorwiegend durch Strahlung. Konvektion kommt lediglich bei den Wirbelfeuerungen deutlicher
zur Geltung. Der Schwärzegrad der Flamme ist deswegen eine der
wichtigsten Kenngrößen. Er ist bekanntlich von einer ganzen Reihe
Faktoren abhängig, zu denen als wichtigste die Eigenschaften der
brennbaren Substanz, die Teildrücke der dreiatomigen Gase in der
Flamme, ihr Staubgehalt sowie die Abmessungen des Brennraumes zu
rechnen sind.

Nach [81] ist der effektive Schwärzegrad der Flamme aus dem
Produkt

$$a_{Fl} = \beta\, a \tag{40}$$

feststellbar, in dem der Beiwert β folgende Werte annimmt:

nichtleuchtende Flamme (Rostfeuerungen und Gase)	1,00
leuchtende Flamme flüssiger Brennstoffe (Heizöle und Kohlenstaub aus Fettkohlen)	0,75
halbleuchtende Flamme (Kohlenstaub aus Anthrazit und mageren Kohlen)	0,65

Die Zahl a hängt von den Abmessungen der Feuerung und vom
Gesamtdruck der Rauchgase ab und ergibt sich aus der Beziehung

$$a = 1 - e^{-kps} \tag{41}$$

Die Flammendicke im Brennraum ist dabei

$$s = 3{,}6\,\frac{F_F}{V_F}. \tag{42}$$

Der Beiwert k ist vom Volumenanteil der dreiatomigen Gase r_{CO_2}
und r_{H_2O} sowie von der absoluten Temperatur T_0 der Rauchgase beim
Verlassen des Brennraums abhängig und hat für die nichtleuchtende

Flamme (an Kohlenwasserstoffen arme Gase, Flamme in Rostfeuerungen) die Größe

$$k = k_g\,r_g = \frac{0{,}8 + 1{,}6\,r_{H_2O}}{\sqrt{p_n\,s}}\left(1 - 0{,}38\,\frac{T_0}{1000}\right)r_n \tag{43}$$

wobei

$$r_n = r_{H_2O} + r_{CO_2} \quad \text{und} \quad p_n = p\,r_n \tag{44, 45}$$

sind.

Bei den halbleuchtenden Flammen aus der Verfeuerung von Magerkohlen- bzw. Anthrazitstaub ist der Beiwert k aus der Beziehung

$$k = k_g\,r_g + k_\mu\,\mu = \frac{0{,}8 + 1{,}6\,r_{H_2O}}{\sqrt{p_n\,s}}\left(1 - 0{,}38\,\frac{T_0}{1000}\right)r_n + 7{,}0\,s_f\sqrt[3]{\frac{1}{d_m^2\,T_0^2}} \tag{46}$$

zu berechnen, wobei d_m den mittleren Durchmesser der Staubteilchen und s_f die Staubkonzentration in den Rauchgasen bedeuten und im Mittel

für die Rohrmühlen	$d_m = 13\,\mu$
für die mittel- und schnellaufenden Mühlen	$d_m = 16\,\mu$
für die Mühlenfeuerung	$d_m = 20\,\mu$

zu nehmen ist.

Für die mit leuchtender Flamme verbrennenden Brennstoffe, wie gashaltige Kohlen, Heizöl und Erdgas, in deren Flamme Rußpartikel anwesend sind, gilt die einfache Gleichung

$$k = 1{,}6\,\frac{T_0}{1000} - 0{,}5. \tag{47}$$

Der hiernach berechnete Verlauf des Flammenschwärzegrades in Abhängigkeit von der Dicke der strahlenden Schicht ist in Abb. 145 aufgezeichnet. Die Kurven zeigen überzeugend, daß die leuchtende Flamme schon bei geringen Dicken ihren Höchstwert erreicht, so daß die wegen des besseren Formfaktors eingebauten Trennwände im unteren Brennraumteil die Strahlungsfähigkeit der Flamme in keiner Weise verschlechtern.

Der große Schwärzegrad der Kohlenstaub- bzw. Ölflamme macht die Anwendung des quadratischen Grundrisses für Großkesselfeuerungen wenig zweckmäßig, da die heißeste Flammenmitte ihre Wärme wegen der Schirmwirkung der thermisch undurchsichtigen wandnahen Flammenschichten nicht an die Wände abstrahlen kann. Auch von diesem Standpunkt ist der rechteckige läng-

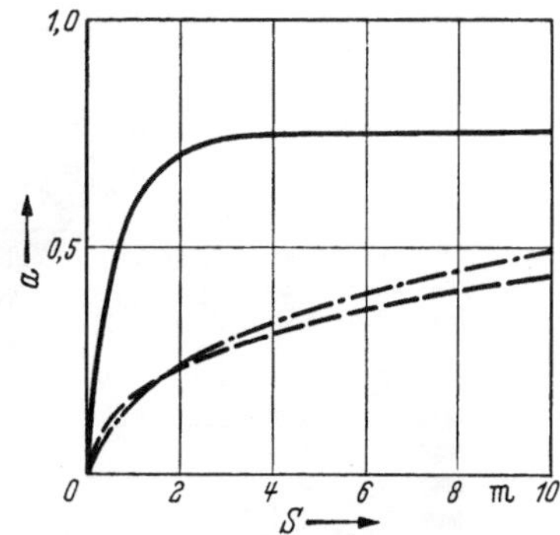

Abb. 145. Einfluß der Flammendicke auf den Schwärzegrad der Flamme
——— leuchtende Flamme
— · — · halbleuchtende Flamme
— — — nichtleuchtende Flamme

liche Grundriß besser, da wenigstens die Feuerraumtiefe begrenzt bleibt und deshalb eine bessere Wärmeabgabe von der Flammenmitte gestattet.

5. Das Temperaturfeld im Brennraum

Bekanntlich bildet sich das Temperaturfeld im Brennraum unter den Bedingungen einer Konkurrenz zwischen der Wärmeentbindung und der Wärmeabgabe, wobei im ersten Abschnitt des Brennweges die Wärmeentbindung überwiegt, während im Verbrennungsschwanz das Umgekehrte stattfindet. Es gibt deshalb irgendwo im Brennraum ein Maximum der Flammentemperatur, wo die Wärmeentbindung und Wärmeabgabe gerade im Gleichgewicht stehen.

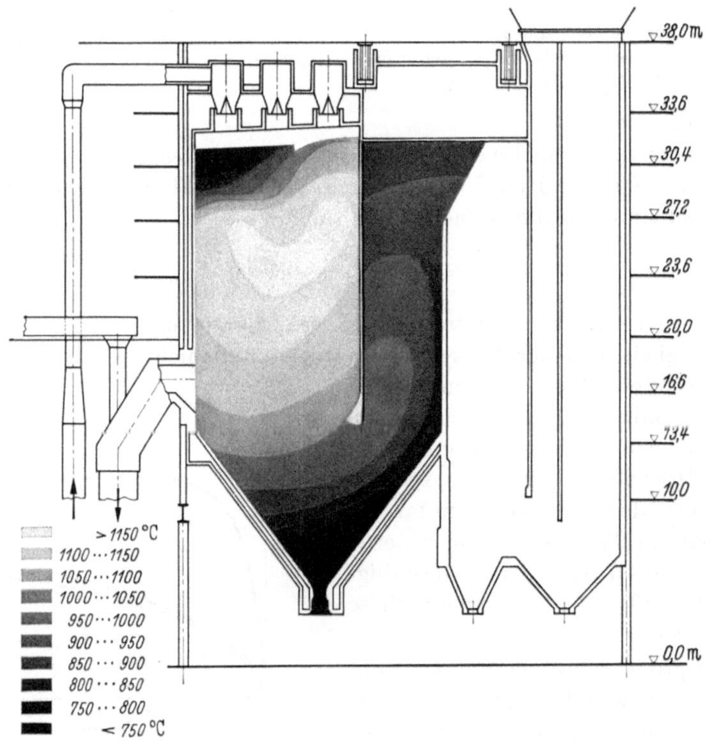

Abb. 146. Temperaturfeld in einer Großfeuerung [171]

Eine Vorstellung über das Temperaturfeld in einer Großraum-Trockenfeuerung kann man sich aus Abb. 146 machen [171]. Die Flammentemperatur ändert sich demnach nicht nur längs der Flamme, sondern sie ist auch im Feuerraumquerschnitt verschieden, was auf die Kühlwirkung der Feuerraumwände zurückzuführen ist. Die so entstehenden Unterschiede können bis zu mehreren hundert Grad betragen.

Um die Feuerungen einer wärmetechnischen Berechnung zugänglich zu machen, muß man sich die Verhältnisse irgendwie vereinfachen [172].

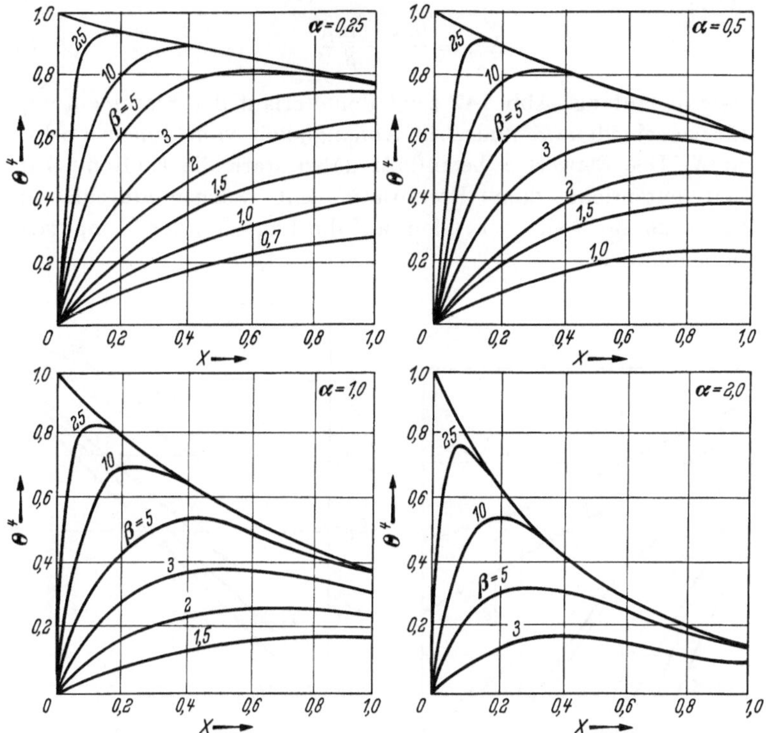

Abb. 147. Aus Gl. (48) berechnete Temperaturkurven [49]

Danach soll die Temperaturkurve in den Feuerräumen mit ausgedehnter Form die in der Abb. 147 angedeutete Gestalt besitzen. Für ihre analytische Behandlung wurde [173] die Gleichung

$$T^4 = T_{UF}^4 \left(e^{-\alpha X} - e^{-\beta X}\right) \tag{48}$$

vorgeschlagen, die sich auch in die dimensionslose Form

$$\Theta^4 = T^4/T_{UF}^4 = e^{-\alpha X} - e^{-\beta X} \tag{49}$$

umschreiben läßt. Die Temperatur am Brennerraumaustritt ist dann

$$\Theta_0 = \frac{T_0}{T_{UF}} = \sqrt[4]{e^{-\alpha} - e^{-\beta}}, \tag{50}$$

11*

und die mittlere Temperatur der Flamme läßt sich durch Integrieren zu

$$\Theta_m = \frac{T_m}{T_{UF}} = \sqrt[4]{\frac{1}{\alpha}\,(1 - e^{-\alpha}) - \frac{1}{\beta}\,(1 - e^{-\beta})} \qquad (51)$$

finden. Das Maximum der Flammentemperatur liegt dabei in der Entfernung

$$X_m = \frac{\ln\alpha - \ln\beta}{\alpha - \beta} \qquad (52)$$

vom Flammenanfang. Abb. 147 zeigt den Verlauf der Flammentemperatur für verschiedene α und β in Abhängigkeit vom dimensionslosen Abstand X. Der Beiwert α beeinflußt dabei stark die Endtemperatur Θ_0 ($\alpha = 0$ entspricht dem Brennraum mit wärmeundurchlässigen Wänden), während β sich vor allem auf die Lage X_m des Temperaturmaximums auswirkt.

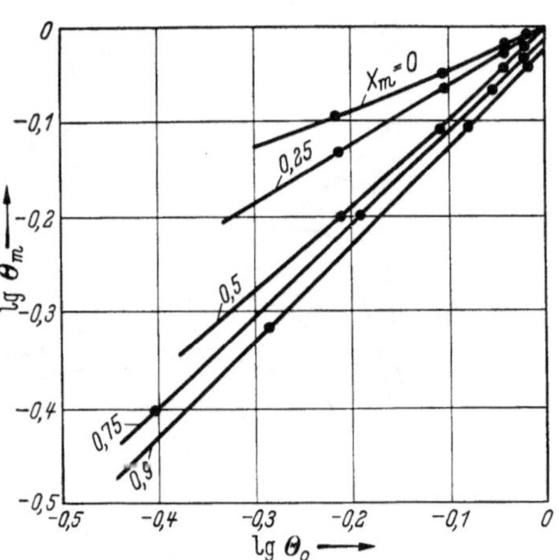

Abb. 149. Mittlere Flammentemperatur Θ_m in Abhängigkeit von der Austrittstemperatur Θ_0 und vom Ort des Temperaturmaximums X_m [49]

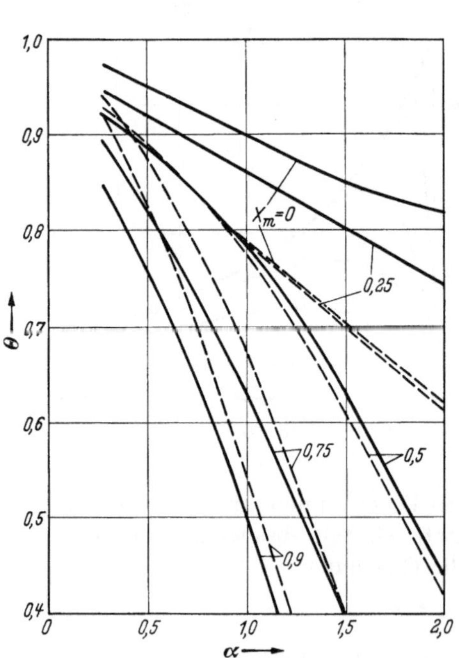

Abb. 148. Mittlere Flammentemperatur und Austrittstemperatur der Rauchgase als Funktion vom Parameter α und Ort des Temperaturmaximums X_m [49]

——— mittlere Temperatur Θ_m
— — — Austrittstemperatur Θ_0

Dem Diagramm Abb. 148 sind Θ_0 und Θ_m für verschiedene α und X_m zu entnehmen. Für $X_m < 0{,}6$ ist die mittlere Flammentemperatur größer als die Endtemperatur Θ_0, was bei den meisten Großraumfeuerungen zutrifft, da bei diesen vorwiegend $X_m < 0{,}3$ ist. Bei $X_m > 0{,}6$ ist dagegen $\Theta_m \leqq \Theta_0$, was z. B. bei den hoch wärmebelasteten Schmelzräumen der Schmelzfeuerungen der Fall ist. Für die Berechnung der mittleren Flammentemperatur wurde die weitere Abb. 149 in logarithmischen Koordinaten aufgestellt, aus dem der Zusammenhang zwischen Θ_m, Θ_0 und X_m erhellt und das auf ihre gegenseitige Beziehung in der Form

$$\Theta_m = \sqrt[4]{m} \cdot \Theta_0^n \tag{53}$$

schließen läßt. Der Beiwert m ist meist von Eins wenig verschieden, und für die Großraumfeuerungen mit kleinem $X_m < 0{,}3$ kann man $n = 0{,}5$ setzen. Für stark wärmebelastete Feuerungen mit $X_m > 0{,}5$ dagegen erscheint der Exponent $n = 1{,}0$ als zutreffend. Die gesuchte mittlere Flammentemperatur ergibt sich aus Gl. (53) nach dem Einsetzen von dimensionsbehafteten Größen zu

$$T_m^4 = m \cdot T_{UF}^{4(1-n)} \cdot T_0^{4n} \,. \tag{54}$$

Wenn man noch für die mittlere spezifische Wärme

$$c_m = \frac{c_{R\,UF}\, t_{UF} - c_{R0}\, t_0}{t_{UF} - t_0} \tag{55}$$

einführt und die Rückstrahlung der Feuerraumwände durch die Korrektur

$$r = 1 - \left(\frac{T_a}{T_m}\right)^4 \tag{56}$$

berücksichtigt, so läßt sich die Wärmebilanz des Feuerraumes in die Form

$$(1 - \varkappa_u)\, B V_{RE}\, c_m\, (T_{UF} - T_0) = m \cdot r \cdot a\, C_0 F \cdot T_{UF}^{4(1-n)} \cdot T_0^{4n} \tag{57}$$

umschreiben; mit dimensionslosen Temperaturen wird sie zu

$$\Theta_0^{4n} - \frac{Bo}{m\,r\,a}\,(1 - \Theta_0) = 0\,, \tag{58}$$

wobei

$$Bo = \frac{(1 - \varkappa_U)\, B V_{RE}\, c_m}{C_0 F \cdot T_{UF}^3} \tag{59}$$

die BOLTZMANNsche Zahl ist.

6. Verschmutzungsfaktor

Die vorstehenden Erwägungen bedürfen jedoch oft größerer Korrekturen wegen Verschmutzung der Brennraumwände. Die Verschmutzung läßt sich rechnerisch schwer erfassen, weil die Aschenansätze meistens verschiedene Ausdehnung, verschiedene Dicke und verschiedene Konsistenz haben und sich je nach der Kohle und der Kessellast ändern. Ihre Wirkung wird durch die Verschmutzungszahl ζ abgeschätzt, wobei man sich auf Erfahrungswerte verläßt. So empfiehlt z. B. die schon

erwähnte Norm [81] für aus glatten bzw. befloßten Rohren bestehende
Kühlschirme folgende Werte:

		ζ
gasförmige Brennstoffe		1,00
flüssige Brennstoffe sowie Rostfeuerung für		
feste Brennstoffe		0,90
Kohlenstaubfeuerung		0,70

Neuere Forschungen [174] haben gezeigt, daß auch bei glatten
Kühlschirmen die bisher übliche Annahme, die äußere Rohrwandtempe-
ratur im Feuerraum sei wenig verschieden von der Siedetemperatur des
umlaufenden Wassers, tatsächlich nicht berechtigt ist. Es bildet sich
auf den Rohren in jedem Fall eine dünne Schicht aus mikroskopischen
Staubteilchen, die dem Wärmedurchgang einen beträchtlichen zusätz-
lichen Widerstand leistet, da ihre Wärmeleitzahl niedrig ist. Demzufolge

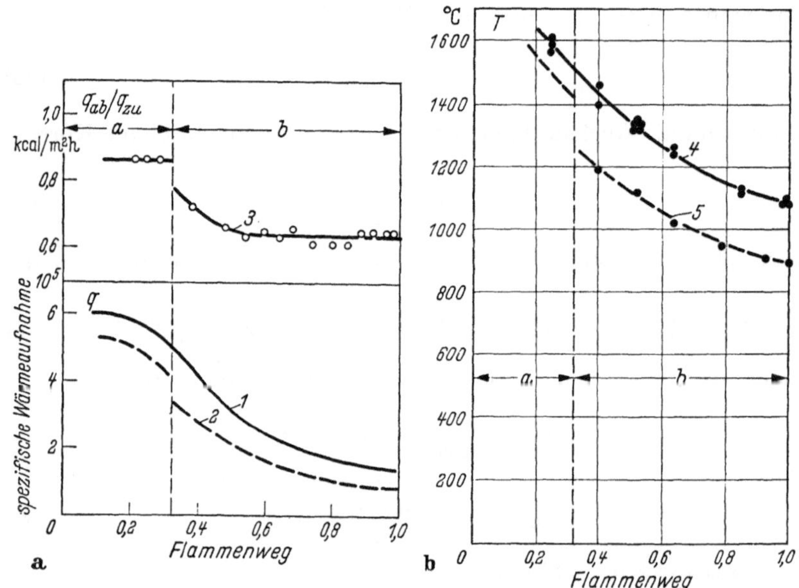

Abb. 150 a/b. Die Größe der zu- und abgestrahlten Wärme bzw. ihr Verhältnis
für eine Anthrazit-Schmelzfeuerung [49].

a verkleidete Kühlschirme,   b glatte Kühlschirme

1 zugestrahlte Wärme,   2 abgestrahlte Wärme,   3 Verhältnis beider,
4 Rauchgastemperatur,   5 Wandtemperatur

ist die Außentemperatur der Staubschicht auf den Rohren um einige
hundert Grad höher als die Temperatur im Rohrinnern. Sogar bei
Erdgasfeuerungen begegnet man dem wärmestauenden Staubnieder-
schlag auf den Rohren, der auf den Staubgehalt der Verbrennungsluft

zurückzuführen ist. Die Begrenzungswände des Feuerraumes strahlen deshalb erheblich mehr Wärme in den Feuerraum zurück, als man bisher angenommen hat.

In Abb. 150a ist die Größe der zu- und abgestrahlten Wärme bzw. ihr Verhältnis q_{ab}/q_{zu} für eine Schmelzfeuerung aufgetragen, die im Schmelzraum verkleidete Rohre besitzt und im Strahlungsraum mit glatten Kühlschirmen versehen ist. Im Schmelzraum hat das erwähnte Verhältnis einen Wert von 0,85, und im unverkleideten Strahlungsraum bleibt das Verhältnis noch auf 0,65. Wenn man nun die Wärmebilanz der Wand anschreibt, die sich aus der reflektierten und abgestrahlten Wärme

$$q_{ab} = (1 - a_w)\, q_{zu} + q_{\text{Rohr}} \tag{60}$$

ergibt, so kann man die Außentemperatur des Rohres aus

$$T_a = \sqrt[4]{\frac{q_{ab} - (1 - a_w)\, q_{zu}}{a_w\, C_0}} = \sqrt[4]{\frac{q_{zu}}{a_w\, C_0}\left[\frac{q_{ab}}{q_{zu}} - (1 - a_w)\right]} \tag{61}$$

bestimmen. Für den vorhergehenden Fall ist der gemessene Verlauf der Flammentemperatur sowie der dazu berechneten Rohrtemperatur in Abb. 150b veranschaulicht; er zeigt, daß ihr Unterschied 250° C nicht überschreitet.

Die hohe Außentemperatur der Berohrung, deren Größe bisher wenig erforscht ist, macht die üblichen Berechnungsmethoden für die Wärmeabgabe recht unsicher. Andererseits läßt diese Tatsache wegen des kleinen Temperaturgefälles zwischen Flamme und Rohr die Wärmeabgabe durch Berührung vernachlässigen. Deswegen scheint auch die früher gemachte Vereinfachung des Temperaturfeldes durch Annahme gleicher Flammentemperatur im ganzen Feuerraumquerschnitt insbesondere den heutigen großen Schlankheitsgraden des Feuerraumes weniger gewagt.

Die Wirkung der Verschmutzungen auf die Wärmeabgabe im Brennraum ist bei dem gegebenem Ausmaß und der Dicke von der Höhe der Flammentemperatur abhängig. Wenn man z. B. als Verschmutzung einen i-schichtigen Ansatz annimmt, dessen einzelne Schichten die Dicken δ_i und die Wärmeleitzahl λ_i besitzen, so läßt sich mit der mittleren Flammentemperatur T_m die dimensionslose Zahl

$$Sko = a_{Fl}\, C_0\, T_m^3 \sum_1^n \frac{\delta_i}{\lambda_i} \tag{62}$$

ableiten [175]. Wenn weiter das Dampfwassergemisch innerhalb des Kühlschirmes die Temperatur T' hat, so daß man die dimensionslose Temperatur

$$\Theta' = T'/T_m \tag{63}$$

einsetzen kann, so zeigt die Abb. 151 die verwickelten Zusammenhänge zwischen der Wandtemperatur, der Kennzahl *Sko* und dem die Wärmeabgabe durch Strahlung herabsetzenden Faktor ζ, der die Größe

$$\zeta = \frac{T_m^4 - T_a^4}{T_m^4 - T'^4} \tag{64}$$

besitzt und mit dem Verschmutzungsfaktor übereinstimmt. Die Temperatur T_a ist hier mit der Außentemperatur des Ansatzes identisch.

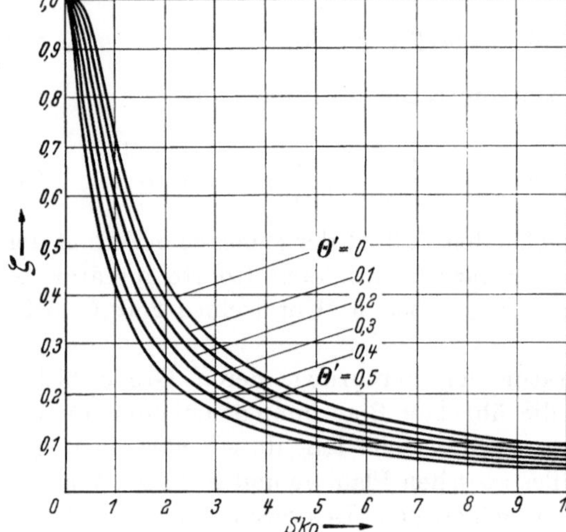

Abb. 151.
Zusammenhänge zwischen Kennzahl *Sko*, dimensionsloser Temperatur Θ'_w und dem Faktor ζ [*174*]

7. Wärmeabfuhr innerhalb Rohre

Die Wärmeaufnahme der Feuerraumwände insbesondere im Verbrennungsschwerpunkt ist groß, und man muß deswegen für intensives Abführen der aufgenommenen Wärme sorgen. So ist z. B. bei den Kohlenstaubfeuerungen in der Hauptverbrennungszone mit mittleren spezifischen Wärmeaufnahmen von $2 \cdots 3 \cdot 10^5$ kcal/m² h zu rechnen, und bei Ölfeuerungen werden Wärmeflüsse bis von $5 \cdots 6 \cdot 10^5$ kcal/m² h in der Literatur erwähnt. Diese Werte können nach [*26*] lokal noch bis um $25 \cdots 40\%$ überschritten werden.

Wenn die stark wärmebelasteten Heizflächen im Brennraum aus Siederohren bestehen, ist die entsprechende Güte des Speise- bzw. Kesselwassers nicht zu vernachlässigen, wobei die Schärfe der Ansprüche an das Wasser in starkem Maß von der Wärmebelastung der Siederohre abhängt. So hat sich in vielen Betrieben beim Brennstoffwechsel z. B. von Kohle auf Öl oder von Kohle auf hochkalorisches Erdgas herausgestellt, daß die vorher ausreichende Wassergüte nicht mehr befriedigte und daß es Rohrreißer gab. In den stark wärmebelasteten Rohren bilden sich nämlich wärmestauende Ansätze, die aus Eisen, Kupfer und Kieselsäure bestehen [176, 177]. Diese Ansätze sind vom Rohr schwer zu lösen; ihre Entfernung gelingt lediglich durch das Beizen des Kessels. Der Zusammenhang zwischen Kupferansatz und Wärmebelastung in den einzelnen Stellen der Brennraumwände beweist, daß der Kupferniederschlag eine Funktion der örtlichen Wärmebelastung des Siederohres ist.

Wird der sehr hohe Feuerraum der Riesenkessel von Kühlschirmen aus Siederohren umgeben, so enthält bei Trommelkesseln mit natürlichem Wasserumlauf das umlaufende Gemisch in den oberen Partien der steilen, stark wärmebelasteten Siederohre viel Dampf, so daß bei den höchsten Dampfdrücken die Wandkühlung die Grenze des Erforderlichen erreicht. Man schlägt deshalb vor, insbesondere bei engen Siederohren mit großem Durchflußwiderstand, die Wand aus zwei übereinander aufgestellten Kühlschirmen auszuführen, die getrennt von der Trommel mit Wasser versorgt werden. Bei Zwangsumlaufkesseln bzw. Durchlaufkesseln ist man besser daran, da man hier die ausreichend große Geschwindigkeit des Gemisches durch entsprechende Bemessung der Pumpe erzwingen kann [178].

II. Glatte Kühlschirme

1. Verschiedene Ausführungen der Feuerraumwand

· Durch die Rohre in Kühlschirmen an Feuerraumwänden strömt bei herkömmlichen Kesseln entweder Speisewasser oder Kesselwasser. Dampfgekühlte Kühlschirme werden vorwiegend nur in denjenigen Partien des Brennraumes der Hochdruckkessel aufgestellt, wo die Flamme schon weniger intensiv abstrahlt. Bei diesen Kühlschirmen begegnet man heute zwei Tendenzen: erstens will man durch Verkleinerung der Rohrteilung eine lückenlose metallische Wand ohne abgedeckte Ummauerung schaffen, und zweitens benutzt man als Kühlschirmelement ein enges Rohr. Der Grund liegt in dem heutigen Bestreben, die Kessel so leicht wie möglich zu gestalten, wozu die Verringerung des Rohrdurchmessers ein gutes Mittel darbietet, da bekanntlich die notwendige Rohrwandstärke praktisch dem Rohrdurchmesser direkt proportional ist. Das enge Rohr macht auch die Beherrschung höchster Drücke mit tragbaren Rohrwandstärken möglich.

Das enge Rohr hat allerdings auch seine Nachteile. Vor allem bei Naturumlaufkesseln ist man bei der Wahl des Rohrdurchmessers durch Rücksichten auf den Wasserumlauf gebunden. Dies gilt auch vom Zwangsdurchlauf des Dampfes, wo man engere Rohre mit einem größeren

Druckabfall im Überhitzer bezahlt. Das enge Rohr verkleinert auch die Speicherfähigkeit des Kessels und führt bei Zwangsdurchlaufkesseln bei der vorgeschriebenen Wassergeschwindigkeit im Rohr zu breiten Paketen, da der Durchflußquerschnitt pro Einheit der Paketbreite dem Rohrdurchmesser umgekehrt proportional ist. Kühlschirme aus engen Rohren erfordern außerdem mehr Schweißarbeit und, da sie weniger steif sind, auch mehr Führung. Bei den neuen Wasserrohrkesseln findet man deshalb in Kühlschirmen selten Rohre mit Außendurchmessern über 60 mm und unter 32 mm.

In Abb. 152 sind die üblichen Ausführungen der Kühlschirme dargestellt. Bei Trockenfeuerungen verwendet man fast ausschließlich

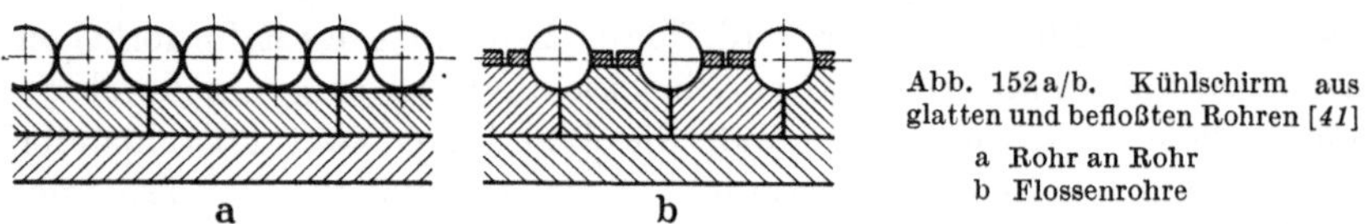

Abb. 152a/b. Kühlschirm aus glatten und befloßten Rohren [41]

a Rohr an Rohr
b Flossenrohre

glatte Rohre, die durch die größte Wärmeaufnahmefähigkeit gekennzeichnet sind. Die aus dicht nebeneinander angeordneten Rohren bestehende Wand nach A ist bei Großkesseln vorherrschend, da die Rohre mit kleiner Teilung eine zusammenhängende metallische Wand bilden, an der die Schlackenansätze nicht fest anhaften können. Konstruktiv ist ein Vorzug darin zu sehen, daß die Ummauerung hinter den Rohren nur dünn zu sein braucht, da sie mit der Flamme nicht in Berührung kommt und daher an Stelle der Widerstandsfähigkeit gegen Feuereinflüsse vor allem wärmeisolierende Eigenschaften besitzen muß. Bei den Kühlschirmen müssen sämtliche Rohre fluchten, da sich sonst auf einem etwa versetzt liegenden Rohr leicht Aschenansätze ausbilden können, die dann als Keim für die weitere Wandverschlackung wirken.

Eine ganzmetallische Wand entsteht auch bei Anwendung von Flossenrohren gemäß Ausführung B. In diesem Fall besitzen die Rohre beiderseitig angeschweißte oder am Rohr direkt angewalzte Flossen, die die aufgenommene Strahlungswärme an das Rohr durch Leitung übertragen. Die Temperatur der Flossen steigt dabei in Richtung vom Rohr zum Flossenrand parabolisch an; ihr Randwert, der sich aus der Näherungsformel

$$t_{FR} \cong t' + \frac{1}{2}\frac{q}{\lambda s}\cdot b^2 + 50°\,\mathrm{C} \tag{65}$$

berechnen läßt, ist unter 550° C zu halten [41, 179]. Die zulässige Flossenbreite ist aus dem Diagramm Abb. 153, zu ersehen, wonach die Flossenbreite b, die Flossendicke s und die spezifische Wärmeaufnahme der Wand q voneinander abhängen. Bei beiderseits bestrahlten Flossenrohren ist als q die Summe der spezifischen Wärmeaufnahmen an beiden Wandseiten einzusetzen. Um Wärmespannungen zu vermeiden, müssen die Flossen längs des Rohres nach Abb. 154 in Abständen von 50 bis 100 mm aufgeschnitten werden.

In der Anschlußstelle der Flosse zum Rohr ist die ganze aufgenommene Wärmemenge in einem schmalen Streifen an den Rohrumfang zu übergeben, der deshalb stark wärmebelastet ist, was manchmal im Rohr wasserseitig zu Schwierigkeiten führt.

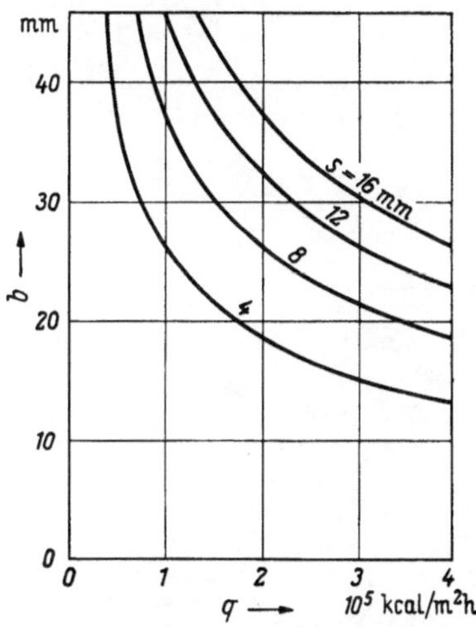

Abb. 153. Zulässige Flossenbreite in Abhängigkeit vom spezifischen Wärmefluß und von der Flossendicke [41]

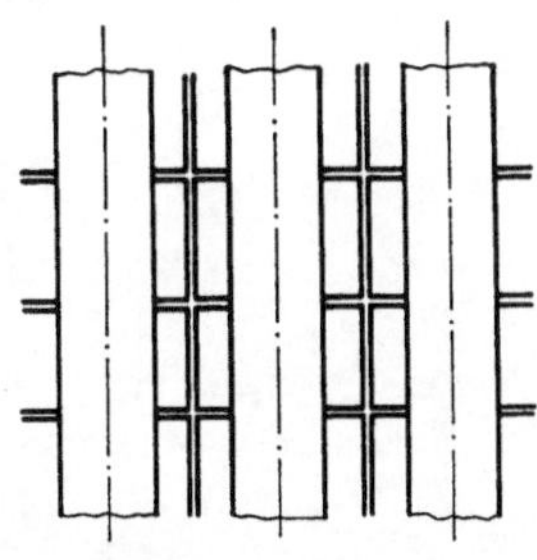

Abb. 154. Schema der aufgeschnittenen Flossen [41]

Die Flossenrohre haben sich auch als Bauelement für die Zwischenwände durchgesetzt, da diese Wände dünn sein müssen, damit bei oft sehr verschiedener Beheizung von beiden Seiten her, keine großen Wärmespannungen in der Wand auftreten. An die Dichtigkeit dieser Wand werden normalerweise nur mäßige Ansprüche gestellt, weil ein geringer Gasdurchtritt hier keine große Rolle spielt. Dies gilt insbesondere, wenn die Zwischenwand zwei Feuerungshälften

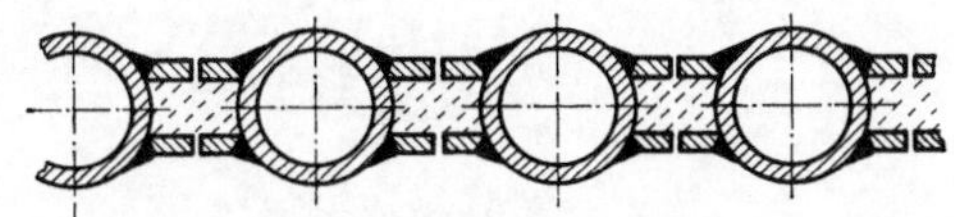

Abb. 155. Zwischenwand aus doppelt befloßtem Kühlschirm mit Ausfutterung [41]

voneinander trennt. Eine Ausführung der Zwischenwand ist in Abb. 155 dargestellt.

Die heutige Tendenz, die großen Dampferzeuger bei der Montage aus größeren Bauelementen zusammenzubauen, die in der Werkstatt fertig montiert werden und die Montagearbeiten an der Baustelle auf ein Minimum reduzieren, zeigt sich auch bei den Feuerraumwänden. Diese werden mit ihren Sammlern nach Abb. 156 zu Panellen in der

Abb. 156. Fertig montierte Feuerraumwand (Dürrwerke AG)

Werkstatt zusammengebaut, wobei manche Kesselfabriken diese Panelle auch schon in der Werkstatt mit Ummauerung, Isolierung und Blechummantelung versehen. Abb. 157 zeigt einen versandbereiten Zyklon im Werk [*180*].

Bei den Wänden ist die Möglichkeit ihrer freien Wärmeausdehnung nicht zu vergessen. Die Wand darf nur an einer Stelle ihrer Höhe mit dem Traggerüst des Kessels fest verbunden werden und ist im übrigen

Abb. 157. Tauchrohr eines Vertikalzyklons (Dürrwerke AG)

gleitend zu führen. Um die Dehnung der Wände zu erleichtern, hängt man sie auf Federn oder gibt ihnen in kaltem Zustand eine Vorspannung.

2. Wirksame Heizfläche

Der im vorgehenden Kapitel geschilderte Wärmeübergang ist von der Größe der im Feuerraum angebrachten Heizflächen abhängig. Um die beschriebenen Wandausführungen vom wärmetechnischen Standpunkt aus miteinander vergleichen zu können, hat man den Begriff der wirksamen Heizfläche eingeführt. Diese sollte bei Großkesseln möglichst mit der projizierten Feuerraumoberfläche übereinstimmen, damit der gegebene Formfaktor des Feuerraumes voll ausgenutzt wird.

Die wirksame Heizfläche berechnet man

$$F_W = \Sigma\, x_i\, F_{pri}\,, \qquad (66)$$

worin F_{pri} die projizierte Fläche der einzelnen Wandabschnitte bedeutet; die Kühlziffer x_i ist für die verschiedenen Ausführungen der Kühlschirme aus dem Diagramm Abb. 158 abzulesen. Besteht der Kühlschirm aus dicht nebeneinander angeordneten Rohren bzw. aus Flossenrohren, so ist $x = 1{,}0$ zu setzen.

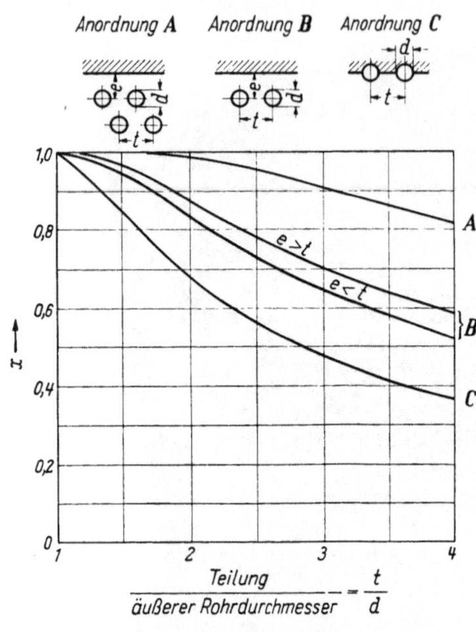

Abb. 158. Diagramm zur Bestimmung der Kühlziffer [30]

3. Wände der Überdruckfeuerungen

Die meisten Großkesselfeuerungen, mit Ausnahme der Zyklonfeuerung, fahren mit einem Unterdruck im Feuerraum. Die Bestrebung, zum Überdruckbetrieb überzugehen, verdankt man der Bemühung, jedes Eindringen von Falschluft in den Kessel zu vermeiden, so daß der Luftüberschuß lediglich von der durch die Luftventilatoren in die Feuerung eingeblasenen kontrollierten Verbrennungsluft abhängt. Auch das Zusaugen von Falschluft in den Kesselzügen fällt weg, was nicht nur den Abgasverlust verkleinert, sondern auch das notwendige Ausmaß der Nachschaltheizflächen minimal macht. Der Überdruckbetrieb ist besonders für die Schmelzfeuerungen von großem Vorteil, da sie dem Luftüberschuß gegenüber empfindlicher sind als die Trockenfeuerung.

Vom Standpunkt des Eigenverbrauchs des Kessels ist der Umstand zu betonen, daß bei solchen Kesseln das Saugzuggebläse nur bei Betriebsstörungen in Betrieb ist, da die Luft und die Rauchgase durch den Kessel durchgedrückt und nicht durchgesaugt werden, wozu die Luftventilatoren ausreichen. Ihr Kraftverbrauch ist jedoch bei demselben Druckabfall auf der Rauchgasseite des Kessels kleiner, weil sie kalte Luft und nicht heiße Abgase mit ihrem großen spezifischen Volumen verdichten. Es gibt auch keinen Verschleiß durch Flugasche am Ventilator-Laufrad.

Der Kessel läßt sich einfacher regulieren; auch sind eventuelle Verpuffungen für die Bedienung wegen der geschlossenen Bauweise des Kessels weniger gefährlich. Die absolute Dichtigkeit verteuert allerdings die Konstruktion.

Um eine dichte Wand zu schaffen, haben die amerikanischen Firmen Panelle nach Abb. 159 eingeführt, bei denen die benachbarten Rohre mittels durchlaufender, zusammengeschweißter Flacheisen untereinander dicht verbunden sind. Diese Bauart hat sich insbesondere bei Zwangsumlaufkesseln durchgesetzt. Die Panelle haben aber zur Voraussetzung, daß die Temperatur aller Rohre wenig verschieden und deshalb ihre Wärmedehnung ungefähr gleich ist [*181*].

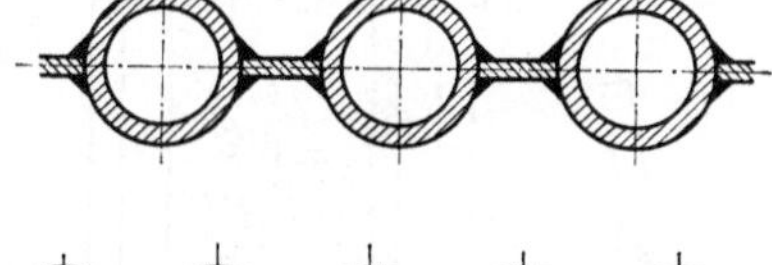

Abb. 159. Panelartige Feuerraumwand aus zusammengeschweißten Rohren [*41*]

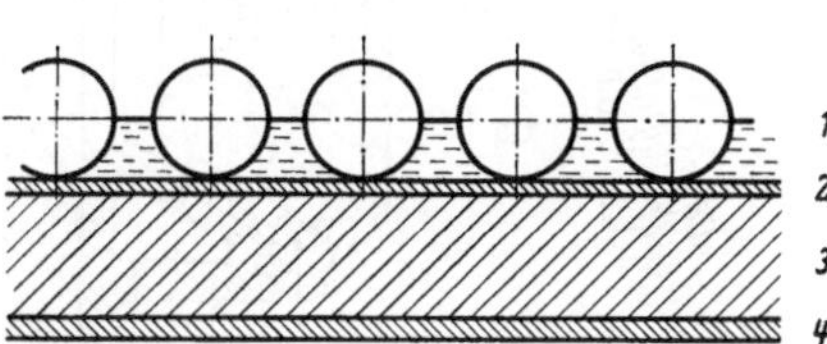

Abb. 160. Wand für eine Überdruckfeuerung mit doppelter Ummantelung [*41*]

1 Kühlschirm mit Stampfmasse
2 innere Ummantelung
3 Isolierung
4 äußere Ummantelung

Eine andere Ausführung der druckfesten Wand ist in Abb. 160 dargestellt. Bei der Wand mit Kühlschirmen aus Rohr an Rohr wird die Blechummantelung direkt an den Rohren befestigt. Die Betriebstemperatur der Rohre und der dichtgeschweißten Blechhaut ist daher wenig verschieden, so daß sie sich ungefähr gleich ausdehnen. Die Isolierung ist außen angebracht und wird an ihrer Außenoberfläche entweder durch einen zweiten Blechmantel oder durch eine angespritzte Torkretierung gegen mechanische Beschädigung geschützt.

Bei den Ausführungen nach den Abb. 159 und 160 ist wichtig, daß die ganze die Rauchgase abdichtende metallische Fläche eine Temperatur von 300° C hat. Bei Überdruckfeuerungen läßt sich nämlich die normale Wandkonstruktion mit äußerer Blechummantelung nicht anwenden, da die durch die Undichtheiten in der Ummauerung und durch die poröse Isolierung durchdringenden Rauchgase mit der kalten Ummantelung in Berührung kommen würden, und ihre kondensierende Feuchtigkeit gemeinsam mit der Auflösung von Schwefeloxyden in diesem Niederschlag würden die Korrosion der Ummantelung verursachen. In dieser Hinsicht sind besonders die toten Ecken gefährlich. Der Durchtritt der Gase durch die Wand ist vor allem dort groß, wo die Verbrennung pulsiert, so daß im Feuerraum größere Druckschwankungen eintreten, die die Gase durch die undichte Ummauerung zur kalten Ummantelung treiben [182].

Bei Überdruckfeuerungen muß man alle in den Feuerraum und in die Kesselzüge führenden Fenster und Türen gut abdichten. Die Fenster

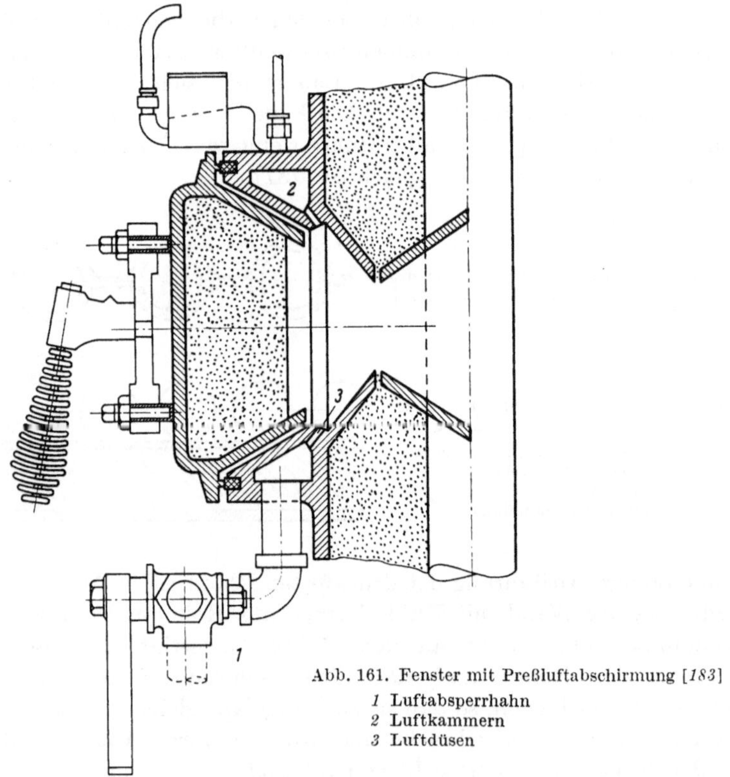

Abb. 161. Fenster mit Preßluftabschirmung [183]
1 Luftabsperrhahn
2 Luftkammern
3 Luftdüsen

und Schauluken, die man auch beim Betrieb öffnen muß, sind mit einem in den Feuerraum blasenden Luftschirm zu versehen, der durch seine dynamische Wirkung das Ausblasen der heißen Rauchgase beim Öffnen des Fensters verhindert (Abb. 161). Diese Luftschirme sind jedoch nur bei Fensterabmessungen bis 75 mm wirksam [*183*]. Die Fenster haben einen besonderen Verschluß, der das Aufmachen der Tür nur nach Einschalten des Luftschirmes gestattet. Falls man große Fenster oder Türen beim Betrieb öffnen will, muß man vorübergehend auf Unterdruckbetrieb übergehen, wozu man das im Normalbetrieb abgestellte und in einem Bypaß betriebsbereit gehaltene Saugzuggebläse anfahren muß. Ebenso sorgfältig müssen auch die übrigen Öffnungen, wie Rußblässerdurchgänge, Wellendurchgänge für Klappen usw., abgedichtet werden.

Die Überdruckfeuerungen sind vor dem Betrieb auf ihre Dichtigkeit zu prüfen. Dazu eignet sich sehr gut ein Nebel aus Silizium- oder Titantetrachlorid [*184*], der durch die Undichtheiten des unter Überdruck stehenden Kessels entweicht und damit die undichten Stellen anzeigt. Nach den amerikanischen Gepflogenheiten darf der Druck in geschlossener Feuerung beim Anfangswert von 450 mm WS nicht um mehr als 125 mm WS binnen der ersten sechs Minuten absinken.

4. Feuerraumfenster

Die Feuerraumwände müssen reichlich mit Fenstern und Türen ausgestattet werden, damit man von außen Eingriffe während des Betriebes und in Betriebspausen vornehmen kann. Am wichtigsten sind die Fenster, durch die man die Flamme sowie den Betriebszustand der Wände beobachten und die Wände von den Schlackenansätzen reinigen kann. Alle Reinigungsmethoden verlangen nämlich, daß man von den Fenstern aus jede beliebige Stelle der Feuerraumwände erreichen und das Resultat des Eingriffs besichtigen kann.

Die in der Wandmitte angebrachten Fenster sind zur Wandbeobachtung wenig geeignet. Gut haben sich die Fenster in den Brennraumecken bewährt (s. Abb. 162). Durch diese Fenster kann man die Wandbreite gut kontrollieren, wie es die Pfeile zeigen. Man sieht durch diese Fenster sehr weit, da die Gase in der unmittelbaren Nähe der Wand meistens gut durchsichtig sind.

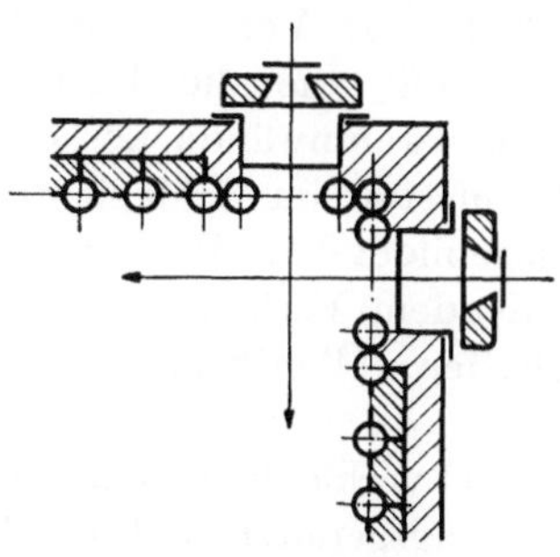

Abb. 162. Fensteraufstellung in Brennraumecke [*41*]

Die Feuerung muß noch mit den Explosionsklappen versehen werden, damit die Brennraumwände bei Explosionen keine Ausbeulung erleiden. Da der Druck bei Kohlenstaubexplosionen Werte bis zu 2 atü erreichen kann, ist die entsprechende Anzahl von Klappen am Kessel erforderlich.

Der Feuerraum muß zum Befahren und Besichtigen des abgestellten Kessels wenigstens eine Eintrittstür besitzen. Wenn diese Tür im Bereich hoher Flammentemperaturen angebracht ist, darf man ihre Kühlung mit Wasser nicht vergessen. Nicht gekühlte Türen, selbst wenn sie mit Schamotte gefüttert sind, werden bei Erwärmung verformt und dadurch undicht.

III. Verkleidete Kühlschirme

1. Verkleidete und nackte Schmelzraumwände

Bei kleineren Trockenfeuerungen, die zündschwierige Kohlen verfeuern, führt man manchmal einen Teil der Brennraumwände ohne Kühlschirm aus, um durch das ungekühlte heiße Mauerwerk die Zündung zu unterstützen. Bei Großfeuerungen sucht man dasselbe durch Verkleiden der Kühlschirme in Brennernähe zu erzielen, indem man auf die bestifteten Rohre eine keramische Masse aufträgt und dadurch einen Zündgürtel schafft. Der Zündgürtel wird oft mit Schlackenfilm überzogen, besonders wenn die Asche der verfeuerten Kohle leicht schmelzend ist. Die Zündgürtel haben nach [37] als Wärmereflektor weniger Bedeutung; ihr Wert soll vor allem darin liegen, daß sie die Ausbildung der sonst vorkommenden kalten Rauchgaszone in der unmittelbaren Wandnähe verhindern, in der die wenig reaktiven, eben gezündeten Kohleteilchen wieder verlöschen.

In den Schmelzfeuerungen erzeugt man absichtlich einen zusammenhängenden Schlackenpelz auf den Schmelzraumwänden, weshalb die ersten Schmelzfeuerungen fast ausnahmslos verkleidete Kühlschirme hatten. Die Verkleidung diente vor allem als eine Art der Wärmeisolierung, die die Kühlwirkung der aus Siederohren bestehenden Schmelzraumwände abschirmen sollte und dadurch den notwendigen Wärmestau im Schmelzraum bewirkte, bevor sich der Schlackenpelz ausgebildet hat. Hierdurch war es möglich, auch bei weniger gut ablaufendem Verbrennungsvorgang die notwendige hohe Temperatur zu schaffen, allerdings auf Kosten der Wärmeaufnahme im Schmelzraum.

Die verkleideten Wände waren zur Dampferzeugung nicht in vollem Maße ausgenutzt, und der Wärmefluß durch die Wand bleibt hier unter 200 000 kcal/m² h. Die Verkleidung bremst den Wärmedurchgang der Feuerraumwände in gleicher Weise, wie es die Verschmutzungen tun. Ihre wärmedämmende Wirkung ist um so stärker, je höher die Schmelztemperatur der Schlacke liegt. In der Literatur findet man verschiedene Ansätze, wie man diese Wirkung abschätzen kann. So z. B. wird von [185] vorgeschlagen, die Verkleidung durch die Ziffer

$$\zeta = 0{,}53 - 0{,}25\,\frac{t_3}{1000} \tag{67}$$

zu berücksichtigen, wo als t_3 die Fließtemperatur der Schlacke einzusetzen ist. Ein anderer Ansatz [186] lautet

$$\zeta = 0{,}06 + 1{,}1 \, (1 - \Theta_a) \, , \tag{68}$$

wobei $\Theta_a = T_a/T_{UF}$ die dimensionslose Temperatur der äußeren Oberfläche des Schlackenfilms bedeutet.

Bei den Schmelzfeuerungen sinkt der Schwärzegrad der mit Schlacke überzogenen Wände mit wachsender Temperatur ihrer Oberfläche, wie nachfolgende Tab. 14 bestätigt.

Tabelle 14. Schwärzegrad der Feuerungsschlacke [187]

Temperatur ° C	800	1000	1200	1400	1600	1800
Schwärzegrad a_w	0,74	0,71	0,70	0,69	0,68	0,67

Der Fortschritt der Verbrennungstechnik, insbesondere die Entwicklung der Brenner sowie die Schaffung stark wärmebelasteter Feuerungen, haben jedoch erwiesen, daß bei hinreichend raschem Verbrennungsablauf die Einschränkung der Kühlwirkung der Schmelzraumwände durch Verkleiden wenig Sinn hat, was insbesondere für Großkessel-Feuerungen mit wenig günstigem Formfaktor gilt. Die Austrittstemperatur der Rauchgase, die sich aus

$$T_0 = T_{UF}\left(1 - \frac{q}{q_v} \cdot \frac{F}{V_F}\right) \tag{15}$$

berechnen läßt, bestätigt eindeutig, daß der größere Wärmefluß q in solchen Fällen ohne Beeinträchtigung des Schmelzens durchaus zulässig ist. Die Hemmung der Wärmeaufnahme im Schmelzraum führt lediglich zur Verschleppung der Wärmeabgabe in den Strahlungsraum, wobei die Steigerung der Flammentemperatur im Schmelzraum wegen der endothermen Reaktionen nicht groß ist. Auch eine verstärkte Verflüchtigung mancher Aschebestandteile ist hier die Folge.

Die mathematische Analyse [41] und auch die Erfahrung haben außerdem bestätigt, daß die Verkleidung bei sehr hohen Flammentemperaturen wenig wirksam ist, weil die Wärmedurchlässigkeit der Verkleidung infolge ihres Abschmelzens rasch ansteigt, was den Unterschied zwischen verkleideter und unverkleideter Wand fast vollständig verwischt.

Da für den glatten Schmelzfluß vor allem die Schaffung einer engen Höchsttemperaturzone über dem Schmelzboden notwendig ist, die sich leicht durch Anbringen der Brenner nahe dem Boden erzeugen läßt, gibt es auch hinsichtlich der Minimallast bei Schmelzfluß zwischen unverkleidetem und verkleidetem Schmelzraum wenig Unterschied. Eine schnelle Verbrennung in der unmittelbaren Brennernähe ist hier allerdings Voraussetzung.

Im Hinblick auf die Gefahr von Rohrabzehrungen im Schmelzraum [75, 76] hat sich auch erwiesen, daß die Verkleidung den Rohren die oft für sie reklamierte Schutzwirkung nicht verleiht, da die Auftragmasse immer durch Wärmespannungen entstandene Risse aufweist, durch die die gasförmigen Korrosionsmittel zum Rohr durchdringen.

2. Dicke der Schlackenschicht an Schmelzraumwänden

Die abgeschiedene Schlacke bildet bekanntlich auf verkleideten wie unverkleideten Kühlschirmen des Schmelzraumes eine zusammenhängende Kruste, die an ihrer der Wand zugekehrten Seite erstarrt ist und auf der Feuerseite aus einem flüssigen Film der langsam abfließenden Schlacke besteht. Die Intensität des Absetzens der Schlacke auf die Wand bestimmt die Dicke des herabfließenden Schlackenfilmes sowie die Temperatur seiner der Flamme zugekehrten Oberfläche. Die Wärmeaufnahme der Schmelzraumwände hängt deshalb von der Hydrodynamik dieses Schlackenfilmes in starkem Maße ab.

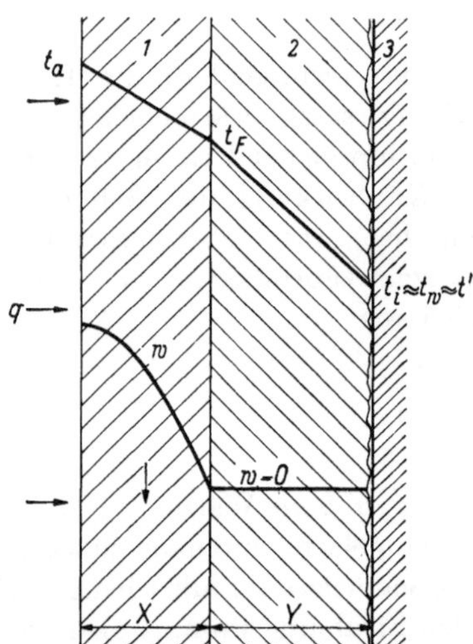

Abb. 163. Schematischer Schnitt durch eine Schmelzraumwand *1* flüssiger Schlackenfilm *2* erstarrte Schlacke *3* Rohrwand [*41*]

Oberhalb der Temperatur der kritischen Zähigkeit läßt sich die temperaturabhängige Zähigkeit der Schlacke durch die frühere Gl. (34) wiedergeben. Besitzt der Schmelzraum die Höhe H und setzt sich die Schlacke auf seinen Wänden mit der Intensität r an, so ist die größte Schlackenfilmdicke am Wandfuß (Abb. 163)

$$X = \sqrt[3]{\frac{(m+1)\,(m+2)\,(m+3)}{2\,\gamma^2} \cdot \frac{\eta_0\,r}{(t_a - t_F)^m} \cdot H}\,, \qquad (69)$$

wenn die äußere Filmoberfläche die Temperatur t_a hat.

Der sich daraus ergebende mittlere Wärmefluß durch die Wand beträgt

$$q = \frac{3}{2}\,\lambda_S \sqrt[3]{\frac{2\gamma^2}{(m+1)(m+2)(m+3)\,\eta_0 rH}} \cdot (t_a - t_F)^{\frac{m+3}{3}}, \qquad (70)$$

wobei sich unter dem Film eine aus erstarrter Schlacke bestehende Unterlage ausbildet, die bei den glatten Kühlschirmen die Dicke

$$Y = \lambda_E \frac{t_F - t_W}{q} \qquad (71)$$

hat und bei einer Verkleidung von der Dicke S sich auf

$$Y = \lambda_E \left[\frac{t_F - t_W}{q} - \frac{1}{\lambda_V}\cdot S\right] \qquad (72)$$

verkleinert.

Soll die Schlacke herabfließen, so muß $t_a > t_F$ sein. Die Größe von t_a ist dabei von der im Schmelzraum herrschenden Flammentemperatur abhängig. Hinsichtlich ihrer Feststellung siehe [*41, 188, 189*].

Die Dicke der Schlackenschicht ist bekanntlich keine konstante Größe. Bei Lastabfall z. B. sinkt die Flammentemperatur im Schmelzraum und damit auch die Außentemperatur der Schlackenschicht. Die abfließende Schlacke wird dadurch zäher, und die Dicke des Schlackenpelzes muß sich vergrößern. Die Wärmeabfuhr von der Flamme wird gehemmt. Der Temperaturabfall bei Lastsenkung wird dadurch gebremst, und die zunehmende Isolierwirkung der wachsenden Schlackenschicht regelt die Flammentemperatur in dem Sinne, daß sie stets oberhalb der Fließtemperatur der Schlacke bleibt. Ähnlich muß z. B. bei Zunahme der Schmelztemperatur der Schlacke die starre Schlackenunterlage dicker werden, um die neue Schmelztemperatur an der Außenseite des herabfließenden Schlackenfilms zu erreichen. Die dickere Schlackenschicht isoliert dann stärker die Flamme, und ihre Temperatur steigt.

Vom regeltechnischen Standpunkt aus stellen die Verkleidung sowie der Schlackenpelz einen Wärmespeicher dar, der das Zeitverhalten der Schmelzfeuerung beeinflußt. Die Verkleidungsdicke und die Schlackenpelzdicke sind deshalb minimal zu halten, damit sich die Feuerung bei Lastwechseln durch raschen Aufbau des neuen Temperaturpegels der Feuerungswände dem neuen Lastniveau schnell anpassen kann.

3. Ausbildung der Schlackenschicht

Der Hauptunterschied zwischen verkleidetem und unverkleidetem Kühlschirm liegt nur in der Beständigkeit der erstarrten Schlackenschichtunterlage [*190*]. Bei der Inbetriebsetzung einer neuen Schmelzfeuerung mit verkleideten Wänden liegt die feuerseitige Außentemperatur der neuen Verkleidung wegen ihrer kleinen Wärmeleitzahl meistens

hoch über der Schmelztemperatur der Schlacke, so daß die aufgefangene
Schlacke nicht erstarrt und zum Boden herabfließt, wobei sie flüssig mit
der Verkleidung in engstem Kontakt steht. Sie greift dabei die Verkleidungsmasse, die in die Schlacke aufgeht, an (einen Beweis dafür
liefert die Anwesenheit der braunen Chromitspinelle im Schlackenpelz
bei Verkleidungen aus Chromerz), so daß die Verkleidung allmählich
geschwächt wird. Hiermit verstärkt sich allerdings die Kühlwirkung der
Siederohre, die unter der Verkleidung liegen. Zuletzt sinkt die Verklei-
dungstemperatur so tief, daß zwischen dem flüssigen Schlackenfilm und
der Verkleidung eine Trennschicht aus erstarrter Schlacke entsteht, die
den weiteren unmittelbaren Kontakt zwischen Verkleidung und Schlak-
kenfilm verhindert und damit das weitere Abschwächen der Verkleidung
zum Aufhören bringt.

Die durch das Aufkleben der heißen Schlackentropfen auf der
glühenden Verkleidungsoberfläche entstandene starre Schlackenschicht
ist also meistens sehr beständig, da sie bei hohen Temperaturen langsam
erstarrte, so daß in ihr keine inneren Wärmespannungen entstehen
konnten. Ihr langsames Erstarren hat sie nicht nur sehr kompakt
gemacht, sondern es konnten sich dabei in ihr viele Minerale ausscheiden,
wie z. B. Mullit, grüner Hercynit, Korund usw., die in die glasige Grund-
masse eingebettet sind [*84*].

Nach [*191*] hat auch die Natur der Schlacke auf die Beständigkeit
des so entstandenen Schlackenpelzes einen entscheidenden Einfluß. Bei
kurzen Schlacken, die bei hohen Temperaturen dünnflüssig sind und bei
Abkühlung plötzlich erstarren, ist die Ausbildung der beständigen
Schlackenunterlage auf der Verkleidung erschwert. Dieser Umstand ist
besonders bei den basischen Schlacken der rheinischen Braunkohlen
feststellbar, die die Verkleidung stark angreifen, falls diese nicht durch
eine starre Schlackenkrust geschützt ist.

Bei den CaO-haltigen Schlacken kommt es auch zum Zerfall der
starren Schlackenunterlage, falls das CaO nicht chemisch gebunden ist.
Das freie Kalziumoxyd ist nämlich in der Schlackenschicht einge-
schmolzen, die als Schmelze durch Reaktion des CaO mit SiO_2 bzw.
Fe_2O_3 in der Asche entstand. Das freie CaO kann deshalb z. B. mit der
in den Rauchgasen enthaltenen Kohlensäure reagieren, wobei das
entstandene Kalziumkarbonat $CaCO_3$ ein größeres Volumen hat als das
freie CaO. Selbst wenn diese exothermische Reaktion bei der hohen
Temperatur der Verkleidungsoberfläche nur in geringstem Maßstab
wahrscheinlich ist, kann schon die winzige Vergrößerung des CaO-
Volumens durch seine Umwandlung zum $CaCO_3$ zu den inneren Spannungen in der Schlackenschicht führen, die ihren Zerfall bewirken.
Dieser Zerfall wird insbesondere in der abgestellten Feuerung durch
die Einwirkung der Feuchtigkeit beschleunigt. Die inneren Spannun-

gen in der Schlackenschicht können auch durch die Volumenänderungen entstehen, die durch die chemischen Reaktionen zwischen den einzelnen Schlackenbestandteilen beim Erstarren verlaufen, bzw. durch die Umwandlungen einzelner Minerale. Der Zerfall der CaO-haltigen Schlacken läßt sich erfahrungsgemäß durch Zugabe von Sand in die Kohle vermeiden, da in solchem Fall CaO in Silikaten fest gebunden wird, die eine stabile Schlackenschicht ausbilden.

Bei den unverkleideten Kühlschirmen erstarren die abgeschiedenen Schlackentropfen auf der kalten Rohroberfläche, und es beginnt eine Schlackenkrust zu wachsen. In der unmittelbaren Wandnähe ist die Schlackenschmelze stark eisenhaltig, so daß in ihr eisenhaltige Minerale, wie z. B. Magnetit, entstehen. Ihre Dicke nimmt nun so lange zu, bis ihre Oberfläche wegen des Temperaturgefälles in der Schlackenschicht die Schmelztemperatur erreicht und die weitere Verstärkung der starren Schlackenschicht nicht mehr möglich ist. Diese Schlackenschicht ist aber wenig beständig, da durch die schlagartige Abkühlung der ersten den Rohren zugewandten Schlackenschichten in diesen innere Spannungen entstehen, die ihr festes Anhaften an den Rohren verhindern. Die Isolierwirkung der dünnen Schicht aus feinstem Aschenpuder auf den Rohren war zu schwach, um ihre Abschreckwirkung zu mildern.

Das periodische Abfallen der auf nackten Rohren entstandenen Schlackenkruste wird von manchen Verfassern [93] deshalb als eine der Ursachen der Rohrabzehrungen im Schmelzraum angesehen, weil ihrer Meinung nach die den Rohren zugewandte eisenhaltige Schlackenschicht, die schon mit Eisen gesättigt war, abfällt. Die sich neu bildende Schlackenschicht nimmt dann weiteres Eisen von der Rohroberfläche auf, so daß das Rohr durch die Wiederholung von Abfallen und Neubildung des Schlackenpelzes allmählich verzehrt wird. Deswegen sucht man mit jedem Mittel den Schlackenpelz zu stabilisieren, z. B. durch Verkleidung, bzw. man sieht die Bedeutung der Rohrbestiftung darin, daß die Stifte den Schlackenpelz nicht nur besser halten, sondern auch das Eisen in die Schlacke liefern und dadurch das eigentliche Rohr schützen. Diese Theorie ist jedoch wegen der zu niedrigen Temperaturen an der Rohroberfläche wenig wahrscheinlich; auch spricht der langjährige Betrieb der Rohre ohne Rohrabzehrungen in unverkleideten Schmelzräumen dagegen.

Die heutige Tendenz, in den Feuerungen nur Kühlschirme aus engen Rohren zu benutzen, deren Wandstärke auf den Höchstwert von 6 mm begrenzt wird, macht das Abfallen der Schlackenschicht auch hinsichtlich der Wärmespannungen weniger gefährlich, da die dünnen Rohrwände gegen Thermoschocks wenig empfindlich sind. Wo größere Rohrdurchmesser eingesetzt werden [192], bildet die Verkleidung einen guten Schutz, da selbst beim Abfallen der Schlackenschicht noch die

Verkleidung bleibt, die nicht nur den Wärmefluß hemmt, sondern auch die Wärme in sich speichert und dadurch den zeitlichen Ablauf des Thermoschocks mildert. Diese Thermoschocks waren eine der Ursachen, warum man in Amerika als Schmelzkessel oft Zwangsumlaufkessel mit sehr engen Rohren findet, die auch nach dem Amerikanischen Boiler-Code dünne Wände haben dürfen, obwohl bekanntlich das Boiler-Code im Vergleich zu europäischen Vorschriften eine viel dickere Rohrwand vorschreibt.

Falls die Schlackenschicht nicht periodisch abfällt, ist die Wärmeaufnahme der verkleideten und der unverkleideten Wand bei sonst gleichen Bedingungen dieselbe. Der Wärmefluß durch die Wand wird allein durch den Temperaturunterschied zwischen der Flamme und der Schlackenoberfläche bestimmt, wobei die letztere Temperatur nur von den Schlackeneigenschaften abhängt. Die Anwesenheit oder Abwesenheit der Verkleidung hat nur auf die Dicke der Schlackenschicht Einfluß, die bei verkleideten Kühlschirmen zum Teil durch die Verkleidung ersetzt wird.

Abschließend sei gesagt, daß die verkleideten und die unverkleideten Kühlschirme sich bei Schmelzfeuerungen gleich gut bewährt haben und daß die Anwendung der einen oder der anderen Bauart mehr eine Sache der Vorliebe als anderer Gründe ist. In wirtschaftlicher Hinsicht ist die verkleidete Wand etwas, aber nicht wesentlich teurer, da man bei glatten Rohren eine kleinere Rohrteilung wählen oder zu den Flossenrohren greifen muß.

4. Verkleidete Kühlschirme

Die Stifte an den Rohren der verkleideten Kühlschirme (Abb. 164), die die aufgestampfte keramische Verkleidungsmasse tragen, sind von Rundeisen abgeschnitten und werden üblicherweise durch Widerstandschweißen auf einem Automaten an das Rohr geschweißt. Auf eine einwandfrei gute Schweißverbindung ist besonders zu achten, da sonst der Stift infolge schlechter Wärmeabfuhr verzundert.

Die Stifte tragen die Verkleidungsmasse und leiten von dieser die Wärme ab, während die Masse selbst meistens schlecht wärmeleitend ist. Nichtsdestoweniger wird auch bei dichter Bestiftung die Verkleidung immer zum Teil ausgeschmolzen, wie es die Aufnahme Abb. 28 vom Innern eines Zyklons zeigt. Die Schlackenglasur hat ein buckelartiges Aussehen, wobei die Buckel durch die Stifte gebildet werden. Zwischen den Stiften wird die Verkleidung um so tiefer ausgeschmolzen, je kleiner ihre Wärmeleitzahl und je größer die Teilung der Stifte ist. Die maximale Dicke der Verkleidung unter Berücksichtigung verschiedener spezifischer Wärmeaufnahmen der Wand und verschiedener Wärmeleitzahlen ist in Abb. 165 dargestellt.

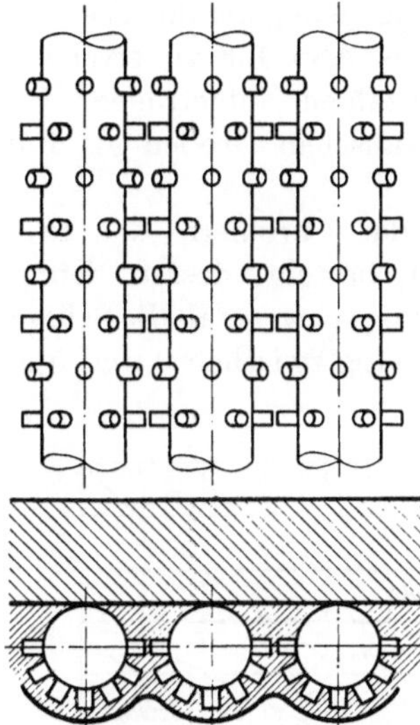

Abb. 164. Kühlschirm aus bestifteten, mit Stampfmasse verkleideten Rohren [41]

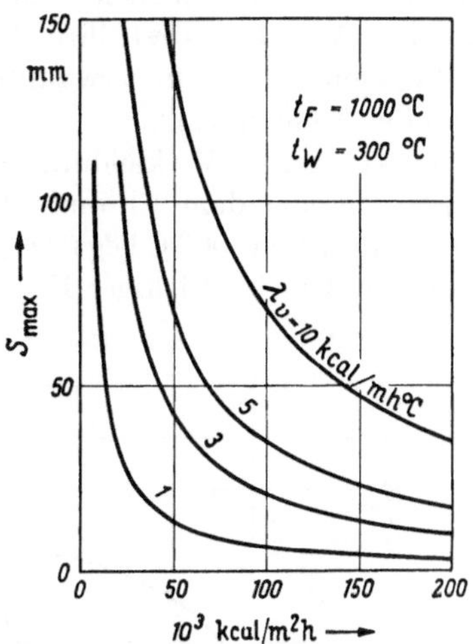

Abb. 165. Höchstmögliche Dicke der Verkleidung in Abhängigkeit von ihrer Wärmeleitzahl und vom spezifischen Wärmefluß [41]

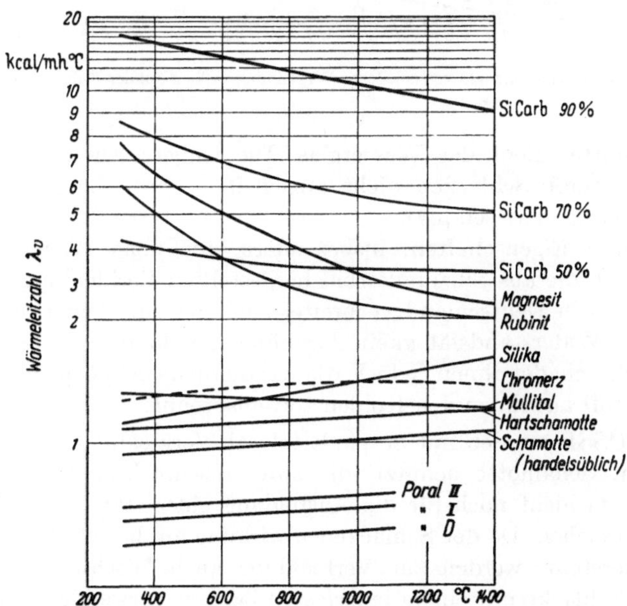

Abb. 166. Wärmeleitzahl verschiedener Verkleidungsmassen (Didier-Kalender 1951)

Als Verkleidungsmassen kommen verschiedene, keramische Stoffe in Betracht. Ihre Wärmeleitzahlen sind aus Abb. 166 zu ersehen, in folgender Abb. 167 sind ihre Wärmedehnzahlen aufgetragen. Beide Abbildungen zeigen die erwähnten, physikalischen Größen als Funktionen der Temperatur.

Die klassische Verkleidungsmasse ist das Chromerz, das in der Hauptsache aus dem Chromit $FeO \cdot Cr_2O_3$ besteht, dessen Schmelztemperatur über 1800° C liegt. Das Chromerz ist schwerer als die Schlacke. Man benutzt es in stückiger Form mit Körnung zwischen 0 und 5 mm;

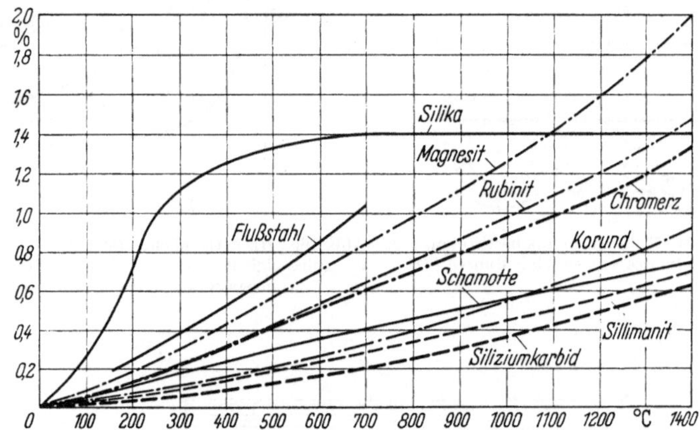

Abb. 167. Wärmedehnzahl verschiedener Verkleidungsmassen (Didier-Kalender 1951)

als Bindemittel dient das Wasserglas. Die frühere Annahme, daß es durch die sauren Schlacken nicht angegriffen werde, hat sich jedoch nicht als richtig erwiesen [84].

Sehr gute Eigenschaften, insbesondere eine hohe Wärmeleitzahl, besitzen auch die aus Siliziumkarbid hergestellten Verkleidungsmassen, die besonders in Deutschland verbreitet sind. Sie sind leider auch sehr teuer. Ihre Widerstandsfähigkeit gegenüber geschmolzenen Schlacken ist groß. Es schadet ihnen jedoch die oxydierende Atmosphäre, indem der Sauerstoff aus ihnen den Kohlenstoff ausbrennt.

In der ČSSR werden mit gutem Erfolg als Verkleidungsmassen auch die billigen Schamotte benutzt, die zwar abschmelzen, aber auch in dünner Restschicht noch für die Ausbildung einer stabilen Schlackenschicht ausreichen. Da der Schlackeneinwirkung am besten die Schlacke selbst widersteht, werden zur Verkleidung auch Mischungen der gemahlenen Schlacke mit einem feuerfesten Zement verwendet, wobei der Zement als Bindemittel dient.

IV. Die Rauchgasabkühlung im Brennraum

1. Bestimmung der relativen Wärmeaufnahme im Feuerraum

Auf Grund der Angaben in den vorhergehenden Kapiteln ist es nun schon möglich, den resultierenden Schwärzegrad des Brennraumes anzugeben. Er hat die Größe

$$a_R = \frac{0{,}82\,[a_{Fl} + (1 - a_{Fl})\,\varrho\,\psi]}{1 - (1 - \psi\,\zeta)\,(1 - \psi\,\varrho)\,(1 - a_{Fl})}\,. \tag{73}$$

Das Produkt $\psi\,\varrho$ erfaßt ebenso wie der Schwärzegrad $a_n = 0{,}82$ die thermischen Eigenschaften der wärmeaufnehmenden Wand. Der hier erscheinende Faktor ϱ berücksichtigt die Rückstrahlung des wärmeundurchlässigen Teiles R der Brennraumbegrenzung, wie z. B. des Schmelzbades bei der Großraum-Schmelzfeuerung bzw. der keramischen, wärmeabweisenden Partien der Brennraumbegrenzung anderer Feuerungsarten. Er läßt sich aus

$$\varrho = \frac{R}{F_W} \tag{74}$$

bestimmen.

Den früheren Faktor ψ findet man aus der Beziehung

$$\psi = \frac{F_W}{F_{Ges} - R} \tag{75}$$

und der Verschmutzungsfaktor ζ ist nach den Werten auf S. 166 bzw. nach Gl. (64) zu nehmen.

Die Gl. (58) ist auf analytischem Wege nicht lösbar. Auf Grund statistischer Auswertung der Meßergebnisse an mehreren hundert Anlagen hat sich allerdings erwiesen, daß man die Größe der relativen Wärmeaufnahme im Brennraum aus der Beziehung

$$\mu = \frac{M\,a_R^{0{,}6}}{M\,a_R^{0{,}6} + Bo^{0{,}6}} \tag{76}$$

errechnen kann, wobei $M = f\,(X_m)$ ist und für die Großraumfeuerungen mit $M = 0{,}445$ angesetzt werden kann.

Eine Schwäche der Gl. (76) liegt allerdings darin, daß sie die Gesamtwärmeaufnahme des Brennraumes angibt. Will man jedoch die Wärmeabgabe an einzelne Abschnitte der Brennraumwände bestimmen — z. B. wenn ein Teil der Brennraumbegrenzung durch Überhitzer gebildet wird — so gibt die Gleichung darüber wenig Aufschluß, und man muß zu Schätzungen greifen.

Bei den stark wärmebelasteten Feuerräumen, wie z. B. bei den Schmelzfeuerungen sind ebenfalls andere Gleichungen zu nehmen, da die

Gl. (76) für $\Theta_0 \to 1$ schon nicht mehr gilt. Ihre Behandlung würde aber den Rahmen des Buches überschreiten, und es sei hier auf die einschlägige Literatur hingewiesen [51].

Die relative Wärmeaufnahme im Brennraum steigt nach Gl. (76) mit fallender Kessellast. Diesem als Strahlungscharakteristik bezeichneten Verhalten des Brennraumes läßt sich allerdings durch verschiedene Mittel entgegenwirken, z. B. durch die Rauchgasumwälzung, durch Anwendung schwenkbarer Brenner usw., also durch Maßnahmen, die im Kesselbau üblicherweise als Mittel zur rauchgasseitigen Beeinflussung der Heißdampftemperatur bekannt sind.

2. Rauchgasumwälzung

Eine zusätzliche Maßnahme zum Senken der Flammentemperatur bzw. zum Herabsetzen der Austrittstemperatur der Rauchgase aus dem Feuerraum ist die Rauchgasumwälzung. Zur Rauchgasumwälzung, die die heiße Flamme mit kalten Rauchgasen aus dem Kesselzug verdünnt,

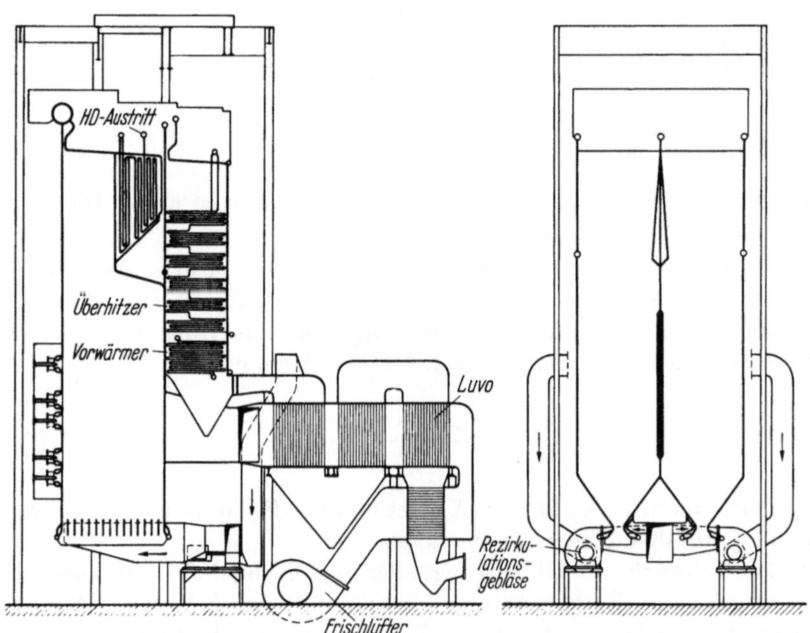

Abb. 168. Schema der Rauchgasumwälzung [120]

kann man allerdings nur dort greifen, wo die Rauchgase nicht viel Flugasche enthalten, wie es z. B. bei den amerikanischen Steinkohlen oder bei den Zyklonfeuerungen mit hohem Einbindungsgrad der Fall ist, da dieses Verfahren wegen des zu hohen Verschleißes der Rauchgasrückführungsanlage sonst wirtschaftlich kaum zu vertreten wäre. Die Rauchgasumwälzung geschieht als Nebenerscheinung bei Anlagen mit selbstansaugenden Mühlen, bei denen man aus dem Feuerraum eine große Rauchgasmenge absaugt, die abgekühlt als Mühlenbrüden in den Feuerraum zurückkehrt.

Bei trockenen Steinkohlen braucht man dagegen ein besonderes Umwälzgebläse, das kalte Rauchgase vom Kesselzug ansaugt (Abb. 168). Damit das Umwälzgebläse von einfacher Bauart sein kann und Kraft-

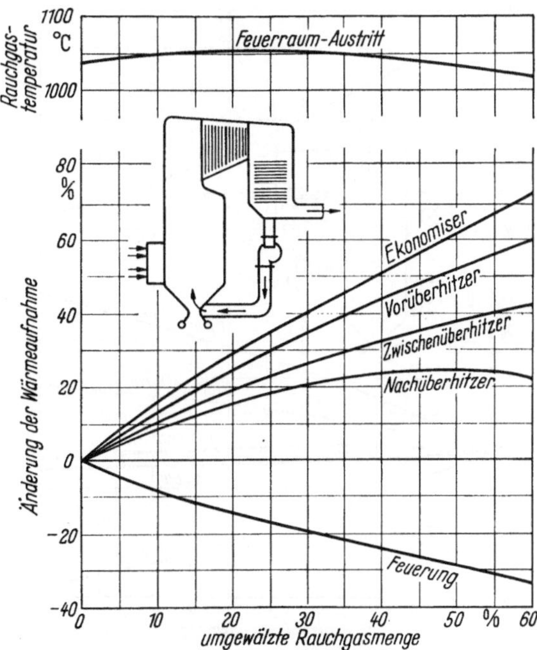

Abb. 169. Auswirkung der Rauchgasumwälzung im Schlackentrichter [193]

verbrauch gespart wird, müssen die umgewälzten Rauchgase eine niedrige Temperatur haben. Die Rauchgase werden bei Trockenfeuerungen am besten in den Raum des Entschlackers eingeführt, von wo sie durch den Trichterschlitz in den Brennraum eintreten und dadurch die Trichterverschlackung abzuwenden helfen [193]. Wie sich dabei die Austrittstemperatur der Rauchgase vom Feuerraum und die Wärmeaufnahme der einzelnen Kesselheizflächen ändern, zeigt die Abb. 169.

Bei einer anderen Anlage werden die Rauchgase in die obere Feuerraumhälfte eingeblasen, so daß sie erst die aus dem Brennraum austretenden Rauchgase abkühlen. Man muß allerdings auf ihre gute Verteilung in der ganzen Kesselbreite achten, damit keine kalten oder heißen Strähnen den Brennraum verlassen. Die Auswirkung dieser Art der Rauchgasumwälzung auf die Wärmeaufnahme der einzelnen Kesselheizflächen und auf die Feuerraumaustrittstemperatur gibt die Abb. 170 wieder.

Bei Schmelzkesseln werden die umgewälzten Rauchgase erst hinter dem Schmelzraum zugeführt, damit die heiße Verbrennungszone unbeeinträchtigt bleibt. Allerdings muß man dabei mehr Rauchgase umwälzen, da man die Wärmeabgabe im Strahlungsraum stark herabsetzen muß, insbesondere wenn man die Rauchgasumwälzung zur

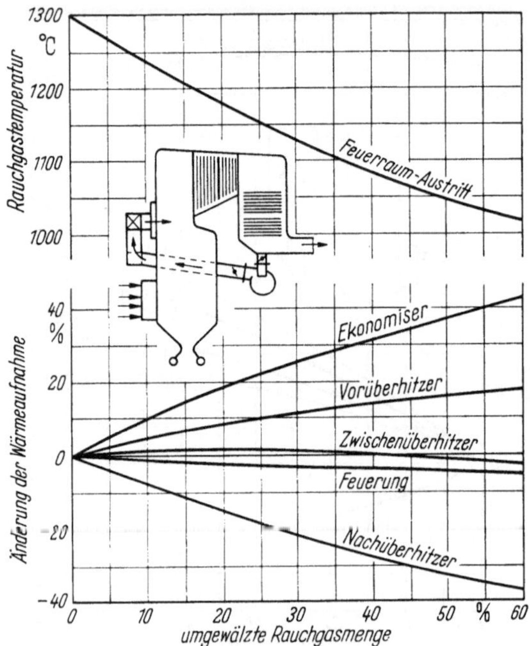

Abb. 170. Auswirkung der Rauchgasumwälzung im Feuerraumaustritt [193]

Heißdampf- bzw. Zwischendampftemperaturregelung heranzieht. Während bei Trockenfeuerungen mit Rauchgaseinführung in den Aschentrichter in der Regel 30 ··· 40 % der Rauchgase umgewälzt werden, muß man bei Schmelzfeuerung auf über 50 % gehen, um die gewünschte Wirkung zu erzielen. Bei Vollast erniedrigt man die umgewälzte Rauchgasmenge meistens nicht unter 5 %, damit das Gebläse und die Einblasedüsen im Brennraum ausreichend gekühlt werden.

Der Schwerpunkt der Wärmeübertragung verschiebt sich infolge Rauchgasumwälzung vom Brennraum in die Kesselzüge, was allerdings einen erhöhten Eigenbedarf der Kesselanlage bedeutet, da die vergrößerte Rauchgasmenge einerseits die Flammenabstrahlung vermindert, an-

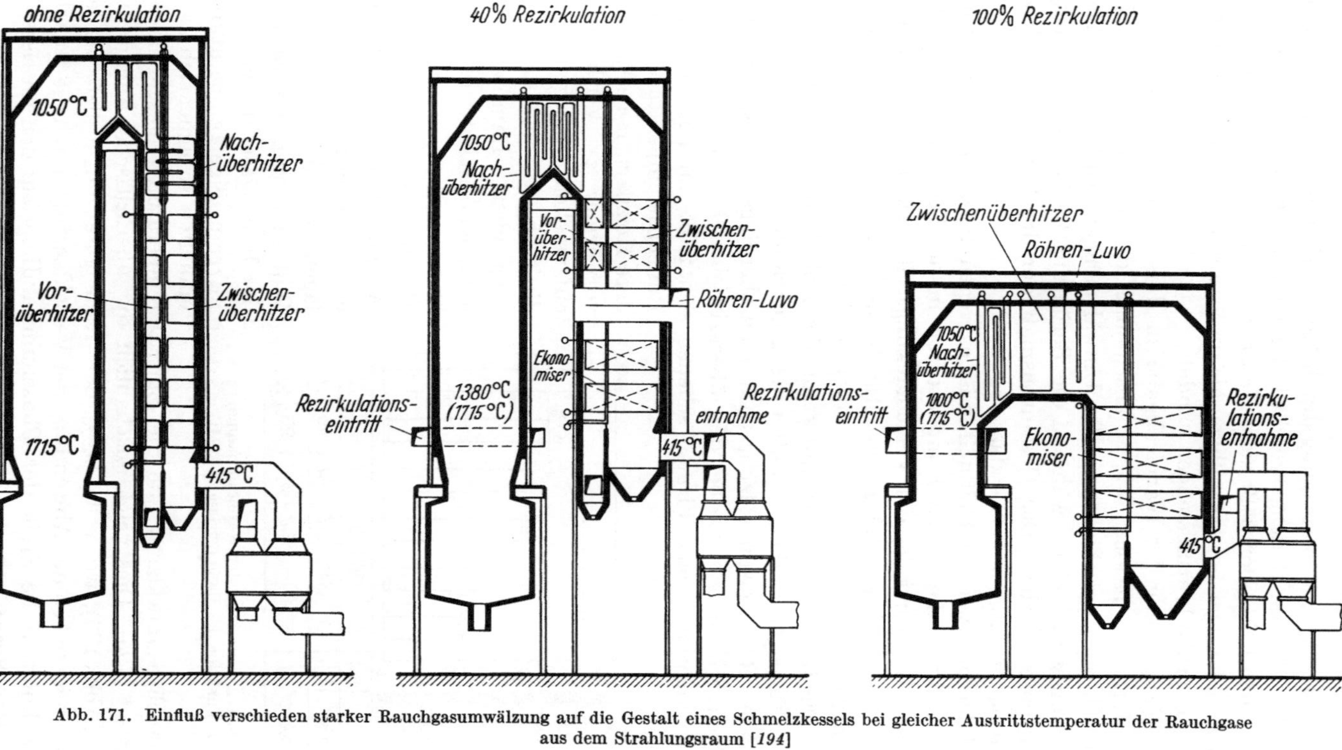

Abb. 171. Einfluß verschieden starker Rauchgasumwälzung auf die Gestalt eines Schmelzkessels bei gleicher Austrittstemperatur der Rauchgase aus dem Strahlungsraum [194]

dererseits die Wärmeübertragung durch Konvektion in den Kesselzügen infolge der höheren Rauchgasgeschwindigkeiten in den dicht gepackten Rohrbündeln hebt. Dort läßt sich allerdings die geordnete Wärmeübertragung eindeutiger bewerkstelligen als im Strahlungsraum, selbst wenn es sich um große Wärmemengen handelt.

Die Verlagerung der Wärmeabgabe in den Kesselzug ändert auch die Bauform des Kessels, wie es anschaulich die Kessel in Abb. 171 zeigen, die für verschieden große Umwälzmengen geplant sind. Der Brennraum wird kleiner, während die Berührungsflächen im Kesselzug ausgedehnter werden. Das Gesamtausmaß der druckführenden Heizflächen bleibt dabei ungefähr dasselbe [194].

Bei den größten Kesseleinheiten ist es wegen des ungünstigen Formfaktors schwer, die hohen Temperaturen in der Feuerraummitte, die heute als Hauptursache der Verschlackungsschwierigkeiten anerkannt werden, auszumerzen und gleichzeitig die notwendige Rauchgasabkühlung im ganzen Querschnitt des austretenden Rauchgasstromes zu erzielen. Die Rauchgasumwälzung kann hier Abhilfe bringen, da sie den Temperaturpegel in allen Punkten des Feuerraumes senkt.

Mit der Rauchgasumwälzung kann man allerdings noch andere Ziele verfolgen, wie man heute bei den überkritischen Kesselanlagen sieht. Manche amerikanischen Firmen scheuen sich z. B., im Bereich hoher Rauchgastemperaturen andere Heizflächen als Wasservorwärmer bzw. Verdampfer aufzustellen. Dagegen zeigt die Abb. 172, daß mit dem steigenden Dampfzustand auch der Anteil der im Überhitzer und in den Zwischenüberhitzern übertragenen Wärme steil zunimmt, bis er bei überkritischen Anlagen volle 67 % ausmacht. Will man nun am Eintritt der Rauchgase in den Überhitzer mäßige Temperaturen einhalten, so eignet sich dazu die Rauchgasumwälzung, die die Eintrittstemperaturen einschneidend erniedrigt [195]. Dies zeigt anschaulich die überkritische Anlage für Philo (Abb. 173), wo volle 80 % der Rauchgase umgewälzt werden und wo man neben der Abwendung der Verschlackung durch die Rauchgasrezirkulation die Stelle der Phasenumwandlung auf den im Bereich kalter Rauchgase liegenden Übergangsteil fixieren will.

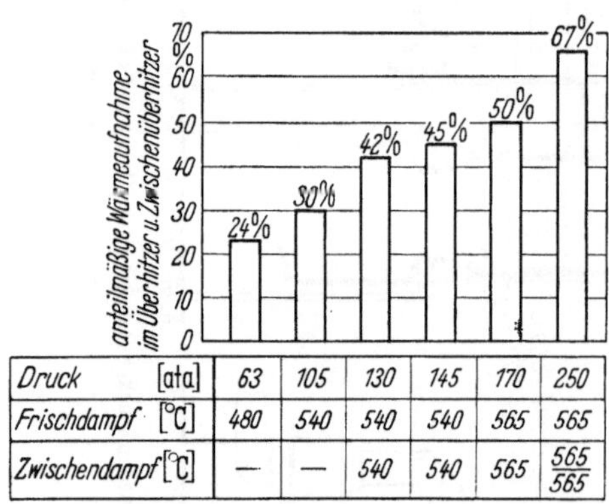

Druck [ata]	63	105	130	145	170	250
Frischdampf [°C]	480	540	540	540	565	565
Zwischendampf [°C]	—	—	540	540	565	$\frac{565}{565}$

Abb. 172. Verteilung der Wärmeaufnahme
als Funktion des Dampfzustandes [193]

Auch bei Anlagen mit wahlweiser Verfeuerung verschiedener Brennstoffe kommt die Rauchgasumwälzung zur Geltung, indem sie durch Senkung der Flammentemperatur z. B. die Auswirkungen einer schwär-

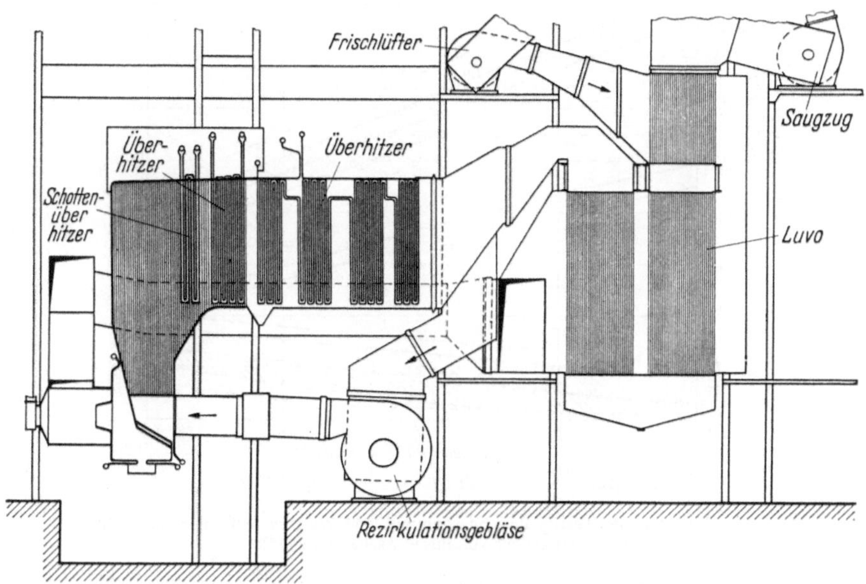

Abb. 173. Mit überkritischem Druck arbeitender Zyklonkessel mit Rauchgasumwälzung [195]

zeren Flamme wettmacht. Bei Ölfeuerungen wirkt die Verdünnung der Flamme günstig auf die SO_3-Konzentration in den Rauchgasen und auf den Taupunkt der Abgase.

Die Rauchgasumwälzung ist auch ein geeignetes Mittel zur Regelung der Heißdampf- bzw. der Zwischendampftemperatur.

F. Mineralische Bestandteile der Verbrennungsrückstände

I. Abscheidungsvorgänge

1. Aschenauswurf vom Schornstein

Die ausgeworfene und sich absetzende Flugasche macht den Aufenthalt in Kraftwerksnähe nicht nur für Menschen und Tiere unangenehm, sondern sie schadet auch den Pflanzen. Die in der Atmosphäre zerstreuten mikroskopischen Aschenkörnchen wirken als Kondensationskeime und verursachen häufige Regenfälle in Industriegebieten. Das Bedürfnis, immer aschenreichere Kohlen zu verstromen, und andererseits die immer schärferen Vorschriften hinsichtlich der Luftreinheit verlangen deshalb nicht nur sehr wirkungsvolle Entstauber hinter dem Kessel, sondern sie vermehren auch die Sorgen des Kesselbetreibers um die

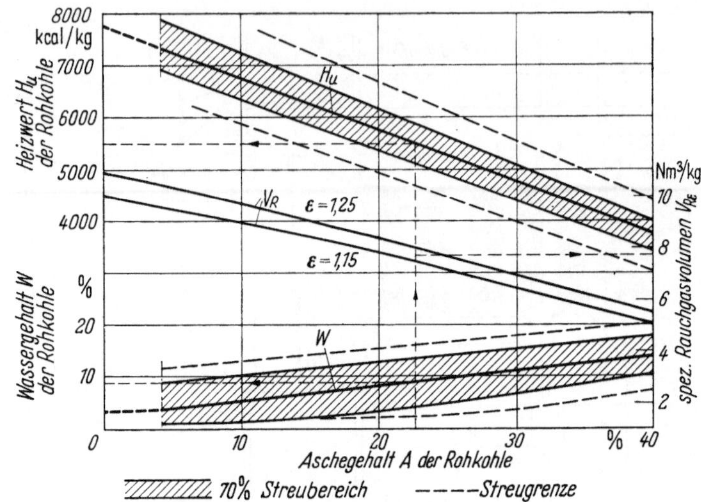

Abb. 174. Heizwert, spezifisches Rauchgasvolumen und Wassergehalt einer Ruhrkohle in Abhängigkeit von ihrem Aschegehalt [42]

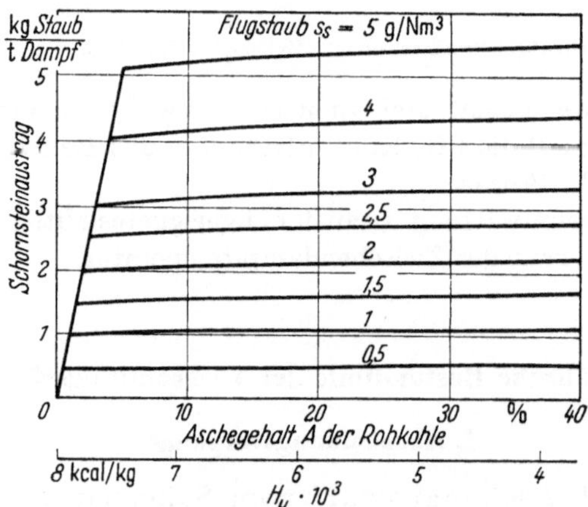

Abb. 175. Schornsteinaustrag in Abhängigkeit vom Aschegehalt der verfeuerten Kohle [42]

Frage, was mit der aufgefangenen Flugasche werden soll. Aus diesem Grund wird die Schlackeneinbindung im Brennraum sehr wichtig, da der Absatz der kompakteren, grobkörnigen Schlacken sich oft einfacher lösen läßt.

Beschränken sich die hygienischen Vorschriften nur auf die Bestimmung des zulässigen Staubgehaltes in den Abgasen, so wächst gewöhnlich mit steigendem Aschengehalt der Kohle auch der Aschenauswurf vom Schornstein, weil die Rauchgasmenge je Kalorie aus der Kohle entbundener Wärme mit fallendem Heizwert zunimmt (Abb. 174). In Abb. 175 ist für eine Ruhrkohle ausgerechnet [42], wieviel kg Staub pro 1 t erzeugten Dampfes vom Schornstein verstreut werden, wenn sich

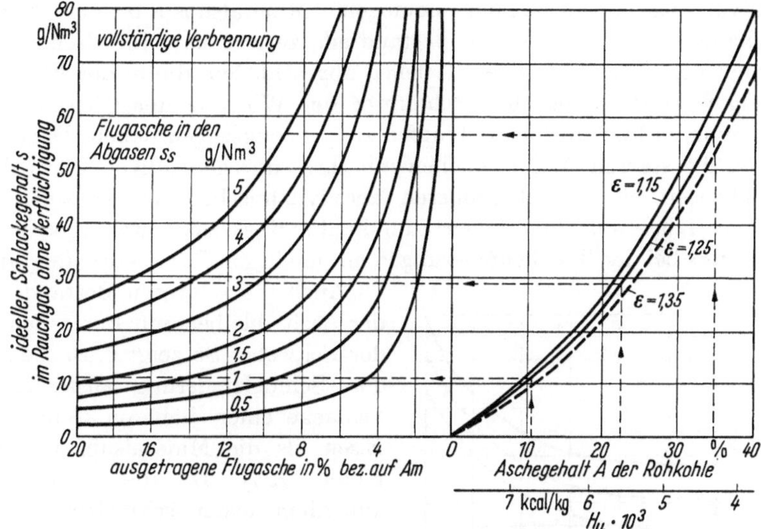

Abb. 176. Anteil der ausgetragenen Asche als Funktion des zulässigen Staubgehaltes in den Abgasen und des Aschegehaltes der Kohle [42]

der zulässige Staubgehalt der Abgase hinter dem Entstauber in den angegebenen Grenzen bewegt.

Aufschlußreich sind auch die Kurven in Abb. 176, die für dieselbe Ruhrkohle die notwendige Gesamtentstaubung im Kessel und Entstauber angeben. So muß z. B. bei einer Kohle mit 35 % Aschengehalt bei Verbrennung mit einem Luftüberschuß von 1,15 zum Einhalten von $s_s = 1$ g/Nm³ in der Anlage insgesamt 98 % der Asche eingefangen werden, d.h., der Schornsteinaschenaustrag darf nicht mehr als 2 % der dem Kessel zugeführten Asche ausmachen.

2. Sichtungsvorgänge im Schmelzraum

Die Aschenabscheidung im Brennraum ist eine untrennbare Begleiterscheinung des Verbrennungsprozesses. Bei Großkessel-Feuerungen für Kohle sucht man bewußt einen möglichst großen Anteil der nach der Verbrennung verbleibenden Asche als Schlacke im Brennraum aufzu-

fangen, gleichgültig ob es sich um eine Trocken- oder eine Schmelzfeuerung handelt. Dadurch reduziert man die in die Kesselzüge mit-
gerissene Aschenmenge und wirkt der Verschmutzung und dem Verschleiß
der Heizflächen wirksam entgegen. In Schmelzfeuerungen werden im
Schmelzraum eben die leichtschmelzenden Aschenfraktionen eingebunden, die sonst die Verschlackung der Nachschaltheizflächen begünstigen.

     Die Schlacke ist in der Flamme fein zerstreut. Die einzelnen Aschen-
teilchen haben unterschiedliche chemische Zusammensetzung, da der
Mahlvorgang die scheinbar homogene Mineralsubstanz der Kohle
mechanisch in ihre einzelnen Bestandteile zerlegt hat. Im Brennraum
werden vor allem diejenigen Teilchen abgeschieden, die in der Flamme
flüssig geworden sind und sich unter der Wirkung der Oberflächenspannung zu kugelförmigen Tropfen zusammengezogen haben. Dagegen
bieten die starren Aschenteilchen mit ihrer unregelmäßigen Form den
Rauchgasen einen viel größeren aerodynamischen Widerstand; sie
werden daher aus dem Feuerraum in die Kesselzüge weitergetragen,
besonders bei den Trockenfeuerungen mit niedriger Flammentemperatur.

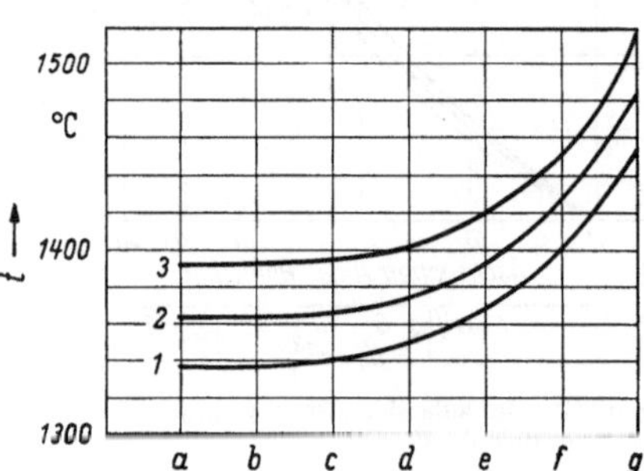

Abb. 177. Schmelzcharakteristiken der Asche
längs des Rauchgasweges [196]

1. Erweichungstemperatur,   2. Schmelztemperatur,   3. Fließtemperatur.

a Granulat,   *b* Schlacke vom Schmelzbad,
c von der Seitenwand des Schmelzraumes,
d von der Hinterwand des Schmelzraumes,
e vom Strahlungsraum, *f* veraschte Kohlenprobe,   *g* vom Aschenabscheider der Ent-
aschungsanlage hinter dem Luvo.

Auch die schweren Bestandteile
der Asche bleiben nur kurze Zeit in
der Schwebe. So zeigt z. B. die aus
der Schmelzfeuerung ausfließende
Schlacke einen höheren Gehalt an
Eisen als die Mineralsubstanz der
Kohle [196]. Da die Eisenoxyde
außerdem leicht schmelzbare Eutektika mit verschiedenen Oxyden
in der Asche bilden, begünstigen
sie auch dadurch die Aschenabscheidung. Dieser Vorgang wird
z. B. bei Aschen der rheinischen
Braunkohlen beobachtet [197], deren schwerere Bestandteile, wie
SiO_2, Al_2O_3 und Fe_2O_3, miteinander
leichtschmelzende Eutektika bilden,
wodurch sie bei Schmelzfeuerungen
in der Schlacke konzentriert werden.

Dagegen bleibt das leichtere CaO mit hohem Schmelzpunkt in der
Flugasche und kommt in den Ansätzen im Vergleich zu Kohlenasche
bis in doppelt so hoher Konzentration vor. Einen indirekten Beweis
für das Abscheiden der leichtschmelzenden Eutektika liefert auch die
Abb. 177, nach dem die Aschenproben aus verschiedenen Partien
des Kessels in Richtung zum Kesselaustritt hin steigende Aschenschmelzpunkte zeigen [196].

3. Abscheidevermögen der Feuerung

Zum Einbinden der Schlacke im Feuerraum sind eigentlich zwei Vorgänge notwendig. Erstens müssen die Schlackenteilchen aus den Rauchgasen abgeschieden und zur Wand abgeschleudert werden. Zweitens müssen sie (bei Schmelzfeuerungen) an dieser Wand aufgefangen bzw. sollen sie längs der Auffangfläche sofort oder später in den Aschentrichter abrutschen (bei Trockenfeuerungen). Nur große Aschenteilchen setzen sich unter der Wirkung der Erdschwere direkt ab.

Im Feurraum ist daher eine starke Wirbelung willkommen, weil die Schlackenteilchen durch die vereinte Wirkung der Erdschwere und der Fliehkraft gegen die Begrenzungsflächen des Feuerraumes getrieben werden. Auch örtliche Aufwirbelungen der Flamme, wie z. B. hinter den einzelnen Rohren des Schlackengitters, begünstigen die Schlackenabscheidung. Jede plötzliche Richtungsänderung des Rauchgasstromes, wie z. B. bei seinem Aufprall, veranlaßt ebenfalls eine intensive Schlackentropfenabscheidung. Bei Schmelzfeuerungen kann man damit rechnen, daß jedes gegen die klebrige, mit flüssiger Schlacke überzogene Wand aufprallende Schlackenteilchen dort aufgefangen wird, wohingegen dies bei den Trockenfeuerungen nicht immer geschehen muß.

Das Abscheidevermögen einer Feuerung wird durch ihren Ersteinbindungsgrad

$$\beta = S_b / S_f \qquad (77)$$

definiert, d. h. durch das Verhältnis der im Brennraum abgeschiedenen zu der den Brennraum mit den Rauchgasen verlassenden Asche. Die Tab. 15 gibt über das mittlere Abscheidevermögen verschiedener Feuerungstypen Auskunft.

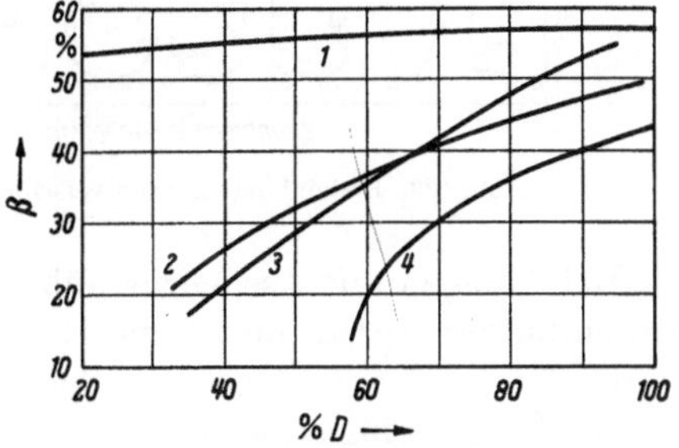

Abb. 178. Einfluß der Kessellast auf den Einbindungsgrad bei vier verschiedenen Kesseln [121]

Tabelle 15. Abscheidevermögen von Feuerungen

Trockenfeuerung	15 ··· 25%
Großraum-Schmelzfeuerung	30 ··· 50%
Vertikalzyklon	70 ··· 80%
Horizontalzyklon	80 ··· 90%

Die höheren Ersteinbindungsgrade der Schmelzfeuerungen sind offenbar der höheren Temperatur im Schmelzraum zuzuschreiben, die nicht nur die benetzte Auffangfläche erzeugt, sondern auch zum Überführen der meisten Aschenteilchen in den flüssigen Zustand beiträgt. Da aber diese Temperatur nicht konstant ist und z. B. mit sinkender Last abnimmt, werden nach Abb. 178 bei Teillast die Ersteinbindungsgrade kleiner. Die gegenseitigen Zusammenhänge zwischen Feuerraumtemperatur und Ersteinbindungsgrad zeigt auch Abb. 179 [*32*], das den Ersteinbindungsgrad für verschiedene Feuerungstypen darstellt.

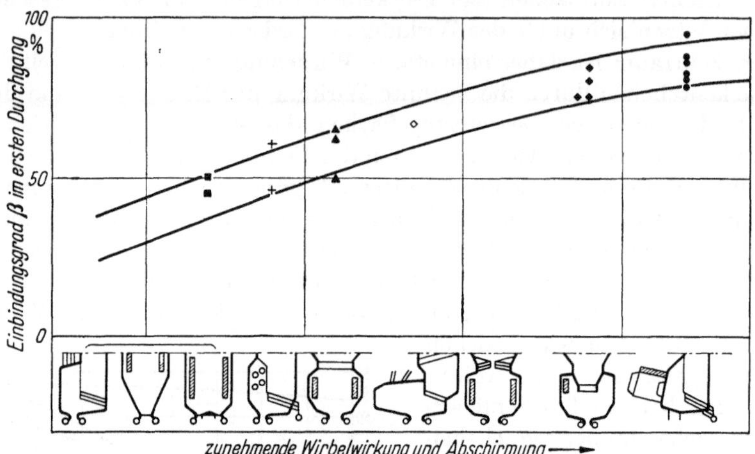

Abb. 179. Ersteinbindungsgrad verschiedener Schmelzfeuerungsarten [*32*]

Bei Anlagen mit Aschenrückführung ist grundsätzlich zwischen dem Ersteinbindungsgrad und dem Einfluß der Einbindung bei weiteren Durchgängen der Asche durch den Brennraum zu unterscheiden. Der rückgeführten Flugasche wird wiederholt Gelegenheit geboten, sich bei den nachfolgenden Durchgängen abzuscheiden bzw. an die Wand aufzuprallen.

4. Gesetzmäßigkeiten beim Abscheiden der Schlacke

Die Abscheidung der festen Verbrennungsrückstände aus der Flamme läßt sich bei den Großraumfeuerungen rechnerisch kaum verfolgen. Lediglich die Zyklonfeuerung mit ihren eindeutigeren Strömungsverhältnissen erlaubt (allerdings unter Vernachlässigung mancher unwichtigen Faktoren) eine mathematische Behandlung dieses Problems [*198, 199*]. Bestimmte allgemeingültige Gesetzmäßigkeiten lassen sich allerdings auch bei Großraumfeuerungen anwenden und gewähren zumindest in den qualitativen Charakter des Vorgangs einen Einblick.

In dem idealisierten Extremfall, daß die Asche in der Kohle gleichmäßig verteilt ist, daß also der Aschengehalt aller Körner übereinstimmt, und daß nach der Verbrennung aus jedem Kohleteilchen nur ein einziger

Schlackentropfen entsteht, ist der Zusammenhang zwischen der Ausgangsgröße des Kohleteilchens und der Größe des entstehenden Schlackentropfens durch die in Abb. 180 angedeuteten Beziehungen gegeben. Aus einem Korn bestimmter Größe entsteht also ein um so größerer Schlackentropfen, je aschenreicher die Kohle [42] ist. Bei zwei Kohlen, einer mit 10 % und einer anderen mit 40 % Asche, die beide gleich fein gemahlen sind, so daß für beide die in Abb. 180 aufgetragene

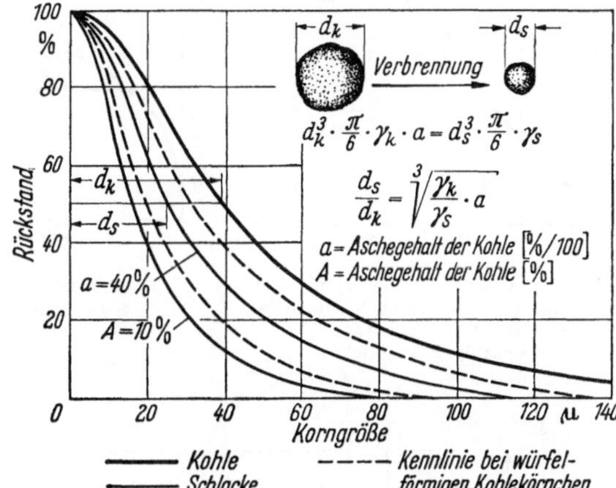

Abb. 180. Größe des aus einem Kohlekorn entstehenden Schlackentropfens (bei Vernachlässigung des Aufblähens) [42]

Siebungskurve gilt, entstehen bei der aschenreicheren Kohle offenbar größere Schlackentropfen, deren Abscheidung wahrscheinlicher ist. Unter der Voraussetzung, daß im Brennraum z. B. alle Teilchen über 20 μ abgeschieden werden, wird von der aschenärmeren Kohle 40 % ihres Aschegehalts im Brennraum eingebunden, während bei der aschenreichen Kohle 63 % Asche im Brennraum verbleiben.

In Wirklichkeit ist jedoch die Voraussetzung gleichen Aschengehalts in allen Körnern kaum berechtigt. Auch ist nicht sicher, daß aus jedem Kohlekorn nur ein Schlackentropfen entsteht. Es ist deshalb noch ein zweiter Grenzfall zu betrachten, nämlich der, daß alle Schlackentropfen gleich groß sind. Aus einem Korn entstehen dann um so mehr Schlackentropfen, je größer das Korn ist und je mehr Asche es enthält. Für die Anzahl der Schlackentropfen aus 1 kg Kohle ergeben sich dann die Kurven von Abb. 181. Die Anzahl der Tropfen steigt also mit dem Aschengehalt steil an, womit die gegenseitige Entfernung der Tropfen im Brennraum kleiner und ihr Zusammenstoß wahrscheinlicher wird.

Bei solchem Zusammenstoß verbinden sich die beiden Schlackentropfen infolge ihrer Oberflächenspannung zu einem größeren Tropfen, was man als Koagulierung bezeichnet. Dieser Vorgang erklärt das große Abscheidevermögen der Zyklonfeuerungen, wo durch Fliehkraft eine hohe Konzentration der Schlackentropfen an der Zyklonwand geschaffen wird und deshalb eine intensive Koagulierung zu erwarten ist. Dasselbe findet auch bei Aschenrückführung statt, wenn man die

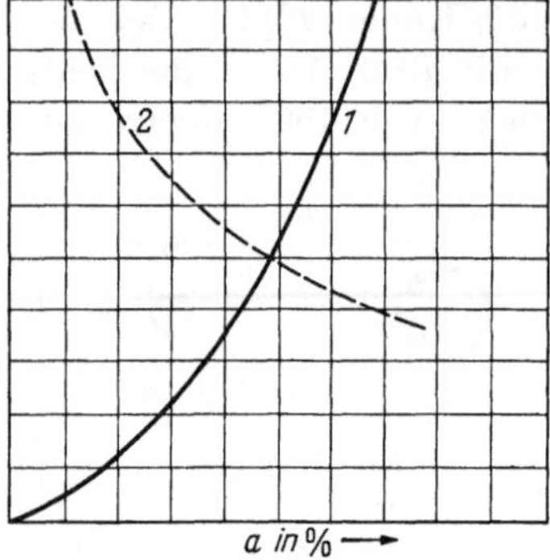

Abb. 181. Anzahl und Abstand der Schlackentropfen in einer Volumeneinheit der Rauchgase [41].
1 Anzahl, 2 Abstand

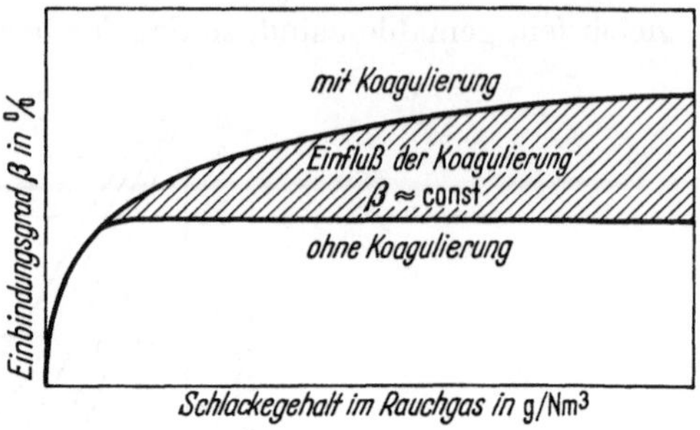

Abb. 182. Einfluß der Koagulierung der Schlackentropfen auf den Einbindungsgrad [42]

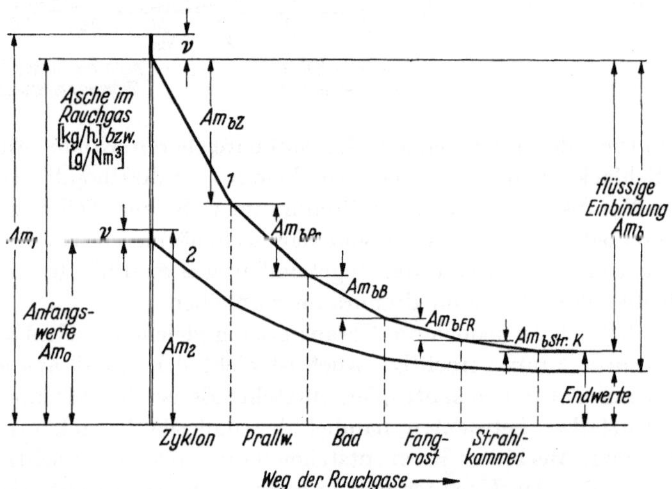

Abb. 183. Rauchgase-Aschegehalt längs des Rauchgasweges in einer Zyklonfeuerung [42]

rückgeführte Asche zum Kohlenstaub in den Mühlen zumischt. Als Beweis für die Existenz der Aschenkoagulierung gibt [42] die Kurve Abb. 182 an, wonach der Ersteinbindungsgrad beim Fehlen der Koagulierung ähnlich wie bei den Zyklonentstaubern, wenn ein Grenzwert erreicht ist, mit der weiteren Zunahme der Schlackenkonzentration nicht mehr ansteigen sollte, was jedoch nicht geschieht.

Die Abscheidung der Schlackentropfen ist also um so wahrscheinlicher, je größer ihre Konzentration in den Rauchgasen ist. Diese Gesetzmäßigkeit wird in Abb. 183 bestätigt, nach dem laut Messung bei einer
Zyklonfeuerung in den Rauchgasen der Aschengehalt längs des Rauch-

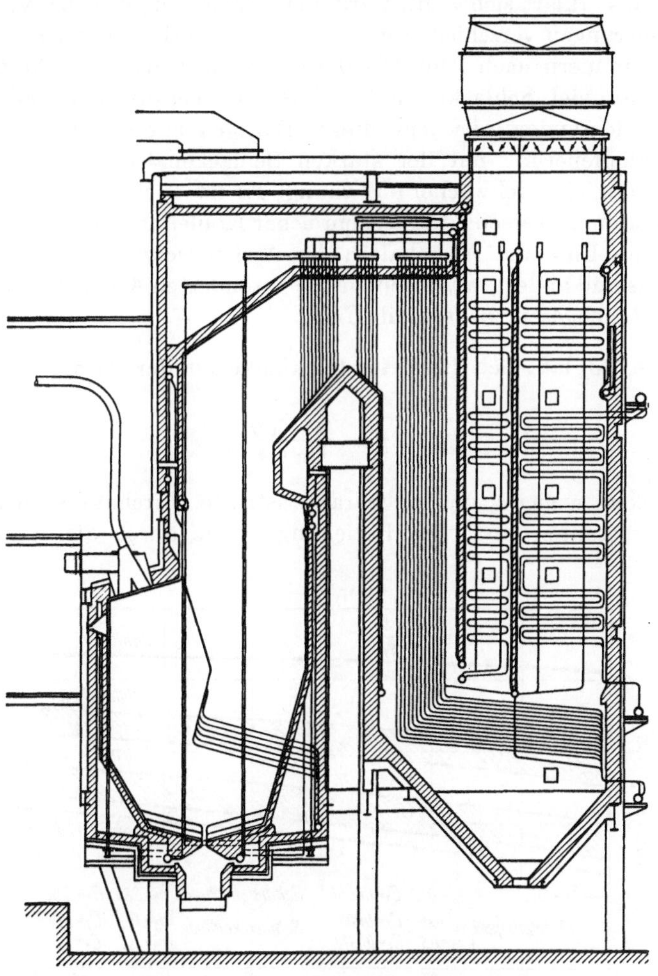

Abb. 184. Anlage mit Deckenbrennern (MAN)

gasweges absinkt. Nach [51] gilt für dieses Konzentrationsgesetz die
Beziehung

$$dS_b = -KS_b\,dF\,. \tag{77}$$

Durch Integrieren ergibt sich für die in den Rauchgasen verbleibende
Schlackenmenge die Gleichung

$$S_b = S_{b0} \cdot e^{-KF}\,. \tag{78}$$

Der größte Teil der Schlacke wird also aus den Rauchgasen am Anfang des Brennweges entfernt, wo sie mit Schlacke noch am reichsten beladen sind, während am Ende des Brennweges die Abscheidung aus dem gereinigten Rauchgas schon wesentlich langsamer vor sich geht [200].

Daraus erklärt sich z. B., warum ein Schlackengitter bei verschiedenen Feuerungen verschieden wirksam ist. So enthalten bei Anlagen mit Deckenbrennern nach Abb. 184 die am Schlackengitter ankommenden Rauchgase viel Schlacke, und das Schlackengitter hat deshalb hier einen bedeutenden Abscheideeffekt. Dagegen hat das Schlackengitter bei Zyklonfeuerung mit der starken Schlackenabscheidung schon im Zyklon nur eine schwächere Wirkung. Es ist auch bekannt, daß sich beim Verfeuern verschieden aschenreicher Kohlen in derselben Feuerung oder beim Ein- und Ausschalten der Aschenrückführung der Ersteinbindungsgrad ändert, was offenbar der veränderten Aschenkonzentration in den Rauchgasen zuzuschreiben ist.

Nach [43] läßt sich diese Gesetzmäßigkeit in der Form

$$\beta = \frac{c_0 + c_1\, s_f}{1 + c_1\, s_f} \tag{79}$$

ausdrücken, wobei c_0 und c_1 charakteristische, durch Versuch feststellbare Konstanten sind. Die Beziehung wurde durch die Analyse der

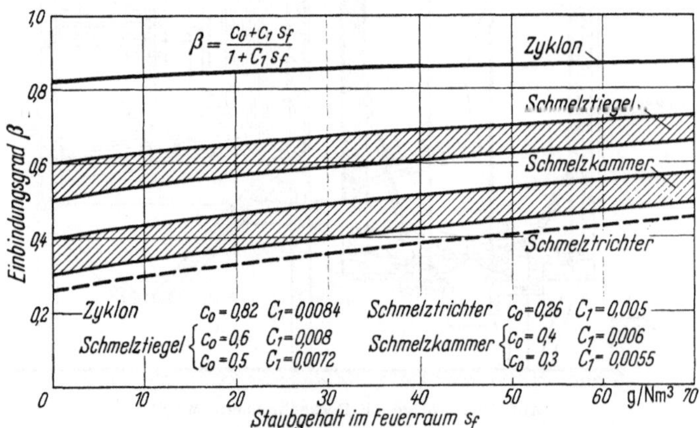

Abb. 185. Ersteinbindungsgrad in Abhängigkeit von der Aschenkonzentration in den Rauchgasen [43]

Kurven in Abb. 185 gefunden, die den Zusammenhang zwischen Schlackenkonzentration und Ersteinbindungsgrad für verschiedene Feuerungen angeben.

Die wirksame Abscheidung der Schlacke wird durch die hohe Zähigkeit der Flammenmasse erschwert, die nach Abb. 186 bei hohen Temperaturen ein Mehrfaches ihres Wertes für kalte Rauchgase beträgt. Darum hat auch die Entfernung der Schlackenteilchen von der Auffangfläche eine nicht zu unterschätzende Bedeutung. Die Abscheidung ist bei breiten, durch Einbauten nicht gestörten Rauchgasströmen schwächer als bei schmalen Strömen. Die besten Verhältnisse findet man wieder bei der Zyklonfeuerung, bei der die Kohleteilchen nahe an der Zyklonwand vorbeistreichen und durch die Fliehkraft zur Wand hingezwungen werden.

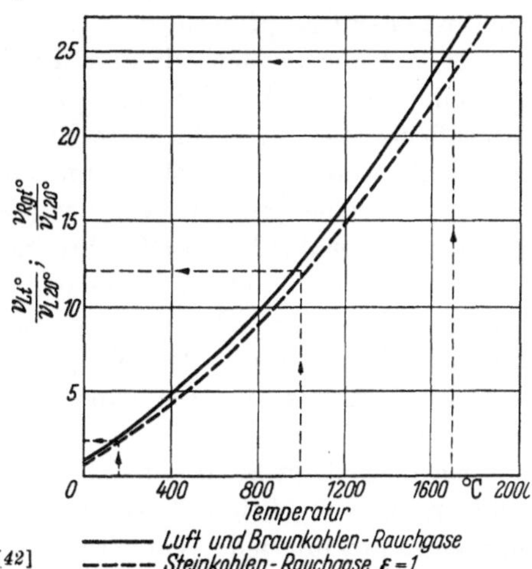

Abb. 186. Zähigkeit von Luft und Rauchgasen [42]

5. Verschiedene Reinigungsmethoden

Es ist zu betonen, daß die Reinigung der Brennraumwände bei bösartigen aschenreichen Kohlen als eine regelmäßige Betriebsoperation periodisch zu erfolgen hat und daß ihr Versäumen zu ernsten Folgen führen kann. Die regelmäßige Reinigung der Brennraumwände verlängert nicht nur die Reisezeit des Kessels, sondern sie verbessert oft auch seinen Wirkungsgrad.

Lediglich die Schmelzraumwände sind selbstreinigend, da die hohe Flammentemperatur das ständige Abschmelzen der sich bildenden Schlackenschicht herbeiführt. Die Wände des Strahlungsraumes und der Brennraum der Trockenfeuerungen haben diese Eigenschaften der Selbstreinigung nicht und müssen deshalb durch Eingriff von außen von den Schlackenansätzen gereinigt werden. Nur in Ausnahmefällen, z. B. bei ganzmetallischen Brennraumwänden, kann man im beschränkten Maß damit rechnen, daß der Ansatz bei Laständerung sich abschält und von selbst durch sein Eigengewicht abfällt.

Grundsätzlich lassen sich die Feuerraumwände mit folgenden Methoden reinhalten:

1. durch Wegblasen mit einem Luft- oder Dampfstrahl,
2. durch Abspritzen mit einem Wasserstrahl.

Das Abblasen der Ansätze mit Dampf oder Preßluft, das auf der mechanischen Wirkung des aus einer Düse ausströmenden Luft- bzw. Dampfstrahles beruht, eignet sich nur dort, wo es sich nur um Ablagerungen und nicht um Ansätze handelt. Bei gebackenen Ansätzen ist dieses Mittel wirkungslos. Auch stellt sich das Abblasen teuer, da man Preßluft oder Dampf verliert.

Als wirksamste Methode zum Entfernen der Ansätze in den Feuerräumen hat sich bisher das Bespritzen der Wand mit Wasser gezeigt. Der aufprallende Wasserstrahl schreckt nämlich den glühenden Schlackenansatz ab, wodurch er erstarrt und in ihm innere Spannungen erzeugt werden, die seine Ablösung von der Wand begünstigen. Die Ansicht, das Bespritzen der heißen Siederohre mit Wasser könne für die Rohre schädliche Folgen haben, ist heute als überholt zu betrachten, da es sich meistens um dünnwandige Rohre von kleinem Durchmesser handelt. Die Anzahl der Bespritzungen sowie ihre Gesamtdauer sind im Hinblick auf die ganze Lebensdauer des Kessels unbedeutend [201].

Das Bespritzen kann entweder mit kaltem oder mit heißem Wasser erfolgen. Der mächtige Wasserstrahl hat eine große Reichweite, und man kann mit ihm jede Wandstelle erreichen. Die Bespritzungsdauer ist allerdings möglichst klein zu halten. Wenn man Heißwasser zum Bespritzen nehmen will, benutzt man meistens die Ablauge des Kessels.

6. Rohrverschleiß durch Flugasche

Die Aschenabscheidung im Feuerraum beeinflußt auch den Rohrverschleiß in den Heizflächen der Kesselzüge. Dabei werden die Rohre durch die Flugstaubkörner abgeschliffen, indem die Flugasche, die in den Rauchgasen schwebt, beim Umströmen der Rohre mit ihnen in Kontakt kommt und die Schutzschicht des Rohres mechanisch entfernt. Nach einer bestimmten Zeit hat dann die Rohrwanddicke so weit abgenommen, daß das Rohr dem inneren Druck nicht mehr zu widerstehen vermag, und es kommt dann zu einem Rohrreißer. Insbesondere bei den Großkesseln ist dem Rohrverschleiß große Aufmerksamkeit zu schenken, da die große Breitenleitung solcher Einheiten manchmal zu übermäßig hohen Rauchgasgeschwindigkeiten in den Kesselzügen führt, wenn man die Zugtiefe nicht ausreichend groß auslegt.

Das Abschleifen der Rohre wird durch die Rauchgasgeschwindigkeit maßgebend beeinflußt. Nach sowjetischen Messungen soll das Fortschreiten der Erosion der dritten Potenz der Rauchgasgeschwindigkeit und dem Flugaschengehalt der Rauchgase direkt proportional sein [202]. Es ist begreiflich, daß der Verschleiß auch von der Härte der Aschenteilchen abhängt. Je härter und scharfkantiger sie sind, desto intensiver ist ihre Schleifwirkung.

Sehr wichtig ist der Einfluß der Teilchengröße, indem die Körner über 30 μ am gefährlichsten sind. Die ganz kleinen Teilchen schaden weniger, da ihre kinetische Energie gering ist. Das Verhältnis ihres Querschnitts zu ihrem Gewicht ist groß, und deshalb folgen sie nach Abb. 187 den Strömungslinien der Rauchgase, ohne das Rohr zu be-

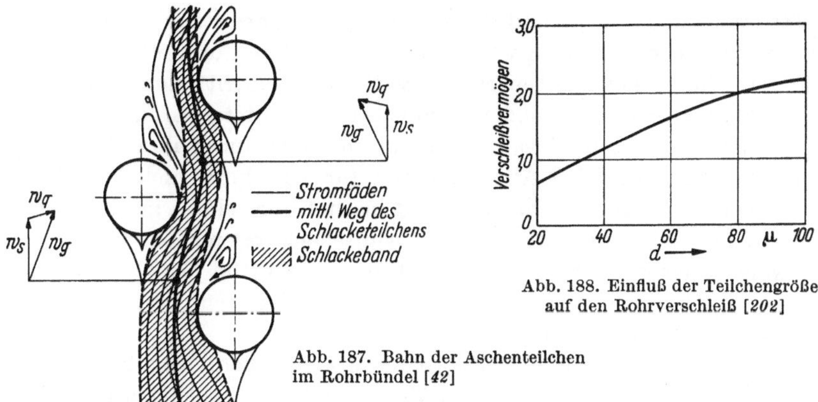

Abb. 187. Bahn der Aschenteilchen im Rohrbündel [42]

Abb. 188. Einfluß der Teilchengröße auf den Rohrverschleiß [202]

rühren; sie sind nicht imstande, die Grenzschicht mit großer Geschwindigkeit durchzuschießen. Den Einfluß der Teilchengröße auf ihr Verschleißvermögen gibt die Abb. 188 wieder.

Im Hinblick auf den Verschleiß sind zweifellos die Schmelzfeuerungen mit hohem Ersteinbindungsgrad am besten, da die großen Aschenteilchen schon im Feuerraum eingebunden werden und der hohe Ersteinbindungsgrad die Aschenrückführung unnötig macht. Man kann aus diesem Grunde bei Schmelzfeuerungen wesentlich höhere Rauchgasgeschwindigkeiten zulassen als bei Trockenfeuerung [81].

Der Verschleiß der Rohre läßt sich durch eine zweckmäßige Gestaltung der Rauchgaswege stark beeinflussen. Z. B. führt bei der Verfeuerung von sandhaltigen Braunkohlen jede scharfe Umlenkung des Rauchgasstromes zu erhöhter Aschenkonzentration unter der Wirkung der Fliehkraft; an solchen Stellen muß die Rauchgasgeschwindigkeit wesentlich gesenkt werden. Es wird empfohlen, die rechnerische Rauchgasgeschwindigkeit von 10 m/sek. nicht zu überschreiten [115, 122].

II. Rauchgasentstaubung und Aschenrückführung

1. Rauchgasentstaubung

Zur Einhaltung einer zulässigen Grenze des Aschenauswurfs benötigt man eine Entstaubungsanlage, die die Abgase gründlich von dem Staub reinigt, der im Feuerraum nicht eingebunden wurde. Die Entstauber sind auch das einzige Mittel, mit dem man Flugasche in genügend konzentrierter Form zur Rückführung zwecks Einschmelzens bzw. als Rohstoff für eine Aschenverwertungsanlage rückgewinnen kann.

Die Entstauber mildern auch den Laufradverschleiß in den Ventilatoren, was vor allem bei Anwendung von axialen Saugzügen mit hoher Relativgeschwindigkeit der Abgase in der Beschaufelung wichtig ist [203]. Aus demselben Grunde ist der Ausbildung des Rauchgaskanals an der Saugseite des Rauchgasventilators besondere Aufmerksamkeit zu widmen, damit kein Entmischen des Staubes eintritt und keine engbegrenzten grobkornführenden Staubsträhnen entstehen. Bei Elektrofiltern darf in diesem Zusammenhang auch der durch ihre Wirkungsweise bedingte niedrige Abscheidegrad für Grobkorn nicht vergessen werden [204], der manchmal die Einschaltung eines mechanischen Abscheiders neben dem Elektrofilter wünschenswert machen kann.

Nach amerikanischen Quellen soll die gründliche Entstaubung der Abgase auch für die Erreichung niedriger Abgastemperaturen unter 100° C unentbehrlich sein [34].

Beim Auslegen neuer Großkraftwerke für aschenreiche Brennstoffe macht man deshalb von Elektrofiltern und von mechanischen Entstaubern Gebrauch [205, 206], wobei die mechanischen Entstauber dem Elektrofilter vor- oder nachgeschaltet werden [207]. Die frühere Anschauung, daß der mechanische Entstauber lediglich ein Sicherheitselement zum Abscheiden des Grobstaubs sei, gilt heute als überholt [208]. Im Gegenteil, man verlangt heute auch in den unteren Kornbereichen einen guten Abscheidungsgrad für den Fall, daß der Elektrofilter versagt. Dies trifft oft bei den Schmelzkesseln zu, deren feine Flugasche die Reinigung der Filterplatten schwieriger macht. Die Flugstäube aus Schmelzfeuerungen besitzen außerdem unterschiedliche Leitfähigkeit, die oft in Verbindung mit der schnell fortschreitenden Verschmutzung der Sprüh- und Fangelektroden auftritt.

Überwiegend werden die Entstaubungsanlagen hinter dem Luvoaustritt eingeschaltet, wo sie mit minimaler Temperatur zu arbeiten haben. Bei manchen Anlagen findet man jedoch eine mechanische Vorreinigung der Rauchgase schon vor dem Luvo oder vor dem letzten Kesselzug, wodurch der Verschleiß und die Verschmutzung des Luvo abgewendet bzw. bei Anlagen mit Rauchgasumwälzung auch das Umwälzgebläse vor Verschleiß geschützt werden soll.

2. Aschenrückführung und Mahlfeinheit

Die Aschenrückführung, die erst in der letzten Zeit voll gewürdigt wird, gehört zu den größten Vorteilen der Schmelzfeuerung. Durch ihre Anwendung kann man selbst bei Schmelzfeuerungen mit niedrigem Ersteinbindungsgrad den größten Teil der Asche in granulierte Asche überführen. Dabei wird die in der Entstaubungsanlage aufgefangene Flugasche bei ihrem zweiten oder einem der nachfolgenden Durchgänge durch den Kessel eingebunden und läuft als flüssige Schlacke aus dem Kessel ab.

Die Weiterentwicklung der Anlagen mit Aschenrückführung hat aber noch andere günstige Möglichkeiten aufgedeckt. Vor allem zeigte es sich, daß der bei der Aschenrückführung unvermeidbare größere Verlust durch Schlackenwärme wenigstens zum Teil durch Ersparnis an Mahlarbeit in den Mühlen ausgeglichen werden kann, indem man den Kessel absichtlich mit gröber gemahlenem Kohlenstaub als bisher fährt.

Das Auffangen des Flugkokses aus den Abgasen ist nicht schwierig, da die Flugkokskörner grob sind. Ein Bild darüber gibt die Kornkennlinie in Abb. 189 [*203*], die die Körnung des Staubes in den Abgasen

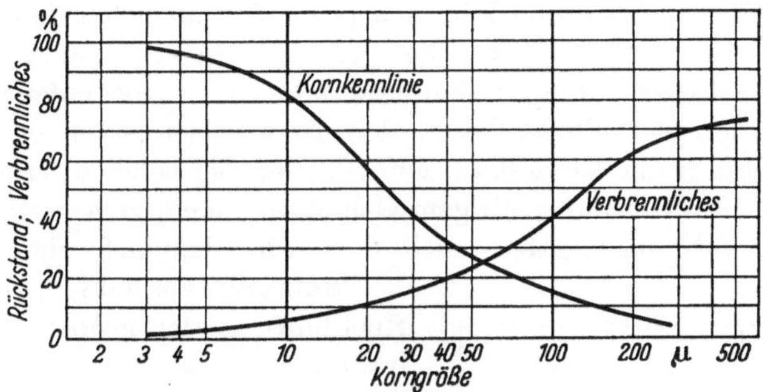

Abb. 189. Verteilung des Verbrennlichen in Aschenfraktionen nach der Körnungslinie [*203*]

eines Schmelztrichterkessels bei einer Ausmahlung der Steinkohle auf 40 ··· 45 % Rückstand auf dem Sieb 70 bzw. auf 10 bis 12 % Rückstand auf dem Sieb 30 zeigt. Diese groben Koksteilchen lassen sich mit gutem Wirkungsgrad abscheiden, so daß der Verlust an Unverbranntem durch gröbere Ausmahlung bei Anwendung der Aschenrückführung nicht wesentlich vergrößert wird, da man ihnen die Möglichkeit gibt, im Kreis zwischen Entstaubungsanlage und Kessel so lange umzulaufen, bis sie ausgebrannt sind.

Durch die Aschenrückführung wird also bei den Kohlenstaubfeuerungen die Aufenthaltsdauer der Staubkörner im Feuerraum auf die gleichen Zeiten verlängert wie bei den Zyklonfeuerungen. Der Unterschied liegt nur darin, daß bei den Anlagen mit Aschenrückführung die gesamte Aufenthaltsdauer des Staubkornes im Schmelzraum aus mehreren Durchgängen durch den Schmelzraum besteht, wobei zwischen den einzelnen Brennperioden des Kornes Perioden der Abkühlung und des Erlöschens liegen und nach jeder Rückführung wiederholte Temperaturüberfälle und Neuzündungen erfolgen. Es ist wahrscheinlich, daß

diese wiederholten Temperaturüberfälle auf die Koksteilchen sehr
günstig wirken, indem sie zu einem Zerspringen der Teilchen führen, so
daß deren Oberfläche ohne Aufwand an Mahlarbeiten vergrößert wird.
Auch der Umstand, daß der rückgeführte entgaste Koks wiederholt in
den Bereich der größten Hitze und der größten Sauerstoffkonzentra-
tionen am Anfang der Flamme kommt, erleichtert seinen vollständigen
Ausbrand.

Diese Erkenntnis ist von großer Bedeutung, da sie zeigt, daß durch
die Einführung der Aschenrückführung die Vorgänge im Verbrennungsschwanz viel von ihrer Wichtigkeit verlieren. Man braucht nicht mehr
den Abschluß der Verbrennungsvorgänge im Brennraum zu verlangen‘
was eine Verkleinerung des Brennraumes gestattet, dessen Größe wieder
nur durch die Forderungen des Wärmeaustausches endgültig bestimmt
wird.

Die Aschenrückführung läßt sich prinzipiell auch bei den Trocken-
feuerungen anwenden. Sie ist dort jedoch weniger vorteilhaft, da sie
infolge des kleinen Ersteinbindungsgrades der Trockenfeuerung die
Konzentration der Flugasche in den Rauchgasen stark erhöht. Die
Aschenrückführung ist deshalb sinnvoll nur bei solchen Trockenfeuerungen, die Kohlen mit niedrigem Gehalt an Flüchtigem verfeuern, wie
Anthrazitstäube usw. Aber auch dort wird lediglich eine teilweise
Rückführung empfohlen, etwa die
Rückführung der gröberen Aschenfraktionen, die im mechanischen
Entstauber vor dem Elektrofilter
abgefangen werden und die das
meiste Unverbrannte enthalten [4].

Zu den Nachteilen der Aschenrückführung ist allerdings nicht nur
die höhere Konzentration der Flugasche in den Rauchgasen, sondern
auch die größere Feinheit dieser Flugasche zu rechnen (Abb. 190) [204].
Die durch die gröbere Ausmahlung
bedingte Vermehrung des Unverbrannten in der Flugasche hat sich
deshalb in manchen Fällen auch
dadurch als günstig erwiesen, daß
die gröberen Koksteilchen durch ihre

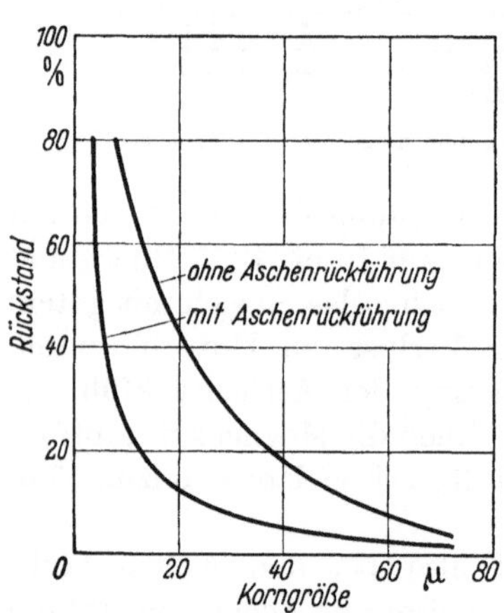

Abb. 190. Körnungskennlinien der Flugasche aus Kesseln mit und ohne Aschenrückführung

erodierende Wirkung die Nachschaltheizflächen des Kessels reinigen
und so die Reisezeit des Kessels verlängern.

Die Aschenrückführung eignet sich auch für die Brennstofftrocknung
mit den gesamten Abgasen, indem man die grüne Kohle grob gemahlen

in den Strahlungsraum einführt und mit den Rauchgasen den Brennraum sowie die Kesselzüge schwebend durchfliegen läßt. Die dabei getrocknete und zum Teil entgaste Kohle wird hinter dem Kessel nach Abb. 191 [*209*] eingefangen und mit der eingefangenen Flugasche in die Zyklonfeuerung zurückgeführt.

Zu den Nachteilen der Aschenrückführung ist zu rechnen, daß alle Verbrennungsprodukte des Schwefels in die Rauchgase übergehen. Man

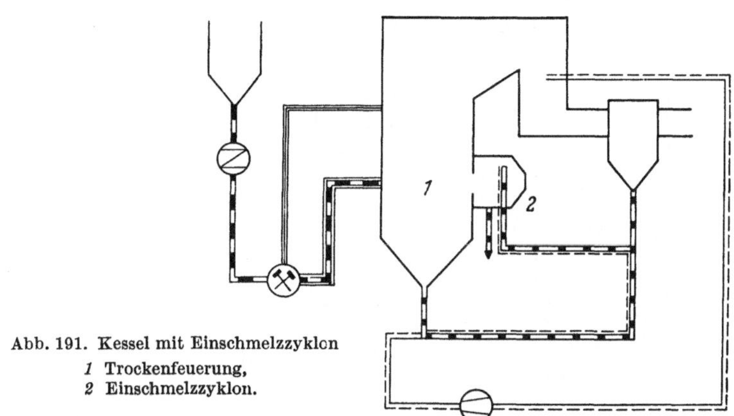

Abb. 191. Kessel mit Einschmelzzyklon
1 Trockenfeuerung,
2 Einschmelzzyklon.

verliert dadurch bei Kohlen mit reaktiver Flugasche die Möglichkeit, wenigstens einen Teil der Schwefeloxyde auf ihrer Oberfläche zu binden und damit die Kraftwerksumgebung wenigstens zum Teil von den gasförmigen Schwefeloxyden freizuhalten.

Bei der Schmelzfeuerung hat nach Abb. 177 die rückgeführte Flugasche einen höheren Schmelzpunkt, so daß die Aschenrückführung die Zähigkeit der auslaufenden Schlacke ungünstig beeinflussen sollte. Bei manchen Anlagen mit Schmelzbad zeigt sich aber, daß im Gegenteil bei Aschenrückführung der Schmelzfluß besser ist, was wahrscheinlich auf die intensivere Abstrahlung der staubhaltigeren Flamme zurückzuführen ist, die die Temperaturdifferenz zwischen Schmelzbadspiegel und Flamme verkleinert. Der erhöhte Schwärzegrad der Flamme bzw. der Rauchgase senkt infolge größerer Konzentration feiner Teilchen die Austrittstemperatur der Rauchgase aus dem Feuerraum sowie die Heißdampftemperatur bei Einschaltung der Aschenrückführung.

3. Der Aschenumlauf

Infolge der Aschenrückführung vom Entstauber zurück in den Brennraum vergrößert sich die eingebundene Schlackenmenge. Die Aschenrückführung hebt gleichzeitig den Staubpegel in den Rauchgasen, da zwischen Kessel und Entstauber ein Aschenumlauf zustande kommt [*42, 43*]. Der Staub besteht aus Asche und Flugkoks, dessen Gehalt im

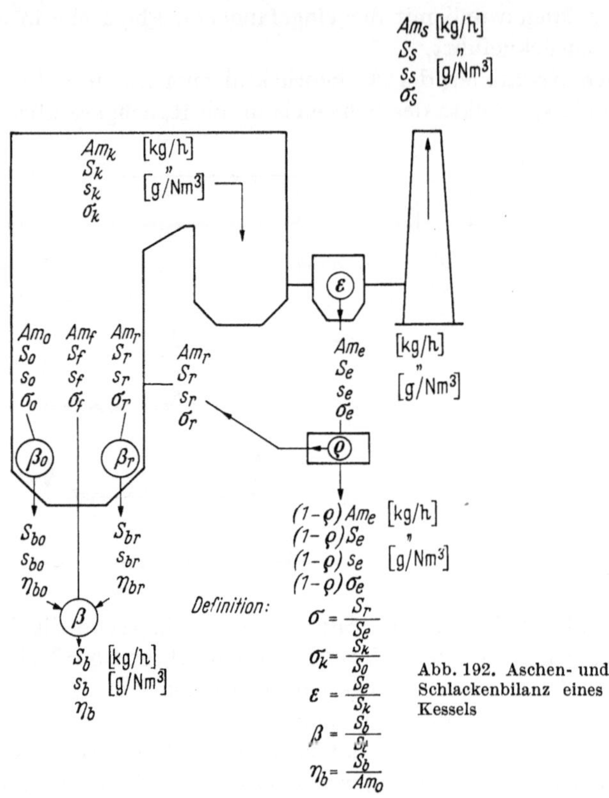

Abb. 192. Aschen- und Schlackenbilanz eines Kessels

Staub u ausmacht. Nach Abb. 192 kann man unter der Voraussetzung, daß die gesamte Flugasche rückgeführt wird, d. h. für $\varrho = 1{,}0$, den Staubgehalt in den Rauchgasen im Feuerraum als

$$s_f = s_0 + s_r = s_0 + \varepsilon\, s_k \tag{80}$$

angeben, wobei seine Größe hinter dem Feuerraum auf

$$s_k = (1 - \beta)\, s_f \tag{81}$$

absinkt. Der Anteil des im Feuerraum eingebundenen Staubes ist also

$$s_b = \beta \cdot s_f \tag{82}$$

während der Staubanteil

$$s_s = (1 - \varepsilon)\, s_k \tag{83}$$

in den Schornstein entweicht. Es muß außerdem die Bilanz

$$s_b + s_s = s_0 \qquad (84)$$

gelten, wobei s_0 den Anfangsstaubgehalt im Kessel einschl. des Unverbrannnten darstellt.

Aus den vorhergehenden Beziehungen und mit Abb. 192 lassen sich folgende Kenngrößen ableiten:

Umlaufzahl des Staubes in den Kesselzügen

$$\sigma_k = \frac{s_k}{s_0} = \frac{1 - \beta}{1 - \varepsilon\,(1 - \beta)} \qquad (85)$$

Gesamtentaschungsgrad

$$\eta_b = \frac{s_b}{s_0} = \frac{\beta}{1 - \varepsilon\,(1 - \beta)} \qquad (86)$$

spezifischer Schornsteinauswurf

$$\sigma_s = \frac{s_s}{s_0} = \frac{(1 - \varepsilon)\,(1 - \beta)}{1 - \varepsilon\,(1 - \beta)}, \qquad (87)$$

wobei wieder

$$\eta_b + \sigma_s = 1 \qquad (88)$$

zu erfüllen ist.

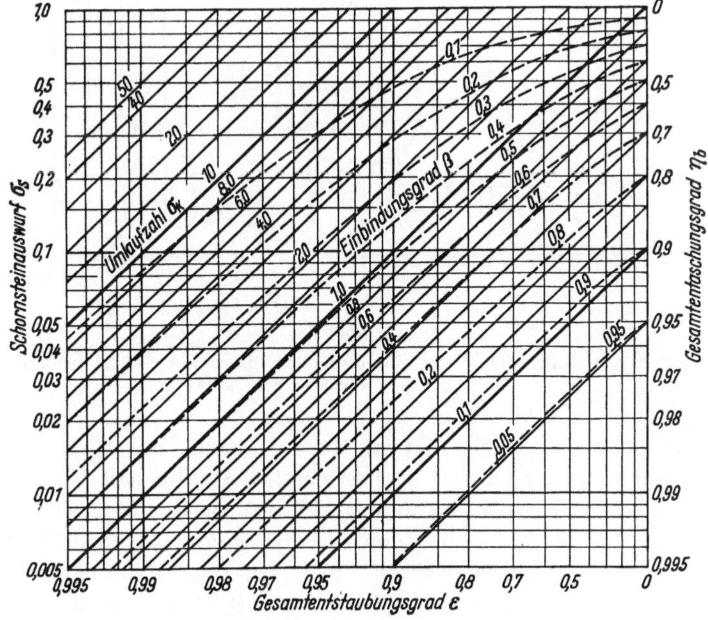

Abb. 193. Diagramm für die Beziehungen zwischen den Kennzahlen einer Anlage mit Aschenrückführung [43]

Die beschriebenen Beziehungen sind im Diagramm Abb. 193 abgebildet. Wenn man die dimensionslosen Kennzahlen mit dem Staubgehalt s_0 multipliziert, erhält man die Staubgehalte der Rauchgase in

14*

den einzelnen Stellen des Aschenumlaufes in g/Nm³, allerdings für die Reinasche, d. h. mit $u = 0$.

Auf den ersten Blick kann man feststellen, daß die Kurven für gleiches β und σ_k beinahe parallel verlaufen, so daß der Aschenumlauf vorwiegend von β abhängt. Der Einfluß des Entstaubungsgrades ε ist relativ klein, insbesondere wenn ε und β groß sind. Der spezifische Schornsteinauswurf σ_s ist dagegen von β und ε stark abhängig, wobei der Entstaubungsgrad ε bei dem höchstzulässigen Staubgehalt s_s um so kleiner ausfällt, je größer β ist.

Zum Vergleich sind in Abb. 194 nebeneinander die Aschenumläufe für eine Schmelzanlage mit $\beta = 0,4$ und für einen Zyklonkessel mit

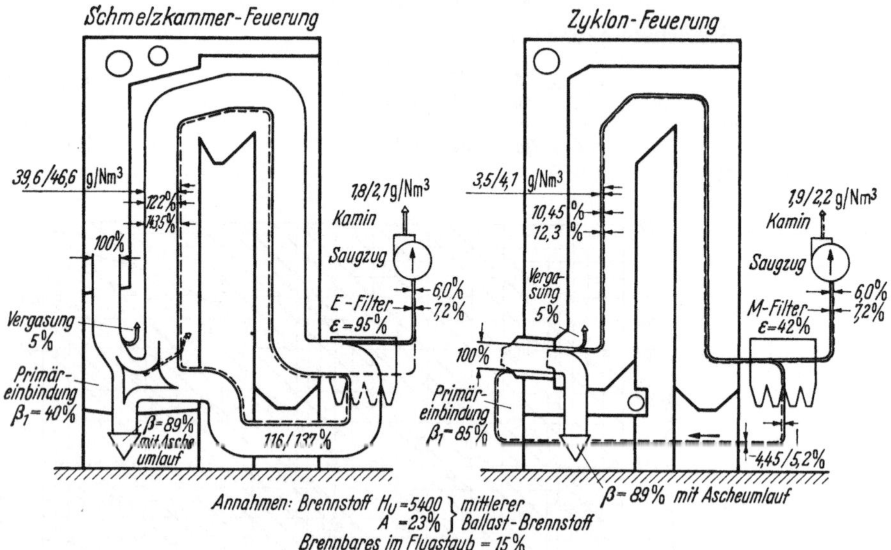

Abb. 194. Aschenumläufe in einem Großraum-Schmelzkessel ($\beta = 40\%$) und einer zyklonbefeuerten Anlage ($\beta = 85\%$) [42]

$\beta = 0,85$ dargestellt. Es soll dieselbe Kohle mit 23% Asche verfeuert werden, und auch der höchstzulässige Staubgehalt im Schornstein soll bei beiden Kesseln ungefähr gleich hoch liegen. Man sieht deutlich, daß man im ersten Fall einen Entstaubungsgrad des Entstaubers von $\varepsilon = 0,95$ benötigt, während man bei dem Zyklonkessel dank seines hohen Ersteinbindungsgrades mit $\varepsilon = 0,42$ auskommt.

Die wirklichen Verhältnisse weichen allerdings von jenen im Diagramm Abb. 193 etwas ab. Der Unterschied ist hauptsächlich durch die Veränderlichkeit von β bedingt, die von einer ganzen Reihe Faktoren abhängt, wie es z. B. die frühere Abb. 185 zeigt, die die Abhängigkeit des

Ersteinbindungsgrades von der Aschenkonzentration in den Rauchgasen angibt. Auch die Art der benutzten Feuerung sowie ihr Belastungsgrad und die Eigenschaften der augenblicklich verfeuerten Kohle sind hier von Einfluß. Der Entstauber zeigt außerdem verschiedenes Abscheidevermögen gegenüber Asche und gegenüber Unverbranntem. Auch die Körnungskennlinien des Flugkokses und der Flugasche sind verschieden. Schließlich kann man auch die Abwesenheit von Unverbranntem in der auslaufenden Schlacke nicht übersehen. Nichtsdestoweniger sind die Angaben des Diagramms Abb. 193 qualitativ richtig; die grundsätzlichen Zusammenhänge werden gut erfaßt.

4. Einfluß der Aschenrückführung auf den Feuerungswirkungsgrad

Die granulierte Schlackenmenge beim Betrieb ohne Aschenrückführung nach Abb. 192 [*210, 211*] ist

$$S_{b0} = \beta_0 S_0 = \beta \, (1 - v) \, B a \,, \tag{89}$$

während beim Einschalten der Aschenrückführung ihre Größe auf

$$S_b = \eta_b S_\jmath = \beta \, (1 - v) \, B a \, \frac{1}{1 - \varepsilon \, (1 - \beta)} \tag{90}$$

ansteigt, wenn man $\beta_0 = \beta_r = \beta$ und im Granulat $u = 0$ annimmt. Der Entstaubungsgrad ε soll außerdem für Asche sowie Unverbranntes gleichen Wert behalten. Durch die Aschenrückführung vergrößert sich allerdings der Verlust durch Schlackenwärme (bei der Schlackenentalpie i_s) um

$$\Delta \varkappa_s = 100 \, \frac{i_s}{H_u} \, \beta \, (1 - v) \, a \, \frac{\varepsilon \, (1 - \beta)}{1 - \varepsilon \, (1 - \beta)} \tag{91}$$

Beim Betrieb ohne Aschenrückführung beträgt die Menge des Unverbrannten in der Flugasche

$$U_k = u S_k = (1 - \beta) \, (1 - v) \, a B \, \frac{u}{1 - u}\,, \tag{92}$$

während bei Aschenrückführung seine Größe auf

$$U_s = u \cdot \sigma_s S_0 = (1 - \beta) \, (1 - v) \, a B \, \frac{u}{1 - u} \cdot \frac{1 - \varepsilon}{1 - \varepsilon \, (1 - \beta)} \tag{93}$$

absinkt, so daß man mit einem um

$$\Delta \varkappa_U = 100 \, \frac{7800}{H_u} \, \beta \, (1 - v) \, a B \, \frac{\varepsilon \, (1 - \beta)}{1 - \varepsilon \, (1 - \beta)} \tag{94}$$

besseren Ausbrand rechnen kann. Der Feuerungswirkungsgrad verändert sich insgesamt um

$$\Delta \eta_F = \Delta \varkappa_S - \Delta \varkappa_U = \frac{100}{H_u} \cdot \frac{\beta \, (1 - \beta) \, (1 - v) \, \varepsilon}{1 - \varepsilon \, (1 - \beta)} \left[\frac{7800 \, u}{1 - u} - i_s \right] a \, \% \,. \tag{95}$$

Sollte sich der Feuerungswirkungsgrad durch die Aschenrückführung nicht verschlechtern, so müßte der Gehalt an Unverbranntem in den Rauchgasen so hoch liegen, daß die Ungleichung

$$7800 \frac{u}{1-u} - i_s \geqq 0 \qquad (96)$$

erfüllt wäre. In Tab. 16 sind die Grenzgehalte von u als Funktion der Schlackenenthalpie angegeben.

Tabelle 16. Grenzgehalt an Unverbranntem bei $\Delta \eta_F = 0$

i_s	$u\%$
250	3,1
350	4,3
450	5,5

Ein positiver Wert von $\Delta \eta_F$ läßt sich demnach vor allem bei mageren Steinkohlen erwarten bzw. bei künstlichem Anheben des Unverbrannten durch absichtliche Verschlechterung der Mahlfeinheit wegen der Reinigung der Nachschaltheizflächen.

Die Verhältnisse liegen jedoch dort besser, wo man die Wärme der Schlacke zurückgewinnt. Wenn man von dieser Wärme den Anteil σ ausnutzt, verkleinert sich der Verlust durch Schlackenwärme auf

$$\varkappa_S = 100 \frac{i_s}{H_u} \beta \left(1 - \nu\right) a \frac{1 - \sigma}{1 - \varepsilon \left(1 - \beta\right)} \% , \qquad (97)$$

und der zur Erzielung von $\Delta \eta_F = 0$ notwendige Grenzgehalt des Unverbrannten verkleinert sich auf

$$u = \frac{100}{1 + \dfrac{7800}{i_s \left(1 - \sigma\right)}} \% . \qquad (98)$$

Die Ausnutzung der Schlackenwärme ist also mit der Aschenrückführung innigst verknüpft. Sie begünstigt die Wirtschaftlichkeit der Aschenrückführung, wie es auch die Abb. 195 zeigt. Bei Ausnutzung der Schlackenwärme kann die Aschenrückführung selbst bei Braunkohlenfeuerungen mit gut ausgebrannter Flugasche wirtschaftlich werden. Zuletzt sei betont, daß die angeführte Beurteilung

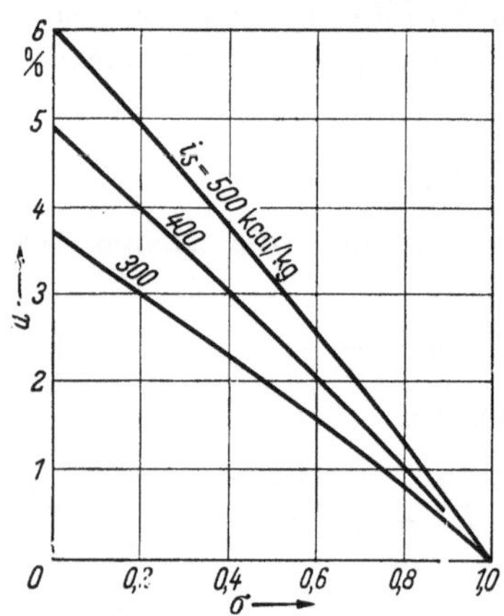

Abb. 195. Für Verbesserung des Wirkungsgrades notwendiger Mindestgehalt an Unverbranntem in der rückgeführten Asche
[210]

der Wirtschaftlichkeit nur einen von vielen Standpunkten darstellt, durch die sich die Anwendung der Aschenrückführung begründen läßt.

5. Einschmelzen der rückgeführten Asche

Da die rückzuführende Asche stark hygroskopisch ist, muß man sie vor Feuchtigkeit schützen, weil sonst bei der Rückführung Verstopfungen eintreten. Es ist deshalb auch aus diesem Grunde vorteilhaft, bei der Aschenrückführung als Tragmittel heiße Zweitluft anzuwenden, die durch ihre Trocknungswirkung die Schwierigkeiten mit feuchter Asche im voraus ausschließt.

Grundsätzlich muß man die größte Einbindung der rückgeführten Flugasche sichern. Am einfachsten erfolgt die Aschenrückführung durch Einblasen in den Schmelzraum zwischen die einzelnen Kohlenstaubbrenner. Als Tragmittel zur Rückführung der Asche benutzt man meistens die Zweitluft, die an der Verbrennung teilnimmt. Als Beispiel werden die Eckenbrenner (Abb. 196) angegeben [212]. Die Flugaschendüse befindet sich zwischen den Mündungen der oberen und unteren Kohlenstaubdüse. Die an den Ort der größten Hitze rückgeführte Flugasche gelangt so unmittelbar an die Stelle der größten Kohlenstaubkonzentration, was die Koagulation der Schlackentropfen begünstigt. Bei Eckenbrennern muß man auf das Einhalten richtiger Luftverteilung zu den einzelnen Luftdüsen achten [213]. Vor allem soll die durch die untere Düse eintretende Luft genügend hohe Geschwindigkeit haben, um die Flugasche bei eventuellem

Abb. 196. Eckenbrenner einer Anlage mit Aschenrückführung [213]

Abscheiden nach unten von der Ecke wegzublasen und eine Haufenbildung zu verhindern.

Bei Zyklonkesseln führt man die Flugasche ebenfalls in die Brenner. So wird z. B. in Abb. 197 die rückgeführte Flugasche in die mittlere Zone im Gemisch mit Kohlenstaub eingeführt [214].

Die Rückführung der Flugasche in die Mühlen hat ebenfalls viele Verfechter. Wenn in der Flugasche kleine hohle Kugeln aus Schlacke sind, die im Innern Unverbranntes enthalten, dann ist es möglich, daß die Hüllen in der Mühle zersplittert werden, so daß die Luft zum Unverbrannten Zutritt gewinnt. Die Flugasche mischt sich in der Mühle sehr gleichmäßig mit der Kohle und zieht mit ihr in die Feuerung ab. Die Aschenrückführung in die Mühle ist besonders bei Zyklonfeuerungen

von Vorteil, bei denen nur wenig Asche rückgeführt zu werden braucht
und wo im Zyklon ein Überdruck herrscht, so daß die Aschenrückführung in die unter Unterdruck stehenden Mühlen die Aschenlieferung
von den Entstaubern wesentlich vereinfacht. Es entfällt auch die
Gefahr, daß die Förderluft mit hohem Druck zurück in die Entstauber
eindringen kann, was das Strömungsfeld im Entstauber stören würde
und eine Herabsetzung des Entstaubungsgrades zur Folge hätte.

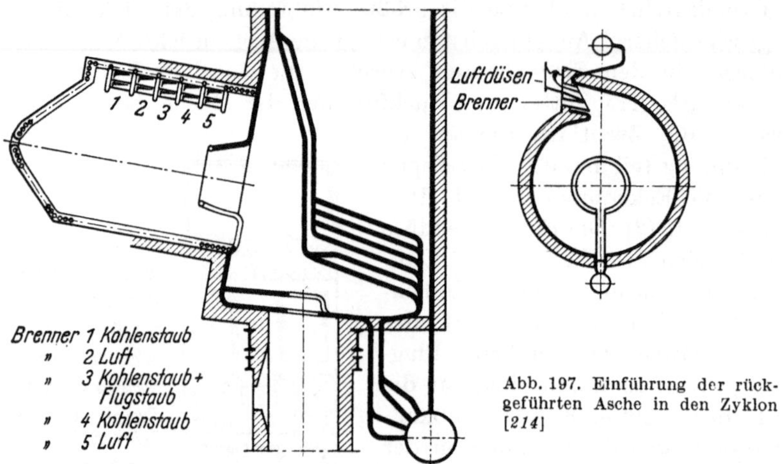

Abb. 197. Einführung der rückgeführten Asche in den Zyklon
[214]

Die Flugasche kann man dabei nur in eine Mühle oder in alle Mühlen
zurückführen, je nach der Größe der Aschenmenge und je nachdem,
wie hoch der Aschegehalt im Kohlenstaub hinter der betreffenden
Mühle ansteigt. Falls die Flugasche auf alle Mühlen verteilt wird, von
denen bei Teillast einige abgestellt werden, muß man bei der Flugaschenzufuhr eine Blockierung vorsehen, damit keine Asche in eine
abgestellte Mühle fließt.

Wo große Aschenmengen rückgeführt werden und wo die Asche aus
harten Bestandteilen besteht, hat sich die Aschenrückführung in die
Mühle als wirtschaftlich untragbar erwiesen, weil der Verschleiß der
Mahlanlage erheblich anstieg. Durch die Erosion haben nicht nur die
Mahlorgane, wie Mühlenschläger und die Panzerung, gelitten, sondern
auch die Sichterbleche und die Kohlenstaubleitungen verschleißen stark.
In einem Fall ist durch Aschenrückführung der Verschleiß der Mühlenpanzerung um ganze 150% gestiegen [213], während die Lebensdauer
der Mahlplatten der Schlagradmühle sich auf rund die Hälfte verkürzte.

Bei größeren Aschenmengen ist die direkte Aschenrückführung in
den Schmelzraum außerhalb der Brenner kaum zu empfehlen. Es ist
dabei nicht entscheidend, ob man die Flugasche in den Schmelzraum

einbläst, einrieselt oder mit einem Kolben eindrückt [215, 216]. In allen Fällen bilden sich unter den Düsen am Boden Aschenhaufen, die langsam abschmelzen und oft bis zur Düsenmündung anwachsen, so daß man die Aschenrückführung zeit-
weise einstellen muß. Es kann auch Eisenbildung eintreten, da der Haufen an seiner Oberfläche mit einer geschmolzenen undurchlässigen Schlackenhaut überzogen ist, so daß die Luft nicht eindringen, das Unverbrannte nicht verbrennen kann. Bei langsamem Abschmelzen des Haufens dringt die Hitze in ihn ein, und der Kohlenstoff reagiert mit den Eisenoxyden in der Schlacke.

Die Aschenrückführung ist sofort einzustellen, wenn die Feuerungsleistung derart zurückgenommen wurde, daß es keinen Schmelzfluß gibt. Beim Trockenbetrieb würde man durch die Aschenrückführung das Anhäufen der Schlacke am Schmelzboden beschleunigen, was die zulässige Länge der Betriebsperiode ohne Schmelzfluß verkürzen würde. Man muß deshalb dort, wo Trockenbetrieb öfters zu erwarten ist, zwischen die Entstaubungseinrichtung und die Feuerung einen Flugaschenzwischenbunker einschalten, in dem man beim Trockenbetrieb

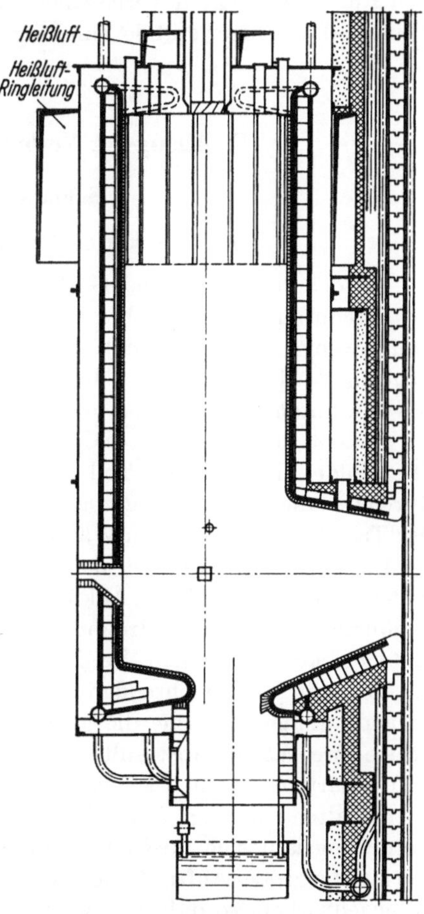

Abb. 198. Vertikaler Einschmelzzyklon (VKW) [217]

des Kessels die Flugasche speichert. Sie wird später bei Vollastbetrieb in die Schmelzfeuerung nachträglich eingeblasen.

In manchen Kraftwerken mit Trockenfeuerungen wurden mit Erfolg Einschmelzzyklone eingesetzt, die normalerweise in die Wand der Trockenfeuerung eingebaut sind [42, 43, 217]. Diese Zyklone sollen zum Verflüssigen der im Entstauber abgefangenen Flugasche dienen, wobei man eventuell auch die Flugasche von Nachbarkesseln mitverwerten kann. Ein Beispiel des horizontalen Einschmelzzyklons zeigt

Abb. 198. Man verlangt natürlich, daß die eingeschmolzene Flugasche wegen stabiler Verbrennung mindestens 50% Brennbares enthält, so daß man normalerweise zur Flugasche etwas Kohle zumischen muß. Die den Einschmelzzyklon verlassenden heißen Rauchgase stabilisieren bei Teillast die weniger stabile Zündung in der Trockenfeuerung.

G. Abzug der Verbrennungsrückstände

I. Schlackentrichter

1. Zweck des Schlackentrichters

Bei den reinen Öl- und Gasfeuerungen kann den unteren Abschluß des Brennraumes ein flacher Boden bilden, da die verfeuerten Brennstoffe wenig Asche enthalten und nur wenig oder gar keine Asche hier abgelagert wird. Der Boden besteht meistens aus keramischen Steinen, die von unten durch Siederohre getragen und gekühlt sind.

Anders liegen die Verhältnisse bei der Verfeuerung der Kohle. Hier bildet den unteren Teil des Feuerraumes der Schlackentrichter, durch den die Schlacke abgezogen wird. Heute wird beinahe ausnahmslos der Trichter mit gekühlten Wänden benutzt.

Der Aschentrichter ist das Übergangsglied vom Feuerraum zum Entschlacker. Er soll die Abkühlung der herabfallenden Aschenkörner begünstigen, die vom Brennraum durch den Aschentrichter in den Entschlacker durchfallen. Bei Trockenfeuerungen soll der Trichter nicht zu tief mit der leuchtenden Flamme ausgefüllt werden, damit die fallende glühende Asche die gekühlten Aschentrichterwände sieht und an sie ihre Wärme abstrahlt. Insbesondere bei den Trockenfeuerungen und bösartigen Kohlen sucht man die Flamme vom Schlackentrichter fernzuhalten, da dort sonst Verschlackungen zu erwarten sind. Diese Forderung läßt sich unschwer erfüllen, weil die Zähigkeit der Flamme sowie der große Auftrieb der heißen Flamme der Abwärtsbewegung entgegenwirken, so daß in den Trichter vor allem die längs der Feuerraumwände herabschleichenden kalten Rauchgasströme gelangen. Andererseits begünstigen die in den Schlackentrichter geneigten Brenner nach [76] die Ausnutzung des Brennraumes, indem sie im Unterteil des Brennraumes sekundäre Strömungen veranlassen und damit die Mischkennziffer der Feuerung verbessern. Demzufolge ist zumindest bei Trockenfeuerungen ein tiefer Trichterraum zu wählen.

Die Aufenthaltsdauer der glühenden Asche im Trichter läßt sich dadurch verlängern, daß man in den Raum unter dem Trichter einen Teil der Verbrennungsluft bzw. umgewälzte Rauchgase einführt, die kälter sind als die Flamme und die aufwärtsströmen und die Asche in der Schwebe halten. Diese Maßnahme ist insbesondere bei den Braunkohlenfeuerungen mit grober Ausmahlung üblich, bei denen man dadurch den Verlust der noch nicht ganz ausgebrannten Kohlenkörner vermeiden will, indem sie der aufsteigende Luftstrom mit sich in den Brennraum zurücknimmt.

Gegen die größeren Schlackentropfen bzw. bei den von den Wänden abgelösten und herabrutschenden größeren Schlackenkrusten ist die Kühlwirkung der Trichterwände allerdings wenig wirksam und kann im günstigsten Fall nur zur Abkühlung ihrer Oberfläche beitragen. Auf den gekühlten glatten Trichterwänden, die meistens eine Neigung über 50° haben, können jedoch diese Schlackenstücke nicht haften; sie rutschen daher in den Entschlacker.

Der Aschentrichter muß gemeinsam mit dem Entschlacker einen dichten Abschluß des Feuerraumes bilden, damit keine kalte Falschluft durch sie in den Brennraum eindringen kann.

2. Ausführung des Aschentrichters

Die übliche Ausführung des Aschentrichters für einen Braunkohlenkessel zeigt Abb. 199 [*218*]. Die schrägen Trichterwände werden durch

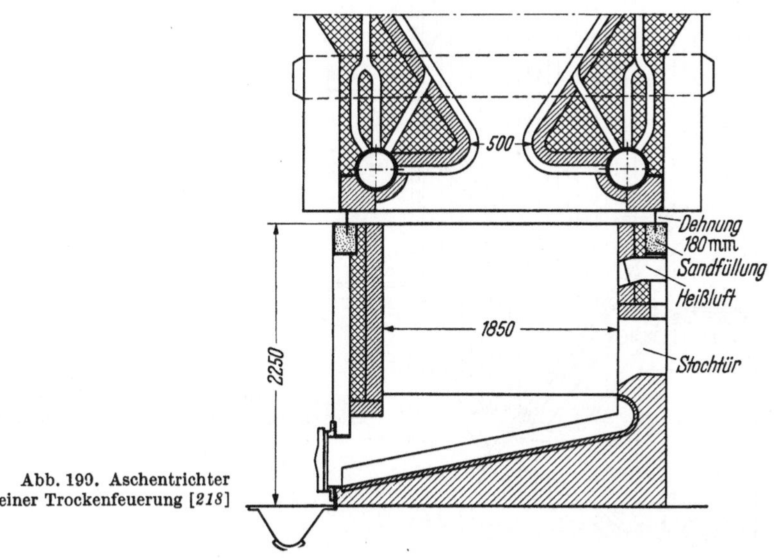

Abb. 199. Aschentrichter
einer Trockenfeuerung [*218*]

die Fußpartien der vorderen und der hinteren Rohrwand gebildet, die in die unteren Sammler münden, an die die Fallrohre des Kessels angeschlossen sind. Die Sammler sind seitlich aus dem Bereich der Flammenstrahlung verlagert. Wenn die Feuerung oben aufgehängt ist und sich

nach unten dehnt, ist der Übergang zwischen dem Entschlacker und
dem Aschentrichter z. B. so ausgebildet, daß ein mit dem Trichter ver-
bundener Rahmen sich in die Sandfüllung einschneidet, die in eine zusammenhängende Rinne eingeschüttet ist und die obere Abdichtung des
Entschlackerkastens bildet. In der Abbildung ist auch die Zufuhr eines
Teiles der heißen Luft unter den Trichterschlitz ersichtlich.

Die notwendige Breite des Schlitzes hängt vor allem von der Natur
der herabrutschenden Asche sowie vom Temperaturpegel der Flamme
ab. So verlangen z. B. die sowjetischen Normen für diese Breite wenigstens 1500 mm, damit auch eventuell sich bildende große Schlackenblöcke in den Entschlacker durchfallen können. Diese Forderung bezieht
sich natürlich auf serienmäßig gebaute Kessel, die für verschiedene
Brennstoffe eingesetzt werden und bei denen man auch an die Verfeuerung sehr aschenreicher Kohlen denken muß. Der breite Schlitz soll
die mühsame Arbeit der Entschlackerbedienung vermeiden, da das
Stochen heißer Schlackenklumpen sehr anstrengend ist. Die große
Breite hat allerdings eine große in den Entschlacker zugestrahlte Wärmemenge zur Folge.

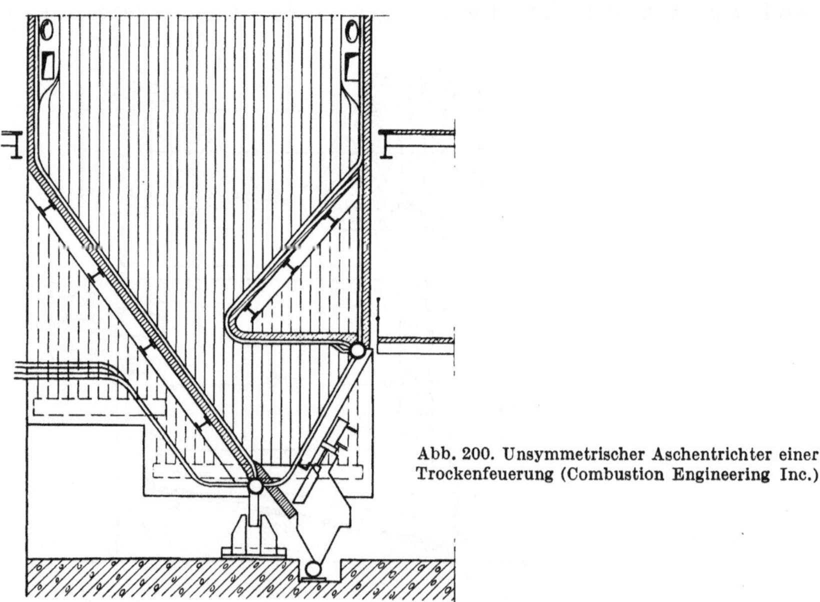

Abb. 200. Unsymmetrischer Aschentrichter einer
Trockenfeuerung (Combustion Engineering Inc.)

Um diese Abstrahlung zu vermindern, bauen manche Firmen den
in Abb. 200 angedeuteten unsymmetrischen Trichter, bei dem die
Flamme den Entschlacker nicht sieht und die gesamte in den Trichter
zugestrahlte Wärme an die Siederohre übergeben wird. Als Nachteil

muß man hier neben der komplizierten Bauweise auch die größere Bauhöhe der Feuerung anführen.

Schmale Schlitze kann man bei gutartigen Kohlen und mäßigen Verbrennungstemperaturen ohne Bedenken anwenden. Ihr Vorteil liegt bei Zuführung von Unterluft in deren besserer Verteilung über die ganze Schlitzenbreite. Auch die zu intensive Erhitzung der Spülwanne durch Einstrahlung wird hier vermieden. Breite Schlitze dagegen lassen sich strömungstechnisch schwieriger beherrschen, und selbst bei Anwendung großer Luft- bzw. Rauchgasmengen ist die Beaufschlagung des Schlitzes nicht ganz gleichmäßig.

Besondere Aufmerksamkeit ist dem Abdichten des Trichters bei den Überdruckkesseln zu widmen. Hier ist die Abdichtung mit Sand nicht mehr ausreichend, und man muß zum Wasserschloß greifen. Da das Wasser einseitig mit Rauchgasen in Berührung steht, sind die Bestandteile des Schlosses aus nichtrostendem Stahl auszuführen. Das Wasser wird nämlich durch Aufnahme von SO_2 bzw. SO_3 aus den Rauchgasen stark korrodierend [*183*].

Die Trichterwände, insbesondere bei den Feuerräumen mit vom Rechteck abweichendem Querschnitt, benötigen kunstvoll gebogene Rohre, und auch ihre Verbindung mit dem unteren Sammler ist manchmal sehr kompliziert. Daß die heutigen Lösungen noch nicht ganz ausgereift sind, sieht man an vielen Patentanmeldungen [*219, 220, 221*].

3. Nachbrenneinrichtungen

Der vor allem bei Verfeuerung von Braunkohlen stattfindende Übergang zu gröberer Ausmahlung bringt eine Vergrößerung des Gehaltes an Unverbranntem in der in den Trichter kommenden Schlacke mit sich. Man muß deshalb diesem Unverbrannten nochmals Gelegenheit zum Verbrennen geben, damit die durch den Entschlacker ausgetragene Schlacke kohlenfrei ist. Die dazu bestimmten Nachbrenneinrichtungen werden dem Entschlacker vorgeschaltet und müssen deshalb die in den Trichter kommende Schlacke zum Entschlacker durchgehen lassen.

Die gröbere Ausmahlung hat eine verlangsamte Verbrennung zur Folge und damit auch die Abwesenheit der Temperaturspitzen in der Flamme, was einen verschlackungsfreien Betrieb begünstigt. In solchem Fall sind die Voraussetzungen dafür gegeben, daß die Schlacke locker und feinkörnig ist ohne größere Schlackenstücke. Besonders bei Braunkohlenkesseln, bei denen die große Kohlenfeuchtigkeit und die Rauchgasumwälzung durch selbstansaugende Mühlen die Flammentemperatur senken, verwendet man am Trichterabschluß einen Nachbrennrost. In ihrem Aufbau unterscheidet sich diese Einrichtung von den üblichen mechanischen Rostkonstruktionen dadurch, daß der Rost oft kürzer ist. Ein Schema des Nachbrennrostes ist in Abb. 201 [*115*] dargestellt.

Wo Gefahr droht, daß der Feuerraum verschlackt und größere Schlackenblöcke in den Trichter fallen, sind die Nachbrennroste nicht mehr am Platze, da sie in solchem Fall mehr schaden als nutzen. Ihr Freimachen durch Bearbeitung der Schlackenblöcke von Hand ist mühsam und gefährlich, da sie infolge der Zerwirbelung und des plötzlichen Luftzutritts Kohlenstaubverpuffungen veranlassen kann.

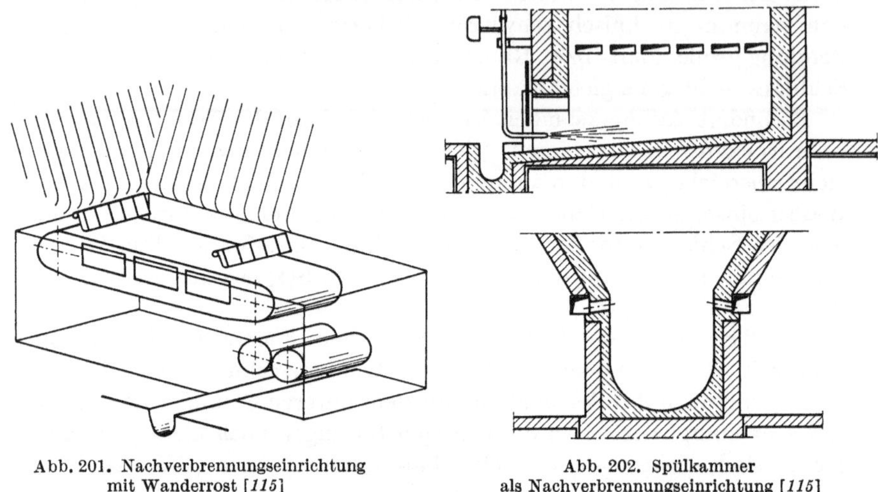

<table>
<tr><td>Abb. 201. Nachverbrennungseinrichtung
mit Wanderrost [115]</td><td>Abb. 202. Spülkammer
als Nachverbrennungseinrichtung [115]</td></tr>
</table>

Für solche Kessel eignet sich als Nachbrenneinrichtung die einfache Spülwanne Abb. 202, in der sich die Schlacke sammelt und wo man den Kohlengehalt der Schlacke zu verbrennen sucht. Dazu wird der Spülwanne ein Teil der Luft zugeführt. Die ausgebrannte Schlacke wird schließlich periodisch in den Schlackenkanal fortgespült. Die Spülwanne ist allerdings weniger wirksam als ein Nachbrennrost.

II. Schmelzboden

1. Vorgänge am Schmelzboden

Zum glatten Schmelzfluß der Schlacke muß man ihre Zähigkeit unter 100 Poise herabsetzen, damit sie im dünnen Strahl in Granulierbehälter schnell ausläuft. Der Schmelzfluß ist zwar noch bei Zähigkeiten bis zu 500 Poise möglich, aber der auskriechende Schlackenstrom fließt schon nicht mehr ruhig und wellt sich, ähnlich wie z. B. auslaufender Honig [222].

Der Schmelzboden ersetzt bei Schmelzfeuerungen den Aschentrichter der Trockenfeuerung. Die an die Schmelzraumwände abgeschiedene Schlacke muß den Boden überfließen, bevor sie den Schmelzraum verläßt. Ihre Verflüssigung wird deshalb auf dem Boden fortgesetzt, was bei Anlagen mit gestautem Schmelzbad am ausgeprägtesten geschieht. Deshalb werden die Brenner gegen den Boden gerichtet, damit dort die heiße Flammenzone entsteht. Der Aufprall der Flamme auf den Boden kann auch in gewissem Maß die Turbulenz der Flamme unterstützen. Manche Forscher sind allerdings der Meinung, daß die flachen Schmelzböden bzw. die als Schmelztrichter mit wenig geneigten Wänden ausgebildeten Brennraumunterteile die Entwicklung der sekundären Strömungen in den unteren Partien des Brennraumes unterdrücken, besonders bei Eckenfeuerung mit dicht oberhalb des Schmelzbades aufgestellten Brennern (Abb. 203). Deswegen sollen solche Schmelzräume schlechtere Mischeigenschaften aufweisen [76].

Die Verbesserung der Flüssigkeit der Schlacke wird am besten am Beispiel eines waagerechten Bodens mit Schmelzbad deutlich. Die von den Wänden kommende Schlacke ist in verschiedenem Grade flüssig, da wegen der Kühlschirme der abfließende

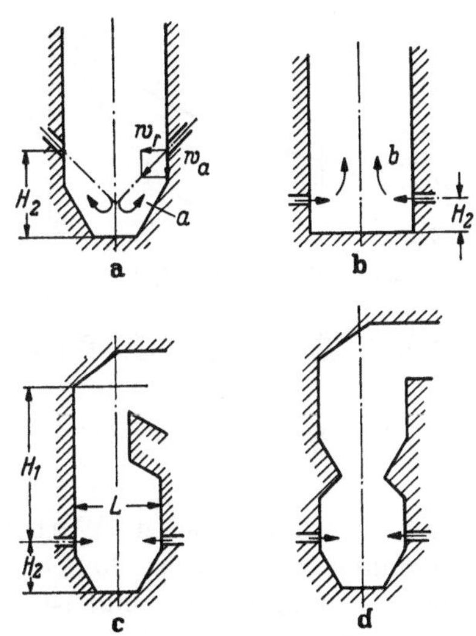

Abb. 203 a-d. Verschiedene Brenneranstellungen zur Feuerraumachse und Wirkung der Trichterform [76]
a Sekundärströmung im Trichterraum,
b Unterdrückung dieser Strömung bei flachem Kammerboden
c Erzeugung der Sekundärströmung durch einseitige Feuerraumeinschnürung
d doppelseitige symmetrische Brennraumeinschnürung

Schlackenfilm seine höchste Temperatur an der Feuerseite besitzt und in der Tiefe kälter wird. Der Wärmefluß schafft ein Temperaturgefälle, und die Schlacke ist deshalb in den verschiedenen Schichten des Schlackenfilms verschieden zäh. Auf den Schmelzboden fallen außerdem auch die erstarrten Schlackenkrusten von den Wänden (z. B. bei Lastwechseln), die erst geschmolzen werden müssen.

Weil das am Boden liegende Schmelzbad wegen seiner Tiefe und kleinen Wärmeleitzahl wenig Wärme durchläßt, nimmt sein Spiegel die Temperatur

$$t_{SB} = \sqrt[4]{\frac{a_{Fl}\,T_m^4 + a_W\,(1 - a_{Fl})\,T_a^4}{a_{Fl} + a_W - a_{Fl}\,a_W}} - 273°\,\mathrm{C} \qquad (99)$$

an [223]. Diese Temperatur ist für verschiedene Schwärzegrade der Flamme sowie für verschiedene Wandtemperaturen des Schmelzraumes in Abb. 204 aufgetragen. Man sieht, daß sie im Bereich hoher Flammenschwärzegrade wenig von der mittleren Flammentemperatur verschieden ist, ohne Rücksicht darauf, wie hoch die Temperatur der übrigen Schmelzraumwände liegt. Sie kann deswegen bis zu mehreren hundert Grad höher liegen als die Fließtemperatur der Schlacke, die mit der Oberflächentemperatur des Schlackenfilms an den übrigen Schmelzraumwänden größenordnungsmäßig übereinstimmt.

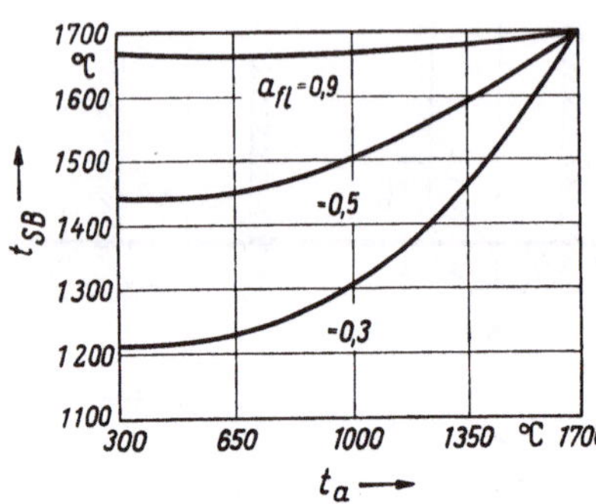

Abb. 204. Temperatur des Schmelzbadspiegels [223]

Auch unter dem Gesichtspunkt der Wärmeübertragung auf die übrigen Schmelzraumwände ist der Schmelzbadspiegel nicht ohne Bedeutung. Die von ihm reflektierte Wärme gelangt über die Flamme auf die übrigen wärmeaufnehmenden Begrenzungsflächen des Schmelzraumes, wodurch deren Wärmeaufnahme gesteigert wird. Diese Erscheinung wirkt sich ähnlich wie eine Zunahme des Schwärzegrades der Flamme aus und ist in Gl. (73) durch den Beiwert ϱ berücksichtigt.

Unmittelbar am gekühlten Schmelzboden liegt eine Schicht aus erstarrter Schlacke, und erst auf ihr ruht der flüssige Schlackensumpf. Dabei sind die oberen Schlackenschichten am flüssigsten und die Zähigkeit der Schlacke nimmt in der Tiefe des Schmelzbades zu. Diese Zähigkeitsverteilung hat auch ein Geschwindigkeitsfeld im Schlackensumpf zur Folge, nach dem sich die Schlacke in ihren oberen Schichten am schnellsten bewegt, während unter dem Schmelzbadspiegel nur wenig Bewegung herrscht. Die auslaufende Schlacke entstammt deshalb fast ausschließlich dieser oberen Schlackenschicht, deren Temperatur am höchsten ist. Diese Erkenntnis kann auch zu dem Schluß führen, daß der größte Anteil des Schmelzbadvolumens an der Bewegung nicht teilnimmt und daß die Schlacke am Boden viel kürzer verweilt, als man oft annimmt.

Die Befürchtung mancher Forscher, daß das Schmelzbad im Bereich der höchsten Temperaturen zur erhöhten Verflüchtigung mancher Schlackenbestandteile führen müsse, verliert deswegen viel von ihrer Begründung. Damit stimmen auch die tschechoslowakischen und amerikanischen Erfahrungen gut überein, nach denen im Granulat die Alkalien noch in großer Menge vorhanden sind und die Kessel mit Schmelzboden im Vergleich zu den Anlagen mit Schmelztrichter nicht zu einer erhöhten Ansatzbildung neigen.

Die Schlacke im Schmelzbad differenziert sich oft in zwei Schichten, nämlich in die obere, spezifisch leichtere und die untere, spezifisch schwerere. Die untere Schicht ist eisenhaltig, wobei sie Eisen auch in metallischer Form enthalten kann. Sie kann auch aus Eisensulfid bestehen, wie amerikanische Erfahrungen bestätigen [196].

2. Einfluß der Hitze und der Brennraumatmosphäre auf die Eisenoxyde

Für das Vorkommen des metallischen Eisens in der Schlacke ist der Kontakt des Kohlenstoffes im Brennbaren mit der Mineralsubstanz sehr wichtig, da er nach der früheren Abb. 66 zur Reduktion der Eisenoxyde zum α-Eisen im Laufe der Verbrennung des Kohleteilchens führt. Diese wenigstens für hohe Verbrennungstemperaturen geltende neue Auffassung hat sehr wichtige Folgen z. B. für die Schmelzfeuerungen, da sie zeigt, daß die Eisenbildung in der Schmelzfeuerung in kleinerem oder größerem Ausmaß immer vorhanden ist, wobei das entstandene Eisen teilweise oder völlig erneut aufoxydiert wird.

Nach Ansicht vieler Forscher entsteht das Eisen im Schmelzbad vorwiegend aus den Eisensulfiden. In der Hitze spaltet sich der in der Asche vorkommende Pyrit bzw. Markasit zu FeS und atomarem Schwefel nach

$$FeS_2 \rightarrow FeS + S \, . \tag{12*}$$

Der übrigbleibende FeS zerfällt im Schmelzbad, bzw. sein Schwefel oxydiert im Schmelzbad, und es entsteht dabei das freie Eisen.

Nach [92] ist das freie Eisenoxyd Fe_2O_3 in der Hitze nicht beständig. Es zersetzt sich bei hohen Temperaturen zu Eisenoxydul und freiem Sauerstoff, gleichgültig ob die Brennraumatmosphäre oxydierend oder reduzierend ist. Auch die Brennraumatmosphäre beeinflußt stark den Zustand des Eisens, da die Reduktionsmittel, wie Wasserstoff oder Kohlenoxydul, die in der Flamme immer vorhanden sind, die höheren Eisenoxyde zum FeO reduzieren. Der thermische Zerfall ebenso wie die Reduktion durch Kohlenstoff erniedrigen also den Oxydationsgrad des Eisens in der Schlacke, der durch die Beziehung

$$O = 100 \, \frac{Fe_2O_3}{ekv. \, Fe_2O_3} = 100 \, \frac{Fe_2O_3}{Fe_2O_3 + 1{,}11 \, FeO + 1{,}56 \, Fe} \tag{100}$$

gegeben ist.

Die Reduktion der Eisenoxyde durch H_2 bzw. CO zu metallischem Eisen ist allerdings schwieriger. Nach den Erkenntnissen der Metallkunde sind die Azidität der meisten Kohlenschlacken sowie die kurze Dauer des Schwebezustandes der Schlacke im Brennraum ebenso wie ihre kleine Oberfläche als Reaktionshemmungen anzusehen.

Während die Basizität der Hochofenschlacken in der Nähe von Eins liegt, liegt sie bei den meisten Kohlenschlacken tief unter Eins. Die

Azidität der Kohlenschlacke ist durch ihren zu großen SiO_2-Gehalt bedingt, der im Schlackenglas, wenn nicht im Mullit gebunden, das Eisenoxydul an sich bindet.

Die Eisenreduktion ist eine Oberflächenreaktion, die für ihren Ablauf neben dem Konzentrationsunterschied einer möglichst großen Kontaktoberfläche zwischen der Schlacke und dem Reduktionsmittel bedarf. In dieser Hinsicht sind die Bedingungen im Hochofen viel günstiger als in einer Kesselfeuerung, da die große Hitzebeständigkeit des Hochofenkokses und seine Porösität eine große Kontaktfläche zwischen dem Koks und dem Einsatz schaffen. Von entscheidender Bedeutung für diese Oberflächenreaktionen ist auch die Zeit, die bei der Feuerung sehr kurz ist. Sie ist hier mit dem Zeitraum zwischen der Einführung der Kohle in den Brennraum und dem Abscheiden der Schlacke auf die Brennraumwände identisch und liegt deshalb in der Größenordnung von Sekunden, gegenüber Stunden im Fall des Hochofens.

Das in der Schlacke der Schmelzfeuerungen vorkommende Eisen ist sehr unrein und stark mit der Schlacke versetzt. Die Bildung des Eisens in größeren Mengen in einer Schmelzfeuerung ist mit allen Mitteln zu bekämpfen, da sie beim Schlackenauslauf ins Wasser zu Wasserstoffbildung und dadurch zu Explosionen führen kann. Das schwere, flüssige Eisen ist auch dadurch gefährlich, daß es nach unten absinkt und bei Entstehung einer Lücke im Boden dank seiner Schmelzwärme auch die Siederohre des Kessels zu zerschmelzen vermag. Die Beseitigung der schweren Eisenblöcke vom Schmelzboden ist recht mühsam und muß meistens auf mechanischem Wege erfolgen.

3. Möllerungsmittel

Die zur Zähigkeitssenkung der Kohle zugesetzten Möllerungsmittel werden bei den Großkessel-Schmelzfeuerungen nur dort benötigt, wo es sich um Kohlen mit besonders betriebschwieriger Asche handelt. Einen solchen Fall bilden im Schmelzbetrieb z. B. die rheinischen Braunkohlen [110, 197]. Ihr hoher Gehalt an CaO und Eisenoxyden bei geringem Siliziumgehalt ist die Ursache, daß die anorganische Substanz der Braunkohle schwer zu schmelzen ist, da sich die glasige Schlacke nicht ausbildet. In ihrer Schlacke sind nach dem früher Gesagten lediglich die Schmelzen, wie z. B. das Calziumferrit oder Dikalziumferrit, zu finden, wozu Eisenoxyd in ausreichender Menge in der Asche enthalten sein muß, da der Gewichtsanteil des CaO z. B. im Dikalziumferrit nur 41 % ausmacht. Da nun bei den rheinischen Kohlen die Eisenoxyde in wesentlich kleineren Mengen als CaO vorkommen, geht es bei diesen Schlacken vor allem um die mit CaO hoch übersättigten Kalziumferritschmelzen deren Schmelzpunkt deshalb hoch ist. Wie sich die Erhöhung des CaO-

Gehaltes in der Schlacke auf ihre Fließtemperatur auswirkt, ist am besten aus Abb. 205 zu ersehen [*110*].

Zur Verbesserung des Schmelzverhaltens der Aschen der rheinischen Kohlen, die ausgesprochen kurze Schlacken bilden, deren Temperatur

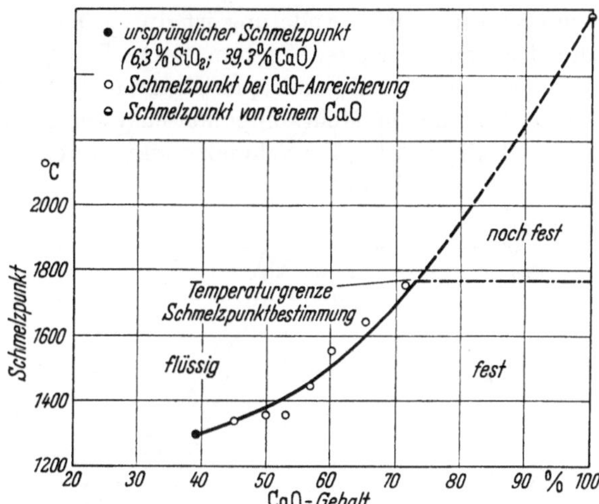

Abb. 205. Schmelzpunkt einer SiO₂-armen Braunkohlenasche mit zunehmender CaO-Anreicherung aus der Gipsspaltung [*110*]

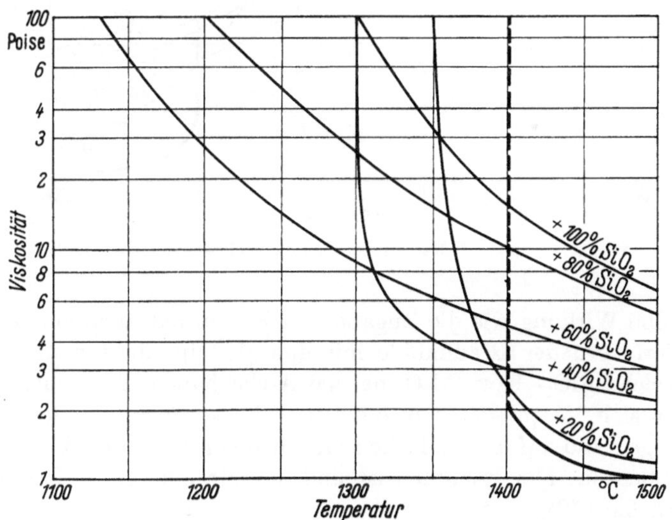

Abb. 206. Einfluß der Quarzzugabe auf die Schlackenviskosität [*224*]

der kritischen Zähigkeit im Bereich zwischen 1300 und 1400° C liegt, kann man diese Schlacken mit reinem Quarz oder mit Kaolin möllern. Wie sich dadurch die Natur der Schlacke verändert, zeigen die Abb. 206

15*

und 207, in denen die Beeinflussung einer bestimmten Schlacke mit 50 %
CaO und 20 % Fe_2O_3 durch SiO_2- bzw. Kaolinzugabe untersucht wird.
Das zugesetzte Kaolin hatte dabei eine Zusammensetzung von 54 % SiO_2
und 40 % Al_2O_3. Man sieht, daß die Schlacke länger wird, und daß ihre
Temperatur der kritischen Zähigkeit um so niedriger ist, je mehr Kaolin
zugesetzt wird. Diese Änderung ist durch den Übergang der Kalzium-
schmelzen zum ternären System $CaO-Fe_2O_3-SiO_2$ verursacht, bzw.
bei Zugabe von Kaolin zum quarternären System $CaO-Fe_2O_3-SiO_2-$
Al_2O_3. Von diesen Mehrkomponentensystemen ist bekannt, daß bei
$SiO_2 + Al_2O_3 > 40 \%$ ihr Schmelzpunkt in den Temperaturbereich von
$1200 \cdots 1300°$ C absinkt.

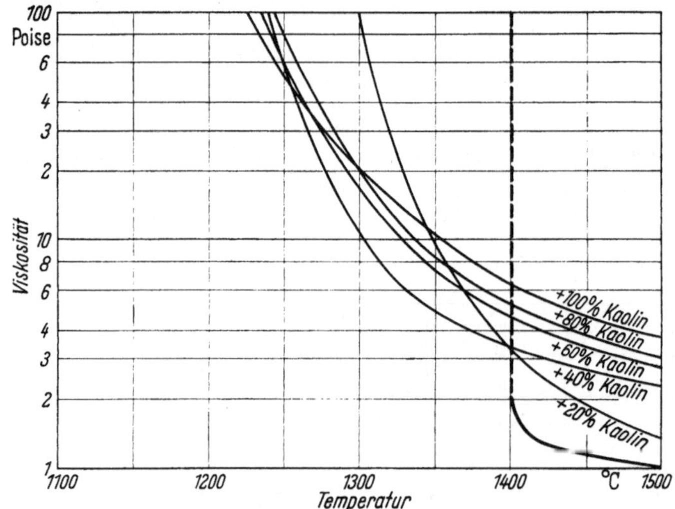

Abb. 207. Einfluß der Kaolinzugabe auf die Schlackenviskosität [224]

Dieselbe Wirkung wie die Zugabe von Kaolin hat auch ein gemein-
sames Verfeuern der Braunkohle mit den Mittelprodukten der Steinkohle, welche SiO_2- bzw. Al_2O_3-haltige Asche haben. Die Zugabe von
Sand hat sich im praktischen Betrieb nicht bewährt, da der relativ
grobkörnige Sand auf die Schlacke schlecht reagiert, während die sauere
Steinkohlenasche fein gemahlen ist und deshalb eine große Reaktionsoberfläche hat [128].

Nach [110] läßt sich der notwendige Zusatz des als Möllerungsmittel
zuzugebenden SiO_2 aus dem Diagramm Abb. 208 bestimmen. Sie ist
dort als Funktion des CaO- bzw. SO_3-Gehaltes in der Asche angegeben.
Im letzten Fall wurde die Voraussetzung gemacht, daß das gesamte
Schwefeltrioxyd durch Spaltung des Gipses $CaSO_4$ entstand, was

natürlich nur in Sonderfällen erfüllt ist. Die berechneten Mengen an Möllerungsmitteln beziehen sich allerdings auf die Aschensubstanz.

Die Möllerungsmittel sind auch bei Kohlen mit sehr sauren Schlacken mit hohen SiO_2-Gehalten am Platze. In solchem Fall eignet sich zur Möllerung z. B. der kalkhaltige Mergel oder der die Schlackenmenge

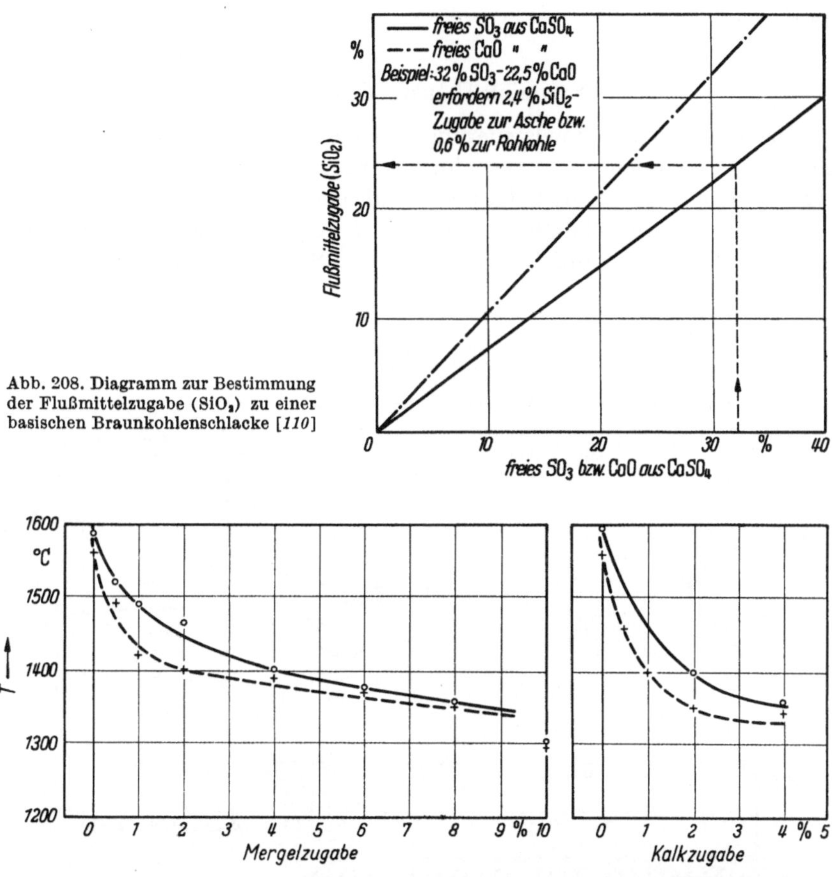

Abb. 208. Diagramm zur Bestimmung der Flußmittelzugabe (SiO_2) zu einer basischen Braunkohlenschlacke [110]

Abb. 209. Einfluß der Flußmittelzugabe auf den Schmelzpunkt von zwei Kohlenaschen [32]

weniger vergrößernde gebrannte Kalk, der nach [32] bei wenig aschenhaltigen Kohlen schon in der Menge von 1 % der gesamten verfeuerten Kohlenmenge den Schlackenfließpunkt bis um 100° C erniedrigt, wie Abb. 209 zeigt. Bei aschenreichen Kohlen benötigte man allerdings eine Zugabe des Möllers in einer Menge von mehreren Prozenten, und es ist fraglich, ob es nicht besser ist, solche Kohle für die Trockenfeuerung zu reservieren oder in Mischung mit anderen Kohlen zu verfeuern.

Es ist offenbar, daß die Möllerung die anfallende Schlackenmenge vergrößert und deshalb auch einen größeren Verlust durch Schlackenwärme bedeutet. Wirtschaftlich günstig kann allerdings die Möllerzugabe dort werden, wo man dadurch die Güte der Schlacke zwecks ihrer weiteren Verarbeitung verbessert. Wird das Flußmittel schon vor der Mühle zugegeben, so wirkt es sich auch auf den Mühlenbetrieb aus.

4. Wasserkühlung des Bodens

Die Böden der Schmelzfeuerungen, gleichgültig ob waagerecht oder geneigt, werden heute fast ausnahmslos wassergekühlt, d. h. ihre Unterlage besteht aus in den Kesselumlauf eingeschalteten Siederohren. Ungekühlte keramische Böden werden heute kaum noch benutzt; der in Abb. 210 veranschaulichte Kessel ist eine Seltenheit [*152*].

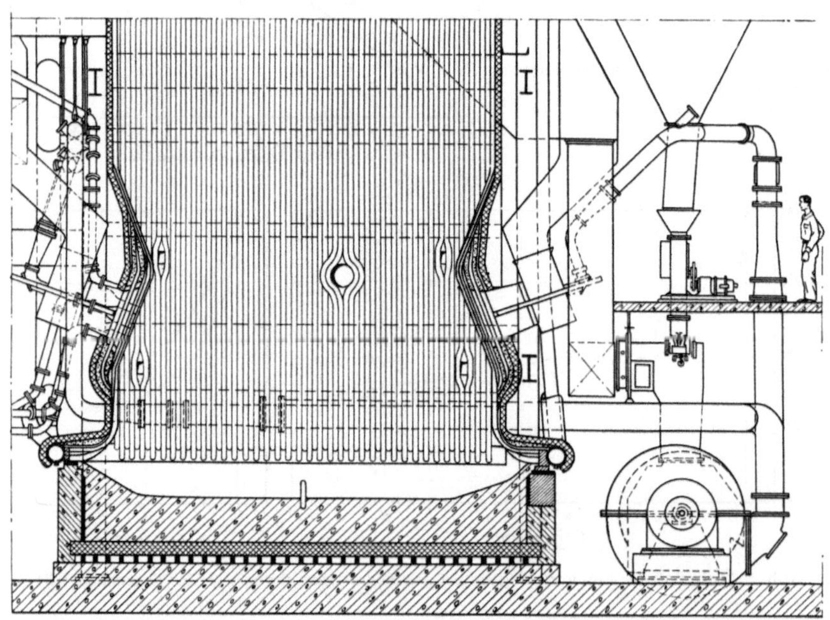

Abb. 210. Schmelzfeuerung mit ungekühltem, keramischem Boden [*152*]

Der Boden nach Abb. 211 besteht aus glatten Rohren, die dicht nebeneinanderliegen und das Schmelzbad tragen. Der gekühlte Boden gestattet den Betrieb mit einer dünnen Schlackenschicht, die bei geneigten Böden nur einige Millimeter beträgt und selbst bei waagerechten Böden mit gestautem Schlackenbad gewöhnlich 100 mm nicht übersteigt. Die Wärmeaufnahme ist bei geneigten Böden am größten und nimmt mit zunehmender Schlackenbadtiefe schnell ab. Aus Siederohren bestehende Böden sind mechanisch fest und dürfen größeren Beanspruchungen ausgesetzt werden.

Für die Konstruktion sei darauf hingewiesen, daß der Boden überall gut gekühlt sein und daß man auch besonders darauf achten muß, daß der Boden keine Spalten hat, durch welche die Schlacke durchfließen könnte. Deshalb sind in Abb. 211 in die Rohrzwischenspalte Rundeisenstücke eingelegt, die wegen Wärmeabfuhr zum Rohr zugeschweißt sind. Die Gefahr des Durchfließens ist am größten, wenn die Schlacke Eisen oder Eisensulfid enthält, die schwer sind und deshalb zum Boden ab-

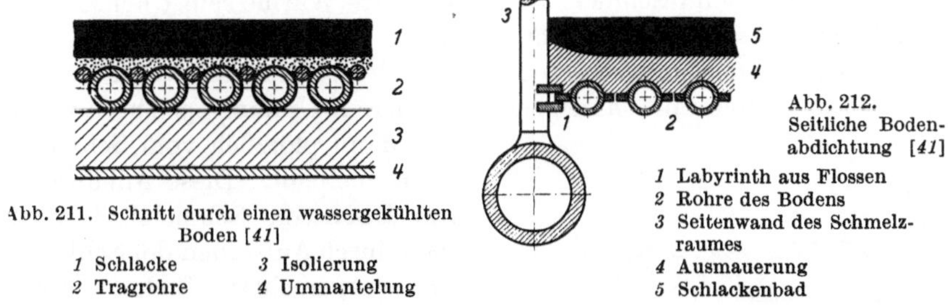

Abb. 211. Schnitt durch einen wassergekühlten Boden [41]

1 Schlacke   3 Isolierung
2 Tragrohre   4 Ummantelung

Abb. 212. Seitliche Bodenabdichtung [41]

1 Labyrinth aus Flossen
2 Rohre des Bodens
3 Seitenwand des Schmelzraumes
4 Ausmauerung
5 Schlackenbad

sinken. Das geschmolzene Eisensulfid erstarrt außerdem bei der sehr niedrigen Temperatur von 950° C. Die Ansicht, daß die intensive Kühlung aller Partien des Bodens für seine Dichtigkeit eine ausreichende Maßnahme sei, ist unrichtig. Das flüssige Eisen z. B. ist selbst nicht imstande, die Lücken zu sperren, auch wenn ihre Berandung stark gekühlt ist, da die Schmelzwärme des Eisens seine Erstarrung auch bei intensiver Kühlung verzögert. Auf die Einhaltung der oben gegebenen Regel ist vor allem bei Entwurf der Dehnungsfugen am Umfang des Bodens zu achten (Abb. 212) [224].

Daß die Feuerraumwände durch den erstarrten Schlackenblock beim Anfahren des kalten Kessels zerdrückt werden, ist bei den heutigen seichten Schmelzbädern nicht zu befürchten.

5. Neigung des Bodens

Waagerechte oder schwach geneigte Böden bilden ein typisches Merkmal der Schmelzfeuerungen. Ganz waagerechte Böden, denen man heute z. B. sehr oft in Amerika und auch in der ČSSR begegnet, sind allerdings für die Dampferzeugung schlecht ausgenutzt, obwohl sie aus Siederohren mit kleiner Teilung bestehen. Sie sind durch das aufgestaute Schmelzbad gegen zu intensive Wärmeausstrahlung geschützt, womit man Innenkorrosionen infolge Entmischung des Dampfwasser-Gemisches vermeidet [225]. Ihre spezifische Dampfleistung liegt deshalb bei 10 ⋯ 20 kg/m²h gegenüber 300 ⋯ 1000 kg/m² h der übrigen Schmelz-raumwände. Die waagerechten Böden sind auch dafür bekannt, daß die bei Teillast entstehende feste oder teigige Schlacke sich auf dem Boden sammelt und ihre Anhäufung die Länge der Kleinlastperiode ohne Schmelzfluß beschränkt. Das plötzliche Auftauen dieser aufgespeicherten Schlacke bei Lasterhöhung stellt besondere Ansprüche an den Ent-schlacker.

Die nicht geneigten Böden sind bei Durchlaufkesseln weniger zweck-mäßig, da diese ausschließlich aus engen Rohren mit geringem Wasser-inhalt bestehen, so daß bei Ausfall der Speisepumpe die Berohrung des Bodens durch die im Schmelzbad gespeicherte Wärme selbst bei soforti-gem Löschen der Flamme gefährdet ist.

Oft wird den waagerechten Böden auch der Nachteil vorgeworfen, daß sich das Eisen im Schmelzbad in größerem Umfang speichern kann und dann plötzlich vom Schmelz-raum ausfließt. Diese Anhäufung von Eisen im Schmelzbad wird eben durch Aufstauen der Schlacke am waagerechten Boden verur-sacht. Die in der Schlacke ent-haltenen, kleinen Eisentropfen sinken langsam in die unteren Schichten des Schlackenstromes, weil sie schwerer sind als die Schlacke. Da nach Abb. 213 die gestaute Schlacke beim Auslauf die eine Schwelle bildende Über-laufkante überfließen muß, werden die eingesunkenen Eisentropfen vor dieser Schwelle aufgehalten. Diese Eisenansammlung wird noch dadurch begünstigt, daß nach dem Geschwindigkeitsverlauf in Abb. 213 vor allem die oberen Schichten des Schmelzbades in den Granu-lierbehälter ablaufen, während die unteren wenig beweglich sind.

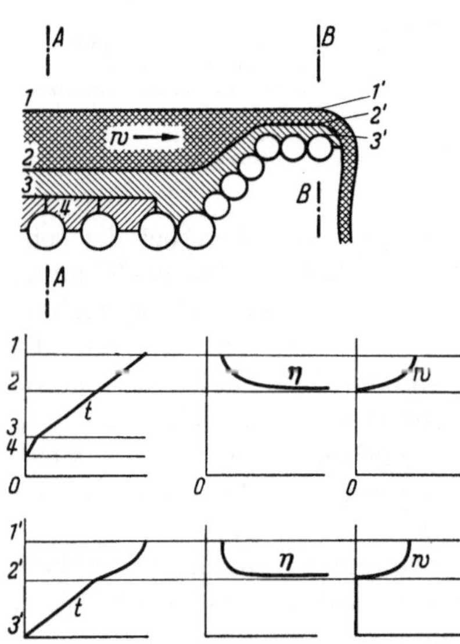

Abb. 213. Temperatur-, Zähigkeits- und Ge-schwindigkeitsverlauf in Abb. 213 im waagerech-ten Schmelzboden mit Schlackenbad [41]

1 Schmelzbadspiegel
2 Grenze zwischen erstarrter u. flüssiger Schlacke
3 Schlackenbadunterlage
4 gußeiserne Platten

Ein wassergekühlter Boden kann auch geneigt gebaut werden, wenn in den Siederohren des Bodens ein genügend reger Umlauf stattfindet, der die Entmischung des Wasser-Dampf-Gemisches verhindert. Die von den Wänden kommende Schlacke

überfließt die geneigten Seiten des Schmelztrichters in kurzer Zeit und
in dünner Schicht, deren Dicke sich von jener des Schlackenfilms auf
den senkrechten Schmelzraumwänden größenordnungsmäßig nicht
unterscheidet. Die Schlacke wird an keiner Stelle des Bodens gestaut.
Die Sinkgeschwindigkeit der Eisentropfen in der Schlacke, die durch
die Beziehung

$$u = \frac{1}{18} \cdot \frac{\gamma_E - \gamma_S}{\eta} d_E^2 \tag{101}$$

angegeben werden kann, ist an geneigten Trichterwänden klein, da die
Erhöhung der Schlackentemperatur im gestauten Schmelzbad fehlt.
Die Eisentropfen können sich deshalb in der zähen Schlacke nicht so
leicht bewegen, und ihre Koagulierung ist wenig wahrscheinlich. Man
kann also annehmen, daß bei geneigten Böden die in der Schlacke fein
verteilten Eisentropfen zerstreut bleiben und gleichzeitig mit ihr den
Schmelzraum verlassen, ohne sich irgendwo aufzuhalten, was die Gefahr
der Eisenanhäufung in der Feuerung beseitigt. Deswegen wird fast bei
allen deutschen Schmelzkesseln der geneigte Boden bevorzugt. Die
Schmelztrichter kann man als typische Vertreter des geneigten Bodens
mit besonders großer Neigung ansehen.

III. Der Schlackenauslauf bei Schmelzfeuerungen
und die Rheologie der Schlacken

1. Begründung des kontinuierlichen Schlackenauslaufes

Die mit interminentem Schlackenabstich betriebenen Kessel hatten
bestimmte Vorteile, vor allem die gute Flüssigkeit der auslaufenden
Schlacke, da die Schlacke am Schmelzboden lange Zeit gespeichert
blieb und ihr Abstich erst bei Vollast erfolgte, so daß die von Teillast-
perioden herrührende teigige oder sogar feste Schlacke nachträglich
verflüssigt wurde. Solche Kessel konnten deshalb lange Zeit mit Kleinlast gefahren werden. Auch das Mischen verschiedener Schlacken beim
Betrieb mit buntem Kohlenprogramm erleichterte oft den Schmelzfluß,
wenn die verschiedenen Schlacken gegenseitig als Möllerungsmittel
wirkten.

Zu den Nachteilen des periodischen Schlackenabstichs gehörte vor
allem das Anhäufen großer Schlackenmengen am Schmelzboden, die
bei der Notwendigkeit plötzlichen Abstellens des Kessels manchmal
Schwierigkeiten bereiteten. Auch die in der Schlacke gespeicherte
Wärme verzögerte wirksam ihr Abkühlen. Die Gefahr des Ausfließens
großer Schlackenmengen beim Durchschmelzen des Bodens war beacht-
lich. Die beim Abstich anfallende große Schlackenmenge war schwer zu

handhaben, und man brauchte zu ihrem Löschen stoßartig große Wassermengen. Dies zeigte sich insbesondere beim Übergang zur Verfeuerung von aschenreichen Kohlen, wenn sich die Zeiträume zwischen den Abstichen verkürzten. Auch die Gefahr der Eisenbildung war größer, und ihre Folgen waren umfangreicher.

Die Großkessel-Schmelzfeuerungen arbeiten heute fast ausschließlich mit kontinuierlichem Schlackenauslauf, der sich als praktischer erwiesen hat. Bei kontinuierlichem Schlackenauslauf fließt die Schlacke im oberen Lastbereich vom Schmelzraum dauernd in kleinen Mengen ab, die sich gut bewältigen lassen. Auch die Schlackenansammlung im Schmelzraum ist minimal. Nachteilig ist allerdings das Verhalten des Schlackenauslaufs im Schwachlastbereich, wenn der Schmelzfluß ganz aufhört oder die teigige, viele Handeingriffe von seiten der Bedienung erforderliche Schlacke aus dem Schmelzraum herauskriecht. Die bei Schwachlast vorkommende Schlackenspeicherung muß in geeigneter Weise berücksichtigt werden, da bei Laststeigerung die Schlacke plötzlich auftaut und das Bestreben hat, sich schnell vom Schmelzraum in die Granulieranlage zu entleeren; dem muß durch zweckmäßiges Stauen der Schlacke entgegengewirkt werden.

Der kontinuierliche Schlackenausfluß bietet auch bessere Voraussetzungen für die Ausnutzung der Schlackenwärme. Der gleichmäßige Schlackenanfall ist auch vom Standpunkt des Schlackentransportes sowie vom Standpunkt der Wasserversorgung der Granulieranlage günstiger. Auch das beim Abstich großer Schlackenmengen vorkommende, fast unvermeidbare Eindringen von Falschluft in den Schmelzraum fällt hier weg, da die Schlacke in einen stets gut abgedichteten Granulierbehälter ausläuft.

Regelungstechnisch ist der kontinuierliche Schlackenauslauf günstiger, da er die Zeitkonstante der Feuerung senkt, weil die im Schmelzbad gespeicherte Wärmemenge nicht so groß ist.

Auf den glatten Schlackenauslauf vom Schmelzraum ist großer Wert zu legen. Dazu muß man den Zustand des auslaufenden Schlackenstrahles beobachten, ob die Schlacke schnell in engem Strahl ausläuft oder ob sie nur teigig in dickem Strom langsam auskriecht. Da die Entfernung zwischen dem Kessel und der heute gewöhnlich vorhandenen Wärmewarte, von der aus der Kessel gefahren wird, meistens groß ist, wird in vielen Anlagen der Schlackenauslauf durch eine Fernsehkamera beobachtet, wobei die Aufnahme auf den an der Leittafel angebrachten Bildschirm übertragen wird. Dazu eignet sich die industrielle Ausführung der Fernsehkamera mit gekühltem Objektiv und einer Drahtübertragung des Bildes gut. Damit ist das augenblickliche Eingreifen des Heizers beim Stocken des Schlackenauslaufes gesichert, da dies auf dem Bildschirm gut erkennbar ist.

2. Zähigkeit und innerer Aufbau der mineralen Substanz

Die meisten Kohlen liefern sauere Schlacken, deren rheologische Eigenschaften vor allem durch SiO_2 stark beeinflußt werden, wobei als Maßstab das Verhältnis des SiO_2-Gehaltes der Schlacke zu ihren übrigen Bestandteilen genommen werden kann. Falls nämlich in das Mineral neben SiO_2 noch fremde Stoffe kommen, wird die Zerschmetterung des Gitters beim Schmelzvorgang wesentlich leichter, und das Mineral schmilzt bei niedriger Temperatur. [226].

Die Richtigkeit dieser Theorie wird durch das Schmelzverhalten der Olivine bestätigt, die im Bereich von 1000 bis 1150° C flüssig werden. Zu ihnen gehört z. B. der Fayalit $2\,FeO \cdot SiO_2$. Das in den Schlacken vorkommende Eisen ist beinahe ausschließlich in zweiwertiger Form anwesend und lagert sich ebenfalls in die Lücken des Netzwerkes der SiO_2-Tetraeder ein. Die reduzierende Atmosphäre, die die Bildung von FeO aus Fe_2O_3 unterstützt, erniedrigt also die Schmelztemperatur der saueren Schlacken. Demzufolge sind die in der reduzierenden Atmosphäre festgestellten Schmelzpunkte sauerer Schlacken niedriger als jene, die in oxydierender Atmosphäre gefunden werden.

Den strukturellen Aufbau des Kieselglases kann man sich dagegen nach [84] als einen ungeregelten Verband aus SiO_4-Tetraedern vorstellen, wobei in diesem Netzwerk Aluminium, Phosphor und andere Stoffe das Silizium im Schlackenglas bis zu einem gewissen Grade vertreten können. Die zur Glasbildung nicht befähigten Elemente wie K, Na, Ca, Mg usw. lagern sich dann in die Lücken des Tetraedergerüstes ein und beeinflussen dadurch wesentlich manche Eigenschaften des Schlackenglases, z. B. seinen Schmelzpunkt, seine Viskosität

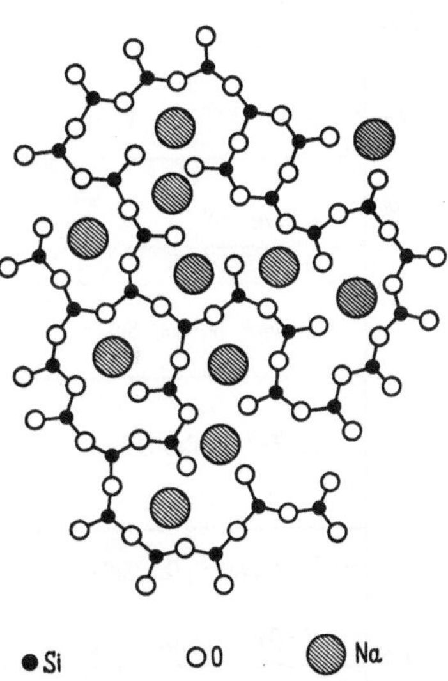

Abb. 214. Struktur des Glases [227]

usw., wobei besonders die Alkalien stark schmelzpunkterniedrigend wirken. Sie werden deshalb als Netzwerkwandler bezeichnet.

Die Struktur eines Natrium-Silikatglases ist in Abb. 214 wiedergegeben. Als Netzwerkwandler tritt hier das Natrium auf. Das Glas bildet demnach einen Übergang zwischen der ungeordneten Flüssigkeit und dem streng im Raumgitter geordneten Kristall [227].

In den Schlacken der rheinischen Braunkohlen findet man viel CaO, das sich auch durch eine sehr hohe Schmelztemperatur von 2600° C auszeichnet. Hier ist es wichtig, daß in der Schlacke andere Oxyde vorhanden sind, die mit CaO niedrigschmelzende Schmelzen bilden [228]. Falls z. B. in dieser basischen Asche Fe_2O_3 anwesend ist, so bilden sich das Calziumferrit CaO . Fe_2O_3 bzw. das Dicalziumferrit 2 CaO · Fe_2O_3 mit den Schmelzpunkten von 1216 bzw. 1336° C. Diese Schmelzen erklären, warum die Schlacken der rheinischen Braunkohlen in der oxydierenden Atmosphäre leichter einzuschmelzen sind als in einer reduzierenden, wo Fe_2O_3 zu FeO reduziert wird, so daß keine Kalziumferrite entstehen.

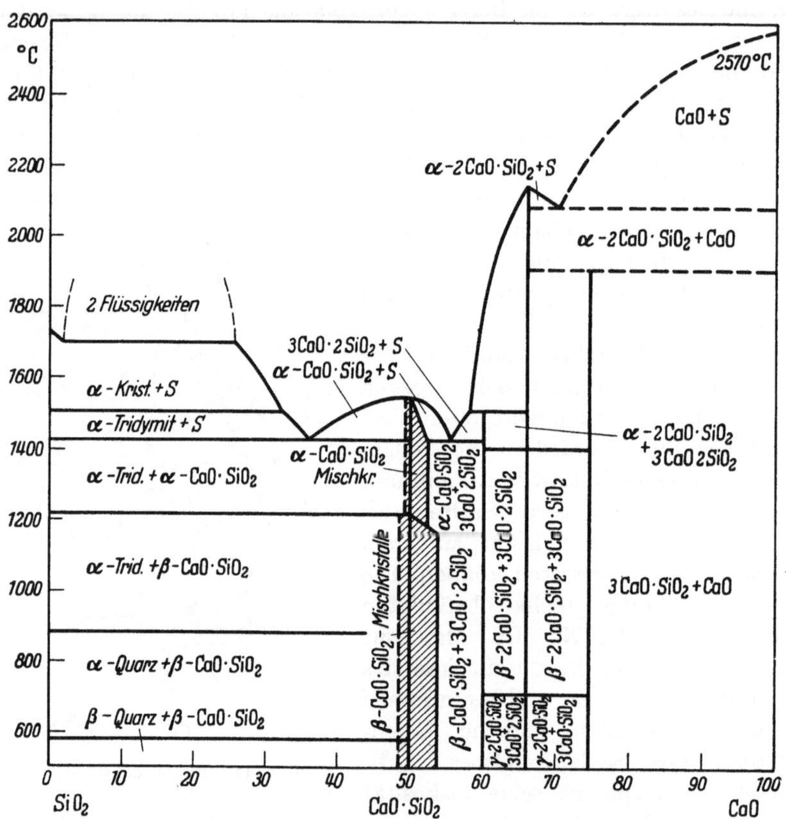

Abb. 215. Schmelzdiagramm im Zweistoffsystem SiO₂ + CaO [50]

Niedrige Schmelzpunkte haben auch die Calziumsilikate, bei denen der niedrigste Schmelzpunkt bei einem Verhältnis SiO_2/CaO = 0,76 bzw. 1,78 vorkommt. Diese Schmelze fließt ungefähr bei 1425° C; die Abhängigkeit der Schmelztemperatur von dem Verhältnis SiO_2/CaO ist in Abb. 215 abgebildet [191].

3. Zähigkeitsbestimmung auf Grund der Zusammensetzung der Schlacke

Da die Bestimmung der Zähigkeit im Labor recht mühsam und zeitraubend ist, sucht man ein Verfahren, das die Bestimmung der Schlackenzähigkeit ohne Viskositätsmessungen festzustellen gestattet. Nach [92] läßt sich bei den saueren Schlacken auf Grund ihres durch das Verhältnis

$$S = 100 \cdot \frac{SiO_2}{SiO_2 + CaO + MgO + ekv.\ Fe_2O_3} \tag{102}$$

ausgedrückten Silikatmoduls die Zähigkeit der Schlacke aus dem Diagramm Abb. 216 ablesen. Ihre wirkliche Zusammensetzung ist dabei auf die alkalien- und schwefelfreie Zusammensetzung

$$SiO_2 + CaO + MgO + ekv.\ Fe_2O_3 = 100\% \tag{103}$$

umzurechnen. Der Al_2O_3-Gehalt in der Schlacke erniedrigt ihren SiO_2-Gehalt und auch ihre Zähigkeit. Obwohl der Al_2O_3-Gehalt in Gl. (102)

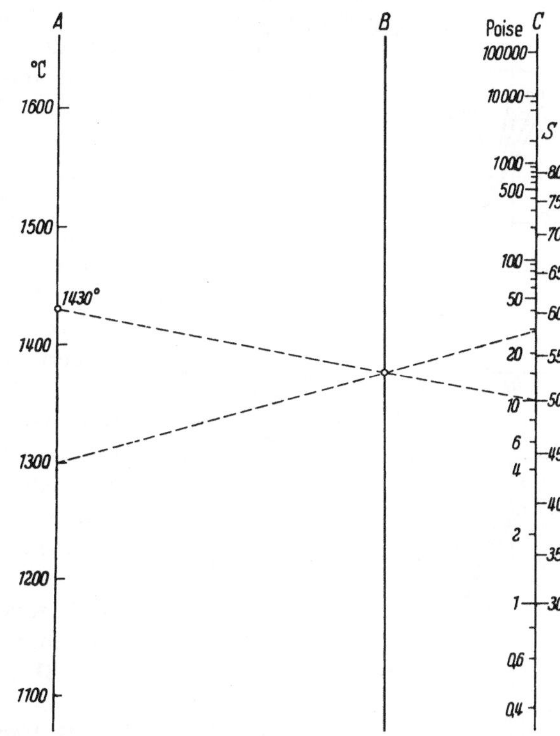

Abb. 216. Diagramm zur Zähigkeitsbestimmung auf Grund des S-Moduls [91, 92]

nicht enthalten ist, lehrt die Erfahrung, daß im Bereich der Verhältnisse $SiO_2/Al_2O = 1 \cdots 4$ die beschriebene Zähigkeitsbestimmung gute Ergebnisse liefert. Der Einfluß der Alkalien in der tatsächlichen Feuerung soll gering sein, und auch Schwefel hat auf die Schlackenzähigkeit nur geringen Einfluß. Das gesamte Eisen in der Schlacke ist nach der Gleichung

$$\text{ekv. } Fe_2O_3 = Fe_2O_3 + 1{,}11\, FeO \qquad (104)$$

auf Fe_2O_3 umzurechnen.

Die Zähigkeit der Schlacke bei einer Temperatur von 1430° C wird in Abb. 216 als Funktion des Moduls S direkt auf der Achse C abgelesen. Falls man die Zähigkeit bei einer anderen Temperatur braucht, z. B. bei 1200° C, ist in der in Abb. 216 angedeuteten Weise zu verfahren.

Neuere amerikanische Arbeiten [229] gehen bei der Zähigkeitsbestimmung von der Basizität der Schlacke aus, die sie durch das Verhältnis der basischen zu den sauren Komponenten der Schlacke in der Form Gl.

$$B = \frac{Fe_2O_3 + CaO + MgO + Na_2O + K_2O}{SiO_2 + Al_2O_3 + TiO_2} \qquad (105)$$

ausdrücken. Erfahrungsgemäß soll die Schlackenzähigkeit in dem Maß abnehmen, wie sich die Basizität der Schlacke vergrößert, zumindest im Bereich $B < 1$. Eine weitere Vergrößerung der Basizität soll angeblich keine weitere Verdünnung der Schlacke herbeiführen. Welche Temperaturen notwendig sind, um die Zähigkeiten von 50, 100 bzw. 250 Poise bei verschieden stark sauren Schlacken zu erreichen, verraten die Diagramme Abb. 217.

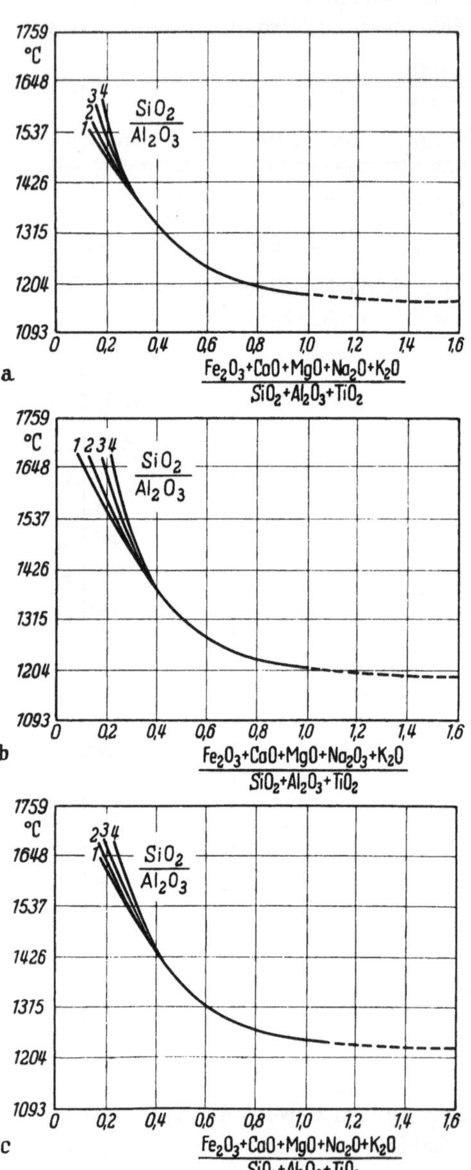

Abb. 217. Diagramme zur Bestimmung der notwendigen Schlackentemperatur auf Grund der Basizität [229]

a Zähigkeit von 50 Poise;
b Zähigkeit von 100 Poise;
c Zähigkeit von 250 Poise.

Es wurde auch der Zusammenhang zwischen den im LEITZ schen Mikroskop gefundenen Schlackeneigenschaften und ihrer Zähigkeit gesucht [*230*]. Als Ergebnis dieser Forschungen kann man das Diagramm

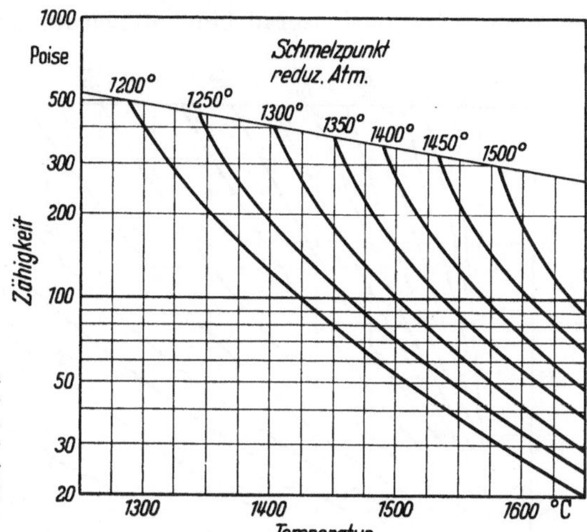

Abb. 218. Diagramm zur Bestimmung der Steinkohlenschlacken-Zähigkeit nach ihrem mittels Leitzschen Mikroskops gefundenen Schmelzpunkt und ihrer jeweiligen Temperatur [*230*]

Abb. 218 anführen, auf dem man mit ausreichender Genauigkeit für Schlacken mit einem im LEITZ schen Mikroskop festgestellten Schmelzpunkt (Halbkugelpunkt) die Zähigkeit bei höheren Temperaturen finden kann.

4. Die Temperatur kritischer Zähigkeit und die Erstarrungstemperatur

In den Schlacken der Gruppe A in Abb. 68 werden bei ihrer Abkühlung die Kristalle ausgeschieden, die in der flüssigen Schlacke als weitere feste Phase hervortreten und einen steilen Anstieg ihrer Zähigkeit bedingen. Zu diesen sich ausscheidenden Kristallen gehören bei sauren Schlacken z. B. Magnetit und andere Minerale der Spinellgruppe sowie Korund. Auch die Olivine sowie die Feldspate werden aus der Schlacke abgeschieden. Ihr Erscheinen wird durch den Knick in der

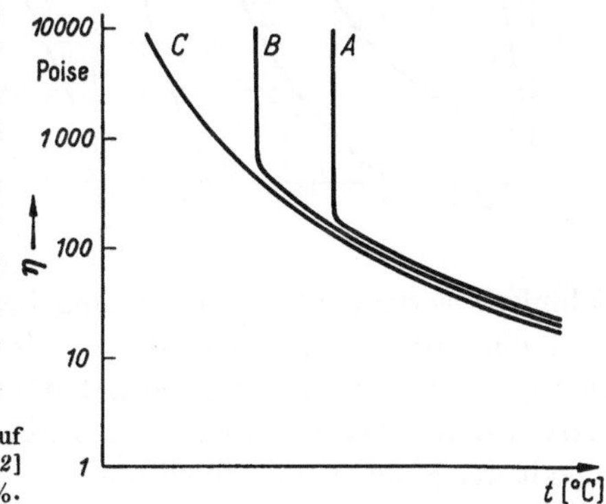

Abb. 219. Einfluß des Oxydationsgrades auf die Temperatur kritischer Zähigkeit [*91, 92*]
A: O = 56%; *B*: O = 30%; *C*: O = 13%.

Zähigkeitskurve gekennzeichnet. Die dem Knick entsprechende Temperatur ist die Temperatur der kritischen Zähigkeit.

In dem Diagramm Abb. 219 sind die Temperaturen kritischer Zähigkeit für saure Schlacken aufgetragen [92]. Man sieht deutlich, daß der höhere Oxydationsgrad eine Steigerung der Temperatur kritischer

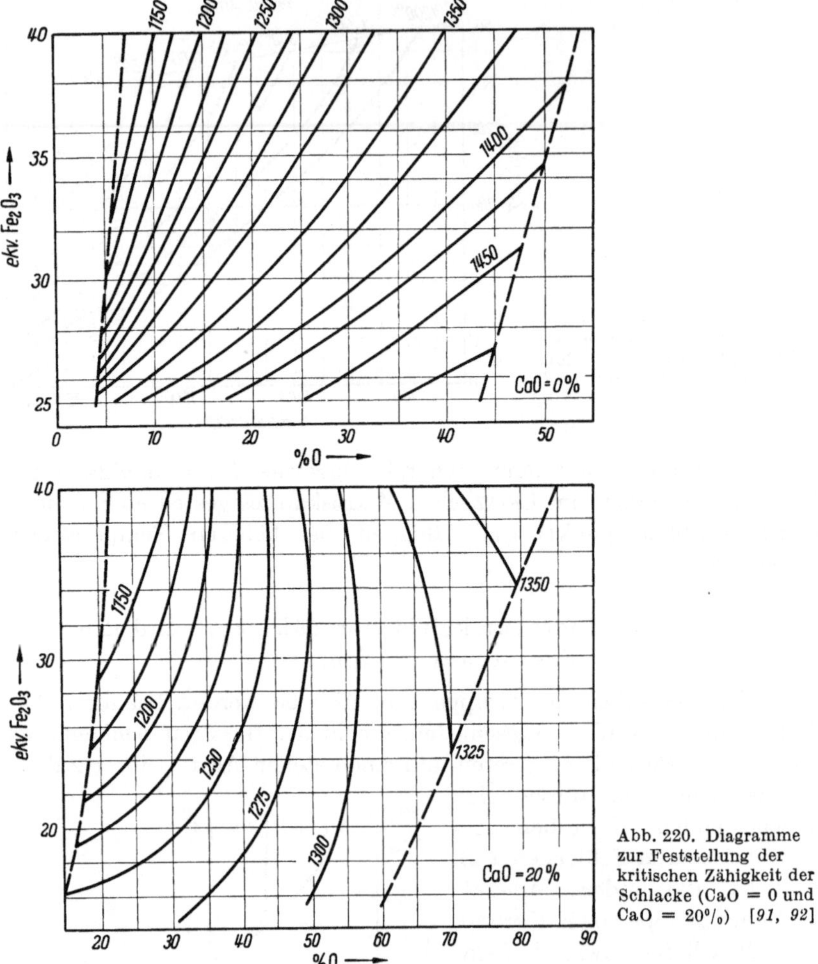

Abb. 220. Diagramme zur Feststellung der kritischen Zähigkeit der Schlacke (CaO = 0 und CaO = 20%) [91, 92]

Zähigkeit verursacht, während umgekehrt bei konstantem Oxydationsgrad ein größerer Eisengehalt in der Schlacke diese Temperatur erniedrigt. Abb. 220, in dem die Zähigkeitskurven derselben Schlacke bei verschiedenen Oxydationsgraden aufgetragen sind, weist auf die Wichtigkeit der Magnetitausscheidung hin.

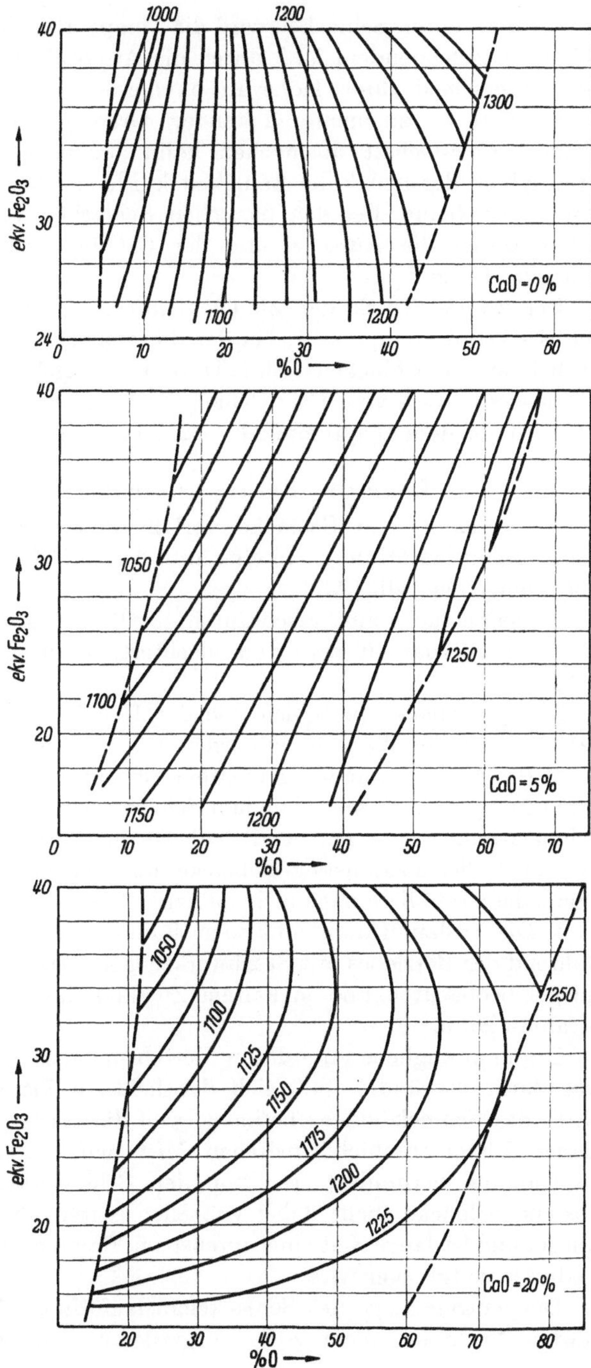

Abb. 221. Diagramme zur Feststellung der Erstarrungstemperatur der Schlacke (CaO = 0%, 5% und 20%) [91, 92]

Bei den sauren Schlacken wird die Temperatur der kritischen Zähigkeit in entscheidendem Maß durch die Atmosphäre beeinflußt, so daß der Unterschied ihrer Höhe in oxydierender und in reduzierender Atmosphäre bis zu mehreren hundert Grad bei sauren Schlacken mit kleinem CaO-Gehalt ausmachen kann, wobei in der reduzierenden Atmosphäre der Knick der Zähigkeitskurve erst bei niedrigeren Temperaturen erscheint. Bei den basischen Schlacken wird umgekehrt ihre Kürze durch die Ausscheidung der CaO-haltigen Kristalle aus der Schmelze bedingt.

Der zweite Knick der Zähigkeitskurve der Gattung A entspricht der Erstarrungstemperatur, bei der die Schlacke plötzlich erstarrt. Sie ist bei sauren Schlacken ebenfalls vom Eisengehalt und seinem Oxydationsgrad sowie vom CaO-Gehalt der Schlacke abhängig; ihre Höhe läßt sich aus dem Diagramm Abb. 221 ablesen [92].

5. Lage der Schlackenauslauföffnung

Die geschmolzene Schlacke verläßt den Schmelzraum über die Schlackenauslauföffnung. An eine gute Auslauföffnung werden folgende Forderungen gestellt [*231*]:

1. Die Schlacke muß rasch durch die Öffnung strömen können, denn ihre Granulierbarkeit wird verschlechtert, wenn sie sich zu stark abkühlt.

2. Die Schlacke muß sich von der Überfallkante gut ablösen und darf nicht an der Wand heruntergleiten.

3. Bei Anlagen mit waagerechtem Schmelzboden muß der Staurand der Öffnung so hoch sein, daß zum Schutz der unverkleideten Rohre der Schmelzwanne stets genügend Schlacke im Schlackenbad ist und daß sich auch bei Lastanstieg Schlacke im Schmelzbad sammeln kann, damit die Granulieranlage nicht plötzlich überlastet wird.

4. Die Auslauföffnung muß so groß und zugänglich sein, daß man sie während des Betriebes mit Stochwerkzeugen bearbeiten, den Schlackenspiegel beobachten und in kaltem Zustand durch sie den Feuerraum befahren kann.

Die ursprüngliche Anordnung der Öffnung in der Schmelzbadmitte war darin begründet, daß sich der heißeste Flammenkern über der Mitte des Schmelzbodens befindet, weil die starke strahlungsundurchlässige Flammenschicht zwischen Mittelachse und Kühlwänden die Abstrahlung verhindert. Die von den Schmelzraumwänden herabgeflossene Schlacke fließt dabei von allen Seiten über den Schmelzbadspiegel und ist lange Zeit einer intensiven Flammenstrahlung ausgesetzt, wodurch sie flüssiger wird.

Die zentrale Lage der Schlackenauslauföffnung hat allerdings auch gewisse Nachteile. Wenn z. B. bei größerem Schlackenanfall, etwa bei rascher Laststeigerung nach längerer Kleinlastperiode, die im Schmelzraum gespeicherte Schlacke plötzlich auftaut, entleert sich die Schlacke mit einem Male in vielen Strömen über den ganzen Umfang der Schlackenauslauföffnung in die Entschlackungsanlage. Dieses Verhalten der horizontalen Schlackenauslauföffnung in der Mitte des Schmelzbades ist besonders dort nachteilig, wo die überlaufende Schlacke rasch auskühlende Schlackenschleier bildet, die ständige Eingriffe von außen zum Freihalten der Schlackenauslauföffnung nötig machen.

Die Anordnung in der Schmelzbadmitte erschwert indessen Eingriffe von außen in die Feuerung und beschränkt die Beobachtung. Nachteilig ist auch die Notwendigkeit des Schlackendammes, der die Schlacke am Boden staut und eine aus dem Schlackenbad herausragende Umbördelung der Schlackenauslauföffnung bildet.

Bei dem bekannten, in der Seitenmitte einer Feuerraumkante senkrecht angeordneten Schlackenauslauf nach Abb. 222 entsteht die

Öffnung durch entsprechende Ausbiegung der in den Wasserumlauf eingeschalteten Siederohre. Die Höhenlage des unteren Teiles der ovalförmigen Öffnung entscheidet über die Höhe des Schmelzbadspiegels und damit auch über die Tiefe des Schmelzbades. An den Rohren, die den unteren Teil der Öffnung begrenzen, ist an der dem Schlackenschacht zugekehrten Seite eine Rinne aus feuerfestem Stahl angeschweißt, durch die das Anhaften der auslaufenden Schlacke an den Wänden unter der Öffnung verhindert werden soll.

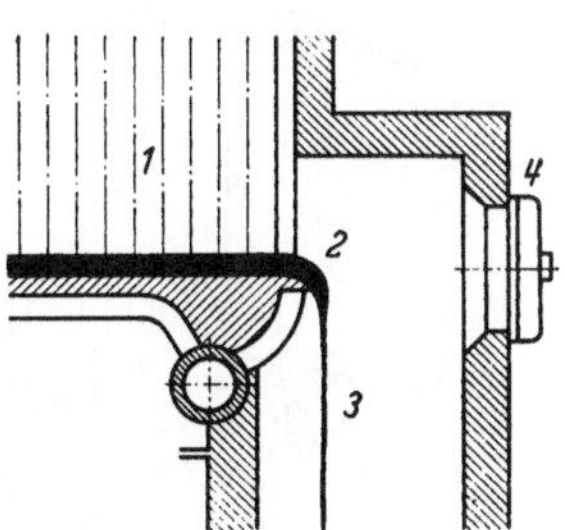

Abb. 222. Seitliche Schlackenauslauföffnung [41]

Eine Taupunkt-Korrosion der Kesselrohre, die die Öffnung umschließen, kann nicht eintreten, da die Temperatur des Wassers bzw. des Wasserdampfgemisches in den Rohren je nach dem Betriebsdruck des Kessels 250 bis 350° C beträgt. Ihre Beschädigung durch die ausfließende Schlacke ist ebenfalls unwahrscheinlich, weil die Begrenzungsrohre meist bestiftet und keramisch verkleidet sind, so daß die Schlacke die Rohre nicht berührt. Aber auch bei unverkleideten Rohren bildet sich während des Betriebes zwischen dem auslaufenden Schlackenstrom und den Rohren eine rinnenförmige Schutzschicht aus erstarrter Schlacke.

Zu den Vorteilen der seitlichen Schlackenauslauföffnung ist auch zu rechnen, daß die Schlacke immer in einem über den unteren Rand der Öffnung laufenden Strahl abfließt, der sich während des Abfließens weniger abkühlt und dabei gut granulierbar bleibt. Die kurzzeitigen Schwankungen des Schmelzbadspiegels beeinflussen lediglich die Stärke des ablaufenden Strahles. Die seitliche Schlackenauslauföffnung ergibt eine gute Zugänglichkeit für Eingriffe und macht den Schmelzbadspiegel von außen übersichtlich.

Ihr großer Nachteil liegt jedoch im stockenden Schlackenauslauf bei Teillast, bei der die Flamme die Ecken des Schmelzraumes nicht vollständig ausfüllt. Die zur Öffnung fließende Schlacke kühlt sich dann durch Strahlung an die kälteren Schmelzraumwände ab, da diese immer eine niedrigere Temperatur als der Schmelzbadspiegel besitzen. Man muß deshalb bei Teillast die Rauchgase aus dem Schmelzraum durch den Schlackenschacht hindurch absaugen, um die Schlacke flüssig zu halten. Durch Schrägstellung der seitlichen Schlackenauslauföffnung nach Abb. 223 lassen sich allerdings verschiedene Mängel der senkrechten Anordnung beheben [232].

Die horizontalen Zyklonfeuerungen besitzen zwei hintereinandergeschaltete Schlackenauslauföffnungen. Durch die erste entleert sich die

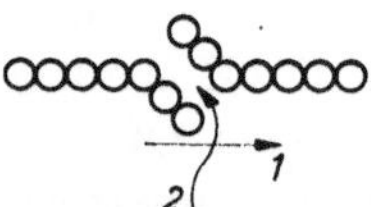

Abb. 224.
Horizontalschnitt durch *A*-Lochberohrung

1 Drehrichtung der Flamme,
2 Richtung des auslaufenden
Schlackenstromes.

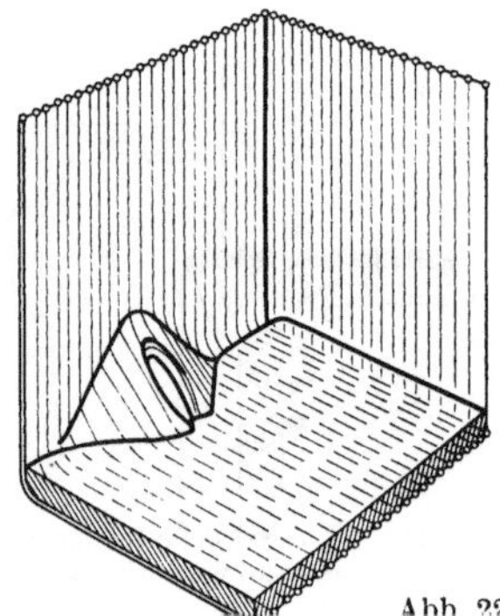

Abb. 223. Schräggestellte Schlackenauslauföffnung [231]

Schlacke vom Zyklon in den Nachbrennraum (A-Loch), während durch die zweite Öffnung (Loch B) die Schlacke in den Granulierbehälter ausläuft. Bei den amerikanischen Zyklonen ist das A-Loch in der Hinterwand des Zyklons unter der Umbördelung der Zyklonaustrittsöffnung angebracht. Die Rohre der Vorderwand des Nachbrennraumes sind zu diesem Zweck so gebogen, daß sie eine kleine Auslauföffnung dicht über der unteren Erzeugenden des Zyklonmantels ausbilden. Das A-Loch liegt nach Abb. 224 an der Leeseite des Flammenwirbels. Der große Druckunterschied zwischen Zyklon und Nachbrennraum sichert die ausreichende Beaufschlagung der Öffnung A mit Rauchgasen, so daß die Schlacke dauernd beheizt ist.

Die deutschen Horizontalzyklone haben das schlitzförmige A-Loch, das nach Abb. 225 ungefähr 100 mm breit ist und vom Zyklonmantel bis zur Umbördelung der Austrittsöffnung reicht, so daß der große Querschnitt für die Schlacke das Zusetzen des Schlitzes fast unmöglich macht. Auch nach einer langen Schwachlastperiode bleibt wenigstens die obere Partie des Schlitzes frei. Der Schlitz wird ebenfalls auf die Leeseite des Wirbels gelegt [120].

Das B-Loch unterscheidet sich in keiner Beziehung von den Schlackenauslauföffnungen normaler Schmelzfeuerungen und kann wieder seitlich

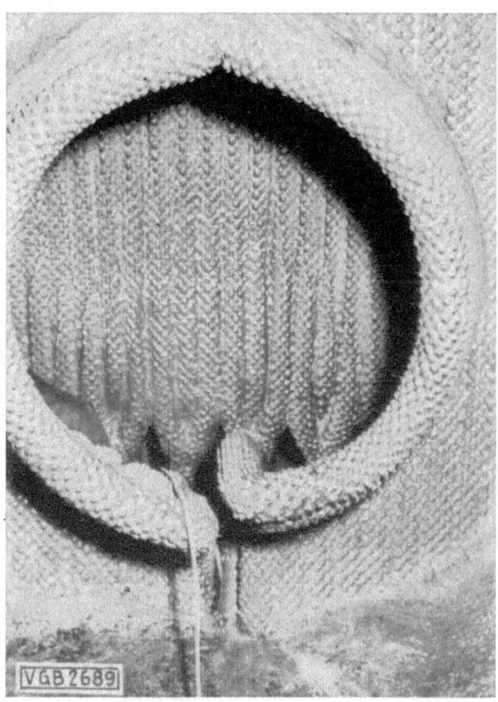

Abb. 225. Schlitzartiges
A-Loch einer Zyklonfeuerung
(VKW) [50]

oder in der Mitte des Schmelzbodens angeordnet werden. Es ist ratsam, auch bei den Großkesseln nur ein B-Loch zu bauen, wo die Schlacke konzentriert ausläuft und wobei man mit einem Schlackenbehälter auskommt.

Unter der Schlackenauslauföffnung befindet sich der Schlackenschacht, der den Übergang zum Granulierbehälter bildet. Damit sich die Schlacke nicht an die Wände des Schachtes anlegt, muß der Schacht genügend tief und breit gemacht werden. In diesen Schacht werden auch die Rauchgase zugesaugt, damit bei Teillast die Schlacke beim Auslauf beheizt wird. Die zugesaugten Rauchgase werden dann durch eine Rohrleitung in den Kesselzug geführt. Da sie heiß sind, müssen sie dort zur Vermeidung heißer Strähnen mit den übrigen Rauchgasen gut vermischt werden.

Der Vorschlag, alle zum Trocknen der feuchten Kohlen notwendigen Rauchgase über die Schlackenauslauföffnung anzuzapfen, hat sich nicht als praktisch erwiesen [131], da die abgesaugten Rauchgase dort eine große Geschwindigkeit haben und deshalb stark wirbeln, was das Abscheiden der Schlackenteilchen an die Berandung des Loches begünstigt. Beim Anfahren des Kessels kann das Loch durch die noch teigige Schlacke ganz zugehen. Es ist deshalb besser hierdurch nur einen Teil der Trocknungsgase und den Rest vom Kesselzug zu entnehmen.

6. Der Schlackendamm

Wenn der Schmelzboden waagerecht ist, so benötigt die zentrale Schlackenauslauföffnung einen Schlackendamm. Die Rohre für den überstehenden Schlackendamm dürfen beim Naturumlauf an den Kesselumlauf nicht angeschlossen werden, weil in diesen Rohren Dampfpolster entstehen würden. Sie müssen deshalb mit Fremdwasser im Zwangsdurchlauf gekühlt werden.

Als Hauptnachteil der Fremdkühlung hat sich die Korrosion der Kühlschlangen herausgestellt. An der kalten Oberfläche der Schlangen wird nämlich der Taupunkt der Rauchgase unterschritten. Die sich aus den Rauchgasen niederschlagende Feuchtigkeit nimmt die Molekeln der dreiatomigen Gase CO_2, SO_2 und SO_3 aus den Rauchgasen auf und wird dadurch sauer. Diese schwache Säure greift dann das Metall der Schlangen an. Die Korrosionsprodukte werden im Niederschlag aufgelöst, so daß keine Schutzschicht aus Korrosionsprodukten auf den Schlangen entsteht und immer weitere Metallschichten angegriffen werden.

Während der Taupunkt der Rauchgase bei der Verfeuerung von trockener oder vorgetrockneter Kohle hauptsächlich durch ihren SO_3-Gehalt gegeben ist, wird der Taupunkt der Gase aus dem Schlackenschacht, die ebenfalls bis an den Schlackendamm vordringen, nach früherer Abb. 69 durch ihre sehr hohe Feuchtigkeit beeinflußt. Dies wiederum ist eine Folge der Granulierwasserverdunstung und des hohen Wasseraufnahmevermögens von Gasen über 100° C (Abb. 226).

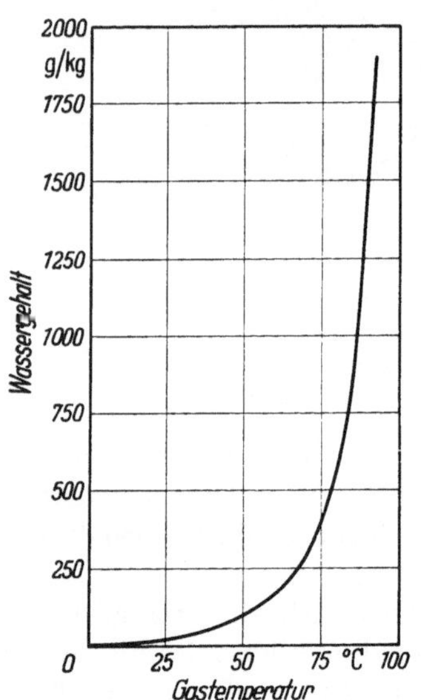

Abb. 226. Wasserdampfgehalt erwärmter Gase bei voller Sättigung [231]

Zur Verhütung dieser Korrosionsschäden wurden folgende Überlegungen angestellt und nachstehende Maßnahmen getroffen:

1. Verwendung möglichst heißen Kühlwassers, um Taupunktunterschreitungen zu vermeiden. Hierdurch wird die Möglichkeit ausgeschlossen, nicht aufbereitetes Wasser zu verwenden, weil von einer Temperatur von 40° C an mit dem Ausfallen der Karbonathärte zu rechnen ist. Bei Durchlaufkesseln kann dazu das Speisewasser benutzt werden.

2. Möglichst schnelle Verbrennung bei höchsten Temperaturen, um die Bildung von Schwefeltrioxyd während der Verbrennung auf ein Minimum zu beschränken.

3. Verwendung möglichst kalten Granulierwassers zur Vermeidung der Dampfentwicklung oder Absaugen der feuchten Gase aus dem Schlackenschacht, so daß der Schlackendamm nur mit den wenig SO_3 enthaltenden Rauchgasen in Berührung kommt. Diese Maßnahmen verhindern aber eine Ausnutzung der Schlackenwärme.

4. Herstellung der Rohrschlangen aus korrosionsbeständigem Stahl.

5. Andersartige Ausbildung der Schlackenauslauföffnung so, daß der fremdgekühlte Schlackendamm ganz wegfällt, wie es z. B. bei ihrer Schrägstellung der Fall ist.

Der Schlackendamm wird heute aus einem engen Rohr, das zweckmäßig gewunden wird, hergestellt. Um die Schlacke beim Überlauf des Staurandes nicht zu stark abzukühlen, wird die Konzentrierung des Schlackenstrahles auf nur eine oder zwei Stellen des Schlackendammes empfohlen, wozu man den

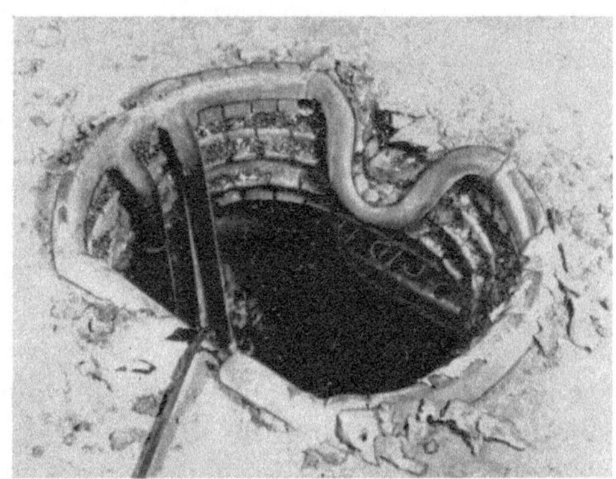

Abb. 227. Schlackendamm mit Schlackenablauf an zwei Stellen des Umfanges [41]

Schlackendamm-Staurand an diesen Stellen nach Abb. 227 um einige Zentimeter erniedrigt. Die starken Schlackenstrahlen granulieren gut, wenn die Schlacke dünnflüssig ist.

IV. Löschen und Granulieren der Schlacke

1. Ansprüche an Granuliermittel

Die bisher am meisten verbreitete Methode, die Wärme von der Schlacke rasch abzuziehen, besteht in ihrer Granulierung durch Wasser, wobei man die Schlacke mit dem Wasser plötzlich abschreckt. Infolge der dabei auftretenden Volumenänderungen sowie ihrer großen Wärmedehnzahl entstehen in der erstarrenden Schlacke Spannungen, die ein Zerspringen des Schlackenstromes in kleinere Körner und dadurch eine erhebliche Vergrößerung seiner Oberfläche herbeiführen. Die hohe Wärmeübergangszahl von der Schlacke an das Wasser ist dabei sehr günstig, da man von der stark vergrößerten Oberfläche des körnigen Granulats die Wärme rasch abführen kann, so daß seine Temperatur von der Temperatur des Granulierwassers im Behälter nur wenig verschieden ist.

Der zum Löschen der Schlacke notwendige Bedarf an Kühlwasser ist nicht unbedeutend; er bewegt sich zwischen 8 und 10 m³/t Schlacke. So wird z. B. angegeben, daß bei einem 200-t/h-Kessel und einem Verlust durch Schlackenwärme von 2 % zum Granulieren 50 m³/h Wasser notwendig sind. Die Granulierung der Schlacke mittels Wasser stellt also große Ansprüche hinsichtlich des Wasserverbrauchs, was insbesondere in wasserarmen Gegenden Sorge machen kann.

Als Nachteil des Wassers als Löschmittel für die Schlacke wird die Möglichkeit der Wasserstoffbildung im Granulierbehälter oft erwähnt, falls in der auslaufenden Schlacke metallisches Eisen anwesend ist. In diesem Fall ist mit Wasserstoffbildung nach Gleichung

$$3\,\mathrm{Fe} + 4\,\mathrm{H_2O} = \mathrm{Fe_3O_4} + 4\,\mathrm{H_2} \qquad (13^*)$$

zu rechnen, wobei es zu Explosionen kommen kann, die ein großes Ausmaß annehmen können, wenn plötzlich viel Eisen ausläuft. Das Vorhandensein von Eisen in der Schlacke zeigt sich durch scharfe Knalle im Granulierbehälter an.

Die geschmolzene Schlacke hat einige ungünstige Eigenschaften, die den Wärmeaustausch zwischen ihr und dem wärmeaufnehmenden Mittel ziemlich erschweren, obgleich das Temperaturgefälle zwischen der Schlacke und dem Kühlmittel insbesondere unmittelbar nach ihrem Kontakt groß ist. Neben der höheren Zähigkeit ist es vor allem die schlechte Wärmeleitfähigkeit der Schlacke, so daß zur raschen Abgabe der Schlackenwärme große Kontaktflächen benötigt werden. Auch die geringe spezifische Wärme der Schlacke ist nicht günstig, da die Schlacke an ihrer Oberfläche rasch abkühlt, während ihr Inneres noch glühend bleibt. Das Aussehen des Granulates läßt einen Schluß auf den Zustand der auslaufenden Schlacke zu [222].

Das Granulieren der Schlacke findet normalerweise unmittelbar unter der Schlackenauslauföffnung statt. Neben dem Granulat, das normal eine Körnung von 0 ··· 10 mm hat, entsteht noch der feine Schlackenschlamm, der glashart ist und sich im Wasser an Stellen mit kleiner Geschwindigkeit absetzt. Die glasige Schlacke ist im Wasser fast unlöslich, so daß das zum Schlackentransport benutzte Wasser keine Salze aus der Schlacke enthält.

2. Granulierbehälter

Der eigentliche Vorgang des Löschens der Schlacke erfolgt im Granulierbehälter. Der Granulierbehälter (Abb. 228) ist ein druckloses Gefäß, in das die auslaufende Schlacke fließt. Das Gefäß ist entweder mit ruhendem oder mit strömendem Wasser gefüllt, wobei die Strömung so gerichtet werden soll, daß die sich möglicherweise bildenden Schlackenblasen (*Goldfische*) von der Einfallstelle der Schlacke dauernd wegschwimmen. Manchmal hat der Schlackenbehälter Wasserbrausen, die den Schlackenstrahl schon oberhalb des Wasserspiegels abschrecken.

Das entstehende Granulat ist schwer und sinkt deshalb auf den Grund des Granulierbehälters, wo es sich sammelt und von wo es ausgetragen wird. Da hier die Schlacke ihre Wärme abgibt, wird der Schlakkenbehälter oft wärmeisoliert, und manchmal pflegt man auch die Wasseroberfläche in geschlossenem Raum zu halten, damit keine Wasserverdunstung in den Raum unter dem Kessel stattfindet, wo die Schwaden die Bedienung belästigen würden. Vom Granulierbehälter verlangt man absolute Dichtigkeit, weil über die Schlackenauslauföffnung keine Luft in den Schmelzraum eindringen darf. Bei Überdruckfeuerungen dürfen umgekehrt keine Rauchgase nach außen entweichen.

Der Granulierbehälter muß von ausreichender Größe sein, da man in ihm bei Störung der Austrageinrichtungen die Schlacke kurzzeitig speichern muß, bevor man den Kessel abstellt. Der große Wasserinhalt wirkt ebenfalls als Wärmespeicher, was bei Ausnutzung der Schlackenwärme von Bedeutung ist, weil dadurch kurzzeitige Spitzen im Schlackenauslauf thermisch eingeebnet werden.

Da der Kessel nicht immer eine gut flüssige Schlacke liefert und da oft auch größere Schlackenklumpen in den Granulierbehälter fallen,

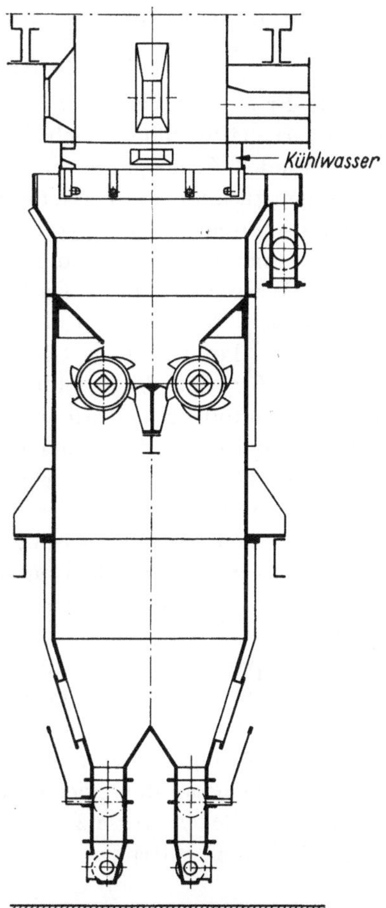

Abb. 228. Granulierbehälter mit Brecher und hydraulischer Entaschung [*239*]

muß der ganze Wasserinhalt stets gut zugänglich sein. Besonders wichtig ist die Zugänglichkeit zur Wasseroberfläche, wo man eventuell gegen die schwimmenden Schlackenblasen oder gegen die Schwimmschlacke bei unrichtigem Betrieb mit Handstochen eingreifen muß. Dazu ist der Granulierbehälter reichlich mit Türen und Fenstern versehen, die allerdings gut dichten müssen.

3. Weiße Schwimmschlacke

Das Erscheinen weißer Schwimmschlacke von geringer Dichte im Granulierbehälter hängt nach Ansicht mancher Forscher mit der stark reduzierenden Atmosphäre, nach anderen mit verzögerten Entgasungsvorgängen zusammen. Die weiße Schlacke ist sehr leicht und porös. Sie hat ein spezifisches Gewicht von $0,6 \text{ t/m}^3$ gegen $2,5 \cdots 3,0 \text{ t/m}^3$ der normalen Schlacke. Sie schwimmt auf dem Wasser, so daß sie im Granulierbehälter auf dem Wasserspiegel eine Decke auftürmt, die den Kontakt der weiter auslaufenden Schlacke mit dem Granulierwasser verhindert. Die geschlossenen Poren dieser Schlacke enthalten Wasserstoffsulfid, ein Zeichen dafür, daß diese Schlacke in einer stark reduzierenden Atmosphäre entstand. Hinsichtlich der Schmelzcharakteristiken ist wenig Unterschied zwischen normaler und weißer Schlacke aus derselben Kohle. Der Entstehung weißer Schlacke ist durch richtige Feuerführung entgegenzuwirken.

Man ist heute der Auffassung, daß weiße Schlacke im Schmelzraum beinahe aus allen Schlacken entstehen kann, falls man im Brennraum die dazu notwendigen Bedingungen schafft. Nach [*110*] ist das Vorkommen weißer Schlacke durch örtlichen Luftmangel in manchen Brennraumpartien und die dadurch bedingten sehr hohen Flammentemperaturen zu erklären, die dazu führen, daß ein Teil der Schlacke verflüchtigt wird und die Gase die erwähnten Poren erzeugen.

Die weiße Schlacke ist nach [*84*] ein Schlackenschaum, dessen Blasen aus Schlackenglas mit vielen Mullitnädelchen sowie Melilith- und Korundkristallchen versetzt ist. Sie enthält wenig Eisen, das vorwiegend als FeO auftritt.

H. Behandlung fester Verbrennungsrückstände

I. Entschlackungseinrichtungen für Trocken- und Schmelzfeuerung

1. Mechanische Entschlacker

Die aus der Flamme abgeschiedene Asche und die Schlacke gelangen durch den Trichter in den Entschlacker. Der Entschlacker hat zwei Aufgaben; erstens soll er die heißen Verbrennungsrückstände abkühlen, wozu man ihn mit Wasser füllt, zweitens dient er der Beförderung zum anschließenden Transportmittel, d. h. zum Band, zur Schlackenrinne, zum Abspülkanal usw. Oft wird der Entschlacker an seiner Austrittseite mit einem Brecher versehen, der die groben Schlackenstücke zerkleinert, damit man sie mit den vorhandenen Einrichtungen ungehemmt weiterbefördern kann, bzw. damit die Ansprüche des Schlackenabnehmers hinsichtlich Schlackenkörnung befriedigt werden.

Bei den Großkesseln muß die Schlacke kontinuierlich abgeführt werden; denn nur so lassen sich die großen anfallenden Schlackenmengen (bei Riesenkesseln mehrere Zehner t/h) am einfachsten bewältigen. Ein 640 t/h-Schmelzkessel z. B. liefert bei 30% Asche in der Kohle stündlich rund 20 t Schlacke.

Dabei ist darauf zu achten, daß keine falsche Luft über den Entschlacker in den Feuerraum eindringt, wozu man den Austragsweg für die Schlacke mit einem dichten Verschluß versehen muß. Es liegt nahe, daß dazu ein Wasserverschluß am besten geeignet ist, der nicht nur keine Wartung benötigt, sondern auch das Abschrecken der heißen Schlacke vollzieht und die Bestandteile des Entschlackers vor übermäßiger Erwärmung schützt.

Aus der fast verwirrenden Vielheit der bei kleinen und mittelgroßen Kesseln vorkommenden mechanischen Entschlacker haben sich bei Großkesseln nur einige Bauarten durchgesetzt, z. B. die robusten Kratzer. Sie bestehen nach Abb. 229 aus zwei endlosen Ketten, zwischen denen eingebaute Flacheisen auf dem Boden des Beckens die Schlacke vor sich herscharren. Beide Ketten werden von vorne gezogen und bewegen sich langsam unter Wasser an Rollen entlang, die ihre Bahn bestimmen. Bei der kleinen Geschwindigkeit ist ihr Verschleiß nicht groß. Vorteilhaft ist vor allem ihre Unempfindlichkeit gegen grobe heiße Schlackenstücke, die sie ebensogut wie die kleinen Schlackenkörner austragen. Die Schlacke wird aus dem Becken längs der wenig geneigten Vorderseite des Entschlackerkastens ausgetragen und fällt dann z. B. auf das Förderband.

Für noch größere Anlagen plant man auf Grund der Erfahrungen an Bekohlungsanlagen die Anwendung von Scrapern nach Abb. 230 [233]. Bei dieser Einrichtung geschieht das Austragen der Schlacke an beiden Entschlackerseiten, wobei der Scraper sich hin und her bewegt. Der Scraper wird beiderseits durch Seile gezogen, die sich abwechselnd auf die linke und die rechte Trommel mit Elektroantrieb und Untersetzungsgetriebe aufwickeln. Die ausgetragene Schlacke wird dann über Rechen auf das Transportband geschüttet, wobei die größeren, heißen Stücke in einem kleinen Brecher nachträglich gebrochen werden. Die kleineren, durch die Rechen durchfallenden Schlackenstücke gehen nicht über den Brecher, was seinen Verschleiß erniedrigt. Die Anlage Abb. 201 besteht aus zwei nebeneinander angeordneten Scrapern, wobei ein Scraper

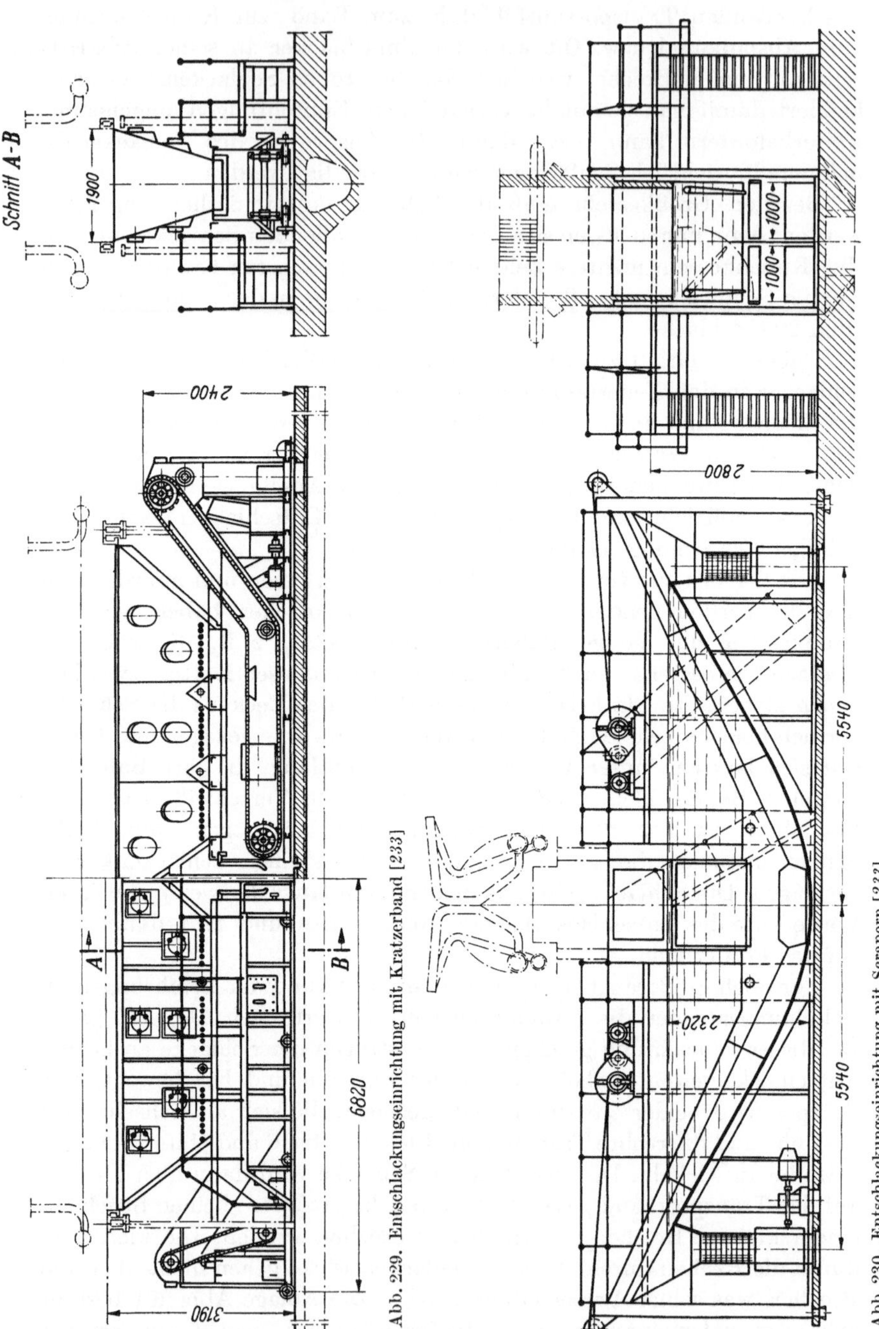

Abb. 229. Entschlackungseinrichtung mit Kratzerband [233]

Abb. 230. Entschlackungseinrichtung mit Scrapern [233]

immer als Reserve dient. Die Scraper bewegen sich mit einer Geschwindigkeit von rund 0,1 m/sek.

Bei den Schmelzfeuerungen besorgt der Entschlacker das Austragen des Granulats aus dem Granulierbehälter. Neben dem oben beschriebenen Kratzer, der insbesondere in Deutschland beliebt ist, pflegt man auch das Schrägbecherwerk als Entschlacker zu verwenden [234]. Das Schema einer solchen Anlage zeigt Abb. 231. Da es sich um eine Kessel-

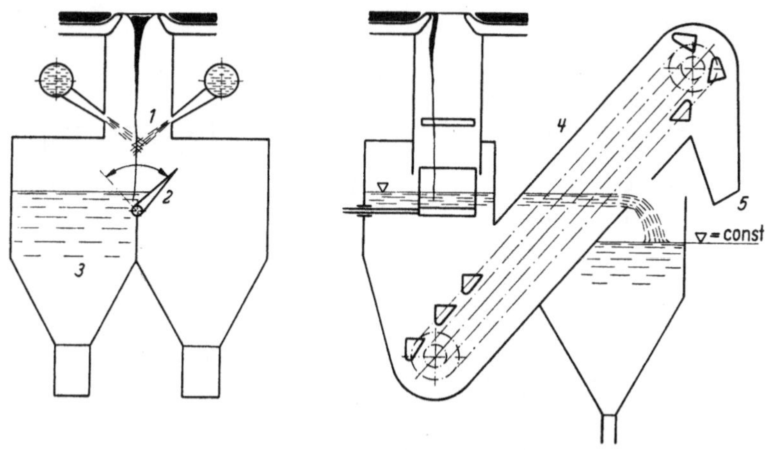

Abb. 231. Granulierbehälter mit Schrägbecherwerk [41]

1 Brausen,	3 Behälter,	5 Schlackenabfuhr
2 Umstellklappe,	4 Schrägbecherwerk,	

anlage mit Verstromung sehr aschenreicher Kohle handelt, ist der Granulierbehälter in zwei Hälften aufgeteilt. Mittels einer verstellbaren Klappe, die sich schon unter dem Wasserspiegel befindet, läßt sich der Schlackenstrom in die linke oder rechte Hälfte des Granulierbehälters lenken, von wo die Schlacke durch die Entschlacker ausgetragen wird. Auch hier verwendet man mit Rücksicht auf den Verschleiß für die Becherkette eine sehr kleine Vorschubgeschwindigkeit, die unter 1 m/min liegt. Die granulierte Schlacke wird hinter den Bechern gesichtet, indem man sie über Rechen gehen läßt. Die großen Schlackenklumpen werden dort aufgehalten und gebrochen.

Die Austrageinrichtung wird bei den Schmelzfeuerungen überbemessen, damit sie auch bei plötzlich vermehrtem Schlackenanfall, z. B. beim Auftauen der Schlacke nach einer längeren Schwachlastperiode, ausreicht.

2. Hydraulische Entschlacker

Hydraulische Entschlacker sind oft in den Kraftwerken zu finden, die genug Gebrauchswasser zur Verfügung haben. Ihr Verbrauch an Wasser und Energie ist enorm [235], da neben der Schlacke auch eine

Wassermenge zu transportieren ist, die ein Mehrfaches der Schlackenmenge ausmacht. Dieses Wasser wird mit Schlackenschlamm verunreinigt und ist ohne Reinigung, z. B. durch Absetzen, nicht mehr verwendbar. Die scharfkantigen Schlacken- bzw. Granulatkörner verschleißen die Rohrleitungen stark, die deshalb mit Basaltauskleidungen zu versehen sind. Zum Schlackentransport ist z. B. das in den Turbinenkondensatoren erwärmte Wasser zu verwenden, wodurch im Winter ein

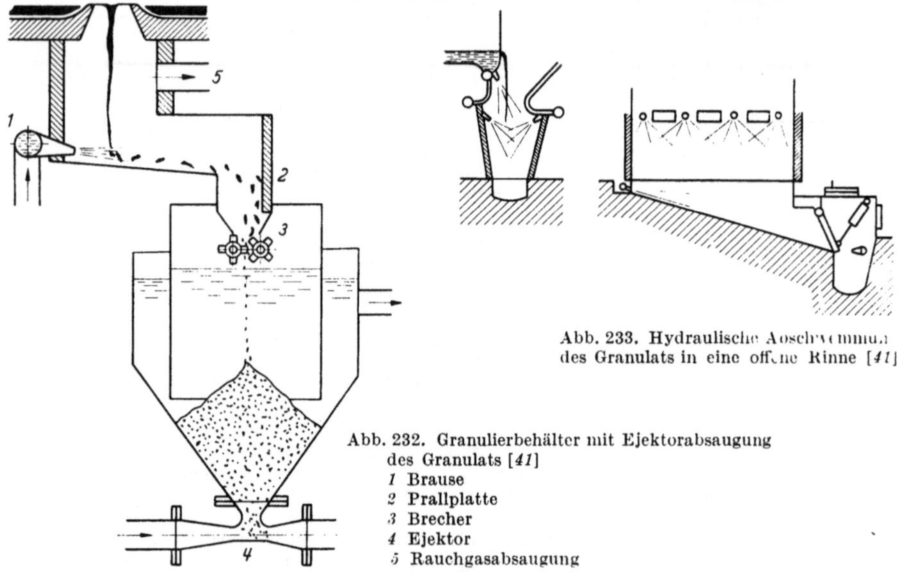

Abb. 233. Hydraulische Aoschwemmung
des Granulats in eine offene Rinne [41]

Abb. 232. Granulierbehälter mit Ejektorabsaugung
des Granulats [41]
1 Brause
2 Prallplatte
3 Brecher
4 Ejektor
5 Rauchgasabsaugung

Einfrieren der Schlackenleitungen verhindert wird. Wegen der Gefahr von Verstopfungen darf die Schlacke keine größeren Stücke enthalten, die sich in der Rohrleitung bzw. im Ejektor festklemmen könnten.

Bei den Trockenfeuerungen hat sich die Spülwanne nach der früheren Abb. 202 gut bewährt. Die Schlacke sammelt sich auf dem mit Basaltplatten gepflasterten Boden und wird periodisch abgeschwemmt, wenn sich eine größere Aschenmenge angehäuft hat. Deswegen muß die Spülwanne ein bestimmtes Fassungsvermögen haben.

Auch bei den Schmelzfeuerungen werden die hydraulischen Entschlackungsmethoden oft angewendet. Ein Beispiel einer solchen Anlage zeigt Abb. 232. Die Schlacke wird vom Granulierbehälter durch einen Ejektor abgesaugt, der unter dem Trichter des Granulierbehälters aufgestellt ist. Die Entleerung ist hier periodisch.

Da für die Entschlackung eine feinkörnige Schlacke verlangt wird, deren Korngröße 10 mm nicht übersteigen soll, muß man die Schlacke brechen, damit der Ejektor nicht durch Klumpen verstopft wird. Zu diesem Zweck wird die abgeschwemmte Schlacke zunächst oben durch ihren Aufprall auf die Gegenwand gegenüber der Granulierrinne zerschlagen. Danach fallen die Schlackenkörner noch in den oberhalb des Wasserspiegels angeordneten Schlackenbrecher, wo ihre Zerkleinerung abgeschlossen wird. Um den Verschleiß des Ejektors gering zu halten, sind auch hier mäßige Wassergeschwindigkeiten unter 3 m/sek. anzuwenden, und es empfiehlt sich, eine Auskleidung des Ejektors z. B. mit Basalt.

Eine andere Ausführung zum Abschwemmen des Granulates durch eine offene Rinne zeigt Abb. 233. Die in den Brausen abgeschreckte Schlacke sammelt sich auf dem Boden der Entschlackerwanne und wird von dort periodisch mit mächtigem Wasserstrahl in die Schlackenrinne ausgeschwemmt.

Wegen des großen Wasser- und Kraftverbrauchs geht man heute in vielen Kraftwerken von den hydraulischen Entschlackern ab. Der hydraulische Schlackentransport verbietet sich auch dort, wo die Asche zementierende Eigenschaften besitzt, so daß sich die Transportwege verstopfen.

II. Verwertung der Asche und der Schlacke

1. Physikalische Eigenschaften der Asche und der Schlacke

Die Flugasche besteht nach den Siebkurven Abb. 234 aus einem Konglomerat von feinen Körnern verschiedener Größe, wobei die aus Trockenfeuerungen stammenden Körner scharfkantig sind und die aus Schmelzfeuerung kommenden vorwiegend hohle Kügelchen aus Schlacke darstellen. Die Flugasche aus Schmelzfeuerungen ist außerdem feiner.

Die Kohlenschlacken unterscheiden sich durch ihre Zusammensetzung wesentlich von den metallurgischen Schlacken; der Unterschied ist aus Tab. 17 ersichtlich. Die Tabelle enthält zum Vergleich neben der Zusammensetzung der Kohlenschlacken auch die Zusammensetzung einer Hochofenschlacke.

Tabelle 17. Zusammensetzung von Schlacken
(in Gewichts-%)

	Steinkohle	Rheinische Braunkohle	Hochofenschlacke
SiO_2	40 ··· 60	2 ··· 50	34
Al_2O_3	20 ··· 35	5 ··· 20	9
Fe_2O_3	5 ··· 25	5 ··· 20	0,2
CaO	1 ··· 5	10 ··· 50	49
CaO/SiO_2	0,02 ··· 0,13	0,2 ··· 25	1,45

Steinkohlenschlacke hat einen kleinen CaO-Gehalt und einen hohen Gehalt an Eisenoxyden. Der Basengrad der Hochofenschlacke, durch das Verhältnis CaO/SiO$_2$ ausgedrückt, ist viel höher als bei Steinkohleschlacke. Die Schlacken der rheinischen Braunkohlen dagegen sind stark basisch, wobei ihr Eisengehalt ebenfalls über dem der Hochofenschlacke liegt.

Beim Granulieren der Schlacke kommt es infolge der Neigung des SiO$_2$ zur Unterkühlung nicht zum Auskristallisieren aller theoretisch bildungsfähigen Minerale [84]. Die Hauptmenge der Schlacke bleibt

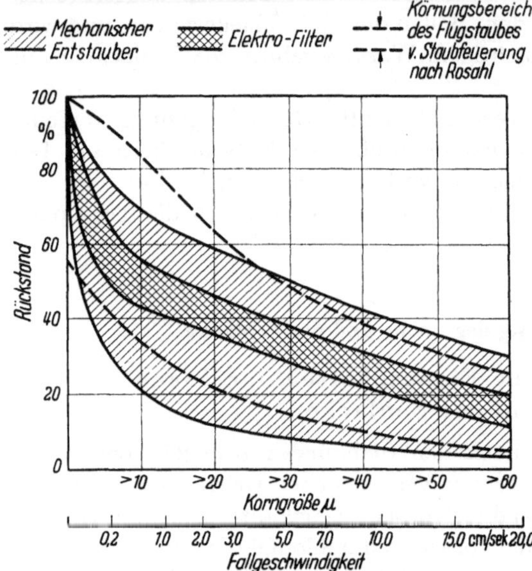

Abb. 234. Körnungsbereich der Flugasche im Rohgas bei Schmelzfeuerungen mit Aschenrückführung

deshalb glasig, da die plötzliche Abschreckung der Schlacke ihre Entglasung verhindert. Granulierte Schlacken aus der Schmelzfeuerung sind meistens aus gelblichem, durchsichtigem Kieselglas gebildet, das jedoch in den Schlackenkörnern schwarz aussieht. Die besondere Färbung wird durch An- bzw. Abwesenheit bestimmter Minerale verursacht. Die gemahlene Schlacke ist grau und sieht wie Zement aus.

Das Granulat enthält wenig Unverbranntes. Die Flugaschen dagegen haben je nach der Güte der Verbrennung mehr oder weniger Koks in sich, dessen Anwesenheit manche Verwendungsmöglichkeiten der Flugasche beeinträchtigt.

Das spezifische Gewicht der Schlacke ist hoch; meistens liegt es über 2500 kg/m³. Das Schüttgewicht der Schlacke ist jedoch kleiner und liegt zwischen 1100 und 1400 kg/m³. Am niedrigsten ist das Schüttgewicht der Flugasche mit 600 kg/m³.

Die spezifische Wärme der Asche bzw. Schlacke bewegt sich größenordnungsmäßig zwischen 0,2 und 0,3 kcal/kg° C. Die spezifische Wärme der Schlacke bei verschiedenen Temperaturen ist in Abb. 235 [236] aufgezeichnet. Sie wächst mit steigender Temperatur. Die Schmelzwärme der Schlacke beträgt 50 bis 100 kcal/kg.

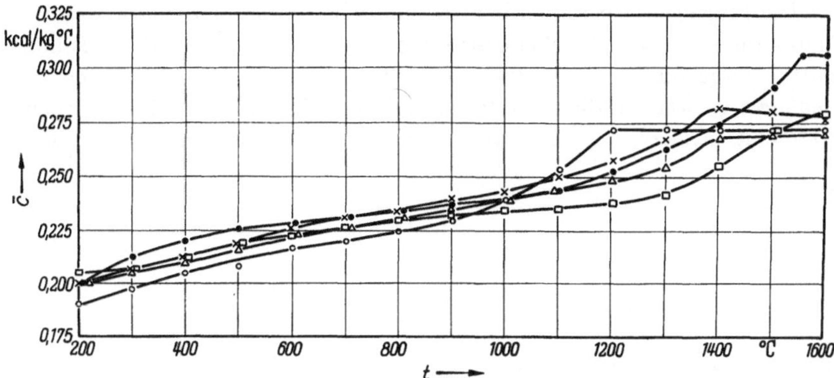

Abb. 235. Mittlere spezifische Wärme der Schlacke [236]

Die Wärmedehnzahl der Schlacke schwankt zwischen 8 und $10 \cdot 10^{-6}$ m/m° C. Ihre Wärmeleitzahl ist klein, gewöhnlich wird sie mit 0,5 bis 1 kcal/m h° C angegeben.

2. Verwendung der Flugasche und der Schlacke

Da man heute in großem Maßstab vor allem die Flugasche ausnutzt, interessieren uns diejenigen ihrer Eigenschaften, die ihre Verwendung als Ersatz für Zement gestatten. Die Flugasche ist zu den puzzolanartigen Materialien zu rechnen, d. h. sie gehört zu denjenigen SiO_2- und Al_2O_3-haltigen Stoffen, die allein keine Zementeigenschaften haben, die aber fein zerkleinert und unter Wasser mit Kalk als Anreger bei normalen Temperaturen hydraulische Eigenschaften bekommen [237].

Die Flugasche verwendet man z. B. in Amerika in größerem Maßstab als Zuschlagstoff bei der Betonherstellung, besonders bei der Ausführung der Straßendecken oder bei der Herstellung großer Betonbauwerke, z. B. bei der Errichtung von Talsperren, bei denen man auf diese Weise 20 bis 30% Zement einsparen kann. Es sollen in USA jährlich bis 15 Millionen t Flugasche auf diese Weise verbraucht werden [238].

Die mit Flugasche hergestellten Betone haben manche günstigen Eigenschaften im Vergleich mit dem aus Portlandzement hergestellten Beton, z. B. die höhere Festigkeit nach 90 Tagen, hohen Widerstand gegen Wasser, größeres spezifisches Gewicht, kleineren Wassergehalt, kleinere Abbindungswärme, Raumbeständigkeit u. a. Sie haben allerdings auch nachteilige Eigenschaften, z. B. geringere Festigkeit nach 7 und 28 Tagen, sie sind schwerer zu behandeln usw. Es ist darauf zu achten, daß der Gehalt an Unverbranntem in der Flugasche minimal und gleichbleibend ist. Die große Feinheit der Flugasche ist günstig, da feinere Flugstäube höhere Betonfestigkeiten ergeben als gröbere.

Die Flugasche wird auch bei der Herstellung von Zement verwendet. Man kann sie in die Ziegel zugeben, die mit Zement oder Kalk als Bindemittel hergestellt werden [239]. Bei diesen Ziegeln läßt sich auch die Schlacke verwerten, die man den Ziegeln zur Vergrößerung ihrer Druckfestigkeit zusetzt, wodurch allerdings das Gewicht der Ziegel erhöht

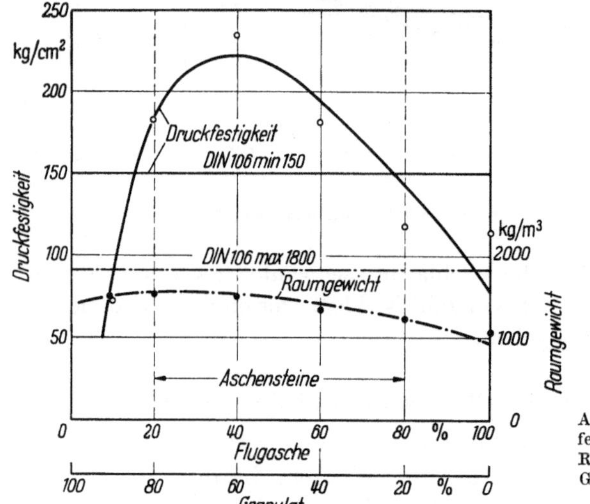

Abb. 236. Erzielbare Druckfestigkeiten und zugehörige Raumgewichte der Flugasche-Granulat-Mauersteine [239]

wird. Abb. 236 zeigt die Festigkeit der Ziegel aus Flugasche und Granulat. Man sieht, daß die Ziegel ihre höchste Festigkeit bei rund 60 % Granulat im Stein haben. Sie besitzen dabei eine gute Isolierfähigkeit.

Das Schema ihrer Herstellung ist in Abb. 237 dargestellt. Die Flugasche und die granulierte Schlacke werden nach der Kalkzugabe in einer Mischmaschine gleichmäßig vermischt; die Masse wird in Strangpressen zu Ziegeln geformt; die rohen Ziegel werden dann in Autoklaven mit Dampf von 12 atü und 250° C ausgehärtet, da die höhere Temperatur den Bindungs- und Verfestigungsvorgang beschleunigt und verstärkt.

Bei Kraftwerken nur mit Schmelzkesseln muß die Ersteinbindung der Schmelzfeuerung so ausgelegt werden bzw. darf man die Aschenrückführung nur so weit treiben, daß man Schlacke und Flugasche an die benachbarte Ziegelfabrik in dem gewünschten Verhältnis liefern

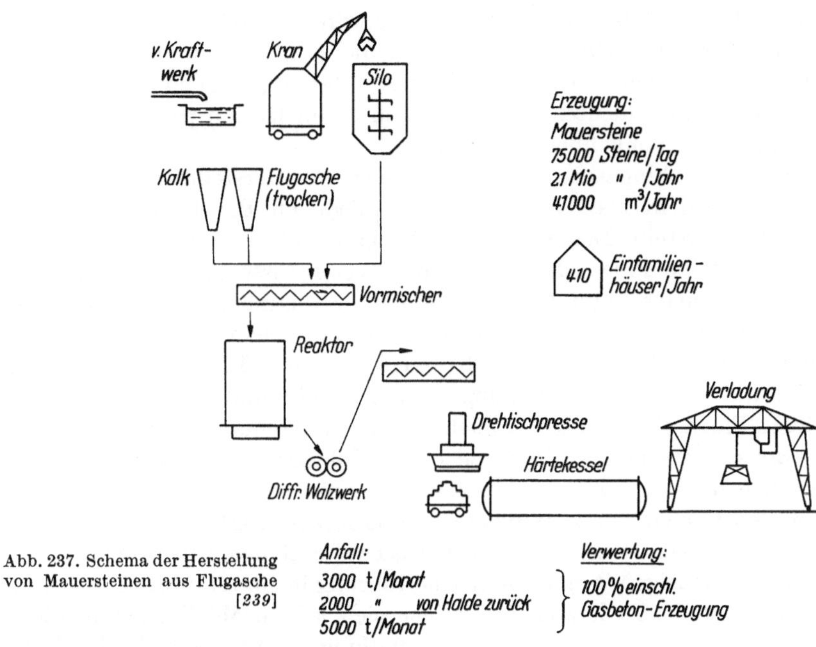

Abb. 237. Schema der Herstellung von Mauersteinen aus Flugasche [239]

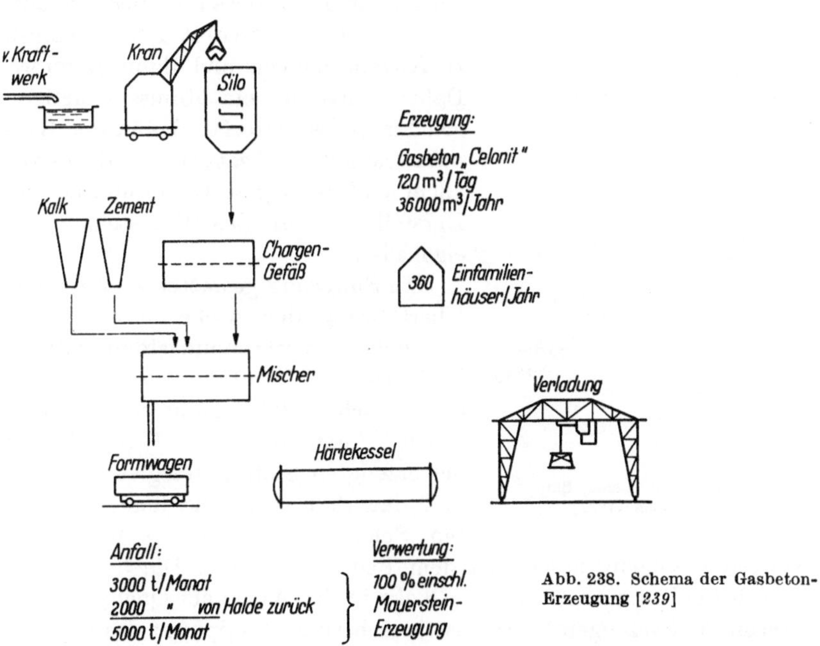

Abb. 238. Schema der Gasbeton-Erzeugung [239]

kann. Hinsichtlich der Flugaschengüte wird verlangt, daß der Staub weniger als 10 % Unverbranntes und die Flugasche wenigstens 40 % SiO_2 enthält. Die Asche braucht einen unter 5 % liegenden Gehalt an CaO, da sie die Hochtemperaturzone im Schmelzraum passiert und das Kalziumoxyd somit überbrannt ist.

Die feine Flugasche eignet sich auch zur Herstellung von Porenbeton, aus dem man wieder die verschiedenen Panells für die Bauindustrie herstellt. Das Schema des Verfahrens ist aus Abb. 238 ersichtlich. Die feine Flugasche wird in der Weise aussortiert, daß man die gesamte Schlacke und Flugasche auf hydraulischem Wege gemeinsam transportiert und die feine Flugasche dann in einem Absetzbecken aufschwimmen läßt und mittels Kratzer abnimmt. Ihr werden Zement, Kalk und wegen der Gasbildung auch Aluminiumpulver zugegeben. Die feinste Flugasche eignet sich auch gut zur Herstellung von Isolierbeton.

Bei der starken Verbreitung der Halbleiter in der Elektrotechnik versucht man auch in manchen Ländern, aus der Flugasche die seltenen Metalle zu gewinnen, z. B. das Germanium [240, 241].

Noch unlängst war man der Ansicht, daß das Einschmelzen der Asche den einzigen Weg zu ihrer Überführung in eine staubfreie, stückige Form darstellt. In letzter Zeit zeigen sich jedoch Möglichkeiten, diese Umwandlung auch bei den Trockenfeuerungen zu erreichen. Zu diesem Zweck wird die in der Entstaubungsanlage aufgefangene Flugasche in Pelletisieranlagen zu Kugeln geformt und dann gesintert. Dabei entsteht ein bimssteinartiges, gleichmäßiges Material, das in der Bauindustrie guten Absatz findet, da es vor allem als Zuschlag zu Beton und bei der Herstellung von Leichtbausteinen geeignet ist.

Die Sinterung gestattet also, bei der Überführung der Asche in Stückform die hohen Verbrennungstemperaturen im Kessel und damit die Schwierigkeiten durch Ascheverflüchtigung usw. zu umgehen. Auch sind die Eigenschaften des erzeugten Sintergutes gleichmäßiger und dauerhafter als die der granulierten Schlacke. Die Abmessungen der gesinterten Kugeln lassen sich dem Bedarf anpassen. Die bisher verlangte Einhaltung von 6 bis 8 % Koks in der Asche als Quelle der zur Sinterung notwendigen Wärme ist jedoch vom Standpunkt des Kohlen-

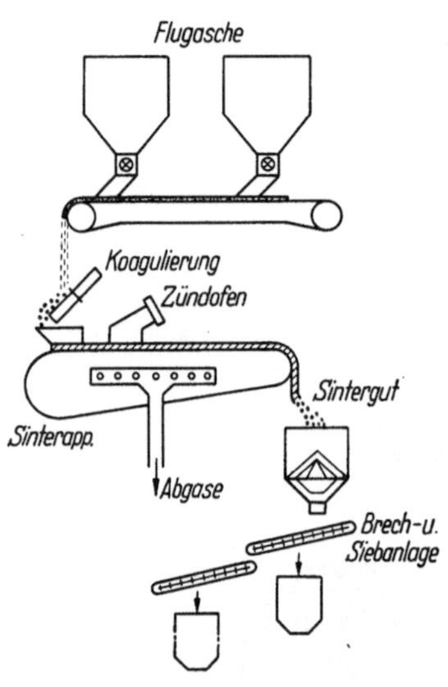

Abb. 239. Schema einer Band-Sinteranlage [242]

verbrauchs im Kraftwerk kostspieliger als das Einschmelzen der Asche, da die Wärmeersparnis durch Wegfall des Schmelzens nur einen Anteil an Unverbranntem in der Flugasche von höchstens ungefähr 5 % rechtfertigt. Auch der Zündwärmebedarf bisheriger Sinteranlagen ist nicht zu übersehen, so daß man in Zukunft die oft vorgeschlagene Verbindung der Sinteranlage mit der Feuerung selbst ernstlich prüfen sollte. Das Schema der Sinteranlage ist in Abb. 239 [242] dargestellt.

Die granulierte Schlacke, für sich allein verwendet, hat den Nachteil niedriger Festigkeit, so daß man sie dort nicht benutzen kann, wo sie einer größeren mechanischen Beanspruchung ausgesetzt ist, wie im Straßenbau, bei dem man sie s. Z. als Ersatz für Schotter anzuwenden beabsichtigte. Die geringe Festigkeit der Schlacke gegen Abrieb führt bei dynamischer Beanspruchung zum Kornzerfall, wodurch unter anderem auch die Ansaugefähigkeit solchen Füllmaterials steigt. Damit vergrößert sich seine Frostempfindlichkeit, und auch seine Elastizität wird größer. Das Granulat aus Schmelzfeuerungen läßt sich aus diesem Grunde nur zu wenig beanspruchten Pisten für Fußgänger oder Radfahrer gebrauchen.

Man hat auch versucht, durch die Schlacke den Schotter im Beton wenigstens zum Teil zu ersetzen. Aber auch hier stieß man auf die geringe Festigkeit und die leichte Spaltbarkeit der Schlackenkörner. Durch ausgiebige Versuche [243] hat man festgestellt, daß man den Schotter höchstens zu einem Drittel durch Schlacke ersetzen darf, wenn die Festigkeit des Betons nicht beeinträchtigt werden soll. Als eine gute Eigenschaft dieses Betons kann man seine Isolierfähigkeit hervorheben, da seine Wärmeleitzahl nur $\lambda = 0,8$ kcal/m h° C beträgt. Ebenso hat sich die Schlacke zum Einschütten von Rohrleitungen bewährt.

Manchmal wird die Schlacke in Gruben als Versatzmaterial benutzt. Bei dem pneumatischen Transport verursacht ihre große Härte jedoch einen starken Verschleiß der Rohrleitung, wobei sie selbst sich infolge ihrer geringen Festigkeit zerreibt, so daß sie stark staubt. Sie kann deshalb nur im Gemisch, z. B. mit Bergen, eingesetzt werden.

Es gibt auch Vorschläge, die Schlacke in der Schmelzfeuerung durch Einführen verschiedener Zusätze in ihrer Güte zu verbessern, wodurch man ihr eine breitere Absatzmöglichkeit verschaffen will. Diese Zusätze könnten möglicherweise gleichzeitig zur Senkung des Schmelzpunktes der Schlacke dienen. Man schlägt deshalb die Einführung von Eisenerzstaub oder des Auswurfs von Hochöfen in den Schmelzraum vor, damit man später aus der Schlacke Eisen gewinnen könnte, das aus dem Granulat auf magnetischem Wege zu trennen wäre.

Die Herstellung von Schlackenwolle aus der Kesselschlacke hat bisher wenig Verbreitung gefunden, weil die Schlacke dazu in einem weiteren Ofen nochmals erhitzt werden muß. Die Einrichtung kompliziert außerdem den heute an sich schon nicht einfachen Betrieb des Kraftwerks erheblich [121].

Wie groß die Bedeutung der Aschenverwertung für Großkraftwerke ist, zeigt überzeugend die Literatur [244].

III. Rückgewinnung der Schlackenwärme

1. Der Verlust durch Schlackenwärme

Die Schlackenwärme fällt bei den heutigen Großkessel-Anlagen mit kontinuierlichem Schlackenablauf ziemlich gleichmäßig an, so daß ihre Rückgewinnung durchführbar ist. Die Temperatur der auslaufenden Schlacke ist natürlich von der Verbrennungstemperatur im Schmelzraum des Kessels abhängig, und diese ist wieder durch den Schmelzpunkt der Asche der augenblicklich verfeuerten Kohle bestimmt; höhere Aschenschmelzpunkte ergeben wegen der kleineren Auskühlung des Schmelzraumes auch höhere Verbrennungstemperaturen bzw. höhere Ablauftemperaturen der Schlacke, und umgekehrt. Meistens liegt die Ablauftemperatur der Schlacke zwischen 1300 und 1600° C, und ihr Wärmegehalt bewegt sich dabei zwischen 300 und 500 kcal/kg.

Die ablaufende Schlacke zieht in die Granulieranlage auch Wärme vom Schmelzraum mit sich, die, falls sie nicht zurückgewonnen wird, verlorengeht. Dieser Verlust kann bedeutende Größe annehmen, wie Abb. 240 zeigt, insbesondere bei

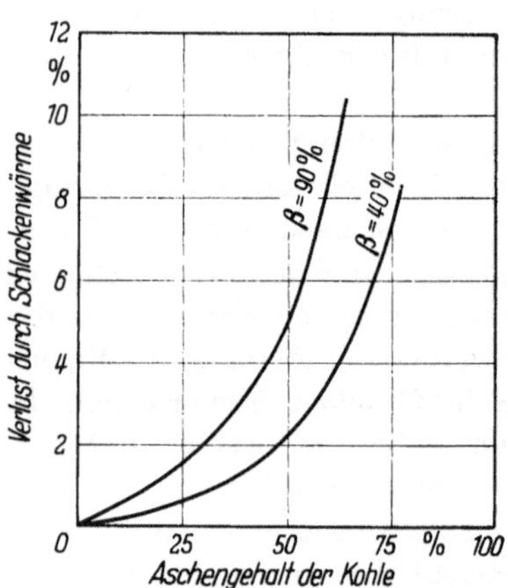

Abb. 240. Verlust durch Schlackenwärme [245]

aschenreichen Kohlen und bei hohem Gesamteinbindungsgrad der Anlage. Die Größe des Verlustes läßt sich aus der Gleichung

$$\varkappa_s = 100 \frac{\beta \cdot a \cdot i_s}{H_u} \tag{106}$$

berechnen, wobei für β der Gesamteinbindungsgrad und für i_s die Enthalpie der auslaufenden Schlacke einzusetzen sind.

2. Einrichtung zur Rückgewinnung der Schlackenwärme

Die Aufgabe, die Schlackenwärme völlig zurückzugewinnen, läßt sich am leichtesten in den Heizkraftwerken lösen, die ihren Wärmeverbrauchern Warmwasser liefern, so daß man die Schlackenwärme im

Rücklaufwasser in praktisch unbegrenzter Menge unterbringen kann. Da die Temperatur des Rücklaufwassers meistens unter 80° C liegt, genügt es, die Schlackenwärme auf einem niedrigen Temperaturniveau zu gewinnen.

Die Einrichtung zur Rückgewinnung der Schlackenwärme ist in Abb. 241 schematisch dargestellt [245]. Der aus dem Schmelzraum ablaufende Schlackenstrom 1 wird in dem Granulierbehälter 2 mit dem umlaufenden Wasser granuliert; das dabei erwärmte Wasser wird mit der Umlaufpumpe 3 in den Verdampfer 4 befördert, der höher liegt als der Schlackenbehälter. Im Verdampfer wird ein Unterdruck gehal-

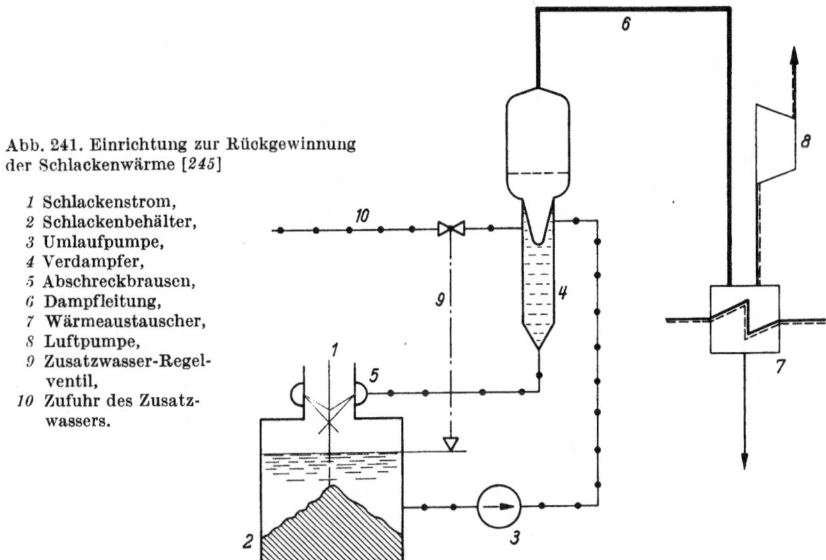

Abb. 241. Einrichtung zur Rückgewinnung der Schlackenwärme [245]

1 Schlackenstrom,
2 Schlackenbehälter,
3 Umlaufpumpe,
4 Verdampfer,
5 Abschreckbrausen,
6 Dampfleitung,
7 Wärmeaustauscher,
8 Luftpumpe,
9 Zusatzwasser-Regelventil,
10 Zufuhr des Zusatzwassers.

ten, so daß ein Teil des erwärmten Wassers verdampft und der entstandene Dampf vermöge der Fliehkraft im unteren Teil des Verdampfers vom Umlaufwasser abgeschieden wird. Das dabei abgekühlte Umlaufwasser fließt über die Brausen 5 wieder in den Schlackenbehälter zurück. Die Temperatur des umlaufenden Wassers liegt unter 100° C (meistens zwischen 80 und 90° C), so daß das Wasser im Schlackenbehälter noch nicht siedet.

Im Verdampfer entsteht also ein salzarmer Sattdampf; die festen Verunreinigungen verbleiben im umlaufenden Granulierwasser. Der nur mit Gasen verunreinigte Dampf zieht durch die Rohrleitung 6 zum Wärmeaustauscher 7 ab, wo er kondensiert. Die verbliebenen Gase werden dabei durch die Luftpumpe 8 abgesaugt, während das Kondensat durch die Rohrleitung 11 abläuft.

Das verdampfte Wasser wird im Granulierkreis durch Zusatzwasser ersetzt, dessen Zufluß das Regelventil 9 nach dem Wasserstand im Schlackenbehälter 2 regelt. Dieses Zusatzwasser deckt gleichzeitig auch die übrigen im Granulierkreis entstehenden Verluste, z. B. den Verlust mit der Oberflächenfeuchtigkeit der Schlacke usw. Als Zusatzwasser ist dabei jedes Wasser mit niedriger oder hoher Temperatur geeignet, da die Schlacke nicht mit seiner fühlbaren, sondern mit seiner Verdampfungswärme gekühlt wird. Grundsätzlich soll die Temperatur des umlaufenden Granulierwassers möglichst hoch gehalten werden.

3. Erzeugung des Zusatzwassers für den Hochdruck-Dampfkreis

Für die weiteren Erwägungen ist es notwendig, die Menge des in der Granuliereinrichtung erzeugbaren Kondensates zu kennen. Bezeichnet man die Dampfleistung des Kessels mit D und den Unterschied zwischen der Enthalpie des Frischdampfes und der Enthalpie des Speisewassers mit Δi, so ist bei einem Wirkungsgrad des Kessels η_k die mit der Kohle in die Feuerung kommende Wärmemenge

$$Q_k = \frac{D \cdot \Delta i}{\eta_k} \, . \tag{107}$$

wenn es sich um einen Kessel ohne Zwischenüberhitzung handelt.

Die Größe des Verlustes durch Schlackenwärme ist aus der früheren Abb. 240 zu entnehmen, wo sie als Funktion des Aschengehaltes und des Gesamteinbindungsgrades aufgetragen ist. Die mit der Schlacke in die Granulieranlage gelangende Wärmemenge ist

$$Q_s = \varkappa_s \, Q_k \, . \tag{108}$$

Diese Wärme wird nun im Verdampfer und im Wärmeaustauscher mit einem Wirkungsgrad η_s ausgenutzt. Angenommen, der Sattdampf wird aus kaltem Rohwasser erzeugt, so sind zu seiner Herstellung ungefähr 600 kcal/kg nötig, so daß die im Wärmeaustauscher gewonnene Kondensatmenge rund

$$G = \frac{\eta_s Q_s}{600} = \frac{\eta_s}{\eta_k} \cdot \frac{\Delta i}{600} \cdot \varkappa_s D \tag{109}$$

beträgt. Da die Enthalpiezunahme des Frischdampfes im Kessel ohne größeren Fehler mit $\Delta i = 600$ kcal/kg angenommen werden kann und die Wirkungsgrade η_k bzw. η_s ungefähr gleich sind, so gilt für die gewonnene Kondensatmenge die Faustformel

$$G \approx \varkappa_s \cdot D \, , \tag{110}$$

nach der die Kondensatmenge ungefähr der mit der Größe des Wärmeverlustes durch Schlackenwärme multiplizierten Dampfleistung des Kessels entspricht.

Bei den heute gelieferten Kesseln liegt der Wärmeverlust durch Schlackenwärme dank ihres hohen Gesamteinbindungsgrades meistens über 1 %; man kann also mit dem im Granulierkreis erzeugten Kondensat den wesentlichen Bedarf an Rohwasser für die Vollentsalzungsanlage zur Gewinnung des Zusatzwassers für den Dampfkreis decken.

Die Einrichtung Abb. 241 bietet deshalb neben der Rückgewinnung der Schlackenwärme die Möglichkeit, die als Verdampfer arbeitende Entschlackungsanlage als Vorreinigungsstufe bei der Erzeugung des Zusatzwassers für den Dampfkreis zu verwenden, was vor allem dort, wo das Rohwasser viele organische Stoffe und Eisen enthält, besonders beachtenswert ist. In den Wärmeaustauschern wird dabei ein salzarmes Kondensat gewonnen, so daß die Verdampfung in der Entschlackungsanlage die Verflockung, Vorenthärtung und Entkieselung des Zusatzwassers ersetzt.

Das gewonnene Kondensat ist deshalb nach seiner Entgasung als Ausgangswasser besonders für die Vollentsalzungsanlage gut geeignet, da die Austauscher bekanntlich gegen organische Substanzen oder Eisen im zugeführten Rohwasser sehr empfindlich sind [246]. Die Austauscher der Vollentsalzungsanlage sind dabei weitgehend entlastet, da das Wasser beinahe keine Salze und insbesondere wenig schwache Anionen enthält.

4. Unterbringung der Schlackenwärme

Falls der im Granulierkreis erzeugte Sattdampf zur Luftvorwärmung herangezogen wird, ist die zur Erwärmung der gesamten Verbrennungsluft um Δt notwendige Wärmemenge:

$$Q_L = (1 - \varkappa_u)\, c_L \cdot B \cdot \varepsilon \cdot L_{th} \cdot \Delta t\,. \tag{111}$$

Die in der Schlacke enthaltene Wärme läßt sich in der Form

$$Q_s = \varkappa_s \cdot B \cdot H_u \tag{112}$$

anschreiben. Da sich für die theoretische Luftmenge in grober Annäherung die Beziehung

$$L_{th} \approx 1,1 \cdot H_u/1000 \tag{113}$$

anwenden läßt und wenn man $\eta_s = 0,9$ annimmt, ist die Erwärmung der gesamten Verbrennungsluft durch die Schlackenwärme

$$\Delta t = 1000\, \frac{\eta_s}{1,1} \cdot \frac{\varkappa_s}{c_L \cdot \varepsilon} \sim 27\, \frac{\varkappa_s}{\varepsilon}\,. \tag{114}$$

Bei den normalen Luftüberschüssen von $\varepsilon \approx 1,05$ bis $1,1$ in den Schmelzfeuerungen heißt es, daß ein Prozent Ausnutzung der Schlackenwärme einer Erwärmung der Verbrennungsluft um rund 25° C entspricht. Da die Anfangstemperatur der angesaugten Verbrennungsluft gewöhnlich zwischen 20 und 40° C liegt und die Sattdampftemperatur im Wärmeaustauscher 90° C nicht übersteigen darf, läßt sich also in der Verbrennungsluft ein Schlackenwärmeverlust von 1,5 bis 2,5% völlig unterbringen.

Besonders gut läßt sich die Schlackenwärme bei Trocknung durch die gesamten Abgase nach Abb. 99 unterbringen. Günstig für die Rückgewinnung der Schlackenwärme sind auch die Kessel mit Zwischenbunkerung und offenem Mahlkreis. In diesem Fall geht durch den Luftvorwärmer nur ein Teil der Abgase, da ein Teil von ihnen noch vor dem Luvo für die Mahlanlage zum Trocknen der Kohle abgesaugt wird; dabei werden diese Rauchgase gemeinsam mit den Mühlenbrüden mit einer Temperatur von 80 bis 100° C nach gründlicher Entstaubung direkt in den Schornstein abgeführt. Dadurch vergrößert sich natürlich das Verhältnis der Wasserwerte der Verbrennungsluft und der Rauchgase $c_L G_L / c_R G_R$, und um die notwendige hohe Lufttemperatur zu erreichen, muß man die Abgase im Luftvorwärmer stärker abkühlen, so daß die Abgastemperatur fällt.

Bei dem offenen Mahlkreis mußte man deshalb, wenn man nicht die Rauchgastemperatur am Kesselende vor dem Luftvorwärmer steigern wollte (um nicht im Luftvorwärmer legierte Bleche anwenden zu müssen), trotz der niedrigen Abgastemperatur damit rechnen, daß die erwünschte hohe Temperatur der Verbrennungsluft nicht auf jeden Fall zu erreichen wäre. Man brauchte deshalb noch ein anderes Mittel, um die Luft vor den rauchgasbeheizten Luftvorwärmern vorzuwärmen, z. B. die Schlackenwärme. In diesem Fall scheint deshalb die Luftvorwärmung durch Schlackenwärme am Platze zu sein, da sie die Erreichung der vollen Lufttemperatur bei jedem Verhältnis der Wasserwerte von Luft und Rauchgasen im Luvo gestattet.

In der sowjetischen Literatur erscheinen in letzter Zeit immer häufiger Vorschläge, die feuchten Kohlen in Dampftrocknern zu trocknen. Die Trocknung wird nach [247] in zwei Stufen vollzogen, wobei die Vortrocknung der feuchten frischen Kohle in einem Tellertrockner erfolgt und als Heizdampf die von der Nachtrocknung stammenden Brüden in der Weise verwendet werden, daß sie durch das Innere der Teller geführt werden, wo ihre Feuchtigkeit niedergeschlagen wird. Hiermit gewinnt man die Wärme für die erste Stufe. Die Trocknung wird in der zweiten Stufe in zylindrischen Dampftrocknern abgeschlossen. Hier dient als Heizmittel von der Turbine entnommener Niederdruckdampf. Es ist klar, daß man für die Vortrocknung der Kohle auch den Dampf aus der Schlackenwärme-Rückgewinnungs-Anlage anwenden könnte, so daß man auch hier bei feuchten Kohlen viel Wärme einbringen könnte.

Des weiteren ist Ausnutzung der Schlackenwärme auch im Dampfkreis der Anlage möglich, indem man das Speisewasser in der Weise vorwärmt, daß man einen der regenerativen Niederdruckvorwärmer ausläßt, wie in Abb. 242 angedeutet, wo der Kondensator des Schlacken-Abdampfes die zweite Vorwärmungsstufe ersetzt.

Die Ausnutzung der Schlackenwärme auf dem hohen Temperaturniveau schließt jedoch das Abschrecken der Schlacke aus. Trotzdem werden Versuche gemacht [248], vor allem die Hochofenschlacke auf trockenem Wege zu granulieren, indem man die noch flüssige Schlacke mechanisch oder pneumatisch zerstäubt, um ihre Oberfläche zu vergrößern, und dann entweder mit trockener oder mit angefeuchteter Luft das Erstarren dieser Schlackentropfen herbeiführt. Diese Methoden haben sich aber bei den Schmelzkesseln noch nicht durchgesetzt, da sie eine verwickeltere Einrichtung benötigen.

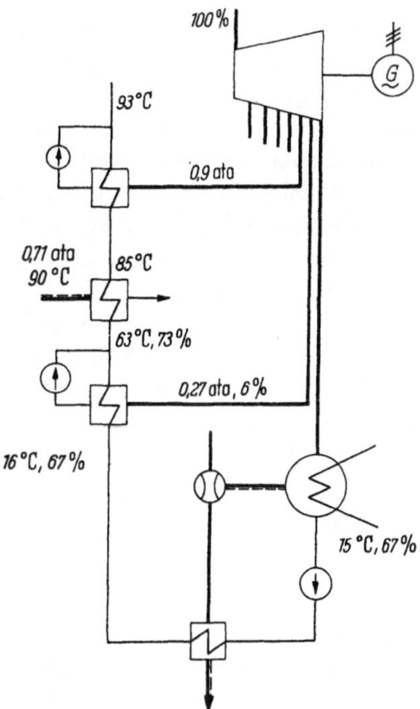

Abb. 242. Einschaltung der Schlackenwärme in den Kreislauf des Kondensationskraftwerkes [245]

J. Dynamik der Feuerung

I. Regelung der Feuerungen

1. Zeitverhalten der Brennstoffaufgabe

Bei den Feuerungen wird die anzustrebende Regelgüte über die zulässigen Toleranzen des Dampfdruckes ausgedrückt. So z. B. geben die VDI-VDE-Richtlinien an, daß im Beharrungszustand ihr Wert 1—2% nicht übersteigen sollte. Bei transienten Vorgängen, wenn z. B. die Laststeigerung mit einem Geschwindigkeitsgradient von 5%/min vorgenommen wird, ist im oberen Lastbereich des Kessels eine Druckabnahme von 5%, zeitlich auf 3 min begrenzt, noch zulässig, während bei 10%/min sich die Überschwingweite auf 10% erweitert. Die zulässige Druckänderungsgeschwindigkeit hängt dabei vom Kesselsystem ab. So kann man z. B. bei den Durchlaufkesseln wesentlich höher gehen als bei einem Trommelkessel mit Naturumlauf.

Das Bestreben, kleine Regelabweichungen zu erzielen, führt allerdings zum dauernden Eingreifen des Stellgliedes, woraus eine unruhige Verbrennung sowie größere Regelabweichungen in der Frischdampftemperatur erfolgen können. Deshalb ist bei jeder Anlage die optimale Regelgüte zu bestimmen, die einen stabilen Regelablauf gibt und auch einen ökonomischen Bestwert darstellt [301].

Die Stetigkeit der Dampflieferung des Kessels bzw. ihre Änderungsgeschwindigkeit hängt maßgeblich von der Feuerung und deren regeltechnischen Eigenschaften ab. Die Kessel selbst reagieren wegen der heute oft gebrauchten leichten Ausmauerung, der ganzmetallischen Feuerraumwand sowie wegen ihres kleinen Wasservorrats sehr schnell auf jeden Belastungswechsel durch eine Änderung des Dampfzustandes, weil die Speicherfähigkeit der Hochdruckkessel mit steigendem Dampfdruck stets abnimmt, wie es übrigens die Abb. 243 [249] bestätigt, in

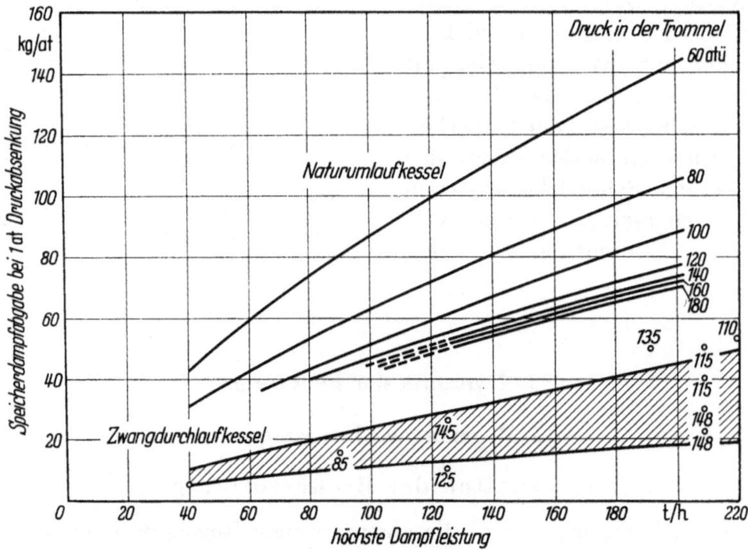

Abb. 243. Speicherdampfabgabe bei Drucksenkung als Funktion der Kesselart, des Dampfdruckes sowie der Kesselgröße [249]

dem die Speicherdampfabgabe als Funktion des Dampfzustandes und der Kesselgröße aufgetragen ist. Über die Elastizität des Kessels entscheidet deshalb vor allem das Zeitverhalten der Brennstoffzufuhr in den Brennraum, die für die Herstellung der Ausgangswerte und die Einhaltung des Frischdampfzustandes maßgebend ist.

Die Abb. 244 stellt die Übergangskurve für eine als Schlägermühle mit geräumigem Kohlensumpf ausgeführte Einblasemühle dar, die mit Rücksicht auf die Sichtung mit konstanter Menge des Trocknungsmittels gefahren wird. Der Kohlenstaubaustrag folgt der sprungweisen Änderung der Kohlenzugabe in der Mühle nur langsam, d. h. die Mühle verhält sich als Regelstrecke sehr träge. Die Einblasemühlen lassen sich aber in ihrem Zeitverhalten wesentlich verbessern, wenn man zur Mühlenluftregelung greift, die erst die Bewältigung steiler Lastgradienten möglich macht. Die Luftklappen in den Luftkanälen müssen allerdings durch schnell wirkende Stellmotoren angetrieben werden. Bei diesem Verfahren nutzt man den in der Mühle gespeicherten Kohlenstaubvorrat aus, indem man bei plötzlichen Laständerungen zum Mühlenluftstoß greift. Der Tragluftstrom zur Mühle ist dabei getrennt zu erfassen und die Gesamtluftregelung ist so auszubilden, daß stets der notwendige Vordruck für die Mühle vorhanden ist. Die zulässige Größe des Mühlenluftvorhaltes hängt von den Verhältnissen beim Kohlenstaubtransport durch Staubleitungen sowie von der möglichen Überlastung der Mühle ab. Daß

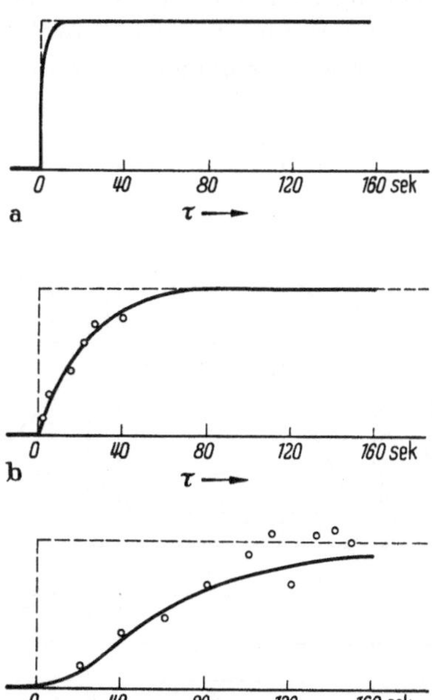

Abb. 244a, b, c. Übergangskurven verschiedener Feuerungsarten [21]
a Ölfeuerung; b Kohlenstaubzuteilung aus Zwischenbunker; c Einblasemühle

dabei vorübergehend eine kleine Verschlechterung des Kesselwirkungsgrades wegen gröberer Ausmahlung eintritt, ist in Kauf zu nehmen, besonders bei Trockenfeuerungen.

Es muß allerdings in diesem Fall nicht nur die Mühlenluftmenge erhöht werden, wozu sich die Regelklappen der Mühlenluft immer im Stellbereich befinden müssen, sondern man muß gleichzeitig auch die Kohlenzugabe in die Mühle entsprechend vergrößern, wie aus Abb. 245 ersichtlich ist [250]. Da man vorübergehend von dem Staubvorrat der Mühle zehrt, muß die Kohlen- und Luftzugabe mit Vorhalt erfolgen, damit man nach dem Abklingen der Staubspitze die Staublieferung auf dem neuen, erhöhten Niveau hält, wozu eine Neue, höhere Staubdichte im gesamten Mühlenvolumen notwendig ist, die dem neuen Lastzustand der Mühle entspricht.

Die durch stoßartiges Herausblasen des Mühleninhaltes mittels
eines Mühlenluftstoßes erzielbare Mehrabgabe an Dampf vom Kessel
ist um so größer, je größer der Kohlevorrat in der Mühle ist, welches bis
zu einem Drittel des stündlichen Durchsatzes ausmacht. Dieser Umstand
hat die Aussichten der im übrigen allmählich aufgegebenen Mühlenfeuerung ziemlich verbessert, die sich sonst infolge der Kohlenspeicherung im Mühlensumpf und im Sichtungsschacht durch besonders träges
Zeitverhalten auszeichnet (Abb. 244) [*251, 252, 253*].

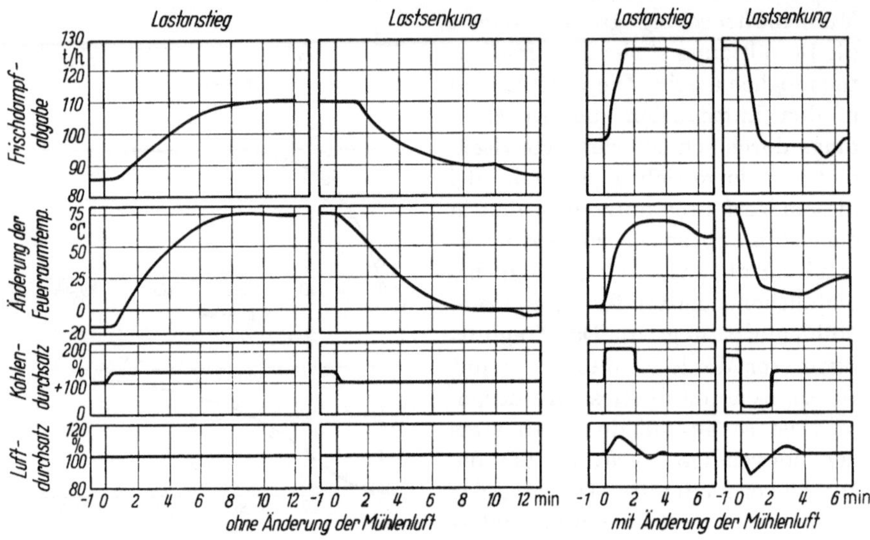

Abb. 245. Übergangskurven einer Einblasemühle ohne und mit Luftstoß [*250*]

Auch die Anlagen mit Unterdruckmühlen, wie z. B. die in Amerika
oft vorkommenden direkt einblasenden Rohrmühlen, bei welchen die
Brüdenmenge durch eine Drosselklappe vor dem Mühlenventilator ge-
steuert wird, gestatten ein günstiges Zeitverhalten der Brennstoffzugabe
dadurch zu erzielen, daß man bei Lastzunahmen die Klappen vorübergehend ganz aufmacht. Die Mühlenbelüftung wird dabei stoßartig gesteigert und hat denselben Effekt wie der früher erwähnte Mühlenluft-
vorhalt.

Bei den selbstansaugenden Mühlen mit Rauchgasen als Trocken-
mittel fällt die Möglichkeit des Luftstoßes leider weg, und deshalb
müssen solche Mühlen ein günstiges Zeitverhalten aus sich selbst nach-
weisen. Allerdings läßt sich auch da der Kohlenaustrag vorübergehend,
z. B. durch ein weiteres Öffnen des Sichters, erhöhen.

Als Vorteil der Einblasemühlen wird die sehr gleichmäßige Staub-
zuteilung hervorgehoben, da z. B. bei Mühlenfeuerung nach den Messun-

gen im Beharrungszustand des Kessels die Intensität des Staubstromes nur um 2 ··· 3 % schwankt. Auf diese Weise erzielt man einen linearen Zusammenhang zwischen den Umdrehungen des Rohkohlenzuteilers und der eingeblasenen Staubmenge, was die Kesselregelung bei raschen Laständerungen erheblich erleichtert [254].

Im Hinblick auf das Zeitverhalten sind nach Abb. 224 die Anlagen mit Kohlenstaubbunkerung besser gestellt. Bei ihnen liegt im Bunker ein großer Staubvorrat vor, aus dem die verzögerungsarmen Kohlenstaubzuteiler den benötigten Kohlenstaubstrom abziehen und in die Feuerung liefern. Die eigentliche Mahlanlage nimmt daher beim Auftreten einer Lastspitze an dem Regelvorgang nicht unmittelbar teil. Bei den Kohlenstaubzuteilern hört man allerdings oft Klagen über ungleichmäßige Staublieferung wegen ihres schwankenden volumetrischen Wirkungsgrades, so daß man auch bei Festlast die Zuteilerdrehzahl dauernd nachregeln muß, besonders bei feuchterem Kohlenstaub. Deshalb wird heutzutage bei den Zuteilern die Stetigkeit der Kohlenlieferung immer stärker betont, und es werden verschiedene Maßnahmen getroffen, um den Staubstrom gleichmäßiger zu machen. Besonders die Schmelzfeuerungen sind in dieser Hinsicht anspruchsvoll, da sie mit geringem Luftüberschuß gefahren werden und einen stetigen und glatten Kohlenfluß zum Brenner verlangen.

Die beste Anpassungsfähigkeit an plötzliche Lastwechsel zeigen die Öl- und Gasfeuerungen, wie Abb. 244 ebenfalls bestätigt. Diese Brennstoffe lassen sich genau dosieren, und auch ihr Heizwert schwankt weniger. Hier folgt die verlangte neue Wärmeentbindung im Brennraum fast augenblicklich der Verstellung des Regelorganes in der Brennstoffzufuhr. Allerdings sind auch hier schnell wirkende Stellmotoren an Klappen und Ventilen Voraussetzung.

Die sehr unterschiedlichen dynamischen Eigenschaften einzelner Feuerungsarten sind bei Auswahl der Meßgeräte, Regler und Stellglieder für Brennstoff sowie Luftregelung zu berücksichtigen, damit diese in ihrem Zeitverhalten der jeweiligen Regelstrecke entsprechen. Ihre Zeitkonstanten sind gegenüber denen der Regelstrecke klein zu halten.

Soll der Kessel sich plötzlichen Lastwechseln schnell anpassen, so muß eine vorübergehende Überregelung der Brennstoffmenge möglich sein, was übrigens die frühere Abb. 245 offenbart. Aus diesem Grund müssen die Brennstoffaufgabe-Einrichtungen überdimensioniert werden, indem man ihren Stellbereich um 15 bis 20 % größer macht, als dem normal verlangten Leistungsbereich entspricht. Auch in diesem Überlastbereich soll der Brennstoffstrom kontinuierlich ohne Schwankungen fließen, und auch die lineare Abhängigkeit zwischen Stellweg und Brennstoffmenge soll eingehalten werden [300].

2. Die Feuerung als Regelstrecke

Beim Lastwechsel muß nach der Verstellung der Brennstoffzuteilung die Feuerung auf den neuen Temperaturpegel gebracht werden, damit die neuen Wärmemengen an die Heizflächen übertragen werden können. Es ändert sich deshalb die Temperaturverteilung im Brennraum; auch die Gestalt der Flamme wird anders, ebenso wie ihr Schwärzegrad. Der Wärmeinhalt der Flamme ist allerdings klein, und der Übergang auf die neue Wärmeleistung folgt deshalb der veränderten Brennstoffzuteilung fast ohne Verzögerung nach.

Die Einregelung des Kessels auf den neuen Lastzustand bringt auch Wärmespeicherungsvorgänge mit sich, da sich die Feuerraumwände dem veränderten Wärmefluß durch den Aufbau neuer Temperaturgefälle anpassen müssen, um die Wärme an den in den Heizflächen strömenden Arbeitsstoff weitergeben zu können. Die Rohrwandungen nehmen dabei um so mehr Wärme auf, je größer ihre Massen sind. Man muß also bei Lastanstieg den Kessel mit Wärme aufladen, wozu man vorübergehend die Brennstoffzufuhr überregeln muß [255].

Eine besondere Stellung nehmen hier die Schmelzfeuerungen ein, bei denen sich als Folge des Feuerungsprozesses an ihren Begrenzungsflächen eine Schlackenschicht ausbildet, deren Dicke lastabhängig ist. Hier muß man beim Regelvorgang mit der in der Schlacke gespeicherten Wärme rechnen, indem die Schlackenschicht eine zusätzliche, zwischen Außen- und Innenseite der Feuerraumberohrung eingeschaltete Wärmekapazität darstellt.

Auf die Dynamik der Schmelzfeuerung wirken aber auch die lastabhängigen Änderungen in der Dicke der Schlackenschicht. Weil die Dicke des Schlackenpelzes sich dem Wärmefluß durch die Schmelzraumwand gegenüber fast umgekehrt proportional verhält, d. h.

$$S = \frac{\lambda}{q}\,(t_a - t_w)\,, \tag{115}$$

so nimmt sie mit steigendem q ab.

Mit der Lastzunahme stellt sich ein höherer Temperaturpegel im Schmelzraum ein, woraus auch eine intensivere Wärmeabgabe an den Schlackenpelz folgt. Die neue Temperaturverteilung in der Schlackenschicht stellt sich bald ein, dagegen dauert die durch Lastzunahme bedingte Schwächung des Schlackenpelzes länger. Dieser Umstand verzögert die Anpassung des Schmelzraumes an die neuen Lastverhältnisse, und der Lastwechsel wirkt sich demzufolge zuerst in den dem Schmelzraum nachgeschalteten Kesselteilen aus, d. h. an den Heizflächen des Strahlungsraumes sowie am Überhitzer, Zwischenüberhitzer usw., die vorübergehend stärker wärmebelastet werden.

Vom regeldynamischen Standpunkt aus hat die Zyklonfeuerung mit mehreren Zyklonen den Vorteil, daß bei wechselnder Last nur ein Zyklon seine Leistung ändert, während die übrigen weiter im Beharrungszustand fahren, d. h., die Schlackenkruste ändert sich nur bei einem Zyklon. Der gemeinsame Nachbrennraum, dessen Wände mit Schlacke überzogen sind und deshalb an der Schlackenspeicherung ebenfalls teilnehmen und auf Laständerungen durch die sich ändernde Schlackenpelzdicke reagieren, wirkt hier allerdings ähnlich wie der Schmelzraum der üblichen Schmelzfeuerung.

Um den Einfluß der Schlackenspeicherung zu mindern, muß man stets den Schlackenpelz minimal halten, was sich nach Gl. (115) durch Steigerung der spezifischen Wärmeaufnahme q, d. h. durch Vergrößerung der Flammentemperatur, am besten erzielen läßt. So sind z. B. höhere Lufttemperatur, kleinerer Luftüberschuß usw. geeignete Mittel. Der hohe Schlackeneinbindungsgrad sowie die Anwendung von stark wärmebelasteten Kleinraumfeuerungen mit kleiner Oberfläche und deshalb mit hoher Intensität des Schlackenabsetzens an der Wand wirken leider den vorgenannten Maßnahmen entgegen, da sie den Schlackenfilm stärker machen.

Es ist noch zu betonen, daß die Trockenfeuerung eine größere Freiheit bei der Auswahl der Regelungsmethode für das Einhalten konstanter Dampftemperatur gestattet. Die Natur der Schmelzfeuerung schließt nämlich manche rauchgasseitigen Regelungsmethoden, wie z. B. die Anwendung von Schwenkbrennern, von vornherein aus, weil man dadurch bei Kleinlast die Beheizung der Schlackenauslauföffnung verschlechtern würde. Es ist auch noch der Umstand zu erwähnen, daß die Beeinflussung der Wärmeaufnahme im Schmelzraum durch die unterschiedlichen Ascheneigenschaften der im Augenblick verfeuerten Kohle eine weitere, allerdings sich sehr langsam auswirkende Störgröße bei der Heißdampf- bzw. Zwischendampftemperatur-Regelung der Schmelzkessel darstellt.

3. Regelkreise der Feuerung

Die Großkessel verlangen bei Lastwechseln eine schnelle Anpassung der Brennstoffzufuhr, da in ihrer Feuerung kein Brennstoffvorrat vorhanden ist, der die Überbrückung des augenblicklichen Unterschiedes zwischen dem Wärmeangebot der Feuerung und der verlangten Wärmeabgabe an den Dampf gestattete, wie es z. B. bei den Rostfeuerungen der Fall war. Die Großkessel lassen sich daher bei gutem Wirkungsgrad lediglich mit automatischer Regelung fahren. Diese vermag nicht nur die Regelgrößen genauer als der Mensch einzuhalten, sondern sie ist auch zuverlässiger und ermüdet nicht. Insbesondere bei Störungen, wenn die Menschen oft unüberlegte Eingriffe machen, kann man ihren Wert nicht hoch genug einschätzen.

In der Feuerung müssen die Brennstoffzugabe, die Luftzufuhr und die Zuggröße gleichzeitig geregelt werden. Jede Feuerungsregelung besteht also prinzipiell aus drei Regelkreisen, die ihre Regelgrößen konstant auf einem Sollwert bzw. das Verhältnis zweier Meßgrößen auf einem verlangten Wert halten sollen.

Bei Trommelkesseln wird die Brennstoffzuteilung nach dem Dampfdruck in der Trommel geregelt; es kann auch noch die Dampfabgabe des Kessels dem Brennstoffregler als Störgröße aufgeschaltet werden [256]. Als Regelgröße für die Luftzufuhr eignet sich vor allem der O_2-Gehalt der Rauchgase, wobei als Hilfsregelgröße die abgegebene Dampfmenge oder auch der Dampfdruck mitbenutzt werden, da das Verhältnis Dampf/Luft nur im Beharrungszustand den Luftbedarf genau erfaßt. Für Anlagen, welche mehrere Brennstoffe verfeuern, wird als Führungsgröße der Luftregelung die Dampfmenge empfohlen. Für die Zugregelung im Feuerraum ist der Unterdruck in der oberen Partie des Brennraumes als Impuls ausreichend, weil dieser Regelkreis kurze Zeitkonstanten besitzt.

Bei den Durchlaufkesseln [257, 258, 302] sind die Verhältnisse insofern anders, als man wegen des kleinen Wasserinhalts des Kessels bei drehzahlgeregelten Blockanlagen die Feuerungsleistung direkt nach den die Maschinenleistung kennzeichnenden Größen, wie Dampfverbrauch oder Druck des Regleröls, vorsteuert, wobei der Dampfdruck bzw. das Verhältnis von Speisewassermenge zur wegen Heißdampftemperaturregelung eingespritzten Wassermenge zur Stabilisierung des Regelvorganges herangezogen werden. Bei Vordruckregelung wird manchmal die Kohlenzuteilung fest eingestellt, so daß neben dem Speisewasser auch die Luftzufuhr und die Zugregelung sich der in den Kessel eingespeisten Kohlenmenge anpassen müssen, wobei prinzipiell für die Luft- und Zugregelung dieselben Regelgrößen wie beim Trommelkessel in Betracht kommen. Es sind allerdings auch vordruckgeregelte Anlagen in Betrieb, bei denen man umgekehrt die in den Kessel eingespeiste Wassermenge fest einstellt und die Brennstoffregelung sich ihr anpassen läßt [22]. Der Dampfdruck stellt hier also keine Regelgröße für Brennstoffregler dar, da das Überstromventil den Druck hinter den Kessel konstant hält.

Durch die gegenseitige Vermaschung des Brennstoff-, Luft- und Zugregelkreises kann man die drei sonst unabhängig voneinander eingreifenden Regelkreise untereinander abstimmen. So muß man z. B. bei den Schmelzfeuerungen bei Laststeigerung die Feuerung kurzzeitig überregeln und dem Kessel mehr Wärme zuführen, als für die vergrößerte Dampferzeugung notwendig wäre, da man auch den Wärmeinhalt der Schlacke auf den neuen Temperaturpegel bringen muß. Umgekehrt muß man bei Lastabfall mehr Kohle abregeln, um den Folgen der Wärmespeicherung in der Schlacke entgegenzuwirken.

Die Großkessel sind sehr empfindlich gegen falschen Luftüberschuß.
Je kleiner der Luftüberschuß ist, desto intensiver ist die Wärmeentbindung im Feuerraum, weshalb gerade die besonders anspruchsvollen
Zyklonfeuerungen mit dem kleinsten Luftüberschuß von 5 % gefahren
werden. Wenn der Luftüberschuß absinkt, beginnt der Kessel zu qualmen; umgekehrt sinkt bei größerem Luftüberschuß die Verbrennungstemperatur, und das Schmelzen bleibt aus. Der Luftregler muß deshalb
allen Änderungen in der Brennstoffzuteilung genau und schnell folgen, was
z. B. bei Kohlenstaubkesseln mit Zwischenbunkerung in der Weise
geschieht, daß man bei den Kohlenstaubzuteilern mit linearer Charakteristik das Verhältnis zwischen Zuteilerdrehzahl und Luftmenge konstant
zu halten sucht. Korrekturen, die durch Änderungen in der Kohle-
beschaffenheit nötig werden, sind nach der Rauchgasanalyse vorzunehmen, wozu der durch gutes Zeitverhalten sich auszeichnende O_2-
Analysator recht geeignet ist.

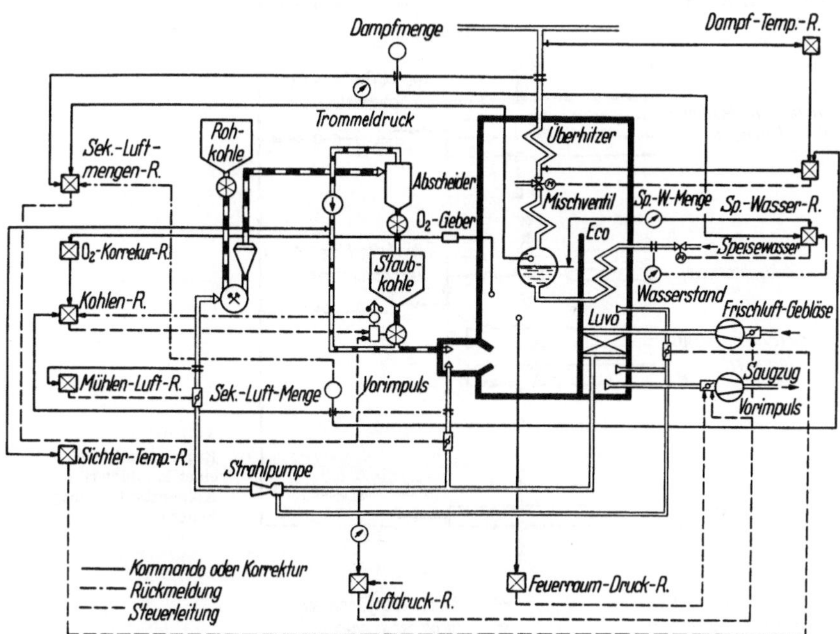

Abb. 246. Regelungsschema eines Zyklonkessels [214]

Es gibt auch Zyklonfeuerungen, bei denen nach Dampfdruck und
Dampfmenge die in den Kessel gehende Luftmenge eingestellt wird,
der die Kohlenzuteilung durch Einhalten des konstanten Verhältnisses
Luftmenge/Zuteilerdrehzahl bzw. nach O_2-Analyse folgt. Das Schema
einer solchen Regelung ist in Abb. 246 [214] dargestellt.

Trotz der größeren Trägheit der Schmelzfeuerungen gestatten die modernen Feuerungsregelungen, ihre Leistung in weiten Grenzen genau einzustellen. Bei plötzlich eintretender Vollastabschaltung der Turbine, wenn die unbelastete Maschine weiter mit Leerlauf gefahren wird, ist es

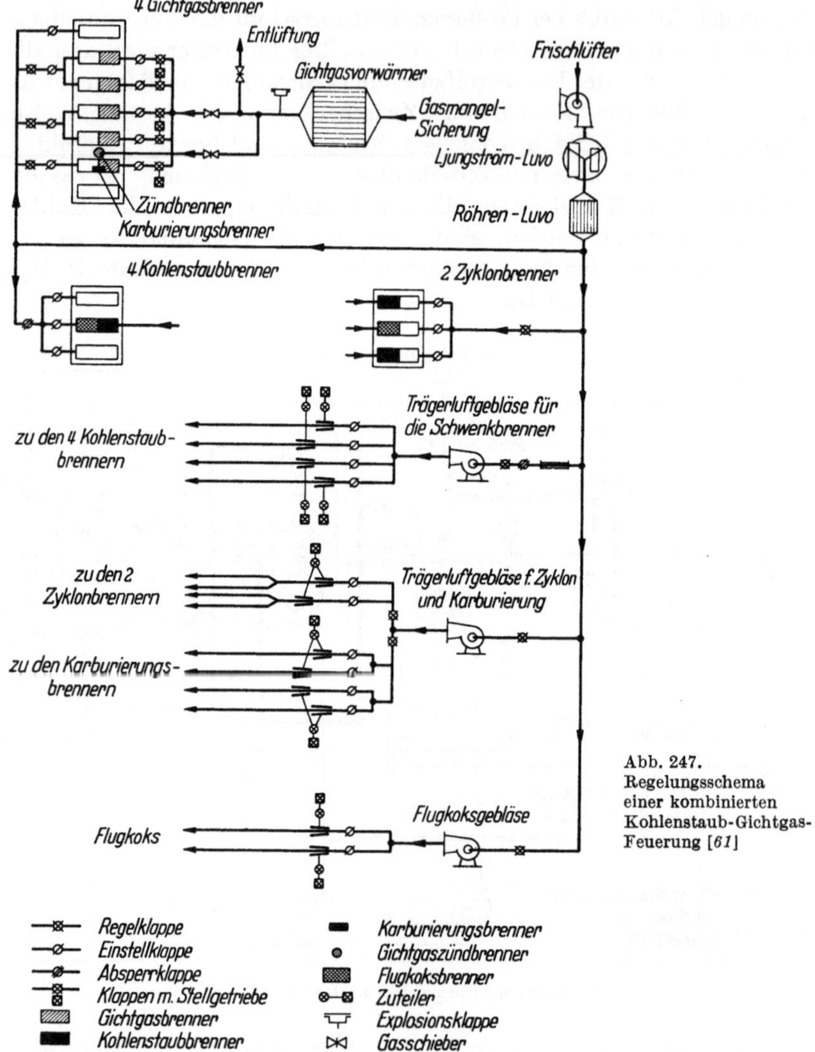

Abb. 247. Regelungsschema einer kombinierten Kohlenstaub-Gichtgas-Feuerung [61]

freilich nicht immer möglich, das Abblasen der Sicherheitsventile zu vermeiden, da die im Brennraum gespeicherte Wärme trotz sofortiger Zurücknahme des Feuers die Dampfleistung des Kessels noch kurze Zeit auf voller Höhe hält.

Ziemlich anspruchsvoll bezüglich der Regelung sind die kombinierten Feuerungen, besonders, wenn mehrere Brennstoffarten gleichzeitig verfeuert werden (Abb. 247). Daß aber andererseits die gleichzeitige Verfeuerung verschiedener Brennstoffe das Zeitverhalten des Blocks verbessern kann, sieht man an dem Beispiel der kombinierten Kohlenstaub-Ölfeuerungen; hier wird empfohlen, die Grundlast mit Kohle zu fahren und die Lastabweichung mit Öl auszuregeln.

4. Stellort

Es ist wichtig, daß bei Laständerungen die Änderungen der Stellgrößen auch örtlich erfolgen, wozu die Verbrennungsluft den Brennern getrennt und im richtigen Verhältnis zugeteilt werden muß. Dies trifft nicht nur bei Anlagen mit mehreren Brennstoffen in verschiedenen Brennkammern, die u. U. verschiedenen Luftüberschuß benötigen, zu, sondern auch bei Anlagen mit einzigem Brennstoff. So ist z. B. bei Kesseln mit einer größeren Anzahl von Brennern die Verstellung der Luftzufuhr nur bei jenen Brennern vorzunehmen, bei denen die Kohlezufuhr geändert wurde, während bei den stationär fahrenden Brennern auch die Luftzufuhr nicht verändert werden darf. Sonst ändern sich die Verbrennungsverhältnisse im Kessel, was auf die Flammenlänge wirkt und neben der Verschlechterung des Wirkungsgrades zur Beeinflussung anderer Regelgrößen. z. B. der Heißdampftemperatur, Anlaß geben kann.

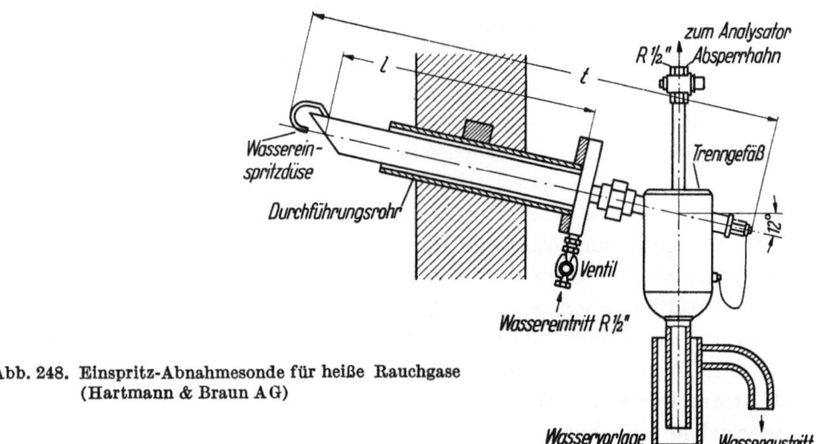

Abb. 248. Einspritz-Abnahmesonde für heiße Rauchgase (Hartmann & Braun AG)

Dasselbe gilt auch von den Zyklonkesseln mit mehreren Zyklonen, bei denen man ebenfalls die Brennstoff- und Luftzufuhr zu den einzelnen Zyklonen genau abstimmen muß, wozu man neben der Messung der in den entsprechenden Zyklon gehenden Kohle- und Luftmengen noch die Rauchgasanalyse hinter jedem Zyklon heranzieht. Da an dieser Stelle noch eine hohe Temperatur herrscht, benutzt man dazu die gekühlte Abnahmesonde nach Abb. 248 [*254*], bei der die Rauchgase durch einen Wasserstrahl eingesaugt werden und sich gleichzeitig durch Kontakt mit Wasser abkühlen. Auch dampfgekühlte Entnahmesonden haben sich bewährt.

Als Besonderheit der Zyklonkessel muß man nach Abb. 127 zur Wahrung der richtigen aerodynamischen Verhältnisse die Eintrittsgeschwindigkeit der Luft in den Zyklon dauernd lastunabhängig konstant halten. Dazu muß man in die einzelnen Zonen Pendelklappen einbauen, die den Eintrittsquerschnitt für die Luft dem Bedarf anpassen.

5. Schutzeinrichtungen des Blockes

Bei den Blöcken großer Leistung benötigt man einen vollkommenen Schutz ihrer Glieder gegen die Auswirkung schneller Betriebsänderungen, die z. B. bei einem plötzlichen Wechsel des Druckes oder der Temperatur an irgend einer Stelle des Dampfkreises den betreffenden Teil der Anlage stören oder gefährden könnten. Da bei den heutigen komplizierten Schaltungen die Bedienung einen zum Schutz des Blockes notwendig werdenden Eingriff nicht immer rechtzeitig vorzunehmen vermag, werden automatische Schutzeinrichtungen nötig, die selbsttätig in der vorgeschriebenen Reihenfolge eingreifen, wobei das Signal zu ihrer Auslösung je nach Bedarf von der Seite des Kessels, der Turbine, des Generators usw. kommen kann. Man versucht also, den Gang des Blockes auch bei außerordentlichen Betriebsvorgängen sicher in der Hand zu behalten. Dabei will man außerdem Kondensat- und Wärmeverluste auf ein Mindestmaß einschränken.

Noch unlängst wurden die Feuerungen lediglich durch Blockierungen geschützt, die bei Störung eines wichtigen Teiles der Feuerung selbsttätig alle Organe abschalteten, deren weiterer Gang ohne das beschädigte Organ nicht möglich war. Die Blockierung geschah z. B. bei Kohlenstaubfeuerungen normalerweise so, daß bei Ausfall des Saugzuges automatisch die Motoren des Frischluftgebläses und der Kohlezuteiler bzw. der Mühlen abgestellt wurden. Bei Ausfall der Luftventilatoren blieb nur der Saugzug in Betrieb, während die Kohlezufuhr unterbrochen werden mußte. Bei Ausfall der Kohlezuteiler oder der Mühle blieben alle Ventilatoren in Betrieb. Es galt dabei der Grundsatz, daß die Blockierung in einer solchen Reihenfolge eingreifen muß, daß keine Motoren unnötig abgestellt werden, deren Betrieb auch ohne die beschädigte Einrichtung gefahrlos fortgesetzt werden konnte.

Von den mit der Feuerung in enger Verbindung stehenden Schutzeinrichtungen muß man bei den Großkesseln die bei Ausfall der Flamme eingreifenden Schutzeinrichtungen besonders erwähnen. Diese unterbrechen beim Verlöschen der Flamme sofort die Brennstoffzufuhr, um die Gefahr von Brennstoffverpuffungen oder Explosionen abzuwenden. Um in diesem Fall den Folgen des raschen Absinkens der Dampftemperatur hinter dem Überhitzer bzw. Zwischenüberhitzer vorzubeugen, wird bei Höchstdruckblocks die Turbine, abgeschaltet, und der Dampf wird unter Minderung von Druck und Temperatur über die Abfahrleitung in den Turbinenkondensator abgelassen, so daß die Dampfleitungen und der Überhitzer vor raschen Temperaturänderungen bewahrt bleiben und langsam auskühlen können. Wenn der Block keine Abfahrleitung hat, soll die Dampfabgabe bei Durchlaufkesseln über die Anfahrleitung erfolgen, wie z. B. bei den Sulzerkesseln, die zu diesem Zweck ein besonderes Bypaßventil haben [260, 261].

6. Beobachtung der Flamme

In Großkraftwerken pflegt man die Leitung des Kessels und der Turbine in eine gemeinsame Wärmewarte zu verlegen, wobei der ganze Block durch Fernbetätigungen gefahren wird. Dies ermöglicht die Beherrschung des Blockes von einer Stelle aus, an der man sich gut verständigen kann und wo die gut beleuchtete und klimatisierte Wärmewarte für die Bedienung angenehme Arbeitsbedingungen schafft.

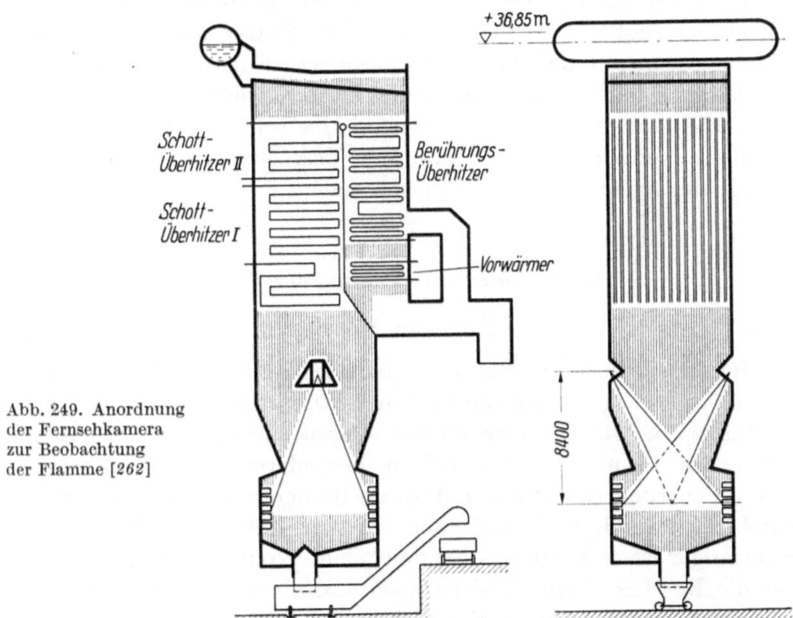

Abb. 249. Anordnung der Fernsehkamera zur Beobachtung der Flamme [262]

Der Heizer sieht das Feuer in diesem Fall nicht. Deshalb hat sich heute die Anwendung der Fernsehkamera durchgesetzt, die das Bild des Feuerrauminnern auf den Leitstand des Kessels überträgt. Das

Schema einer Kesselanlage mit Fernsehkamera zur Flammenbeobachtung ist aus Abb. 249 ersichtlich. Für die Aufstellung der Kamera an der Feuerraumwand sind in Abb. 250 drei verschiedene Alternativen im Detail angegeben [262, 263].

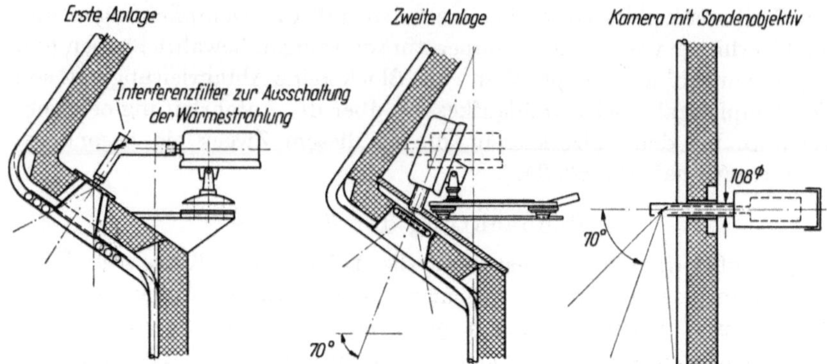

Abb. 250. Aufstellung der Fernsehkamera zur Beobachtung des Feuerraumes [262]

Die Beobachtung der Flamme ist besonders beim Anfahren des Kessels wertvoll, wenn die Kamera dem Heizer das Bild der Zündbrenner vermittelt und ihn über die weitere Entwicklung der Flamme orientiert. Dasselbe gilt vom Schwachlastbetrieb stark ausgekühlter Trockenfeuerungen, wenn sich die Flamme schon an der Grenze ihrer Stabilität befindet, wobei dann die Fernsehkamera ein vorzeitiges Zünden der Stützbrenner entbehrlich macht.

II. Maßnahmen zur Senkung der Minimallast

1. Übliche Methoden

Mit der Turbine im Block geschaltete Großkessel müssen sich tief herabfahren lassen, wenn die Turbine entlastet wird. Bei gut reaktiven Brennstoffen, wie Öl oder reichen Gasen, begegnet man dabei von seiten des Brennvorganges keinen besonderen Schwierigkeiten. Bei diesen Feuerungen läßt sich mit guten Brennern die Feuerleistung ohne Zündschwierigkeiten bis auf einige Prozent der Vollast herabdrosseln. Schwieriger ist es allerdings bei den reinen Kohlefeuerungen, bei denen nur die Rostkessel eine Tieflast anstandslos zulassen. Auch hier hängt allerdings die erreichbare Mindestlast von vielen Faktoren ab, wobei nicht nur der Kesselaufbau, sondern auch die Kohleeigenschaften mitentscheidend sind. In den Abb. 251 und 252 [264] ist die Abhängigkeit der Mindestlast vom Gehalt an Flüchtigem in der Kohle, die sich sowohl bei Trockenfeuerungen als auch bei Schmelzfeuerungen geltend macht, zu sehen.

Zur quantitativen Beurteilung der einzelnen zur Senkung der Minimallast zielenden Maßnahmen sehr gut geeignet sind solche Ver-

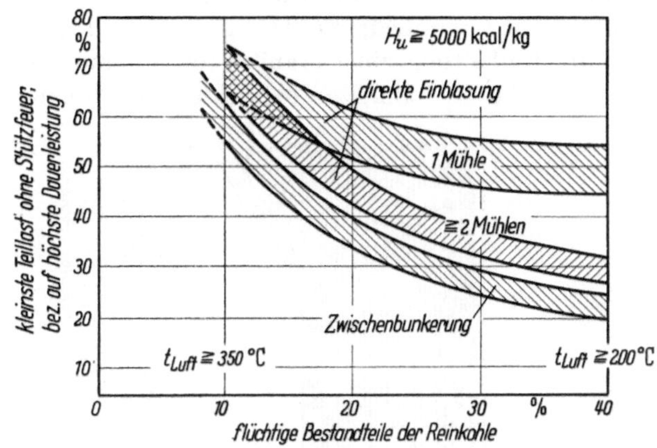

Abb. 251. Minimallast einer Kohlenstaubfeuerung mit trockenem Schlackenabzug (als Funktion des Gehaltes an Flüchtigen) [264]

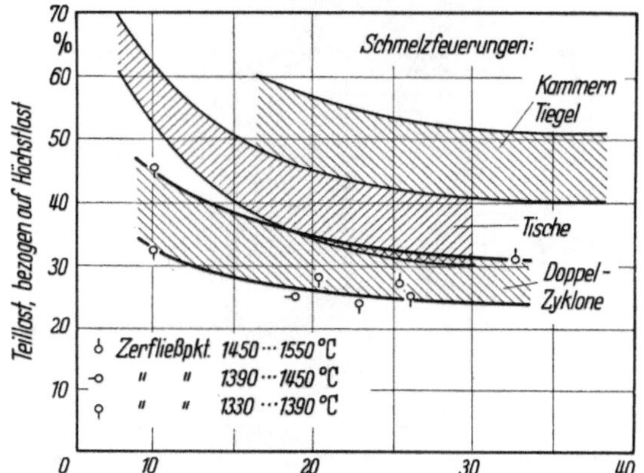

Abb. 252. Minimallast von Schmelzkesseln (als Funktion des Gehaltes an Flüchtigen) [264]

gleichszahlen wie der schon erwähnte Formfaktor und das Belastungsverhältnis. Sie sind nämlich mit der mittleren Flammentemperatur durch die einfache Beziehung

$$T_m = T_{UF} \sqrt{1 - \frac{q}{q_v}\frac{F}{V_F}} \tag{116}$$

verknüpft, wobei man annimmt, daß die mittlere Flammentemperatur ein geometrisches Mittel zwischen der Temperatur der ungekühlten Flamme und der Austrittstemperatur der Rauchgase aus dem Brennraum ist.

Da bei den normalen Feuerungen der Formfaktor von der Kessellast wenig abhängt, während das Belastungsverhältnis zur Kessellast umgekehrt proportional ist, steigt der Anteil der im Brennraum abgegebenen Wärme mit abnehmender Kessellast, was einen Abfall der Flammentemperatur mit sich bringt. Ebenso wird die Lufttemperatur hinter dem Luvo niedriger. Damit verschlechtern sich die Bedingungen für die Einhaltung einer stabilen Verbrennung bei Trockenfeuerungen bzw. für glattes Schmelzen bei Schmelzfeuerungen.

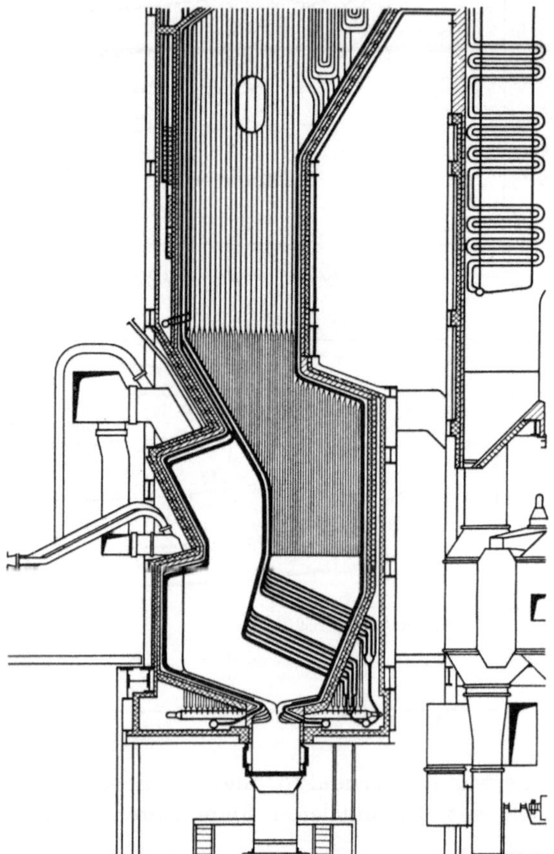

Abb. 253. Schmelzfeuerung mit zwei Brennergruppen (Steinmüller)

Zur Erzielung einer möglichst tiefen Minimallast muß man dem Abfall der Flammentemperatur entgegenwirken. Dazu können verschiedene Mittel dienen. So erzwingt man z. B. bei Zyklonfeuerungen durch aufeinanderfolgendes Abschalten einzelner Zyklone einen etwas kleineren Formfaktor, während sich das Belastungsverhältnis der in Betrieb bleibenden übrigen Zyklone nicht ändert, da sie mit Vollast

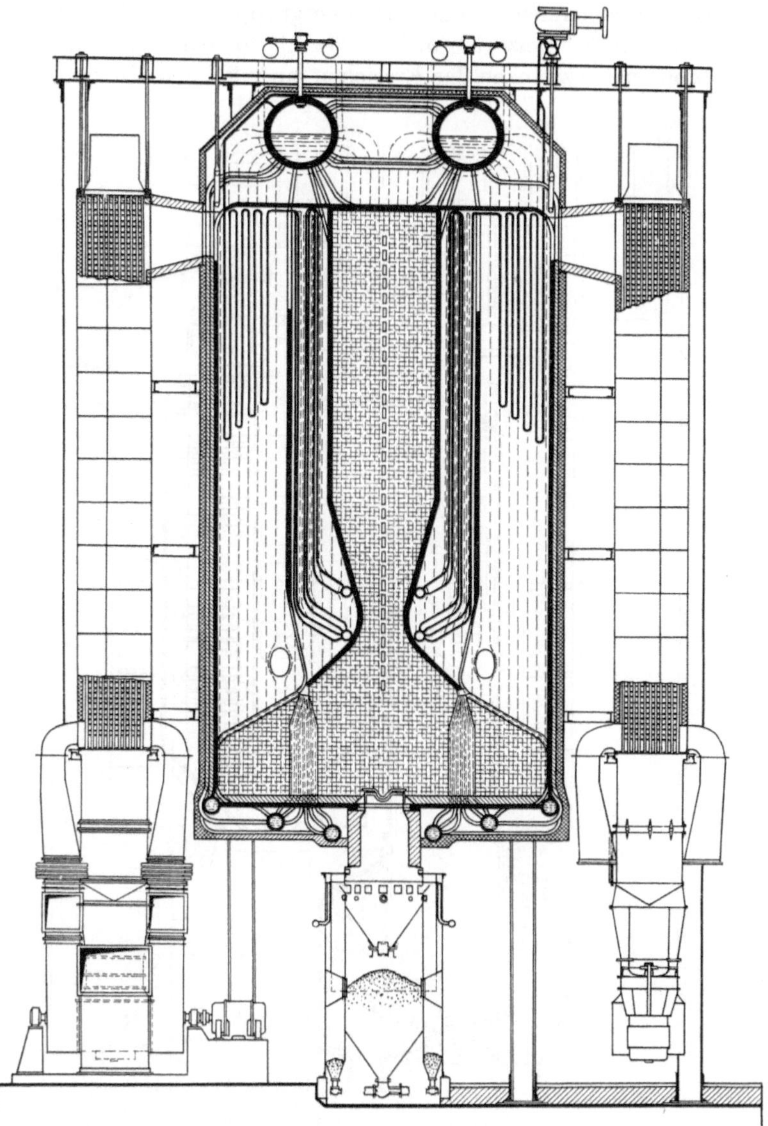

Abb. 254. Schmelzfeuerung mit düsenartigem Schmelzraum (Škoda) [266]

weitergefahren werden. Den Formfaktor verkleinert auch die Anwendung schwenkbarer Brenner bzw. die Aufteilung der Brenner in mehrere Brennergruppen in verschiedenen Höhen des Brennraumes. Durch das Zusammendrängen der Flamme im restlichen Teil des Feuerraumes sucht man hier gleichzeitig die Raumbelastung groß zu halten. Auch

die zwei übereinanderliegenden Brennergruppen in Abb. 253 sowie
der düsenartige Schmelzraum in Abb. 254 mit obeneinander aufgestellten
Seitenbrennern bezwecken das Erreichen einer kleinen Minimallast [265,
266].

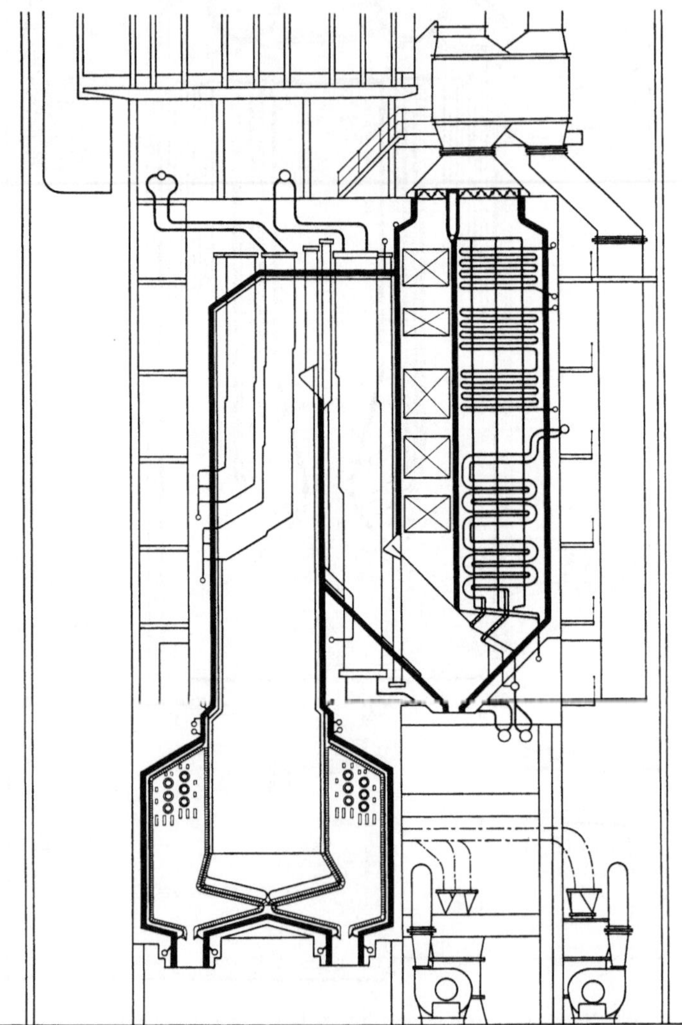

Abb. 255. Schmelzfeuerung mit Doppel-Schmelzraum (Vereinigte Kesselwerke AG)

Als anderes Beispiel, wie man den Teillastbereich meistern kann, ist
der Doppelfeuerraumkessel zu erwähnen, der zwei symmetrisch angeordnete Teilfeuerungen besitzt (Abb. 255). Bei Kleinlast bleibt nur
eine Feuerung in Betrieb, während die zweite abgestellt wird, was die

Minimallast tief unter Halblast zu senken gestattet. Außerdem wird dabei die wirksame Kesselheizfläche verkleinert, was die Konstanz der Heißdampf- und der Zwischendampftemperatur begünstigt. Jede der beiden Feuerungen hat ihre eigene Entschlackungseinrichtung [267].

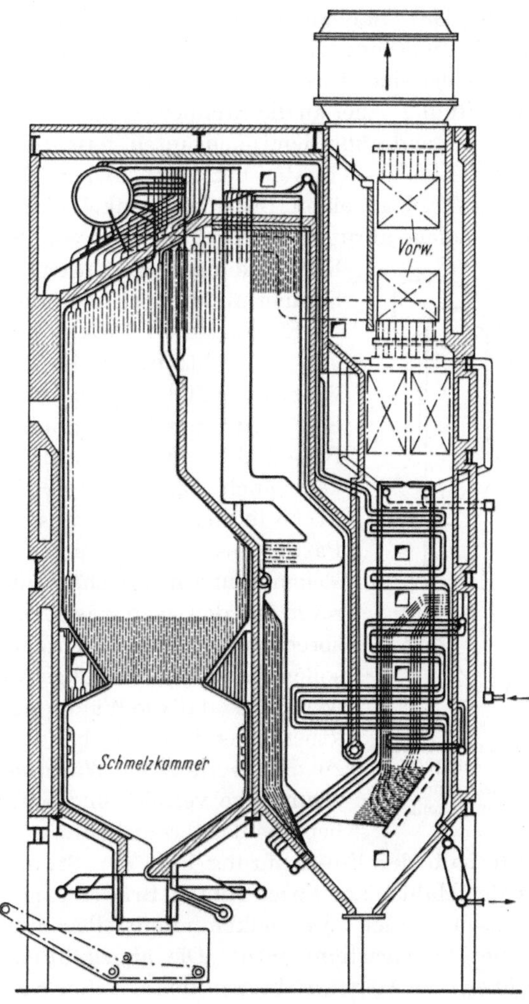

Abb. 256.
Schmelztrichterfeuerung
(Walter & Cie.) [268]

Die Unmöglichkeit, die meisten Schmelzfeuerungen lange Zeit ohne Schmelzen betreiben zu können, veranlaßte den Bau von Schmelzkesseln, die lange Zeit auch trocken zu fahren vermögen. Diese Feuerungen erzeugen im allgemeinen bei Hochlast eine gut flüssige Schlacke, während sie bei Teillast oder bei Aschen mit sehr hohem Schmelzpunkt auch bei Hochlast mit trockenem Schlackenaustrag arbeiten. Das verlangt allerdings gewisse Konzessionen und Abweichungen vom reinen Schmelzbetrieb, weshalb diese Art der Feuerung keine große Verbreitung finden konnte.

Ein Repräsentant dieser Feuerungsgruppe ist der Schmelztrichter, Abb. 256 [268]. Baulich unterscheidet sich sein Brennraum von jenem der Trockenfeuerung vor allem darin, daß die Trichterwände bestiftet und verkleidet sind. Ihre Neigung ist viel geringer, damit die Schlackenaustrittsöffnung näher an die Brenner gerückt werden kann. Die Brennermündungen sind außerdem nach unten gerichtet, was eine Konzentrierung der Hitze im Trichter bezweckt. Bei Schwachlastbetrieb soll die Asche im Trichter einen Böschungswinkel bilden und trocken in die Granulieranlage abrutschen. Der Übergang vom Schmelz- zum Trockenbetrieb kann u. U. durch Schwenken der Eckenbrennermündungen nach oben erleichtert werden.

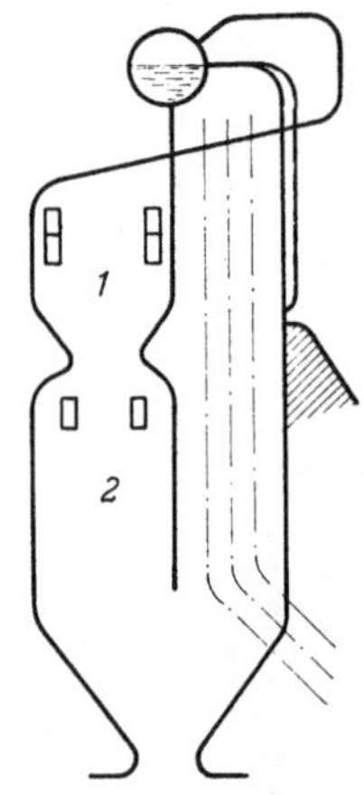

Abb. 257. Feuerung mit halbflüssigem Schlackenabzug (Škoda) [269]
1 Schmelzraum
2 Strahlungsraum

Eine andere Lösung, die eine niedrige Minimallast bezweckt, bietet die in Abb. 257 dargestellte Feuerung mit halbflüssigem Schlackenabzug [269]. Sie wurde zur Verfeuerung der nordböhmischen Braunkohle entwickelt, die neben hoher Feuchtigkeit auch bis 30 ··· 40% schwerschmelzender Asche in der Trockensubstanz enthält. Die obere Partie des eingeschnürten Feuerraumes ist mit Eckenbrennern versehen und dient als Schmelzraum, in den man das Erstgemisch und den entsprechenden Anteil der Zweitluft einführt. Hier sollen hohe Verbrennungstemperaturen geschaffen werden, so daß die Wände sich mit einer Schlackenkruste überziehen, wobei der Auftrieb der Flamme zu dem verlangten Wärmestau unter der Brennraumdecke verhilft und ein sicheres Zünden auch bei Kleinlast ermöglicht.

Unterhalb der Einschnürung liegt der Strahlungsraum, in den die hinter der Mahlanlage abgetrennten Brüden samt ihrem Zweitluftanteil eingeblasen werden. Sie senken unmittelbar unter der Einschnürung die hohe Rauchgastemperatur. Die abgekühlten Rauchgase streichen dann über den Aschentrichter in den zweiten Kesselzug, der mit Rohrgardinen oder Schotten versehen ist.

Bei Vollastbetrieb schmilzt die Schlacke im oberen Schmelzraum und tropft durch den Strahlungsraum in den Trichter mit metallischen Wänden. Bei Kleinlast ist die Schlacke nur teigig, und ihre Ansätze werden periodisch von der unverkleideten Schmelzraumwand mit Wasser abgespritzt. Die erwähnte Einschnürung soll das Abtropfen der

Schlacke begünstigen; sie hemmt auch die Ausstrahlung vom Schmelzraum. Der Einbindungsgrad liegt bei 30 ⋯ 40 %.

Es sind auch Vorschläge bekanntgeworden, das Feuer in Trockenfeuerungen bei Kleinlast in der Weise zu stabilisieren, daß man kleine, meistens gleichzeitig als Einschmelzeinrichtung für rückgeführte Flugasche dienende Schmelzfeuerungen irgendwo zubaut, die ständig mit Vollast fahren sollen und das notwendige Stützfeuer für die Trockenfeuerung darstellen [*209*].

Schließlich ist noch die Anwendung von Stützbrennern zu erwähnen, die einen gut reaktiven Brennstoff verfeuern, so daß die heiße Öl- oder Gasflamme die Zündung des Kohlenstaubgemisches wirksam unterstützt. Kurzzeitig läßt sich die Tieflast auch bei den klassischen Schmelzfeuerungen durchfahren, weil der glühende Schlackenpelz die Zündung unterstützt, wobei sich die angesammelte trockene Asche bei nachfolgender Vollast ausschmelzen läßt.

Die Bestrebung, sehr tiefe Mindestlast im Block durchfahren zu können, führt zuletzt im Extremfall zur Rückkehr zu zwei Kesseleinheiten im Block. Zweifellos erleichtert diese Baurichtung die Aufgabe des Konstrukteurs, da man mit der halben Kesselgröße auskommt. Man kann schon erprobte Kesseltypen anwenden, die keine Einlaufschwierigkeiten mit sich bringen. Diese Praxis sucht man allerdings so bald als möglich aufzugeben, da sie zwar betrieblich manche Vorteile im Kleinlastbereich bringt, aber anderseits durch erhöhte Kapitalkosten zu erkaufen ist. Auch die betriebsbedingten Kosten fallen bei solchen Blocks größer aus.

2. Regelung der Heißlufttemperatur

Bei den im Kesselzug liegenden Luftvorwärmern ändert sich die Heißlufttemperatur mit der Kessellast, und im Teillastbereich muß man mit erniedrigter Lufttemperatur rechnen. Das ist weder mit Rücksicht auf die Verbrennung noch bei Mahlkreisen mit Lufttrocknung für den Mahlvorgang erwünscht.

Andererseits kann aus verschiedenen Ursachen auch eine ebenfalls unerwünschte Erhöhung der Lufttemperatur eintreten. So kann z. B. die Temperatur der Rauchgase vor dem Luvo infolge Verschmutzung des Brennraumes oder des Überhitzers dermaßen ansteigen, daß eine Verzunderung des Luvo droht. Dies ist einer der Gründe, warum man vor den Luvo nach Möglichkeit einen Wasservorwärmer schaltet, der einen solchen Temperaturanstieg der Rauchgase wenigstens zum Teil abfängt. Die Gefahr einer Luvobeschädigung ist besonders bei den mit hoher Lufttemperatur bis zu 400° C fahrenden Schmelzkesseln sehr prägnant, weil hier schon eine geringe Erhöhung der Wandtemperatur gegenüber ihrem Auslegungswert schwere Folgen haben kann.

Es wurde deshalb bei manchen Anlagen als Schutzmaßnahme [270] ein Luftsicherheitsventil benutzt, dessen Einbau aus Abb. 258 zu ersehen ist. Wenn aus irgendeinem Grunde die Lufttemperatur ansteigt, wird diese Sicherheitsklappe geöffnet. Diese Einrichtung beseitigt allerdings nur die Folgen, indem man durch den Luvo mehr Luft strömen läßt und dadurch ihre Endtemperatur erniedrigt; die Ursache der höheren Lufttemperatur wird dabei aber nicht abgeschafft.

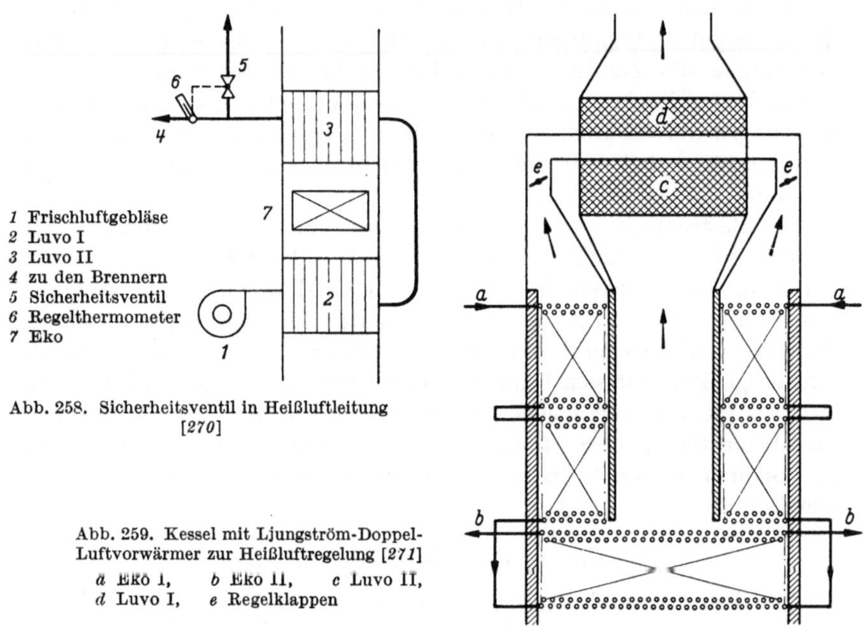

1 Frischluftgebläse
2 Luvo I
3 Luvo II
4 zu den Brennern
5 Sicherheitsventil
6 Regelthermometer
7 Eko

Abb. 258. Sicherheitsventil in Heißluftleitung [270]

Abb. 259. Kessel mit Ljungström-Doppel-Luftvorwärmer zur Heißluftregelung [271]
a Eko I,   b Eko II,   c Luvo II,
d Luvo I,   e Regelklappen

Die neuere Ausführung, die schon zur Regelung der Heißlufttemperatur dient, zeigt Abb. 259 [271]. Im Kesselzug wird die zweite Luvostufe parallel zur ersten Ekostufe geschaltet. Als Vorteil kann man hier die Erniedrigung des Wasserwertes der durch die zweite Luvostufe durchgehenden Rauchgasmenge anführen, so daß das Temperaturgefälle in der betreffenden Luvostufe vergrößert und die Erreichung hoher Lufttemperaturen ebenfalls möglich gemacht wird. Diese Anordnung ist besonders bei Anlagen mit Rauchgasumwälzung am Platze, weil dort die umzuwälzenden Rauchgase erst nach ihrer tiefen Abkühlung in dieser Luvostufe abzusaugen sind.

Durch die hinter dem Eko angebrachten Regelklappen kann man die über die zweite Luvostufe gehende Rauchgasmenge in einfacher Weise regeln, so daß man die Heißlufttemperatur nach Bedarf senken oder anheben kann. Grundsätzlich soll bei Vollast des Kessels ein größerer Anteil der Rauchgase über den Eko geführt werden als bei Teillast, bei der man die Ekobeaufschlagung mit Rauchgasen drosselt, so daß man die volle Lufttemperatur auch im Teillastbereich einhält.

Nach Abb. 260 gestattet das Umführen eines Teiles der Rauchgase um den zwischen den Luvostufen eingeschalteten Wasservorwärmer, die Lufterwärmung in der ersten Luvostufe und damit auch indirekt die Heißlufttemperatur wirksam zu beeinflussen. Bei Kleinlast sollen wieder keine Rauchgase über den Eko strömen. Die beschriebene Anordnung soll außerdem bei niedriger Abgastemperatur deren weiteres

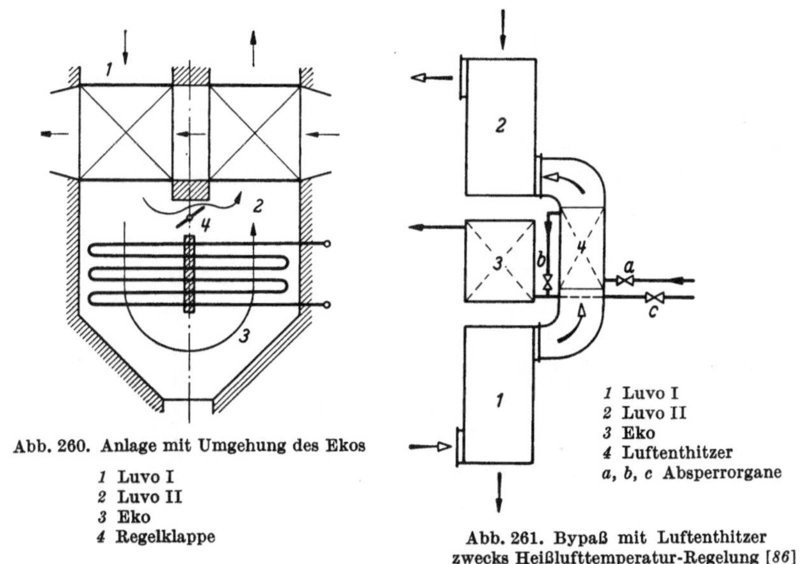

Abb. 260. Anlage mit Umgehung des Ekos

1 Luvo I
2 Luvo II
3 Eko
4 Regelklappe

1 Luvo I
2 Luvo II
3 Eko
4 Luftenthitzer
a, b, c Absperrorgane

Abb. 261. Bypaß mit Luftenthitzer
zwecks Heißlufttemperatur-Regelung [*86*]

Sinken bei Teillast verhindern, falls es zur Taupunktunterschreitung führen könnte.

Im Schema Abb. 261 ist in dem Bypaßkanal zwischen erster und zweiter Luvostufe ein Luftenthitzer eingeschaltet [*86*]. Bei Kleinlast werden die Ventile *a* und *b* geschlossen, so daß die Luft ohne Abkühlung durch den Bypaßkanal fließt und das Speisewasser sich nur im Eko 3 erwärmt. Im oberen Lastbereich wird dagegen ein Teil des Speisewassers durch den Luftenthitzer 4 geschickt, indem die Ventile *a* und *b* geöffnet werden. Damit wird die in der ersten Luvostufe erwärmte Luft wieder etwas abgekühlt, vorausgesetzt, daß die Speisewassertemperatur niedriger ist als die Lufttemperatur hinter der ersten Luvostufe. Die Auswirkung der hohen Luftvorwärmung in der ersten

Luvostufe ist allerdings vom Standpunkt der erzielbaren Abgastemperatur nach der früheren Formel (19) zu überprüfen.

Die vorgehend beschriebenen Schaltungen nach den Abb. 259 bis 261 sind insofern günstig, als sie bei Trommelkesseln durch geringere Speise-wassererwärmung im Eko die Einhaltung der Frischdampftemperatur im Teillastbereich unterstützen, da bekanntlich bei ihnen jede Erniedrigung der Temperatur des in die Trommel eingespeisten Wassers die Heißdampftemperatur hebt und umgekehrt [272]. Bei Durchlaufkesseln wandert bei ihrer Anwendung das Verdampfungsende weniger.

3. Strahlungslufterhitzer

Auch die Strahlungslufterhitzer bieten einen Weg zur Erzielung tiefer Minimallast. In ihnen wird die im abgasbeheizten Luvo begonnene Luftvorwärmung fortgesetzt.

Es ist bekannt, daß eine Schmelzfeuerung mit durch die gesamte Verbrennungsluft gekühlten Wänden nach Abb. 262 sich äußerlich ebenso verhält wie eine Feuerung mit wärmeundurchlässigen Wänden, da

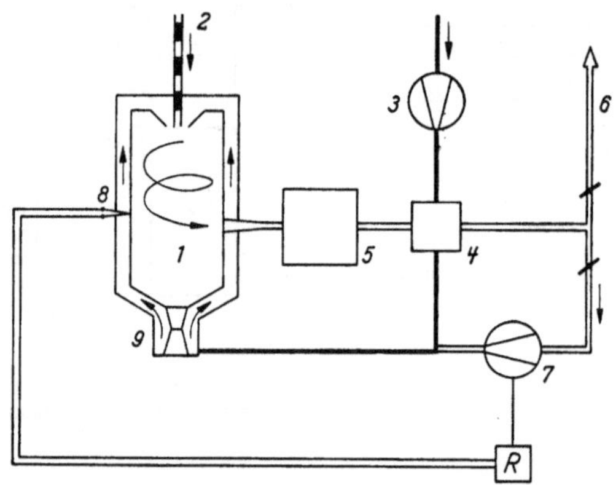

Abb. 262. Luftgekühlte Schmelzfeuerung [273]

1 Schmelzraum	4 Luvo	7 Umwälzgebläse
2 Brenner	5 Kessel	8 Temperaturmessung
3 Frischluftgebläse	6 Abgasabführung	der Schmelzraumwand
		9 Schlackenauslauf

die von der Flamme an die Feuerraumwände abgestrahlte Wärme an die Verbrennungsluft übertragen wird und mit ihr in den Brennraum zurückkehrt. Eine derartige Feuerung besitzt eben die Eigenschaft, daß in ihr die mittlere Flammentemperatur mit fallender Kessellast nicht nur keinen Abfall erleidet, sondern im Gegenteil ansteigt. Die Wärmeabgabe an die Wände durch Strahlung bewirkt nämlich, daß die mit fallender Kessellast direkt proportional sich verkleinernde Luftmenge in den

Brennraumwänden höher erwärmt wird, so daß die Lufttemperatur und dadurch auch die Temperatur der Flamme im Teillastbereich ansteigen [*273*].

Diese scheinbar günstige Eigenschaft der luftgekühlten Schmelzfeuerung wird allerdings durch den ungünstigen Umstand mehr als aufgewogen, daß infolge der Verkleinerung der Luftmenge bei Teillast auch die luftseitige Wärmeübergangszahl zurückgeht. Die Wandtemperatur steigt also erstens, weil die Lufttemperatur höher wird, und zweitens, weil sich die luftseitige Wärmeübergangszahl vermindert. Ungünstig ist auch die Tatsache, daß die Lufterwärmung in den Schmelzraumwänden bei leichtschmelzenden Schlacken am größten ausfällt, weil da die Schlackenschicht am dünnsten ist.

Ein wesentlich günstigeres Betriebsverhalten zeigt ein Strahlungs-Luftvorwärmer, der erst im Strahlungsraum des Kessels aufgestellt ist, so daß seine Wände sich nicht mit Schlacke überziehen. Dagegen bestehen

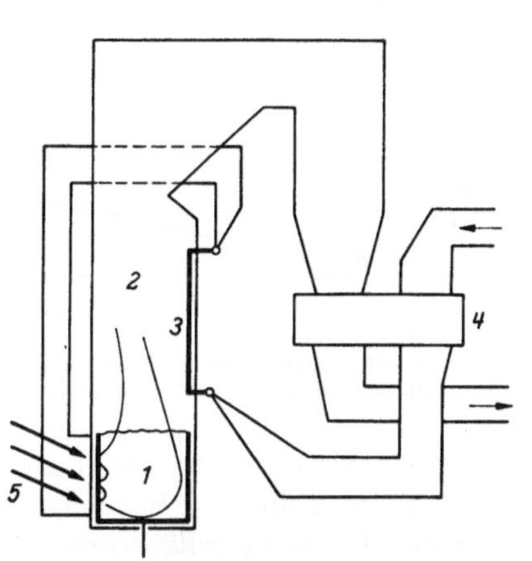

Abb. 263. Schmelzkessel mit Strahlungslufterhitzer [*273*]

1 Schmelzraum
2 Strahlungsraum
3 Strahlungslufterhitzer
4 Luvo

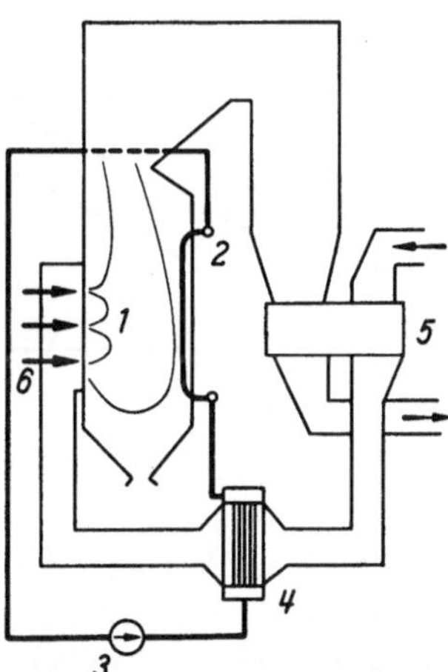

Abb. 264. Trockenkessel mit metallgekühltem Strahlungs-Lufterhitzer [*273*]

1 Brennraum
2 Strahlungs-Luvo
3 Umlaufpumpe
4 Wärmeaustauscher
5 rauchgasbeheiztes Luvo

die Feuerraumwände in Brennernähe aus Siederohren, so daß hier die Wärmeabgabe an das Dampf-Wasser-Gemisch erfolgt. Das Schema eines solchen Kessels zeigt Abb. 263 [*274*].

Der Strahlungslufterhitzer sei nun in seiner Wärmeleistung so ausgelegt, daß die in ihm an die Luft übertragene Wärmemenge bei Vollast ebenso groß ist wie die an die wassergekühlten Schmelzraumwände abgestrahlte Wärmemenge in dem Fall, daß die Kohle mit dem höchsten im gegebenen Kohlenprogramm vorkommenden Schmelzpunkt verfeuert wird. Dann wird im Schmelzraum dieselbe Temperatur erreicht, als ob seine Wände direkt mit Luft gekühlt wären, da es gleichgültig ist, an welcher Stelle des Kessels man die Luft erwärmt.

Ein solcher Strahlungserhitzer ist im Hinblick auf das Kleinlastverhalten günstiger, da die Luftvorwärmung nicht so steil ansteigt. Geht man nun zu einer leichtschmelzenden Kohle über, so wird der Schlackenpelz dünn, und im Schmelzraum wird mehr Wärme an die Siederohre übertragen. Die daraus resultierende niedrigere Temperatur der in den Strahlungsraum abströmenden Rauchgase ergibt offenbar eine geringere Lufterhitzung im Strahlungslufterhitzer, was erwünscht ist.

Wegen seiner Strahlungscharakteristik ist die Anwendung des Strahlungslufterhitzers auch bei Trockenfeuerungen nach Abb. 264 vorteilhaft, weil er auch dort dem Abfall der Flammentemperatur ent-

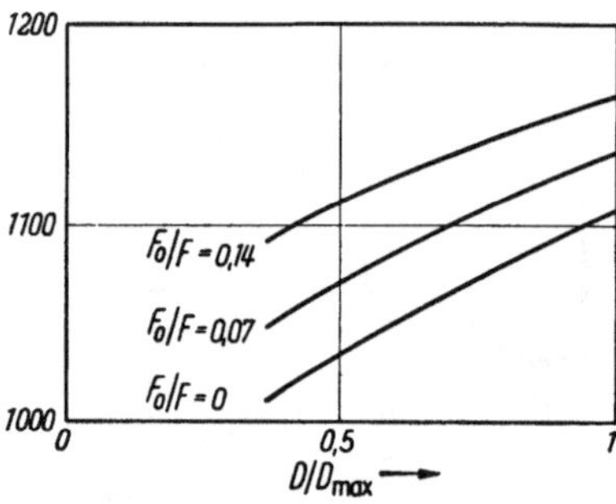

Abb. 265. Flammentemperatur im Teillastbereich [273]

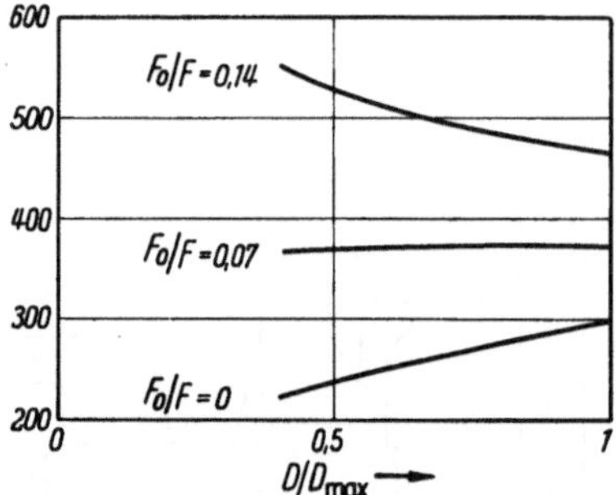

Abb. 266. Lufttemperatur hinter dem Strahlungslufterhitzer im Teillastbereich [273]

gegenwirkt. Den Verlauf der Flammentemperatur sowie die Lufttemperatur hinter dem Strahlungslufterhitzer im Teillastbereich zeigen die Abb. 265 und 266, wobei die Größe der Lufterhitzerfläche durch ihren Anteil an der Brennraumumgrenzung F_0/F definiert ist.

Der direkt luftgekühlte Strahlungserhitzer ist leider nicht ausführbar. Nach Abb. 264 wird seine Verwirklichung in der Weise gedacht, daß man als Wärmeträger geschmolzenes Metall verwendet, das im Strahlungserhitzer im Brennraum erwärmt wird und die aufgenommene Wärme dann in einem Wärmeaustauscher an die Luft übergibt. Infolge der sehr großen Wärmeübergangszahl auf der Metallseite wird dabei die Wandtemperatur des Strahlungserhitzers von der Temperatur des umlaufenden Metalles nur geringfügig verschieden.

Zweiter Teil

Ausgeführte Feuerungen

A. Trockenfeuerungen

I. Brennraum der Braunkohlen-Trockenfeuerung

Die feuchte Braunkohle verbrennt mit niedriger Flammentemperatur, so daß trotz leuchtender Flamme die Brennraumwände weniger wärmebelastet sind und die Braunkohlenkessel größer ausfallen als Steinkohlenkessel gleicher Leistung. Bei Braunkohlenverfeuerung ist allerdings im Vergleich mit trockenen Steinkohlen zur Erzielung derselben Austrittstemperatur der Rauchgase aus dem Brennraum, eine kleinere relative Wärmeabgabe notwendig, was den Größenunterschied zwischen Braunkohlen- und Steinkohlenkessel etwas abgleicht. Der Anteil der in den Berührungsheizflächen hinter dem Feuerraum zu übertragenden Wärme ist allerdings bei Braunkohle größer als bei der Steinkohle mit ihrem hohen Temperaturpegel der Flamme.

Bei den Braunkohlenkesseln über 100 t/h Leistung war die Mühlenfeuerung mit Luft als Trocknungsmittel bahnbrechend. Sie erlaubte dank der geringen Raumbelastung und der hohen Reaktivität der jungen Braunkohlen trotz ausgesprochener Strähnenbildung in der Flamme einen relativ guten Ausbrand. Die Einführung von Leistungen über 200 t/h macht den Übergang zu den selbstansaugenden Mühlen erwünscht. Bei selbstansaugenden Mühlen geht man dazu über, die Kohle mit Rauchgasen zu trocknen, die aus der oberen Partie des Brennraumes durch die Mühle selbst angesaugt werden. Der größere Druck des Erstgemisches am Mühlenaustritt erhöht die kinetische Energie des in den Brennraum eintretenden Brennstrahls. Fast die gesamte Verbrennungsluft gelangt mit großer Geschwindigkeit und in mächtigen Strahlen als Zweitluft in die Feuerung und ist deswegen ein wirksames Mittel zur Beherrschung der Strömung im Brennraum.

Da es in nicht zu großen Feuerräumen tatsächlich möglich ist, die zähe Flammenmasse in Rotation zu versetzen, hat sich bei Braunkohlen-Großkesseln die Eckenfeuerung verbreitet (Abb. 267). Je größer dabei der Brennerkreis ist, desto enger schmiegt sich die Flamme an die Brennerwände an, was sich nicht nur in intensiverer Wärmeübertragung zeigt, sondern auch das Abscheiden der Schlacke an den Wänden unterstützt. Die Eckenfeuerung hat allerdings ihre Schwächen, die besonders bei größten Feuerungen deutlich werden. Die zu erstrebende Symmetrie

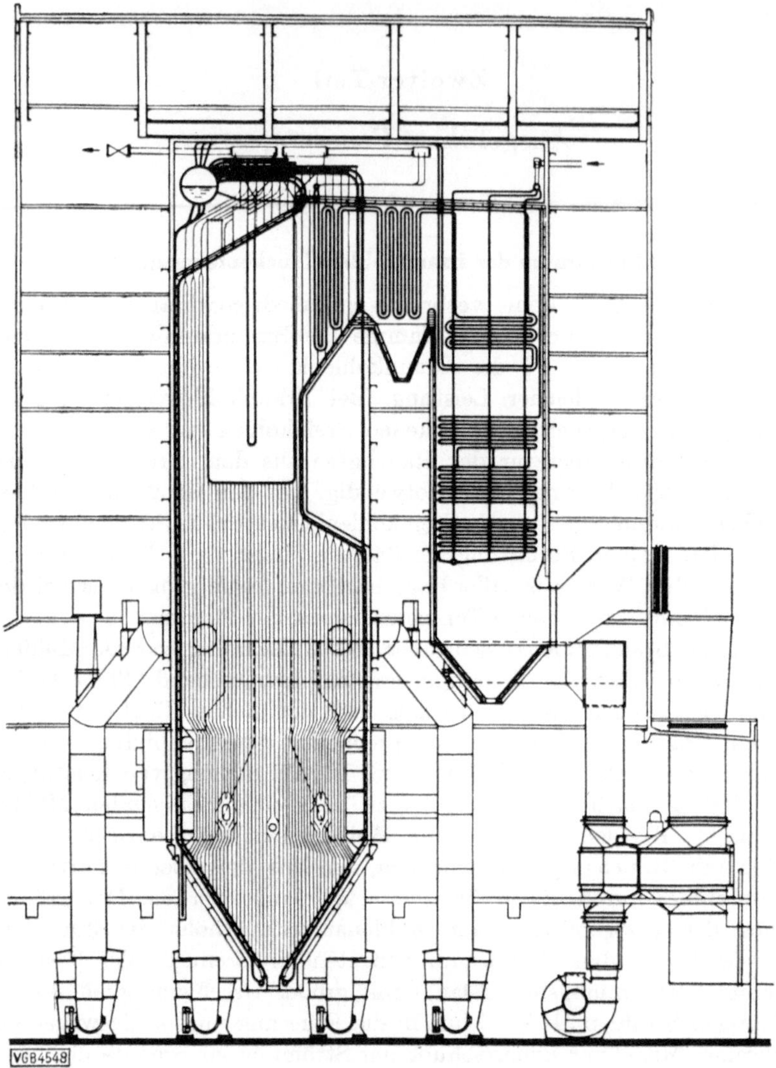

Abb. 267. Braunkohlekessel mit Eckenfeuerung (VKW) [267]

des Temperaturfeldes setzt eine gleichmäßige Kohleverteilung auf alle vier Ecken voraus. Dazu ist notwendig, daß alle vier Ecken von jeder Mühle mit Kohle versorgt werden. Das ergibt recht komplizierte Staubzuleitungen mit vielen zu Entmischungen führenden Umlenkungen. Wird jeder Mühle nur eine Ecke zugeteilt, so geht die Symmetrie der Flamme verloren, wenn bei Teillast die eine oder andere Mühle abgestellt wird.

Der große Querschnitt des Feuerraumes mit Eckenfeuerung erschwert außerdem die Beherrschung des Mischvorganges. Das sind die Gründe, warum man oft die Frontfeuerung bevorzugt, bei der der Feuerraumgrundriß die Gestalt eines gestreckten Vierecks mit besserem Formfaktor hat. Die Tiefe des Feuerraums bleibt begrenzt, während

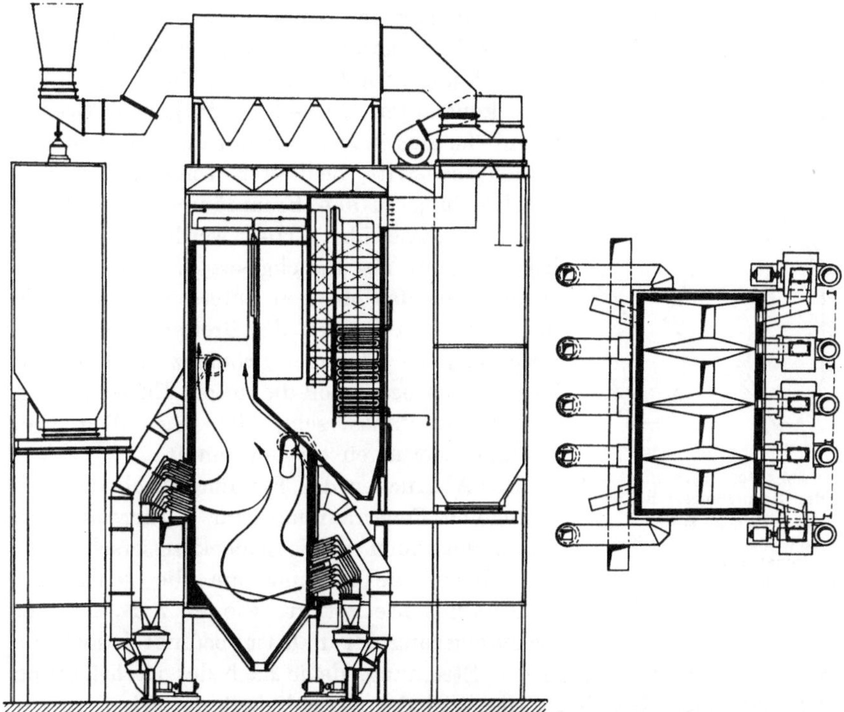

Abb. 268. Braunkohlekessel mit in ungleichen Höhen aufgestellten Stirnbrennern (Steinmüller) [275]

seine Breite der Kesselleistung angepaßt wird. Abgesehen von der einfacheren Kohlenzuleitung hat man hier die Möglichkeit, den Feuerraum besser mit Flamme auszufüllen. Allerdings muß man die Feuerraumtiefe und die Brennerbauart aufeinander abstimmen, damit die auf die Hinterwand konzentrierte Verschlackung nicht übermäßig wird.

Um bei Riesenkesseln die Mühlen längs der Vorder- sowie der Hinterwand anbringen zu können, ohne dabei zu große Feuerraumtiefen zu benötigen, schlägt man nach Abb. 268 eine S-förmige Führung der

Flamme vor, bei der die Brennermäuler in jeweils einander gegenüber-
liegenden Wänden in ungleichen Höhen liegen. Man kann daher die
ganze Brennraumtiefe als Brennerreichweite ausnutzen, so daß Verschlackungen nicht zu befürchten sind [275].

Das Anbringen der Brenner in mehreren übereinanderliegenden
Reihen erleichtert auch die Einhaltung der konstanten Frischdampftemperatur in weitem Lastbereich, da bei Teillast zuerst die unteren
Brenner abgestellt werden. Hinsichtlich der Ausnutzung des Brennraumes zum Mischen soll angeblich [76] die Brenneranordnung in größeren vertikalen Abständen zwischen den Brenner-
reihen weniger zweckmäßig sein.

Das Brennkammerprofil hat ebenfalls seine
Entwicklung durchgemacht (Abb. 269) [76].
Vom konstanten Querschnitt in ganzer Brennraumhöhe ging man wegen der durch einseitigen
Rauchgasaustritt bedingten schlechteren Gemischbildung zu den Brennräumen mit oberer
Feuerraumnase über. Hier werden durch die
Einschnürung des Rauchgasweges Ablösewirbel
erzeugt, die das Mischen unterstützen und die
in den oberen Partien des Brennraumes schon
abgeklungene Flammenturbulenz erneut be-
leben. Noch besser soll die untere Einschnürung
des Brennraumes sein, die vor allem bei
Schmelzfeuerungen oft vorkommt.

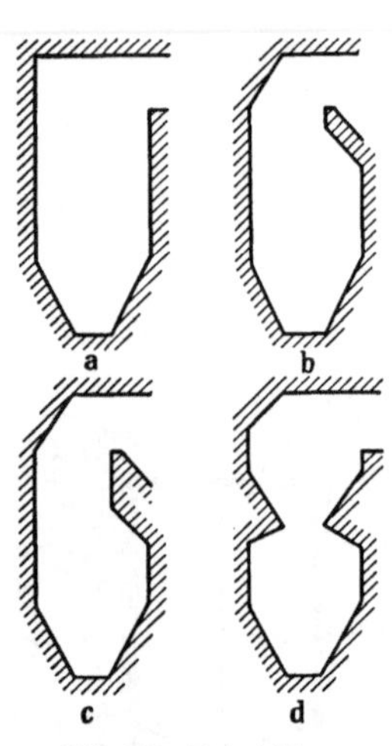

Abb. 269. Entwicklung
der Brennraumgestalt [76]
a ursprüngliche Form
b mit eingeschnürtem Brenn-
　raumaustritt
c mit oberer Nase
d mit beiderseitiger Ein-
　schnürung

Das Abdrücken der Flamme durch die vor-
springende Feuerraumnase zur Vorderwand hin
vermindert auch die Verschlackungserscheinun-
gen. Wenn die Flamme um die senkrechte
Feuerraumachse rotiert, wie es z. B. bei der
Eckenfeuerung der Fall ist, bedingt jedoch die
Nase eine einseitig verlagerte Strömung, da je nach der Drehrichtung
sich auf einer Kesselseite die Wirbelgeschwindigkeit der Flamme zur
Horizontalkomponente der unter der Nase hervortretenden Axial-
strömung addiert, während sie sich an der anderen Kesselseite sub-
trahiert. Demzufolge wird der Überhitzer in seiner Breite schief beauf-
schlagt. Eine Abhilfe schafft die Nasenausbildung an der Vor- als auch
Hinterseite des Feuerraumes, wodurch die erwähnte Horizontalkomponente aufgehoben wird [298].

Gewisse Vorteile bietet bei Braunkohle-Großkesseln der geteilte
Brennraum. Betrieblich haben allerdings die beiderseits bestrahlten
Trennwände den Nachteil, daß sie meistens außerhalb des Bereichs der
von außen eingesetzten Reinigungsmittel, wie z. B. der Rußbläser,

stehen, so daß die Beseitigung der Ansätze an der Trennwand zu einer umständlichen Arbeit wird, besonders wenn zwischen den beiden Teilfeuerräumen keine Gasse ist (Abb. 270).

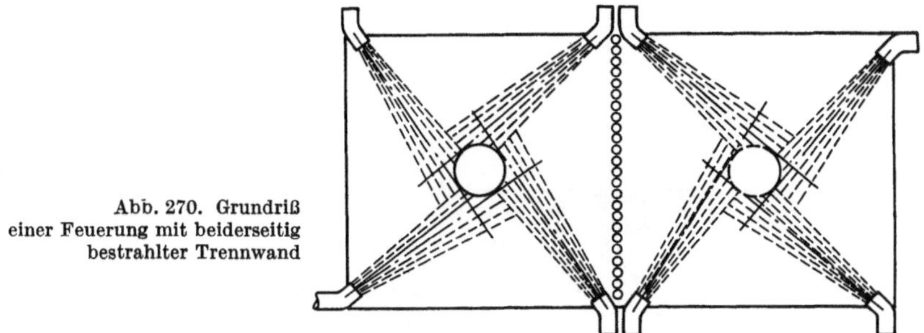

Abb. 270. Grundriß einer Feuerung mit beiderseitig bestrahlter Trennwand

Auch die Feuerung mit zwei hintereinander gereihten Brennräumen (Mehrzugfeuerung) ist heute anzutreffen. Nach Abb. 271 [*154*] ist hinter den vorderen Brennraum als Fortsetzung ein Leerzug geschaltet, der eventuell mit Strahlungsheizflächen, wie Schotten, Gardinen usw., durchsetzt ist. Die hintereinander angeordneten Brennräume haben allerdings eine erhöhte Querschnittsbelastung, wenn der Gesamtgrundriß des Brennraumes unverändert bleibt. Da auch die Rauchgasgeschwindigkeit dieser Querschnittsbelastung proportional ist, können besonders in dem Leerzug sehr hohe Rauchgasgeschwindigkeiten bis zu 25 m/sek. auftreten. Wenn die Kohle viel Asche oder Sand (bei rheinischen Braunkohlen) enthält, ist ein erhöhter Verschleiß der Wände durch Erosion der Rohre zu erwarten.

Bei dieser Feuerung soll man die beiden intensiven Aufwirbelungen nicht übersehen, die durch die Umlenkung der Rauchgase vor und hinter dem Leerzug entstehen. Diese Aufwirbelung hilft die Verbrennung zu vollenden und kann außerdem in gewissem Maß auch einen Temperaturausgleich über die Kesselbreite bewirken. Dies ist besonders bei Kesseln mit Stirnbrennern von Wichtigkeit, wenn bei Kleinlast die ganze Kesselbreite nicht mehr gleichmäßig befeuert ist.

Bei den Trockenfeuerungen mit Deckenbrennern (Abb. 272) will man vor allem den Auftrieb nutzbar machen, der die Flamme nach oben treibt und einen Wärmestau unter der Brennraumdecke verursacht, was für die Zündung sehr günstige Verhältnisse schafft. Außerdem erzielt man dadurch eine bessere Ausfüllung des Brennraumes mit der Flamme und kann der Strähnenbildung entgegenwirken. Die Beaufschlagung des Brennraumquerschnitts mit Brennstoff ist hier am gleichmäßigsten. Man darf allerdings den Schutz der abgestellten Deckenbrenner vor der unter der Brennraumdecke gestauten Hitze nicht vergessen.

Die Lage des Aschentrichters im Bereich niedrigerer Rauchgastemperaturen verringert die Gefahr seiner Verschlackung. Nützlich ist
das Abscheiden der gröberen Aschenkörner in den Trichter bei der
unteren Rauchgasumlenkung. Diese Reinigung der Rauchgase wird

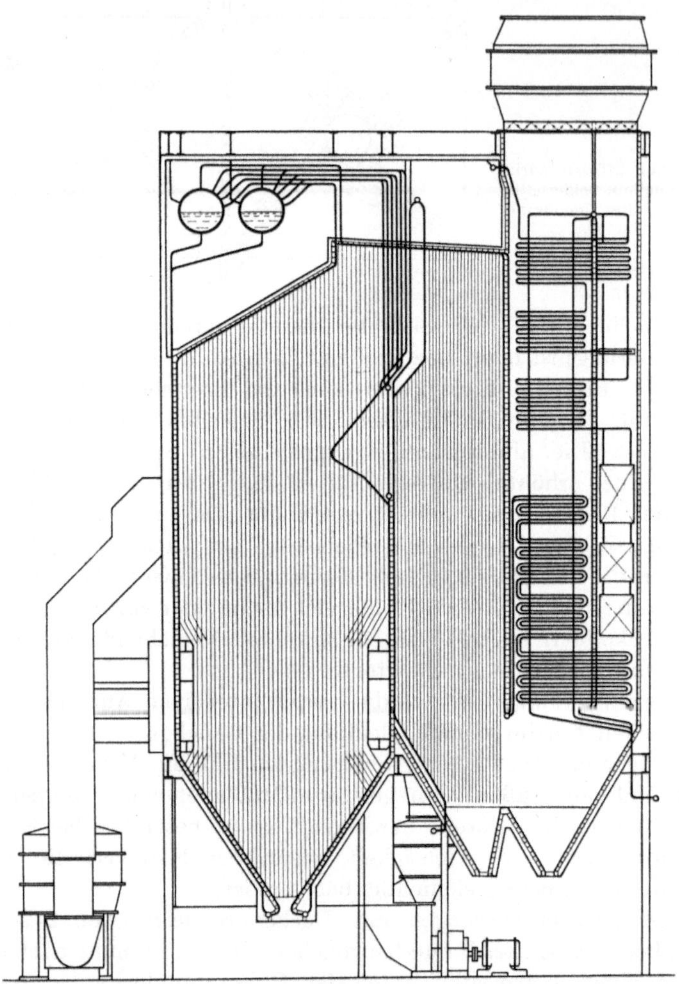

Abb. 271. Feuerung mit hinter dem Feuerraum angeordnetem Leerzug (VKW)

durch die kräftige Abwärtsströmung begünstigt, da sich die Schwebe-
geschwindigkeit zu der Abwärtsgeschwindigkeit der Rauchgase addiert.
Das Ausscheiden der groben Teilchen vor dem zweiten Zug mit seiner
großen Rauchgasgeschwindigkeit bringt den Vorteil verminderten
Verschleißes von Nachschaltheizflächen. Selbstverständlich dürfen die

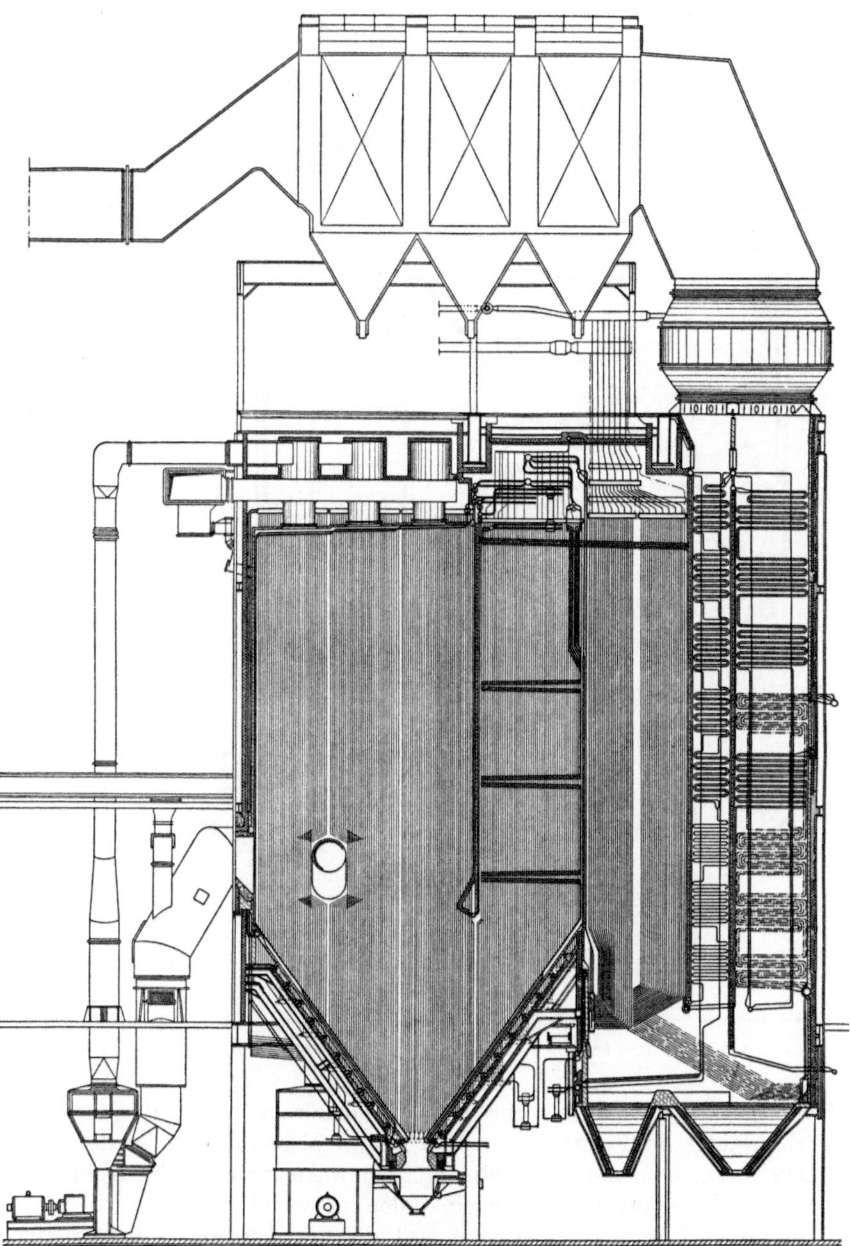

Abb. 272. Braunkohlekessel mit Deckenbrennern (Walther & Cie.) [171]

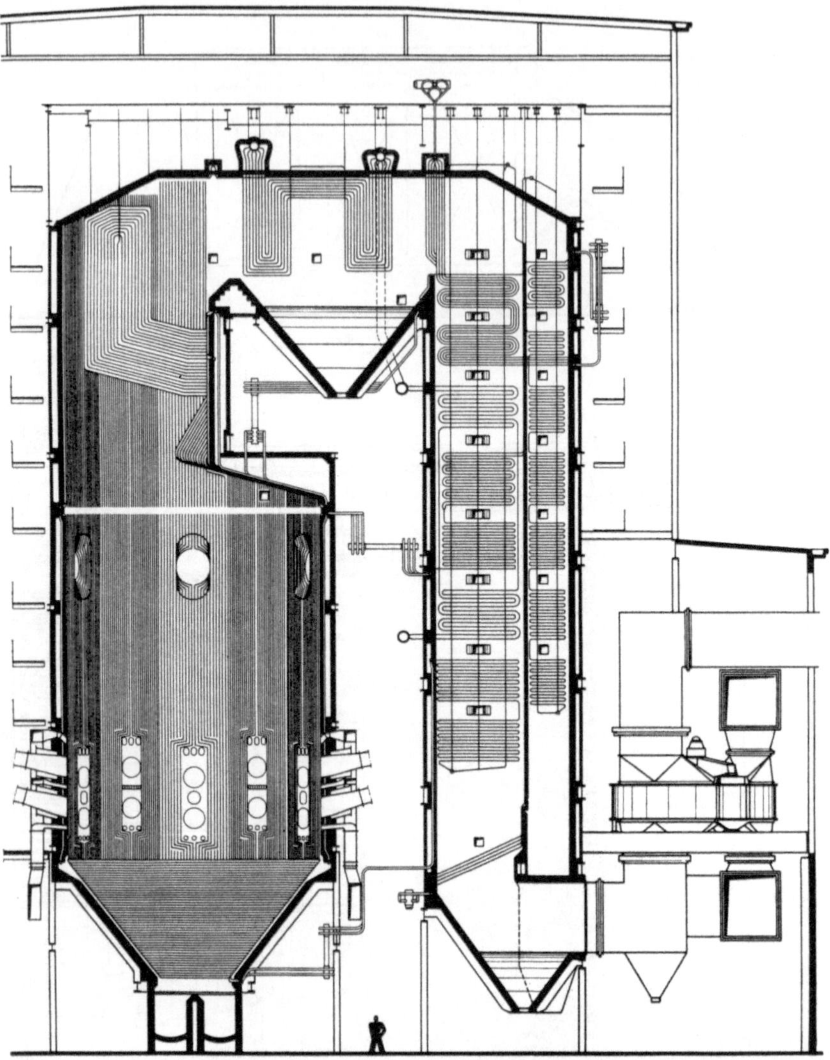

Abb. 273. Braunkohlekessel mit achteckigem Grundriß des Feuerraumes (Dürrwerke AG)

Rauchgase hier keine unverbrannten Kohlekörner mehr enthalten. Die Verbrennung muß schon im ersten Raum abgeschlossen werden. Die Deckenbrenner machen deshalb eine feinere Ausmahlung der Kohle, besonders bei Verfeuerung von Steinkohlen, notwendig.

Beim vorigen Kessel ist auch auf die aerodynamisch richtig ausgebildete untere Berandung der Hinterwand des Feuerraumes hinzuweisen. Um einen glatten Rauchgasübergang in leeren aufsteigenden

Kesselzug sicherzustellen bekommt die Berandung die Form einer.
Führungsnase. Durch diesen Verdrängungskörper sucht man ein Tot-
wirbelgebiet auf beiden Seiten der Hinterwand zwischen Feuerraum und
Aufwärtszug zu unterdrücken [298].

Bei Braunkohlen-Riesenkesseln gibt man dem Grundriß der Feuerräume die Form eines Vielecks (Abb. 33 u. 273). Dadurch will man die
höchstmögliche Symmetrie der Flamme erreichen, wobei die Zahl der

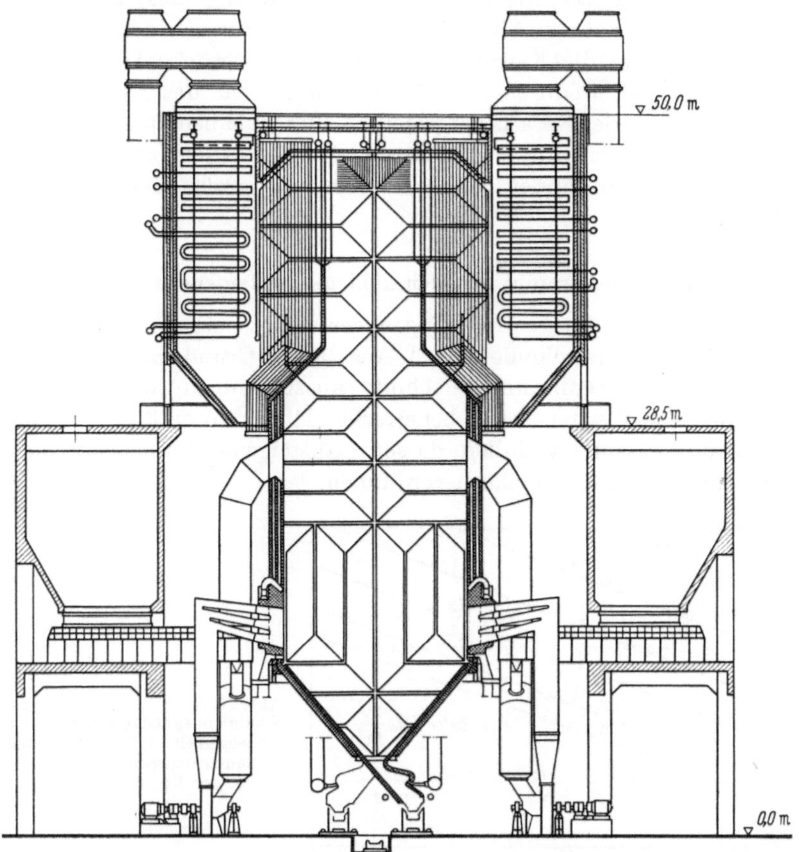

Abb. 274. Braunkohlekessel mit beiderseits aufgestellten Saugzügen

Ecken mit der Zahl der Mühlen übereinstimmt. Die Wärmebelastung der
Feuerraumwände ist gleichmäßig, da die Siederohre einen nur wenig
verschiedenen Abstand von der Feuerraummitte haben. Das Vieleck
gestattet eine Drehbewegung der Flamme, da ähnlich wie bei der
Eckenfeuerung auch hier die Brenner auf einen fiktiven Tangentenkreis
gerichtet werden. Die große Anzahl der Ecken macht die Störung des

Temperaturfeldes im Brennraum beim Abstellen einer oder mehrerer Mühlen weniger ausgeprägt als bei jeder anderen Form des Feuerraumquerschnitts.

Der kleine Formfaktor des vieleckigen Feuerraumes ist bei Braunkohlenkesseln nicht so nachteilig, da die kleine relative Wärmeabgabe im Brennraum bei feuchten Kohlen ausreicht; man verläßt sich mehr auf die Wärmeabgabe in den nachgeschalteten Heizflächen.

Günstige Voraussetzungen für die Ausnutzung des umbauten Raumes bietet auch die in Abb. 274 angedeutete Entwurfsidee für einen Großkessel, bei der die Kesselzüge auf beiden Seiten des Feuerraums angeschlossen sind, wodurch sich Bauhöhe und Tiefe des Kessels verkleinern. Die längs des Kessels aufgestellten Mühlen haben kurze Kohlenstaubleitungen. Durch die Vergrößerung der Kesseltiefe und die Anwendung von Trennwänden läßt sich eine sehr große Kesselleistung erzielen.

II. Der Brennraum der Steinkohlen-Trockenfeuerung

Die Steinkohlen-Trockenfeuerungen verarbeiten eine weniger reaktive Kohle als die Braunkohlenkessel. Aus diesem Grund sucht man mit einem kleineren Brennraumquerschnitt auszukommen, der sich im Hinblick auf das Mischen besser beherrschen läßt. Man muß den Brennraum gut mit Flamme ausfüllen, da sonst absteigende Rauchgasströme entstehen, die den Flammenkern verdünnen.

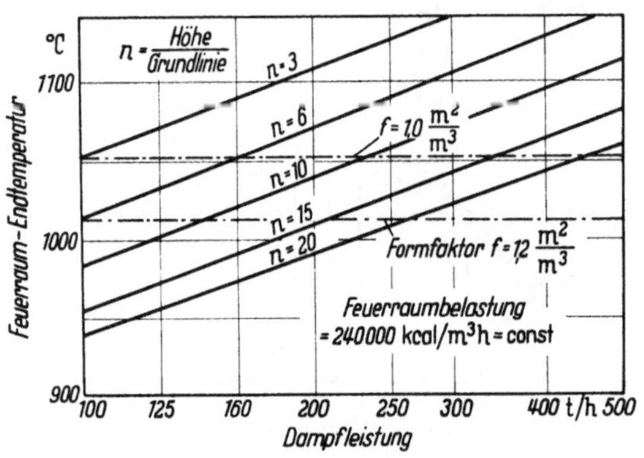

Abb. 275. Feuerraumendtemperatur in Abhängigkeit von Dampfleistung, Schlankheitsgrad und Formfaktor des Brennraumes [31]

Die Wände der Steinkohlenfeuerungen müssen intensiv gekühlt werden, da der wenig feuchten Kohle hohe Verbrennungstemperaturen eigen sind, zu deren Entstehung auch der Umstand beiträgt, daß man diese Kohlen meistens mit Luft in der Mühle trocknet so daß die Rauchgasumwälzung durch den Brennraum fehlt. Zur Erzielung der gewünschten Austrittstemperatur der Rauchgase aus dem Brennraum ist daher eine größere relative Wärmeaufnahme des Brennraumes als bei Braunkohlenfeuerungen notwendig.

Deswegen ist die bei Braunkohlenfeuerungen hauptsächlich aus Raumgründen vorgenommene Aufteilung des Brennraumes durch Trennwände bei Steinkohlenfeuerungen großer Leistung vor allem als unentbehrliches Mittel zur Senkung der Flammentemperatur zu bewerten. Wie sich dabei der Schlankheitsgrad des Feuerraumes auf die Austrittemperatur der Rauchgase sowie auf Formfaktor auswirkt, zeigt Abb. 275.

Auch bei Steinkohlenfeuerungen trifft man die Eckenfeuerung, wobei auf ihre bei Steinkohle schwerwiegenden Besonderheiten hinzuweisen ist. So hat die drehende Bewegung der Flamme ähnlich wie bei den Zyklonfeuerungen einen Unterdruck in der Brennraummitte zur Folge, der in der Feuerraummitte einen am Verbrennungsvorgang nicht

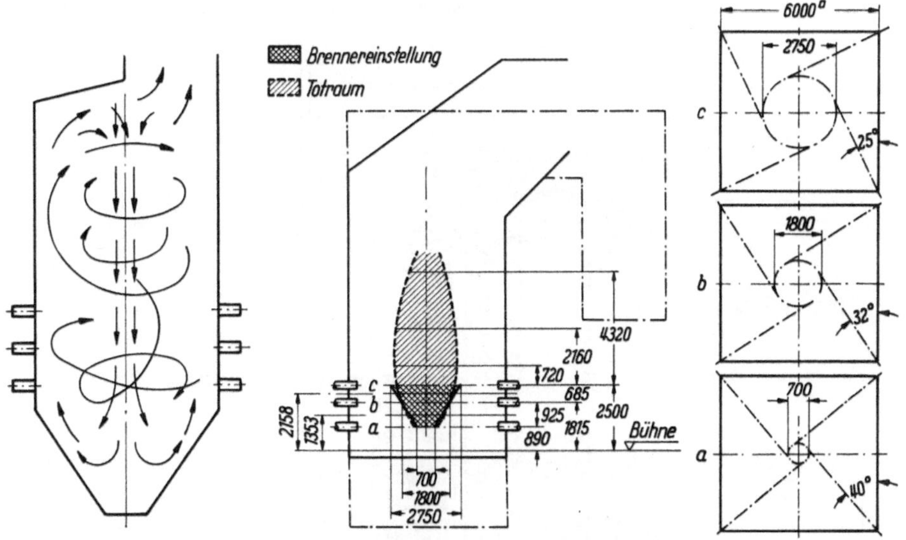

Abb. 276. Schema der Abwärtsströmung in der Mitte einer Eckenfeuerung

Abb. 277. Form des mittleren Totraumes bei einer Anlage mit Eckenfeuerung und Brennerkreisen verschiedenen Durchmessers [276]

teilnehmenden toten Raum entstehen läßt. Ihn füllen ausgebrannte, mit Luft verdünnte Rauchgase aus, da nach Abb. 276 [121] in der Brennraummitte eine abwärtsgerichtete Strömung herrscht. Diese Abwärtsströmung wurde durch Messung auch bei Trockenfeuerungen nachgewiesen, indem man herausfand, daß die Rauchgase in den mittleren Partien des Brennraumes einen niedrigeren CO_2-Gehalt hatten als in der Nähe der Wände [126].

Weitere Modellversuche ergaben [*276*], daß man diese Erscheinung durch Anwendung der Brennerkreise mit verschiedenen Durchmessern nach Abb. 277 meistern kann. Bei Brennern mit mehreren übereinander aufgestellten Düsen wird der unterste Düsenhorizont auf den kleinsten Brennerkreis gerichtet, während die höherliegenden Horizonte sich allmählich vergrößernde Brennerkreise haben.

Besonders wenn eine hochwertige Kohle verfeuert wird, die mit heißer Flamme verbrennt, achtet man sehr ängstlich darauf, daß die Flamme nicht zu tief in den Aschentrichter hinein lodert. Demnach ist eine hohe Lage der Brenner über dem Trichter bei Eckenfeuerungen mit schwenkbaren Brennern erwünscht, damit bei Betrieb mit nach unten geschwenkten Brennerdüsen der Trichter nicht verschlackt.

Ein Großkessel mit Stirnbrennern ist in Abb. 278 dargestellt. Der Feuerraum ist hier durch eine von beiden Seiten bestrahlte Trennwand in zwei parallele Hälften aufgeteilt. Durch Abschalten der unteren Brennergruppen will man im Teillastbereich die Einhaltung der Frisch-

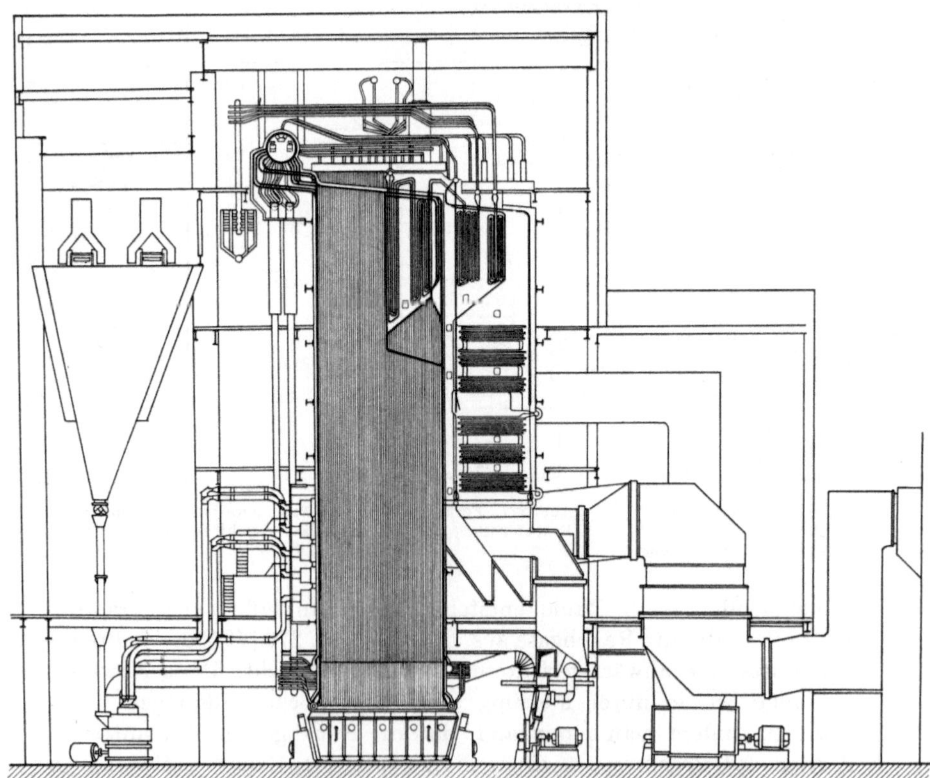

Abb. 278 Steinkohlekessel mit Stirnbrennern (Babcock & Wilcox)

dampftemperatur erleichtern. Bemerkenswert ist hier der separate Erstluftvorwärmer, in dem bei Verfeuerung feuchter Kohlensorten die Erstluft durch hinter dem Endüberhitzer angesaugte Rauchgase erwärmt wird [295].

Bei amerikanischen Kesseln ist die Aufteilung des Brennraumes nach Abb. 279 sehr üblich. Es handelt sich hier praktisch um zwei Kessel mit

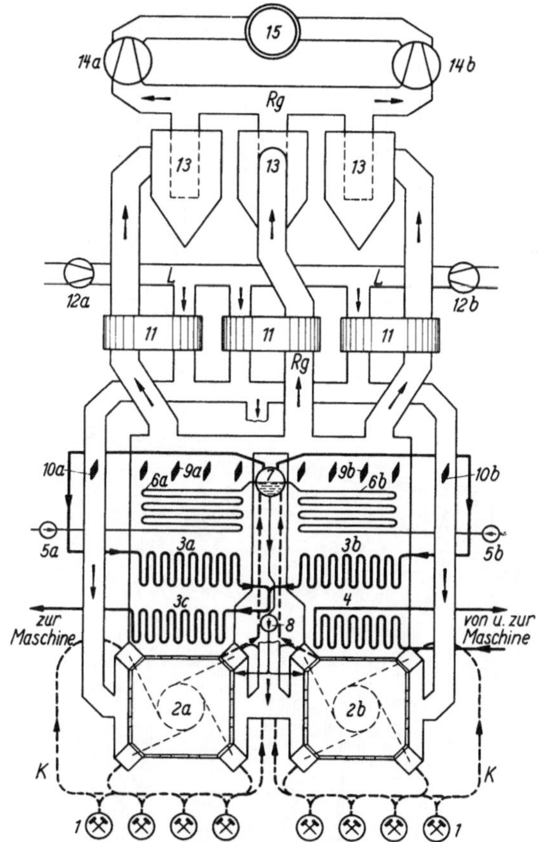

Abb. 279. Steinkohlekessel mit separaten Brennräumen (Combustion Engineering) [277]

1 Mühlen
2 Brennräume mit Eckenfeuerung
3 Überhitzer
4 Zwischenüberhitzer
5 Speisepumpen
6 Eko
7 Trommel
8 Umlaufpumpe
9 Rauchgasregelklappen
10 Luftregelklappen
11 Luvo
12 Frischluftgebläse
13 E-Filter
14 Saugzug
15 Schornstein

je einer unabhängigen Feuerung, aber mit einer gemeinsamen Trommel. Diese Aufteilung in zwei Feuerungen ist allerdings regelungstechnisch viel anspruchsvoller, da sie eine entsprechende Aufteilung der Kohle und der Luft auf jede der beiden Feuerungen voraussetzt.

Beim aufgeteilten Kessel nach Abb. 279 ist auch das Traggerüst leichter. Die Querträger haben nämlich bei den übergroßen Kesseln ungeheure Spannweiten und werden dadurch unwirtschaftlich hoch und schwer. Sie müssen deshalb wenigstens in ihrer Mitte durch eine Säule abgestützt werden, was sich bei aufgeteiltem Feuerraum ausführen läßt [277].

Die Aufteilung des Feuerraumes kann auch die Heißdampftemperatur- bzw. Zwischendampftemperaturregelung bezwecken, wie es beim Kessel Abb. 279 sowie bei dem Kessel Abb. 280 der Fall ist. Bei dem letzteren

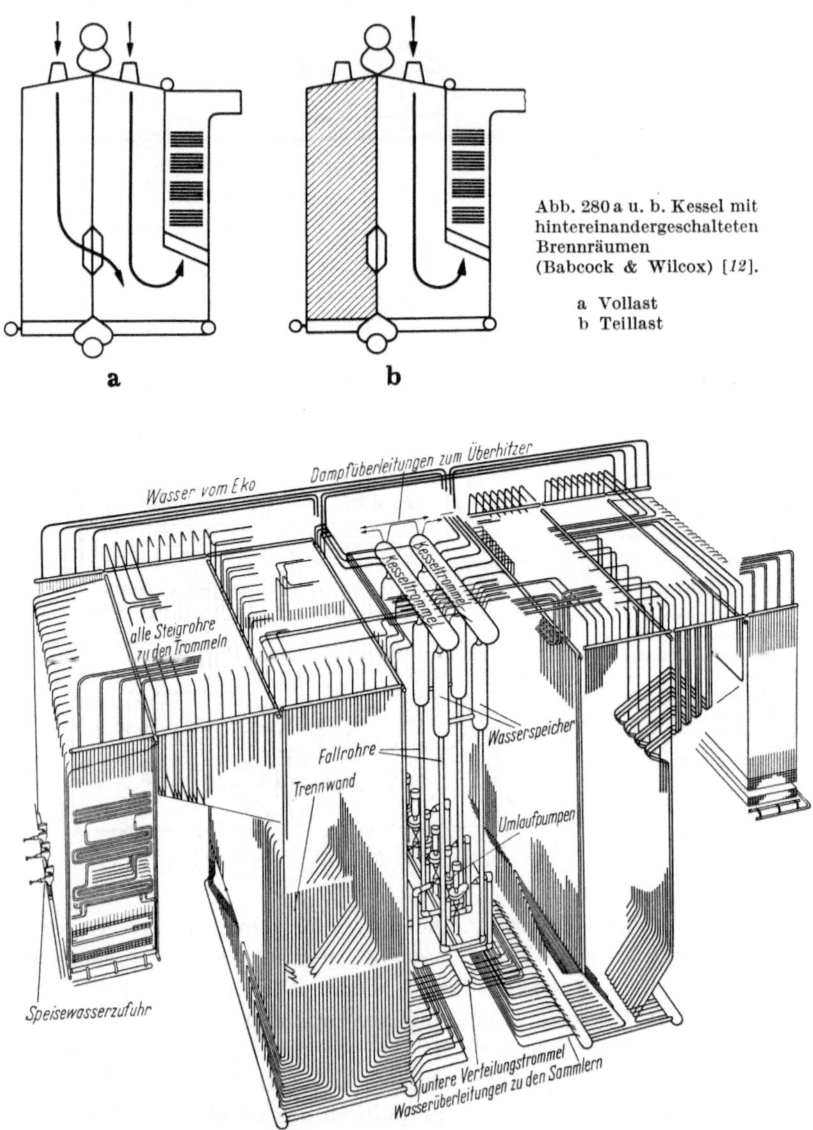

Abb. 280 a u. b. Kessel mit hintereinandergeschalteten Brennräumen (Babcock & Wilcox) [12].

a Vollast
b Teillast

Abb. 281. Steinkohlekessel mit vier Teilbrennräumen (Combustion Engineering Ltd.)

sind bei Vollast beide Feuerungen in Betrieb, während man bei Teillast die vordere Feuerung allmählich abstellt, um die Rauchgastemperatur vor dem Überhitzerzug zu heben [278, 279].

Die Abb. 281 zeigt die Zwilling-Feuerung eines 1700 t/h-Kessels. Der Kessel hat wieder zwei Feuerungen mit Eckenbrennern, die aber voneinander getrennt und außerdem noch durch eine Trennwand je in zwei Hälften aufgeteilt sind. Die Feuerung hat also eigentlich vier Feuerräume, wobei der Zwischenraum zwischen den beiden Feuerungen zum Unterbringen der Kesseltrommel sowie der Fallrohre mit den Umlaufpumpen ausgenutzt ist [12].

Die sowjetischen Konstrukteure wollen auf Grund ihrer guten Erfahrungen mit der schachbrettartigen Zellenaufteilung des Brennraumes bei den Ramsin-Durchlaufkesseln für Riesenanlagen mehrere sich kreuzende Trennwände nach dem Grundriß in der früheren Abb. 144 verwenden, um den Brennraum so stark wie möglich auszukühlen und das gesamte Temperaturfeld unter Kontrolle zu haben. Es liegt dabei nahe, daß für diese Feuerungsform nur die Deckenbrenner in Betracht kommen, da Kohle und Luft lediglich von oben Zugang zu den einzelnen Teilräumen finden können [280].

Andere Wege geht man, insbesondere in Amerika, wo sich bei den großen Steinkohlenkesseln die Rauchgasumwälzung stark verbreitet hat, welche ebenfalls, wie schon erwähnt, eine wirksame Beherrschung der im Flammenkern vorkommenden Temperaturspitzen gewährt [290].

B. Schmelzfeuerungen

I. Der Schmelzraum

1. Großraum-Schmelzräume

In Großraum-Schmelzfeuerungen brennen die groben Kohlekörner im Schmelzraum nicht vollständig aus; ihre Verbrennung wird erst im nachgeschalteten Strahlungsraum abgeschlossen. Im Schmelzraum werden nur 90 bis 95 % der Wärme entbunden. Der Wärmefluß durch die Schmelzraumwand wird dabei vor allem durch die Eigenschaften der Schlacke bestimmt und ändert sich deshalb mit der Sorte der jeweils verfeuerten Kohle.

Die Gestalt des Schmelzraumes für Großkessel ist noch in der Entwicklung. In Abb. 282 sind nach [32] die verschiedenen Formen der Schmelzfeuerung, wie sie in Deutschland vorkommen, erfaßt. Hier tritt ihre große Mannigfaltigkeit zu Tage, wobei schon heute manche von diesen Feuerungsarten als überholt gelten dürfen, wie z. B. der Schmelztisch.

20*

Den Schmelzräumen kleinerer Schmelzkessel mußte man eine kubische oder zylindrische Gestalt geben, wodurch man im Gegensatz zu Trockenfeuerungen einen möglichst kleinen Formfaktor anstrebte, um die Wärmeabgabe klein zu halten. Die in dem räumlich begrenzten

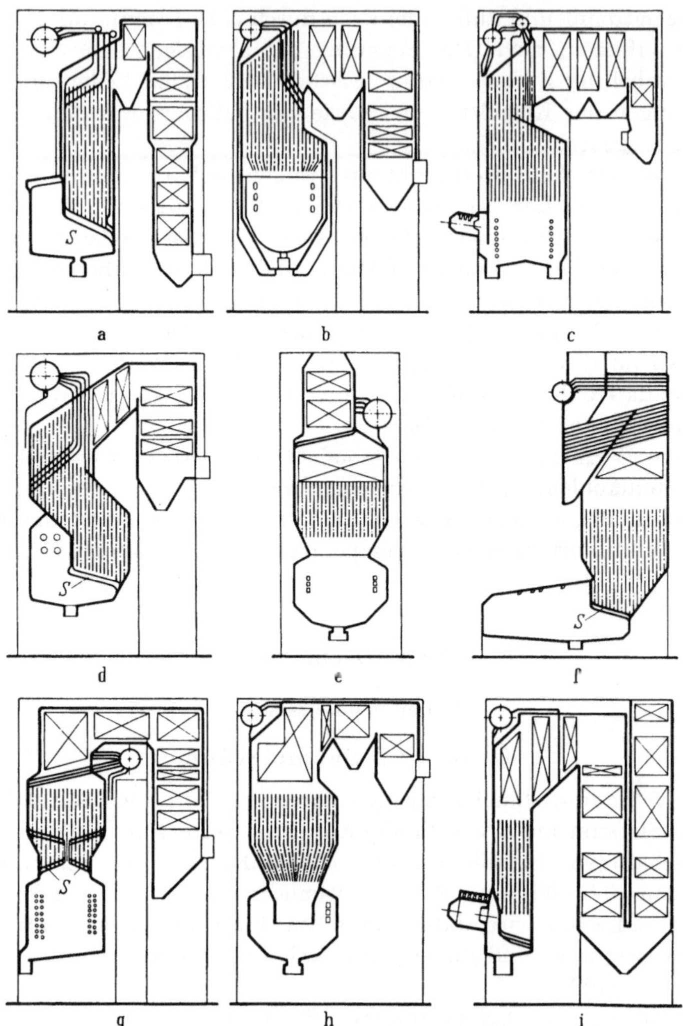

Abb. 282. Verschiedene Bauarten der Schmelzfeuerung [*32*].

a zweiräumige Schmelzkammer mit Deckenbrennern	e eingeschnürte Schmelzfeuerung mit Eckenbrennern
b Schmelztrichter	f Schmelztiegel
c Schmelztisch mit Einschmelzzyklon	g Eckenfeuerung mit Schlackenfangrost
d zweiräumige Schmelzkammer mit Seitenbrennern	h Vertikalzyklon
	i Horizontalzyklon

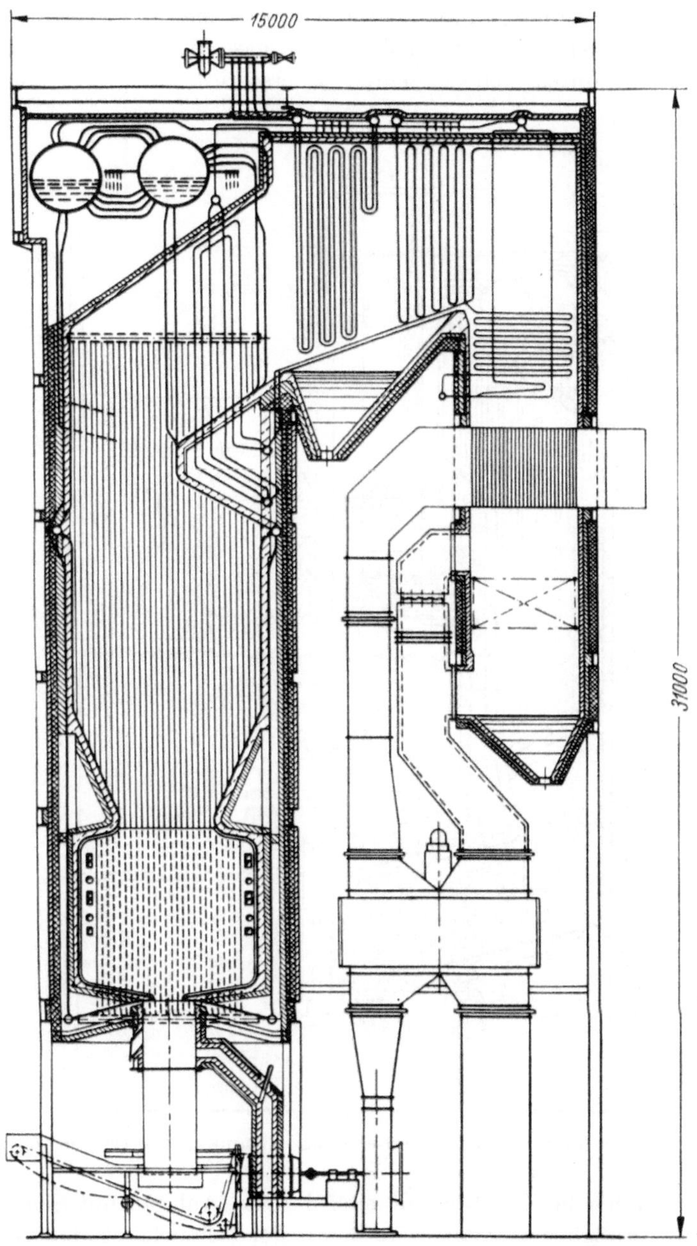

Abb. 283. Schmelzbrunnenfeuerung mit Eckenbrennern (Deutsche Babcockwerke AG) [30]

20 a

Schmelzraum brennende heiße Flamme sollte wenig Wärme in den nachgeschalteten Strahlungsraum abstrahlen, was man z. B. dadurch er-
reichte (Abb. 283), daß die heißen Rauchgase den darunterliegenden
Schmelzraum durch den verengten Querschnitt einer Einschnürung

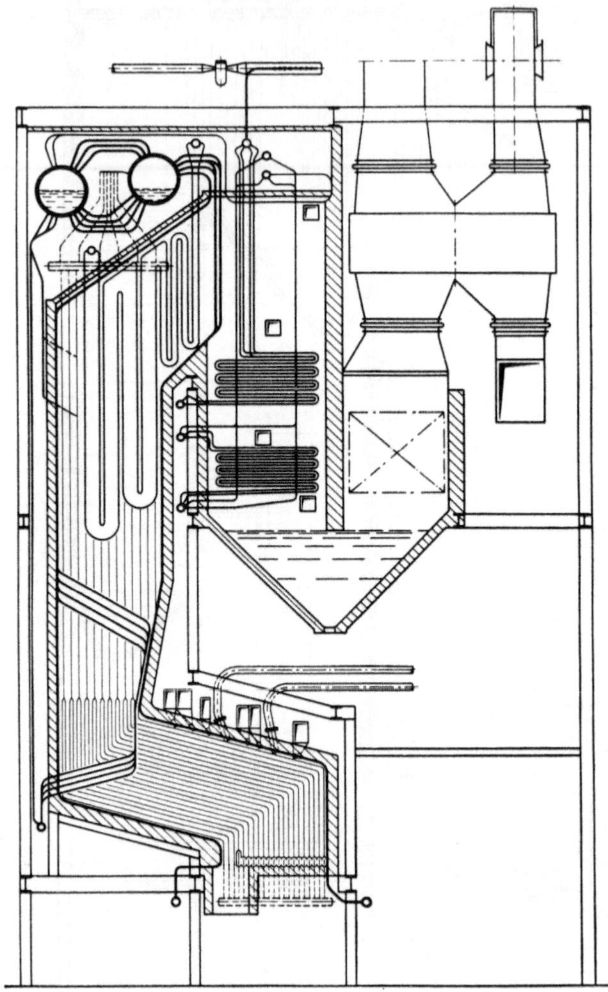

Abb. 284. Schmelztiegelfeuerung mit Schlackenfangrost (Deutsche Babcockwerke AG) [30]

verließen. Derselbe Zweck wurde auch bei den Anlagen mit Schlackenfangrost verfolgt, wie man es z. B. an der Schmelztiegelfeuerung in
Abb. 284 sieht. Der Schlackenfangrost sollte außerdem zur Reinigung
der Rauchgase von der Schlacke beitragen. Bei den Großkessel-Feue-

rungen dagegen ist man schon nicht so sehr an diese einfachen Gestalten
gebunden, denn auch geometrische Körper mit größerem Verhältnis der
Oberfläche zum Volumen bei großen Brennräumen nach dem früheren
(Abb. 142) den gleichen absoluten Wert des Formfaktors ergeben wie
der Würfel bei kleinen Einheiten,
da der Formfaktor bei allen
Feuerraumgestalten mit ihrer
wachsenden Größe abnimmt.
Deshalb erscheinen bei Großkessel-Schmelzfeuerungen neben
den zylindrischen auch ausgedehnte prismatische Schmelzräume, ohne daß dadurch ihre
Schmelzwilligkeit beeinträchtigt
wäre.

Abb. 285 zeigt einen 600 t/h-
Schmelzkessel. Sein Schmelz-
raum hat die Form eines flachen
Quaders mit unten vorn über
dem Schmelzbad angebrachten
Stirnbrennern. Der Schmelz-
raum und der nachgeschaltete
Strahlungsraum haben gleiche
Höhe; die Rauchgase strömen
oben durch ein Schlackengitter
aus dem Schmelzraum aus. Die
Wände des Schmelzraumes sind
bestiftet und mit einer kera-
mischen Verkleidung versehen.
Die Schlacke läuft durch eine am
Fuß der Trennwand zwischen
Schmelz- und Strahlungsraum
sich befindenden Öffnung in den

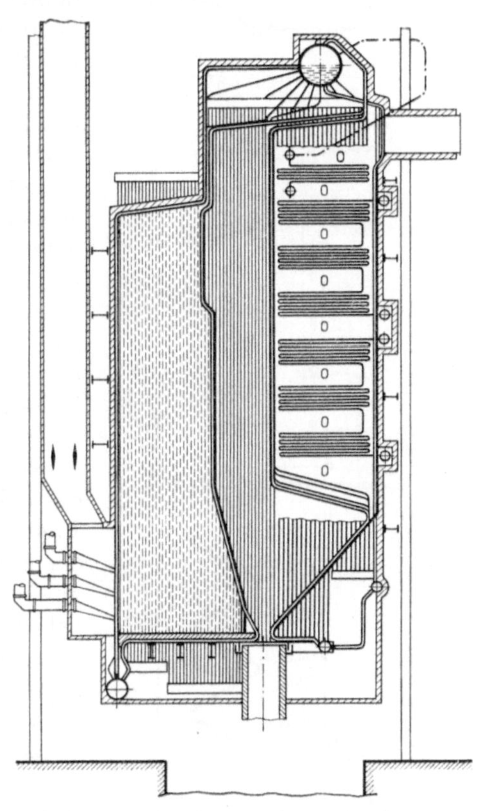

Abb. 285. Schmelzkessel mit Stirnbrennern
(Babcock & Wilcox)

Trichter des Strahlungsraumes aus. Dieser Kessel hat den Formfaktor
gleicher Ordnung wie der Trockenkessel in Abb. 271.

Die früher gezeigte Feuerung Abb. 253 hat einen mit Deckenbrennern
versehenen Schmelzraum und ist eine als Schmelzfeuerung ausgeführte
Abwandlung der Feuerungsform Abb. 272. Da nun der Schmelzfluß
auch bei sehr niedriger Teillast nicht aufhören darf, werden zuerst die
Deckenbrenner nacheinander abgeschaltet, während die unteren Brenner
stets Vollast fahren. Diese Betriebsart ist auch in bezug auf die Heißdampftemperatur vorteilhaft, da bei Schwachlast die obere Partie des
Schmelzraumes ausgeschaltet wird.

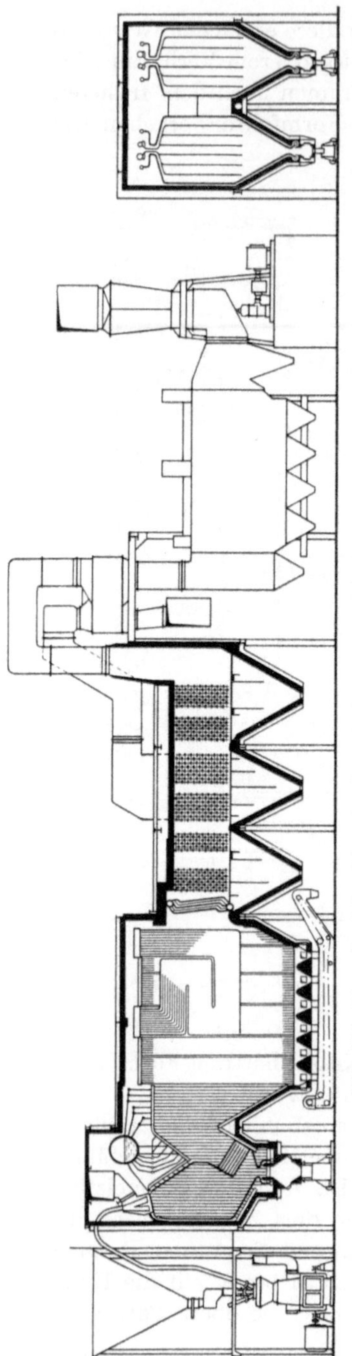

Abb. 286. Liegender Schmelzkessel mit Deckenbrennern und Schlackenfangrost (Borsig AG)

Eine interessante Lösung eines liegenden Schmelzkessels mit zwei Feuerungen zeigt die Abb. 286.

Auch die Aufteilung des Schmelzraumes in zwei nebeneinander liegende Teilräume nach Abb. 270 ist bei größten Schmelzkesseln zu finden. Dabei werden die beiden Teilräume z. B. mit Eckenbrennern befeuert, und die mittlere Trennwand ist wieder beiderseitig bestrahlt. Die beiden Teilfeuerungen sind in diesem Fall als einräumige Schmelzfeuerung ohne Schlackengitter mit Kühlschirmen aus glatten Rohren ausgeführt. Die Schlacke fließt durch zwei getrennte Schlackenauslauföffnungen in der Mitte jeden Schmelzbades aus.

Bei den Riesenblockanlagen erscheint auch die T-förmige Bauart des Schmelzkessels, zu der die große Breite des Feuerraumes und die mit der Kesselgröße bis auf über 30 t/h m anwachsende Breitenleistung Anlaß gaben (Abb. 287). Der Feuerraumgrundriß hat hier wieder eine langgestreckte Form, jedoch bildet die kürzere Seite des Bodens die Stirnwand des Kessels. Die Brenner sind im unteren Teil der beiden langen Seitenwände aufgestellt. Beiderseits des Feuerraumes liegen die Kesselzüge, so daß die aus dem Brennraum austretenden Rauchgase in seiner oberen Partie in zwei Teilströme aufgelöst werden. Dadurch erzielt man nicht nur einen ausreichenden Querschnitt für die Rauchgase in den Kesselzügen, sondern es lassen sich auch die druckführenden Teile des Kessels, wie z. B. sein Überhitzer, günstiger gestalten, indem man enge Rohre für den Überhitzer usw. verwenden kann [281].

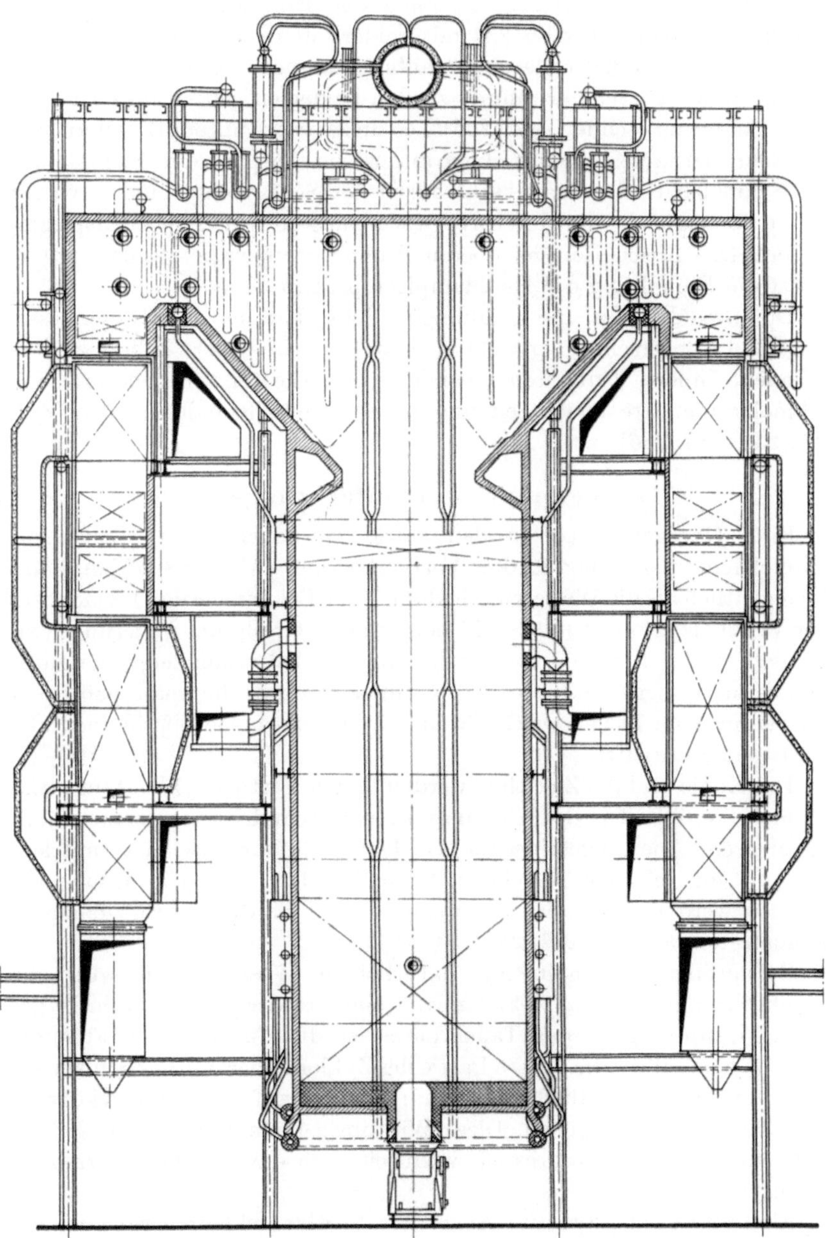

Abb. 287. Schmelzkessel mit beiderseits aufgestellten Kesselzügen [281]

Weitgehend aufgegliedert ist auch der Brennraum, die Schmelzfeuerung der früheren Abb. 254 mit beiderseits des mittleren schlanken Schmelzraumes angeordneten Strahlungsräumen, so daß die beiden Seitenwände des Schmelzraumes zu den beiderseitig bestrahlten Feuerraumwänden zu rechnen sind [266]. Die düsenartige untere Einschnürung des Schmelzraumes erzeugt einen intensiven Aufprall der Flamme auf das Schmelzbad, der das Abschleudern der Schlackentropfen bewirken soll und zugleich die intensive Beheizung des Schmelzbadspiegels fördert. Das Abschalten der oberen Brennergruppen bei Teillast unterstützt die Einhaltung der Heißdampftemperatur.

Die Bemühungen, die geräumigen Schmelzräume der Riesenkessel besser zu beherrschen, spiegeln sich auch darin wider, daß man verschiedene innere Einbauten vorschlägt, die die schwer beherrschbare Schmelzraummitte ausnutzen und unter Kontrolle halten sollen [282, 283, 284, 285, 286].

2. Vertikale Zyklonfeuerungen

Eine Übergangstype zu den stark wärmebelasteten Kleinraum-Schmelzfeuerungen bildet der Vertikalzyklon (Abb. 288). Man kann ihn eigentlich als die Weiterentwicklung einer Eckenfeuerung bezeichnen. Der Vertikalzyklon ist mit Recht noch zu den Großraum-Feuerungen zu rechnen, was sich auch an seiner Raumwärmebelastung zeigt, die unter 10^6 kcal/m³ h liegt, d. h. in der Größenordnung, die man nach den Kurven in Abb. 14 bei der Großraum-Kohlenstaubfeuerung in der Nähe der Brenner antrifft.

Die Kohle und die Zweitluft werden in den Vertikalzyklon tangential an mehreren Stellen des Umfangs in den zylindrischen Schmelzraum eingeblasen. Die abgeschiedene Schlacke läuft durch eine mittlere Öffnung im schwach kegeligen Schmelzboden aus. Die Rauchgase dagegen werden nach oben abgezogen, wobei sie durch das Tauchrohr heraustreten [96, 127, 287, 288].

Bei größeren Kesseln mit natürlichem Wasserumlauf wird das Tauchrohr aus in den Kesselumlauf eingeschalteten Siederohren gebildet. Hauptaufgabe des Tauchrohres ist die Führung der Flamme, die auch bei Teillast die untere Partie des Zyklons oberhalb der Schlackenauslauföffnung durchfließen soll, um der auslaufenden Schlacke eine hohe Temperatur zu geben. Diese Wirkung ist um so besser, je größer die Länge des Tauchrohres ist, wodurch auch das Abscheidevermögen gesteigert wird.

Eine andere interessante Abart der Vertikalzyklonfeuerung ist die mit hyperboloidartigem Tauchrohr nach Abb. 289, die besonders gut für Durchlaufkessel geeignet ist. Das Tauchrohr im einzelnen ist in der früheren Abb. 156, die flächenartigen Fangroste (nach Montageabschluß) sind in Abb. 290 zu sehen. Zu beachten ist dabei die mittlere Pilzkammer mit dem Schlackenabfluß durch die senkrechte Öffnung. Die Feuerung hat Deckenbrenner, die so gerichtet sind, daß eine schraubenförmige Flamme im Ringraum zwischen Außenwand und Tauchrohr erzeugt

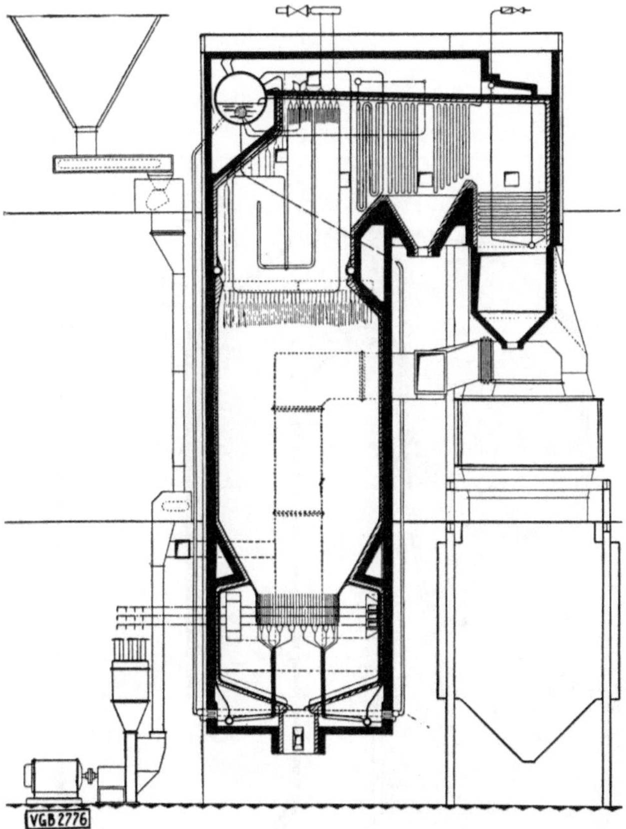

Abb. 288. Kessel mit vertikaler Zyklonfeuerung (KSG) [287]

wird. Der Strahlungsraum in der Form eines Venturirohres soll weniger zum Verschlacken neigen, weil keine Ecken vorhanden sind.

Weil im Vertikalzyklon grob gemahlener Kohlenstaub verfeuert wird, sind die Vorgänge in ihm ähnlich wie bei den übrigen Schmelzfeuerungen. Die Flamme kreiselt aber mit einer schon recht großen Geschwindigkeit um die Vertikalachse, so daß man nicht nur einen guten Ersteinbindungsgrad der Asche erzielt, sondern auch die brennenden Kohleteilchen durch die Fliehkraft zum Aufenthalt an den Zyklonwänden zwingt. Da bekanntlich vom Kohlenstaub etwa 90 % in Brenner-

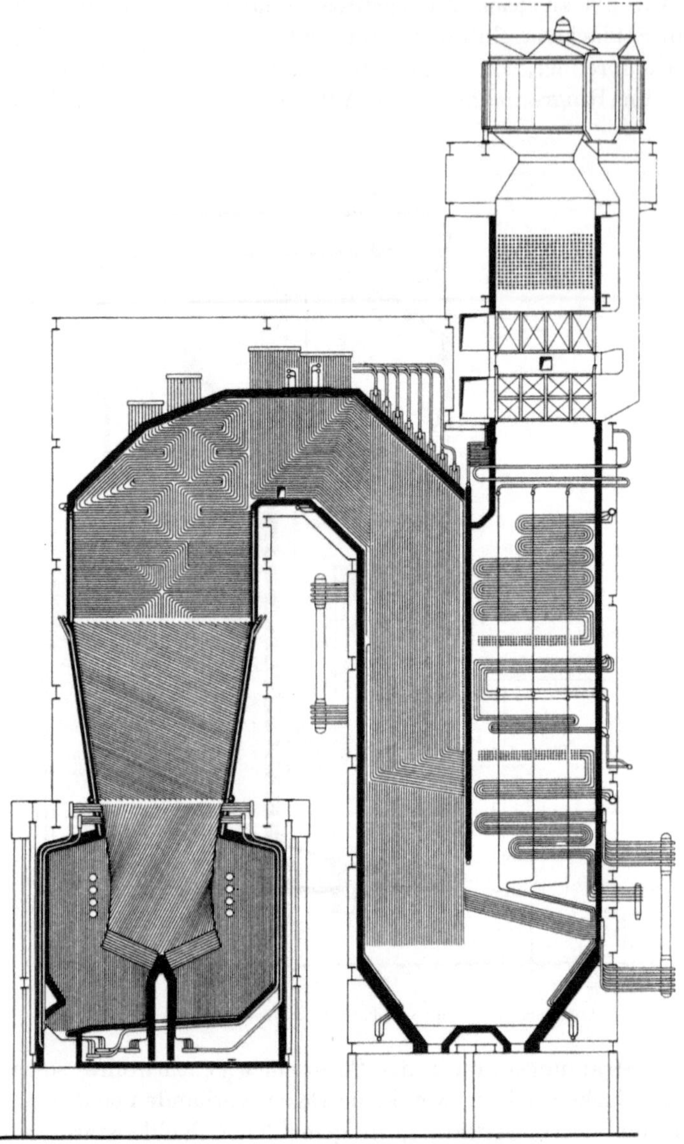

Abb. 289. Vertikalzyklonfeuerung mit hyperboloidartigem Tauchrohr (Dürrwerke AG)

nähe verbrennen und nur die groben 10 % erst längs des Brennweges langsam verbrennen, kann man eben durch das Ausschleudern dieser gröberen Kohlekörner gegen die Zyklonwand den Schmelzraum tatsächlich höher belasten und damit an seiner Größe sparen.

Im Vertikalzyklon kann man eine gröber gemahlene Kohle verfeuern, so daß bei Steinkohle die optimale Feinheit bei 40 % Rückstand
auf Sieb 70 liegt. Die Vertikalzyklone benötigen aber eine wesentlich niedrigere Raumbelastung (unter 10^6 kcal/m³ h, d. h. ein Fünftel
derjenigen bei Horizontalzyklonen), was auf die weniger wirksam ge-

Abb. 290. Detail der Berohrung der mittleren Pilzkammer mit Schlackenauslauföffnung und Fangrost (Dürrwerke AG)

staltete Strömung im Vertikalzyklon zurückzuführen ist. Trotzdem
bleibt die im Zyklon eingebundene Aschenmenge groß; sie beträgt bis
zu 80 % [287]. Die erreichbare Minimallast liegt wieder wesentlich unter
Halblast.

Ein Kessel kann mehrere Vertikalzyklone haben, so daß man hier
wieder durch Abstellen einzelner Zyklone den Schmelzfluß bis tief in den
Kleinlastbereich hinein aufrechterhalten kann. Günstig ist dabei, daß

die Schlacke vom Zyklon unmittelbar in Granulierbehälter abfließt, so
daß ein Einfrieren im Nachbrennraum ausgeschlossen ist.

Auch die Zyklonfeuerungen gehören zu den Schmelzfeuerungen mit
aufgeteiltem Brennraum und hohem Formfaktor, besonders wenn der
Kessel mehrere Zyklone besitzt und wenn zwischen dem Zyklon und
dem Strahlungsraum noch ein Nachbrennraum eingeschaltet ist, wie es
bei den Horizontalzyklonen der Fall ist. Das Tauchrohr vergrößert auch
den Formfaktor des Zyklonraumes, da die in ihm eingebaute wärmeaufnehmende Fläche größer ist.

3. Amerikanischer Horizontalzyklon

Die amerikanischen Zyklonkessel sind mit schwach geneigten oder
ganz waagerechten Zyklonen ausgestattet. Die Wand des in Abb. 291
dargestellten amerikanischen Horizontalzyklons besteht aus zweckmäßig gebogenen engen Siederohren, die an der Feuerseite bestiftet und
mit Chrommasse verkleidet sind [289]. Da der Wärmefluß durch die

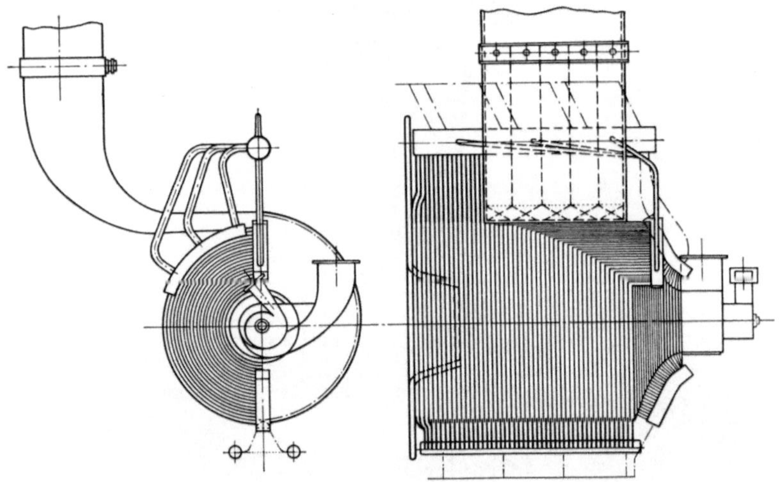

Abb. 291. Detail der Berohrung des Zyklons (Babcock & Wilcox) [289]

Zyklonwand bei Vollast bis mehrere hunderttausend kcal/m² h betragen
kann, ist für intensive Kühlung ihrer Rohre zu sorgen, wozu man bei
Trommelkesseln die Zyklonwände in den Kesselumlauf einschaltet bzw.
bei den Durchlaufkesseln die Zyklonwände zum Strahlungseko macht.
Der ganze Kessel ist in Abb. 292 bzw. 293 [290] dargestellt.

Dem vorderen konischen Boden des Zyklons ist eine kleine zylindrische Eintrittskammer vorgeschaltet, in die man das aus Erstluft und der

vorgebrochenen Kohle bestehende Erstgemisch tangential einbläst. Ihr Durchmesser ist wesentlich kleiner als der des Zyklons. Die hintere Wand des Zyklons hat in ihrer Mitte eine umgebördelte Öffnung für den

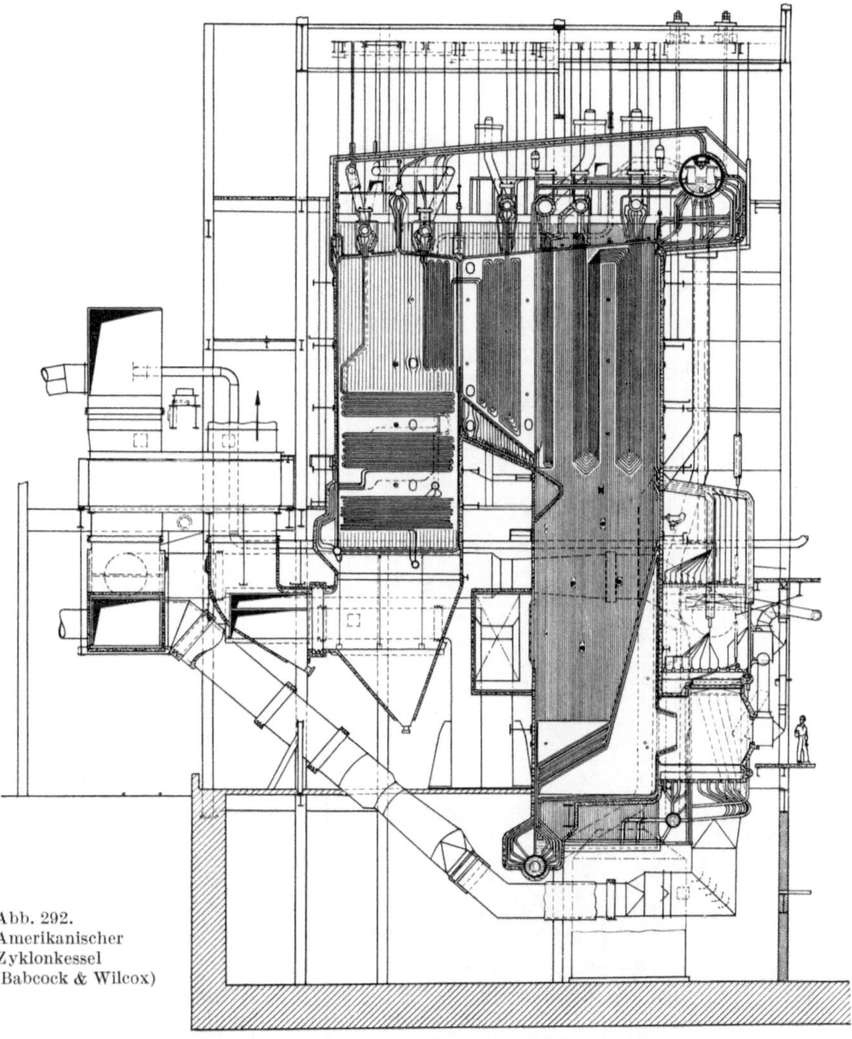

Abb. 292. Amerikanischer Zyklonkessel (Babcock & Wilcox)

Rauchgasaustritt und in ihrem unteren Teil die Schlackenauslauföffnung. Die schraubenförmig kreiselnde Kohle wird aus der Vorkammer durch Fliehkraft zu den Zyklonwänden abgeschleudert. Die Wände der Vorkammer sind durch gußeiserne Platten gegen Verschleiß geschützt. Durch die Vorkammerspitze kommt axial noch die Drittluft; sie füllt

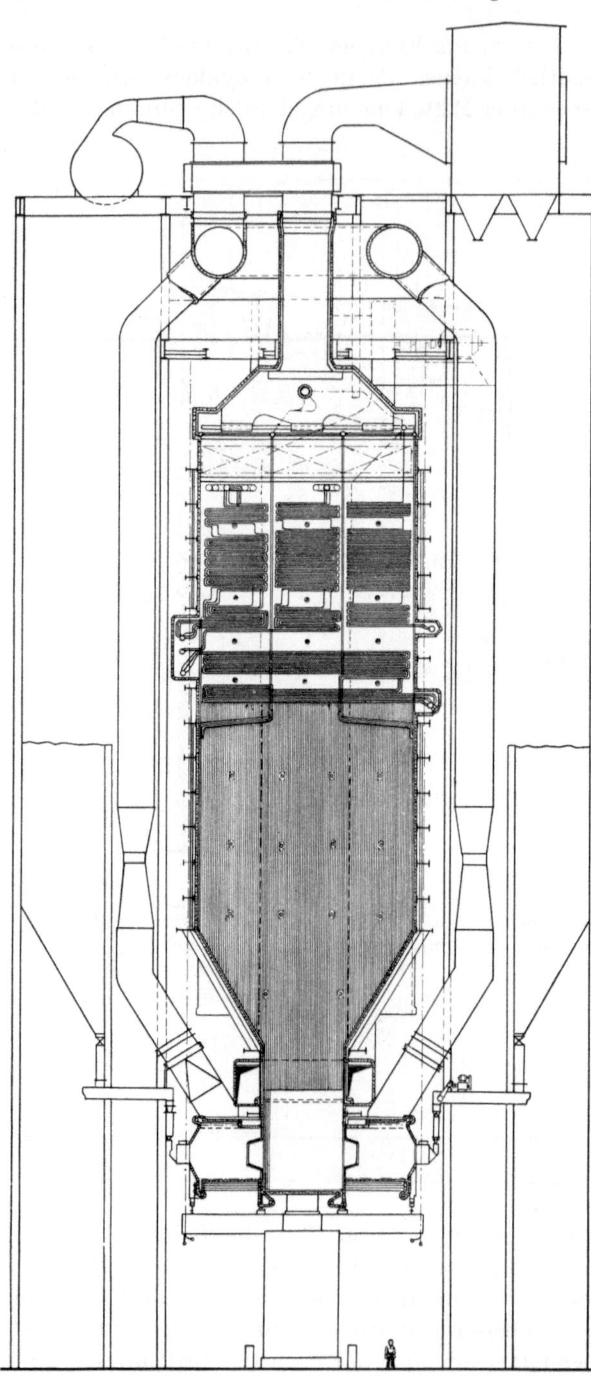

Abb. 293.
Amerikanischer
Zwangsdurchlauf-
Zyklonkessel
mit gegeneinander
aufgestellten Zyklonen
(Babcock & Wilcox)

die unter Unterdruck stehende Kammermitte aus und wirkt einem Rücksaugen der Flamme entgegen. Außerdem versorgt sie die feinen Kohlefraktionen, die längs der Zyklonachse in den Nachbrennraum entweichen, mit dem nötigen Sauerstoff.

Die Gesamtluftmenge teilt sich auf in 15 ··· 20 % Erstluft, 75 ... 80 % Zweitluft, und die übrigen 3 ··· 8 % bilden die Drittluft. Die Aufteilung ist mit den Eigenschaften der verfeuerten Kohle abzustimmen und hängt stark von ihrem Gehalt an Flüchtigem ab.

4. Deutscher Horizontalzyklon

Die deutsche Ausführung der horizontalen Zyklonfeuerung ging bewußt von der Tatsache aus, daß die europäischen Abfallkohlen wesentlich schlechter sind als die amerikanischen Kohlen. Vor allem ihr größerer Gehalt an Asche und Feuchtigkeit sowie der wesentlich größere Anteil an manchen Gefügebestandteilen, z. B. an Fusit, ist die Ursache, daß bei der Förderung, der Aufbereitung und beim Transport eine große Menge an Kohlenstaub entsteht. Auch der Gehalt an Flüchtigem umfaßt bei den europäischen Kohlen ein breiteres Band, ebenso wie auch ihre Feuchtigkeit.

Die deutschen Konstrukteure verließen deshalb (s. die frühere Abb. 29) die axiale Brennstoffeinführung und gingen im Unterschied zu den amerikanischen Gepflogenheiten zur tangentialen Einführung der Kohle in der unmittelbaren Nähe der Zweitluft über. Hiermit entfällt die in die Zyklonspitze einzuführende Drittluft; die gesamte Verbrennungsluft wird nur in Erst- und Zweitluft aufgeteilt. Die Erstluftmenge soll dabei nur so viel ausmachen, wie für den Kohletransport unbedingt erforderlich ist. Die Anlage wird dadurch einfacher und ist leichter zu beherrschen. Außerdem wird die Drallerzeugung besser, da die gesamte Luftmenge tangential einströmt und zum Drehen der Flamme beiträgt, was wegen der konstanten Erstluftmenge für die Drallerzeugung namentlich bei Teillast wichtig ist. Ein deutscher Zyklonkessel ist in Abb. 294 dargestellt.

Als weiterer Grund für den Übergang zur tangentialen Kohleeinführung kann man außerdem die Bemühung ansehen, auch die feinen Kohlenfraktionen in die Nähe der Zyklonwand zu bringen, damit sie nicht unmittelbar in die Wirbelsenke geraten und unverbrannt den Zyklon verlassen. Ihr Abstand von der Auffangfläche wird kleiner, so daß auch sie im Zyklonraum verbrennen. Man nutzt damit außerdem die Tatsache aus, daß die Sauerstoffkonzentration in der Wandnähe noch groß ist und deshalb die Verbrennung rasch verläuft. Dasselbe gilt auch von den flüchtigen Bestandteilen, die ebenfalls in Wandnähe verbrennen sollen, damit ihr Nachbrennen außerhalb des Zyklons vermieden wird. Als Vorteil kann man auch den längeren Brennweg ansehen, da die

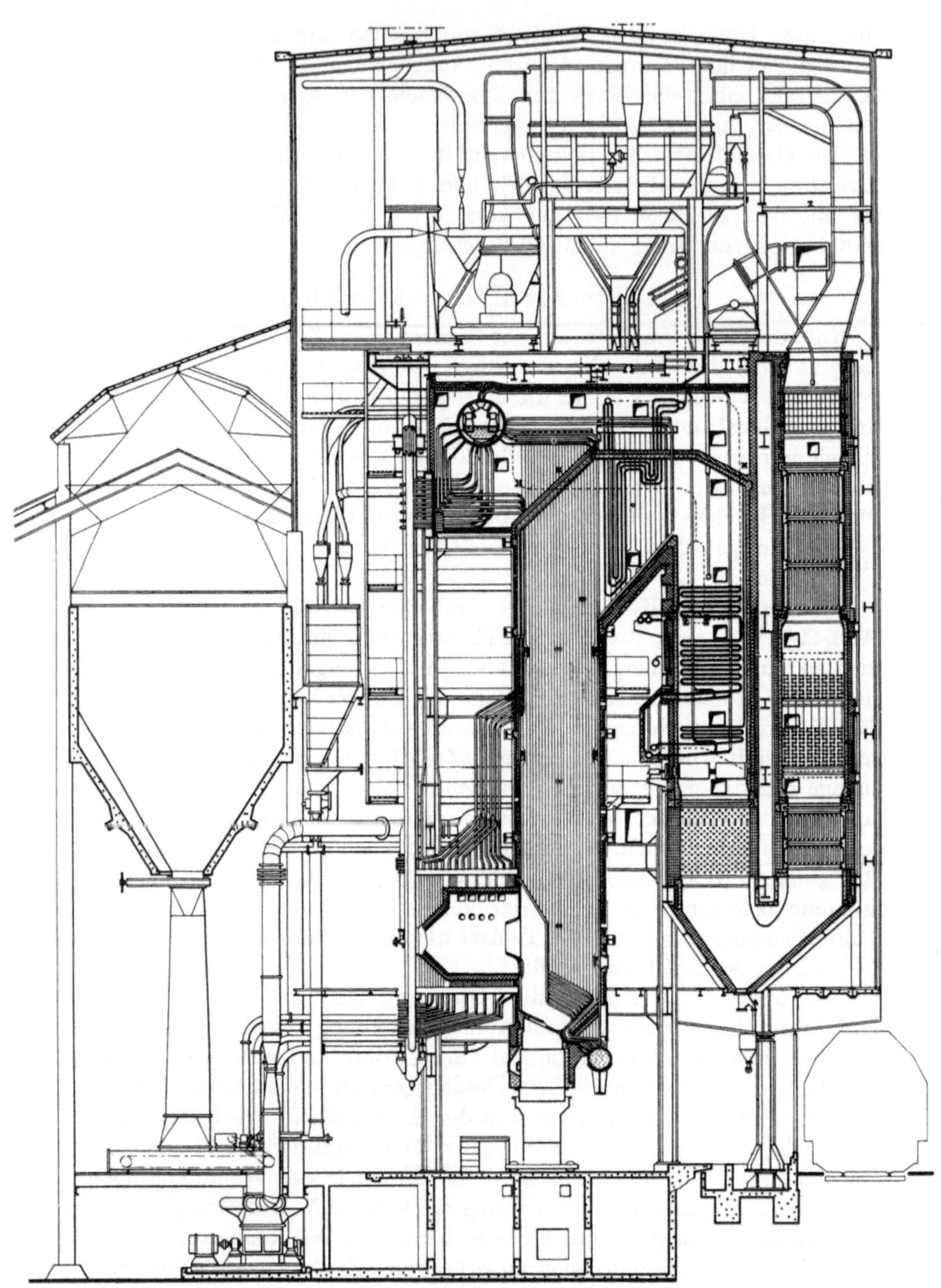

Abb. 294. Deutscher Zyklonkessel (Deutsche Babcockwerke AG)

Rauchgase in der in früherer Abb. 54 bzw. 55 angedeuteten Weise den Zyklon durchwandern. Durch Messungen wurde festgestellt, daß tatsächlich bei tangentialer Einführung der Kohlenausbrand im Zyklon volle 99 % ausmacht, so daß die folgenden Kesselabschnitte nur noch die Abkühlung der Rauchgase zur Aufgabe haben.

Um den notwendigen Gegendruck im Zyklon zu senken, greifen deutsche Horizontalzyklone zur größeren Austrittöffnung, wobei der Kragen kürzer gehalten wird. Beide Maßnahmen setzen den Eigenbedarf der Zyklonanlage herab.

Bei dem Zyklonkessel hält man die Anwendung von Schlackenfanggitter hinter dem Nachbrennraum für wichtig, da das Schlackenfanggitter hier aerodynamisch als Gleichrichter wirken soll. Insbesondere bei Anlagen mit einem Zyklon ist sonst die durch den Drall des vom Zyklon austretenden, schon fast ausgebrannten Rauchgasstromes wegen seines einseitigen Einlaufs in den Strahlungsraum bedingte Verlagerung der Strömung schwer zu vermeiden, welche dann auf einer Kesselseite den Totwirbel bedingt, so daß die Strömung erst die oberen Partien des Strahlungsraumes vollständig ausfüllt. Bei Anlagen mit mehreren Zyklonen hilft das Schlackenfanggitter ebenfalls das Strömungsfeld im Strahlungsraum zu vergleichmäßigen.

Bei der Brennstoffeinführung am Zyklonumfang arbeitet man mit einer feiner gemahlenen Kohle als bei den amerikanischen Zyklonfeuerungen. Nach [160] ist bei der Ruhrkohle die optimale Mahlfeinheit mit 60 ··· 70 % Rückstand auf dem Sieb DIN 70 gegeben, wobei die Mahlarbeit je nach der Mahlbarkeit der betreffenden Kohle 3,5 bis 4 kWh/t ausmacht. Bei den Großraum-Schmelzfeuerungen liegt die optimale Feinheit zwischen 10 und 15 % Rückstand auf dem Sieb DIN 70, und hier werden 20 bis 25 kWh zum Vermahlen von 1 t Kohle verbraucht. Die feinere Ausmahlung der Kohle ist bei den europäischen Kohlen mit Rücksicht auf ihren höheren Aschegehalt notwendig, um bei Zwischenprodukten durch die Kohlenzerkleinerung das in der Asche verwachsene Brennbare frei zu machen. Die Siebkurven für eine Schmelzfeuerung normaler Bauart und eine deutsche Zyklonfeuerung sind zum Vergleich in der früheren Abb. 26 aufgetragen.

Um die eventuell nötigen Eingriffe in die Schlackenauslauföffnung zu erleichtern, hält man bei den deutschen Zyklonkesseln in ihrem Nachbrennraum einen mäßigen Unterdruck von 0 ··· 10 mm W.S. ein, d.h., der ganze im Zyklon herrschende Überdruck von 300 ··· 400 mm W.S. wird zum Durchdrücken der Rauchgase durch die Austrittsöffnung des Zyklons verbraucht, wobei die kinetische Energie durch den Aufprall auf die Gegenwand und durch die Umlenkung der Rauchgase vernichtet wird. Der Kessel muß allerdings in diesem Fall mit Saugzug betrieben werden.

21*

II. Der Strahlungsraum

Der Strahlungsraum bildet bei allen Schmelzkesseln einen Übergang zwischen dem Schmelzraum und den nachgeschalteten Berührungsheizflächen; die Rauchgase sind auf dem Wege durch den Strahlungsraum unter die Erstarrungstemperatur der Schlacke abzukühlen, damit das Reinhalten der Nachschaltheizflächen erleichtert wird. Das große Volumen des Strahlungsraumes ergibt eine lange Aufenthaltszeit der Rauchgase in ihm, so daß der Flugkoks noch Zeit zum Ausbrennen hat.

Im Strahlungsraum einer gut ausgelegten Schmelzfeuerung sind die Rauchgase schon beinahe durchsichtig. Sie enthalten neben den gröberen, im Schmelzraum nicht ausgebrannten Kokskörnern lediglich die glühenden Aschenteilchen. Diese trüben die Flamme, was sich besonders bei Anlagen mit Aschenrückführung bzw. bei Verfeuerung aschenreicher Kohlen in Schmelzfeuerungen mit niedrigem Einbindungsgrad gut beobachten läßt. Diese glühenden Teilchen erhöhen in günstiger Weise den Schwärzegrad der Flamme.

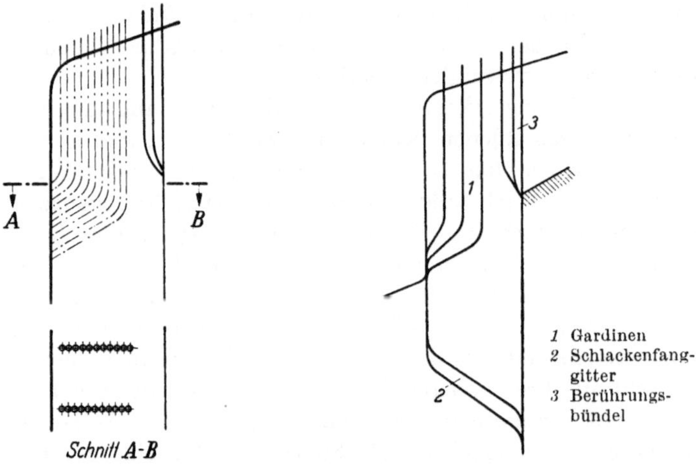

Abb. 295. Schottenwände im Strahlungsraum [41]   Abb. 296. Gardinen im Strahlungsraum [41]

Der Strahlungsraum mit metallisch reinen Begrenzungsflächen aus Siederohren vermag die Folgen der von den Schlackeneigenschaften abhängigen schwankenden Wärmeaufnahme des Schmelzraumes weitgehend auszugleichen. Bei kleiner Wärmeaufnahme im Schmelzraum treten die Rauchgase mit einer höheren Temperatur in den Strahlungsraum ein, so daß das Temperaturgefälle zwischen Rauchgas und Strahlungsraumwand größer ist. Steigt die Wärmeaufnahme im Schmelzraum, so ist das Umgekehrte zu erwarten. Der Strahlungsraum sucht also die Summe der im Schmelzraum und im Strahlungsraum aufgenommenen

Wärmen konstant zu halten, was sich bei Feuerungen mit reichlich dimensioniertem Strahlungsraum in einer von den Kohleeigenschaften fast unabhängigen Eintrittstemperatur der Rauchgase in die Nachschaltheizfläche äußert.

Bei den heutigen Schmelzkesseln nehmen die Strahlungsräume den größeren Teil der Feuerung ein. Ihre Wände sind entweder mit Siederohren oder mit Wandüberhitzern ausgekleidet. Bei Großkesseln werden in den Strahlungsraum beiderseitig bestrahlte Schottenwände nach Abb. 295 eingebaut. Der schmale Strahlungsraum des Großkessels Abb. 285 ist ebenfalls durch Trennwände in mehrere enge Räume mit großer Oberfläche aufgeteilt, wodurch man den umbauten Raum sehr geschickt ausnutzt. Auch Rohrgardinen nach Abb. 296 werden manchmal verwendet.

Bei den Schmelzkesseln sucht man vereinzelt die Temperatur am Austritt des Strahlungsraumes durch Rauchgasumwälzung zu senken. Die Gründe dafür sind verschieden. So sieht man die Anwendung der Rauchgasumwälzung z. B. beim Zyklonkessel im Kraftwerk Philo (Abb. 173) [*195*], bei dem sich im Strahlungsraum Überhitzer und Zwischenüberhitzer befinden, deren Verschlackung man durch die Rauchgasumwälzung abwenden will; außerdem sucht man auch den sonst zu hohen Wärmefluß durch die dampfgekühlten Wände auf etwas niedrigere Werte herabzudrücken, um eine mäßige Übertemperatur dieser dampfgekühlten Rohrwände zu sichern.

C. Großkessel für mehrere Brennstoffe

I. Kombination Kohle — Öl

Die kombinierten Feuerungen haben einen Brennraum, der sich geometrisch von demjenigen der Kohlenstaubfeuerung wenig unterscheidet, da auch beim Öl die Verbrennung räumlich erfolgt. Die Brennräume der reinen Öl- bzw. Gasfeuerung lassen allerdings höhere Wärmebelastungen zu. Im Unterschied zur alleinigen Verfeuerung von Öl, das kleinere, hoch wärmebelastete Brennräume zuläßt, wie man am besten bei Schiffskesseln beobachten kann, ist bei Kesseln für kombinierte Verfeuerung von Öl und Kohle die Feuerung nach den Bedürfnissen der Kohleverfeuerung zu bemessen. Ein solcher Kessel wird natürlich teurer als ein reiner Ölkessel, wodurch man einen der Hauptvorteile der Ölfeuerung, nämlich die niedrigen Anlagekosten, verliert.

Neben der früher (in Abb. 33) erwähnten kombinierten Kohlenstaubfeuerung mit trockenem Schlackenabzug kommt die Ölzusatzfeuerung auch für die Schmelzkessel in Betracht (Abb. 297). Nicht nur um die

volle Heißdampftemperatur zu erreichen, sondern auch, um die verkleideten, mit Schlackenpelz überzogenen Kühlschirme durch die heiße
und stark strahlende Ölflamme nicht zu gefährden, werden die Ölbrenner
bei Großraum-Schmelzfeuerungen erst im Strahlungsraum angebracht.

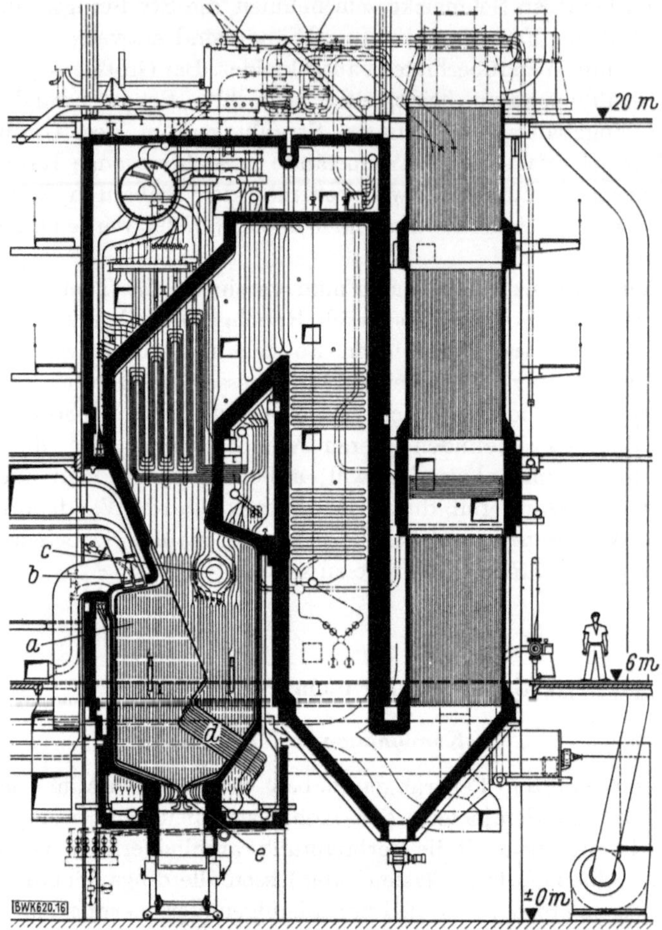

Abb. 297. Kombinierter Schmelzkessel mit Ölzusatzfeuerung (MAN) [54]

    Die Entwicklung der letzten Jahre bringt auch die Verfeuerung von
Öl in Zyklonfeuerungen (Abb. 298), in denen man außerdem auch andere
feste, flüssige oder gasförmige Brennstoffe zusätzlich oder allein verfeuern kann. Das Brennstoffprogramm amerikanischer Zyklonfeuerungen
wird in Tab. 18 angegeben.

    Nach Tab. 18 darf man in Zyklonfeuerungen nur solche festen
Brennstoffe allein verfeuern, die eine beständige Schlackenschicht an

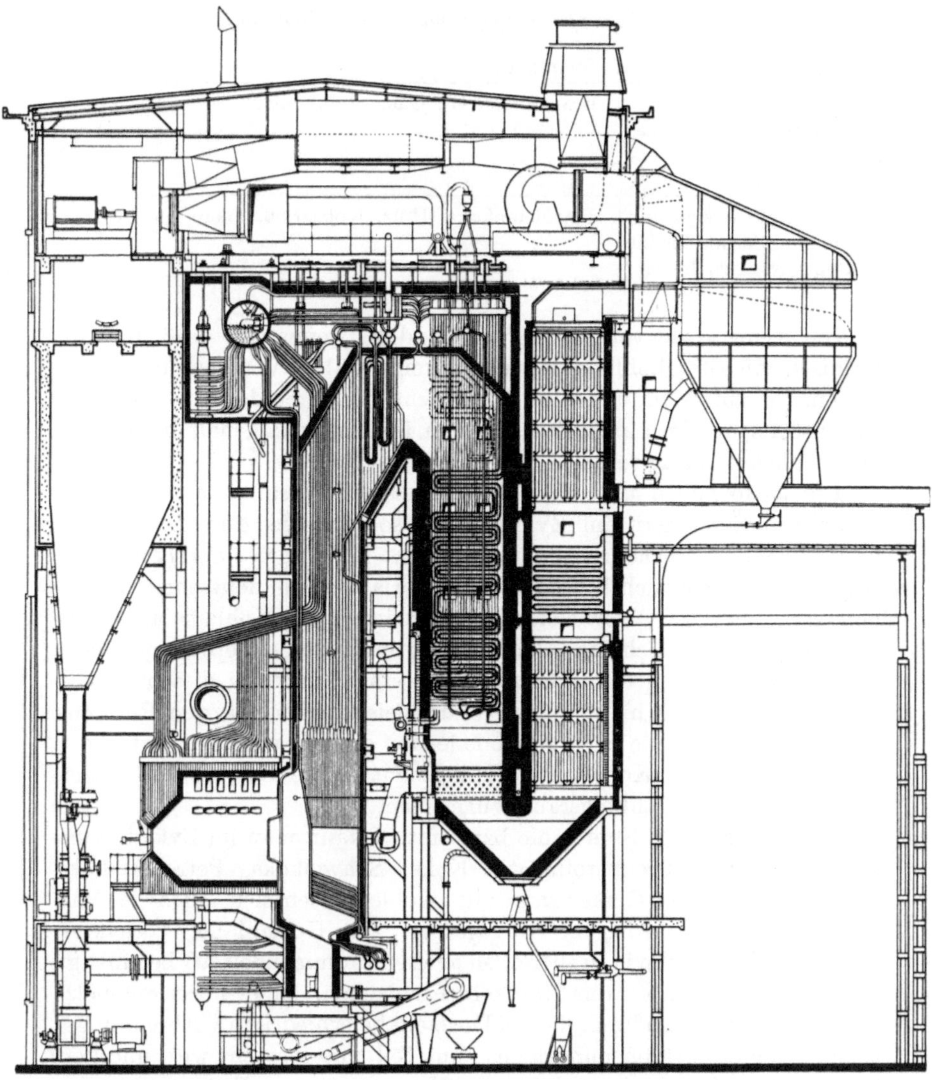

Abb. 298. Zyklonkessel mit Ölzusatzfeuerung (Deutsche Babcockwerke AG) [54]

der Zyklonwand erzeugen. Dazu benötigt man nicht nur ein günstiges Schmelzverhalten der Asche des betreffenden Brennstoffes, sondern der Aschegehalt muß auch ausreichend groß sein, mindestens 4 %; seine obere Grenze dagegen sollte bei 50 % liegen. Im Hinblick auf die Schmelzeigenschaften verlangt man bei 1430° C eine Zähigkeit von höchstens 250 Poise.

Tabelle 18. *Für Zyklonfeuerung geeignete Zusatz-Brennstoffe* [162]

Grundbrennstoff:	Steinkohle
Brennstoffe, die sich im Zyklon selbständig oder zusätzlich zur Kohle verfeuern lassen:	Braunkohle, Öl, Gas, Steinkohlenschwelkoks
Brennstoffe, die sich nur zusätzl. zur Steinkohle im Zyklon verfeuern lassen:	Petroleumkoks, Holz, Koksgrieß, Teere und Peche

Die wenig reaktiven, schwer zündenden Brennstoffe muß man im Gemisch mit Steinkohle verfeuern, um eine stabile Verbrennung einzuhalten. Die gute Zündung wird dabei nicht nur durch den Gasgehalt des Brennstoffs, sondern auch durch seinen Feuchtigkeitsgehalt beeinflußt, der möglichst gering sein soll.

Die gasförmigen und flüssigen Brennstoffe brennen nicht an der Zyklonwand, sondern im Zyklonraum, so daß die Anwesenheit der beständigen Schlackenschicht in diesem Fall nach amerikanischen Angaben weniger wichtig ist. Dagegen verlangen die deutschen Kesselhersteller, daß bei Ölverfeuerung gleichzeitig auch Kohle mit zu verbrennen ist, damit sich der Schlackenpelz im Zyklon dauernd regeneriert und die Verkleidung der Zyklonwände stets schützt. Zu diesem Zweck wird empfohlen, 50 bis 65 % der Wärmeleistung aus Öl, den Rest aus Kohle zu erzeugen [58]. Die Zyklone leisten dann je etwa ein Drittel der Kesselleistung aus Kohle und Öl, und das dritte Drittel wird durch Ölzufuhr in den Strahlungsraum zugegeben.

Im Gemisch mit Steinkohle bzw. mit Öl kann man im Zyklon auch schwerzündende Brennstoffe wie Koks, Schwelkoks, Petroleumkoks usw. verbrauchen. Gemeinsam mit Kohle lassen sich auch feuchte Brennstoffe mit niedrigem Aschegehalt, wie Holzabfälle, verfeuern. Das in der Holzasche in größeren Mengen vorkommende CaO begünstigt das Schmelzen der sauren Steinkohlenschlacken, da es ihren Schmelzpunkt erniedrigt, wodurch die bei Holzzugabe erniedrigte Verbrennungstemperatur im Zyklon mindestens zum Teil wettgemacht wird und den Schmelzfluß nicht beeinträchtigt. Bei Verfeuerung von Koksgrieß ist die Aschenrückführung von besonderer Bedeutung, da die Flugasche viel Unverbranntes enthält.

Auch in Vertikalzyklonen lassen sich mehrere Brennstoffe verfeuern, wie es beim Kessel Abb. 299 der Fall ist, der für Kohle, Öl und Gichtgas ausgelegt ist [61]. Während die Kohlebrenner im Zyklon untergebracht sind, befinden sich die Ölbrenner mit Rücksicht auf die Dampftemperatur zum Teil im Zyklon und zum Teil im Strahlungsraum. Wegen des kleinen Heizwertes des Gichtgases und des großen Volumens

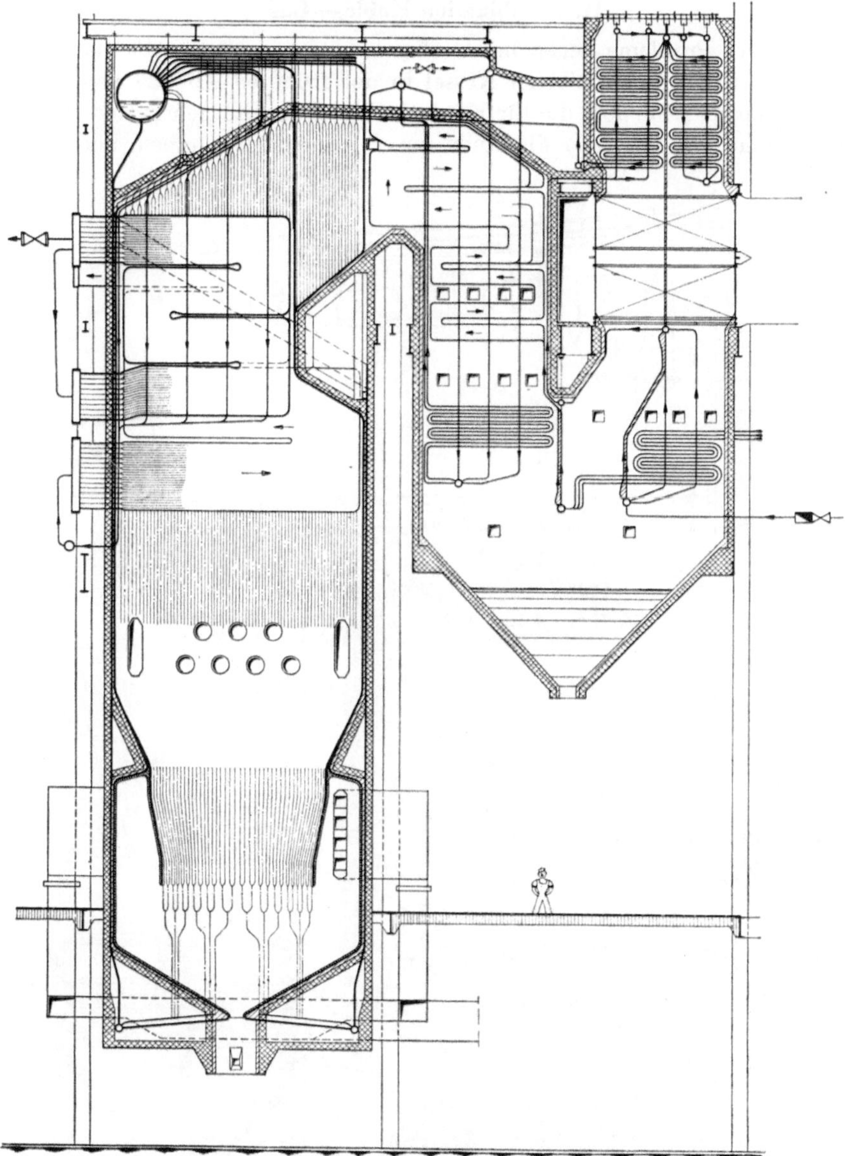

Abb. 299. Vertikalzyklonanlage mit Zusatzfeuerungen für Öl und Gichtgas (KSG) [61]

seiner Rauchgase ist seine Verbrennung im Zyklon vom Standpunkt des Schmelzens nicht möglich, und die Gichtgas-Zusatzfeuerung muß gemeinsam mit Karburierbrennern in den Strahlungsraum als Eckenbrenner verlagert werden.

II. Kombination Kohle — Gas

Andere Probleme liegen bei Gasfeuerungen vor. Das sieht man am besten an dem kombinierten Kessel in der früheren Abb. 37 bzw. am Zyklonkessel Abb. 300, die für Kohle und Gichtgas ausgelegt sind. Hier sucht man die einzelnen Flammen unter Kontrolle zu haben, und erst

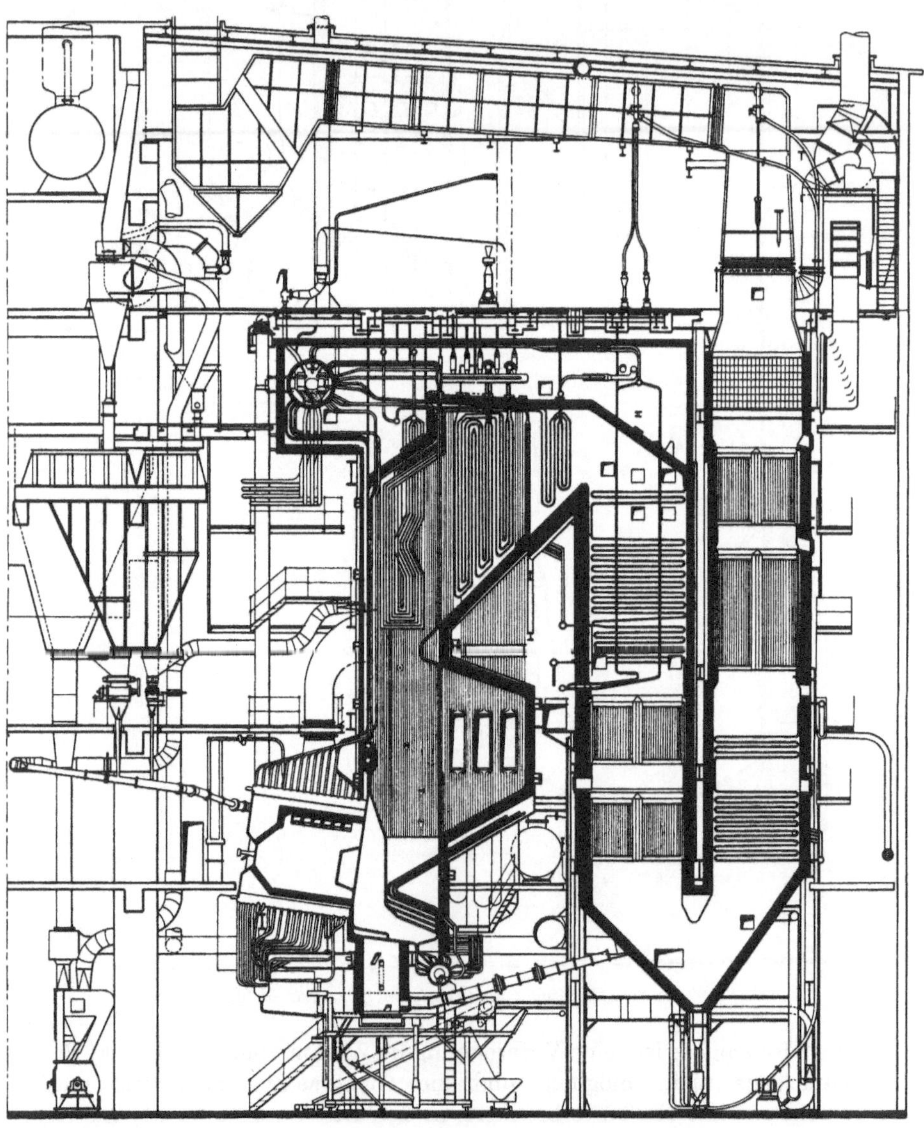

Abb. 300. Zyklonkessel mit Gichtgaszusatzfeuerung (Deutsche Babcockwerke AG) [128]

nach abgeschlossener Verbrennung sollen sich die Rauchgase miteinander vermischen und dann gemeinsam mit ausgeglichener Zusammensetzung und Temperatur in die Kesselzüge abziehen.

Die Gichtgasbrenner in Abb. 37 hat man im Strahlungsraum angeordnet, um die für das Schmelzen notwendigen hohen Flammentemperaturen im Schmelzraum nicht zu senken. Hier ist also der Wunsch nach optimalem Wärmeausgleich in einzelnen Heizflächenabschnitten vor den feuerungstechnischen Rücksichten zurückgetreten, obwohl sich bei alleiniger Gichtgasverfeuerung das Verhältnis von Berührungswärme zu Strahlungswärme stark vergrößert. Die große Wärmeabgabe in den Kesselzügen wird bei dem betreffenden Durchlaufkessel einerseits durch intensive Wassereinspritzung in den Heißdampf (wodurch ein Teil des Überhitzers zum Verdampfer wird), andererseits durch die zweckmäßige Gestaltung des Kesselendes abgefangen.

Das Schema des Kesselendes zeigt Abb. 301. Bei Kohlenverfeuerung ziehen die Abgase fast ausschließlich durch den mittleren Leerzug außer-

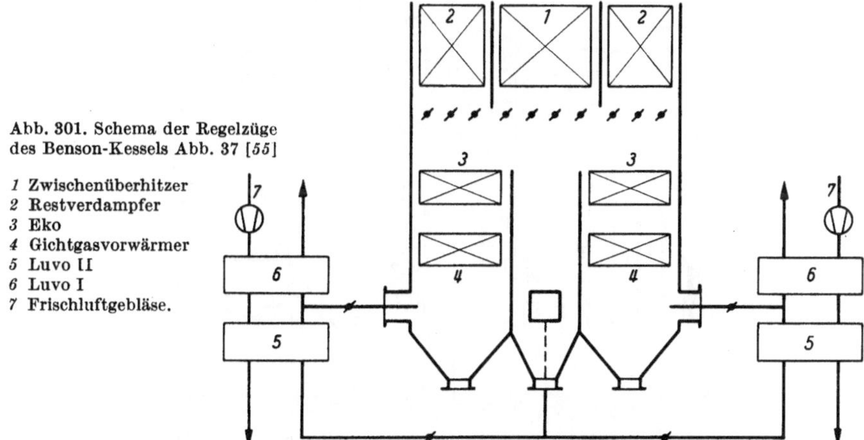

Abb. 301. Schema der Regelzüge des Benson-Kessels Abb. 37 [55]

1 Zwischenüberhitzer
2 Restverdampfer
3 Eko
4 Gichtgasvorwärmer
5 Luvo II
6 Luvo I
7 Frischluftgebläse.

halb des Eko direkt in die Luftvorwärmer. Wird dagegen das Gichtgas mit verfeuert, so läßt man die Abgase zum Teil in die seitlichen Züge einströmen, wo sich die erste Ekostufe sowie der Gasvorwärmer befinden. Dadurch sucht man die ausgeschaltete bzw. weniger beaufschlagte Heizfläche im Schmelzraum zu kompensieren und eine wirtschaftlich tragbare niedrige Abgastemperatur zu erzwingen. Die höhere Speisewassererwärmung im Eko wirkt außerdem der Verschiebung des Restverdampfungspunktes im Überhitzer entgegen.

Eine andere kombinierte Anlage zeigt Abb. 302 [61, 291]. Es handelt sich hier um einen Sulzer-Trockenkessel mit Einschmelzzyklon, in den man den in Entstaubern aufgefangenen, viel Flugkoks enthaltenden Staub aus der Trockenfeuerung zurückführt. Die volle Leistung des Kessels läßt sich mit dem Gichtgas allein erzielen, während der Kohlenstaub nur zur Deckung von 40% der Vollast ausreicht. Beim

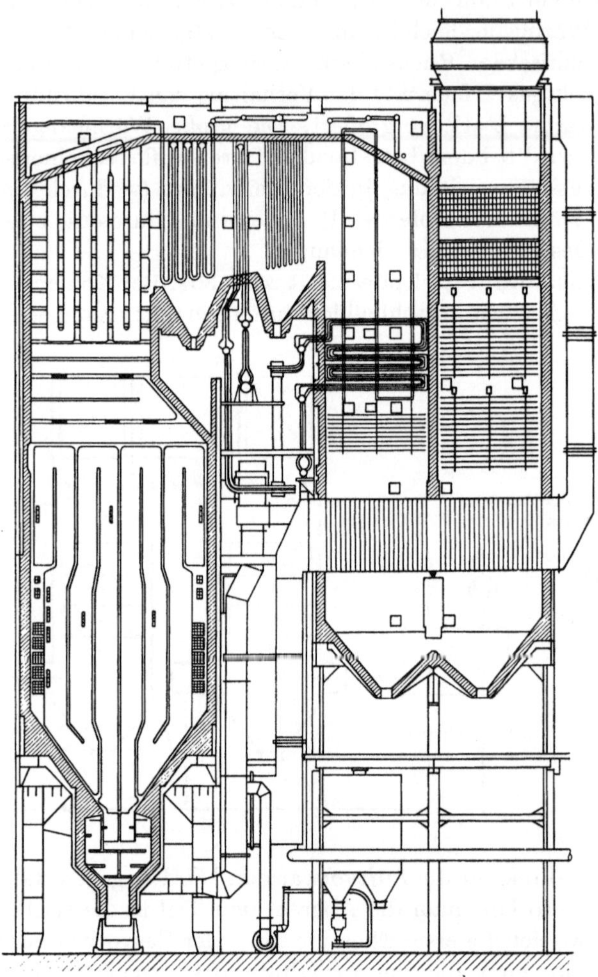

Abb. 302. Sulzer-Kessel für Kohle und Gichtgas (KSG) [*61, 291*].

Betrieb mit Gichtgas muß man allerdings die nichtleuchtende Flamme karburieren, da ihr Strahlungsvermögen gering ist. Die Karburierung erfolgt durch Zufuhr kleiner Mengen Kohlenstaubes in die Karburierbrenner unterhalb des Gasbrenners.

Um die Gesamtwärmeaufnahme im Überhitzer möglichst konstant zu machen, werden hier ein Strahlungs- und ein Berührungsüberhitzer in Serienschaltung verwendet, so daß sich beim Brennstoffwechsel lediglich die Verteilung der Wärmeaufnahme unter den einzelnen Überhitzerstufen verschieben soll. Feingeregelt wird die Heißdampftemperatur hier wieder mittels Einspritzung.

In den Ecken des Brennraums mit rechteckigem Querschnitt sind die Gas- und Staubbrenner übereinander angeordnet (Abb. 303), wobei die Gichtgasbrenner niedriger aufgestellt sind, wie es die weitere Abb. 304 zeigt. Hier

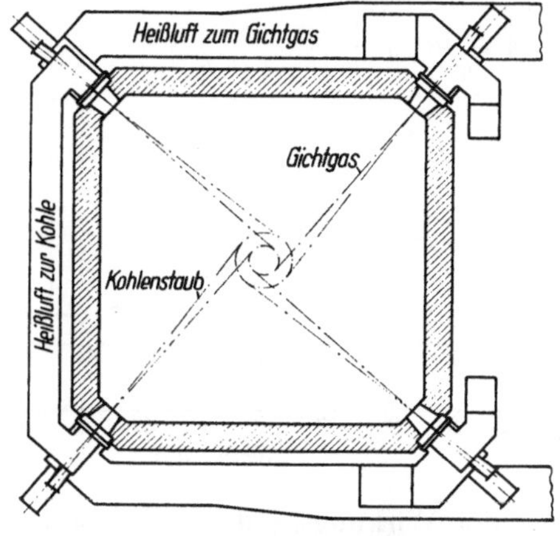

Abb. 303. Aufstellung der Eckenbrenner im oberen Feuerraum [61]

ist der gesamte Gichtgasanfall, der jeweils zur Verfügung steht, vorrangig zu verfeuern, so daß man mit der Kohle nur den zur Er-

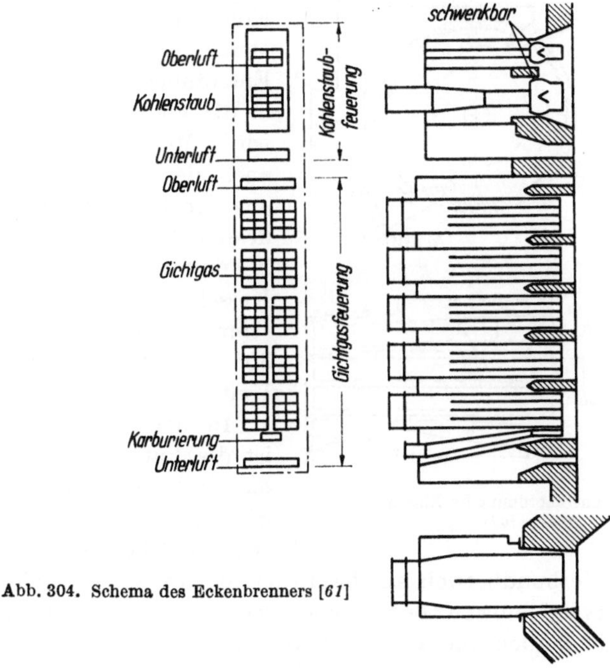

Abb. 304. Schema des Eckenbrenners [61]

reichung der geforderten Kesselleistung fehlenden Rest der Wärme
deckt. Diese Aufgabe ist nicht einfach, wie Abb. 305 [292] bestätigt, in

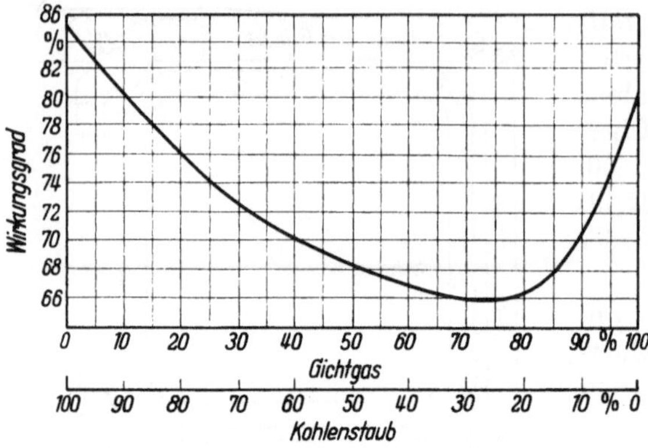

Abb. 305.
Kesselwirkungsgrad
bei gleichzeitiger Verfeuerung
von Kohle und Gichtgas in
einem Brennraum [292]

dem der Wirkungsgrad einer Feuerung bei gleichzeitiger Verfeuerung
von Kohlenstaub und Gichtgas aufgetragen ist und aus dem man sieht,
daß das Gichtgas die Kohlenstaubverbrennung verschlechtert, weshalb
die Abgase viel Flugkoks ent-
halten.

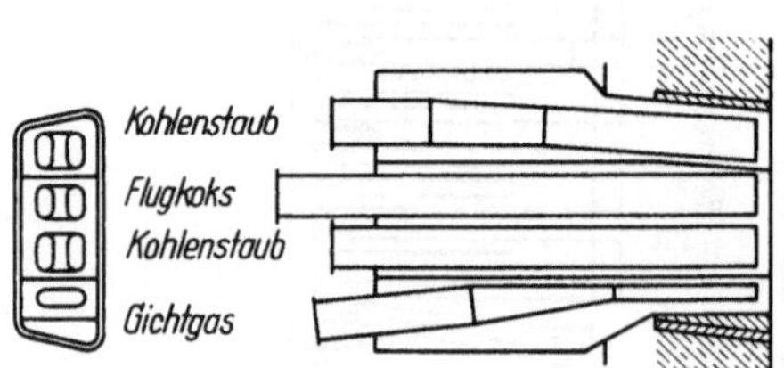

Abb. 306. Brenneranordnung im Einschmelzzyklon [61]

Die verfeuerte aschenreiche
Kohle produziert eine große
Menge an Flugasche, die in
Entstäubern aufgefangen und
in die Feuerung zurückgeführt
wird. Mit dieser Asche geht
auch der unverbrannte Koks
aus der Kohle in den Zyklon,
dessen Wärmeleistung rund ein
Zehntel der Wärmeleistung des
Kessels ausmacht. Der Einschmelzzyklon hat nach Abb.
306 zwei Brennergruppen am
Umfang.

In der früheren Abb. 247
ist die Luftverteilung auf die
einzelnen Brenner angedeutet.
Sie ist recht verwickelt und
zeigt, welche hohen Ansprüche
ein solcher Verbundbetrieb an die Regelung des Kessels stellt, die die
richtige Luftverteilung zu allen Brennern garantieren muß. Die Luft sowie
das Gichtgas werden am Kesselende durch die Abgase vorgewärmt.

Einen weiteren kombinierten Kessel mit Einschmelzzyklon zeigt Abb. 307. Auch hier sucht man die einzelnen Brennstoffe getrennt zu verfeuern [293]. Wie sich die Enthalpiezunahme in den einzelnen Wärmeaustauschflächen des Kessels beim Betrieb mit 100 % Kohle (schraffier-

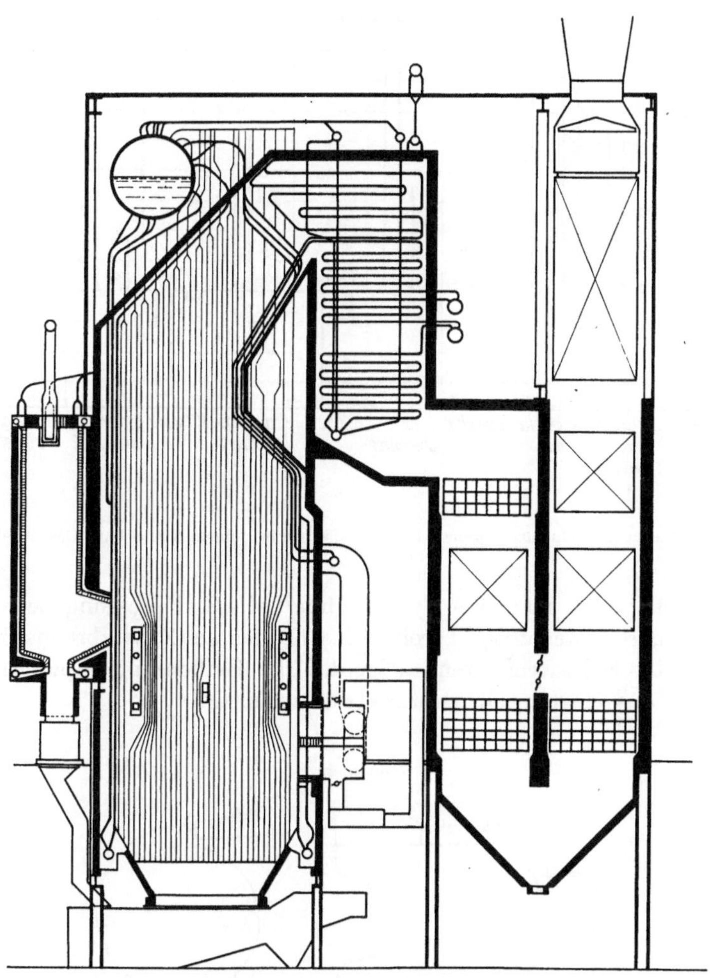

Abb. 307. Einschmelzzyklon und Gichtgasfeuerung (VKW) [293]

ten Säulen) bzw. 100 % Gichtgas (weiße Säulen) einstellt, sagt das Diagramm Abb. 308. Deutlich zeigt sich das Überwiegen der Wärmeaufnahme in den Berührungsheizflächen bei reinem Gasbetrieb.

Die früher oft erhobene Forderung, in den Hütten-Kraftwerken auch Koksgas zu verfeuern, kommt heute selten vor, da dieses hochwertige Gas anderweitig ökonomischer verwendet werden kann.

Das Schema eines horizontalen Zyklons mit Erdgaszusatzfeuerung
und mit Gaseinführung direkt in den Zyklon ist in Abb. 309 dargestellt.
Das Gas wird durch zwei offene Düsen in die Lufteintrittsöffnungen

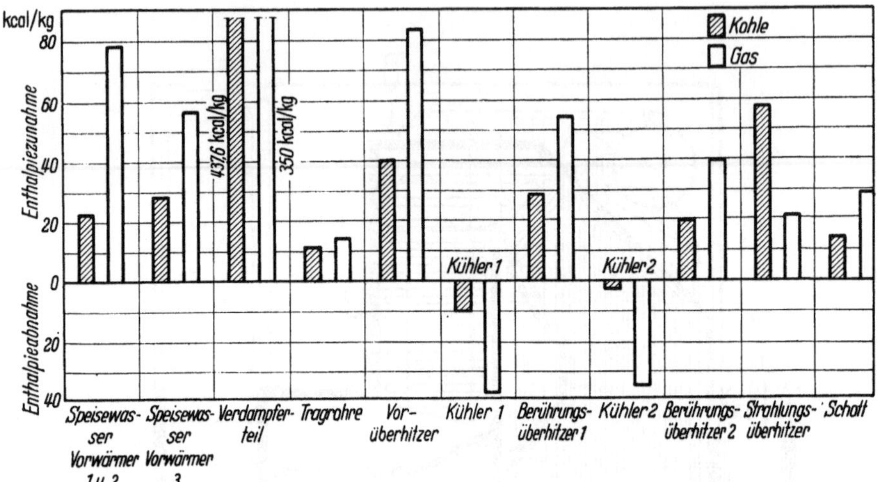

Abb. 308. Wärmeaufnahme der einzelnen Kesselheizflächen bei reinem Kohle- bzw. Gasbetrieb [293]

eingeführt, wobei man den Zyklon ohne hohe Luftpressung betreiben
kann. Feuerungstechnisch bereitet das Erdgas als Zusatzbrennstoff zu
Kohle keine Schwierigkeiten, außer daß die Heißdampftemperatur bei
zu knapp ausgelegtem Überhitzer etwas absinkt.

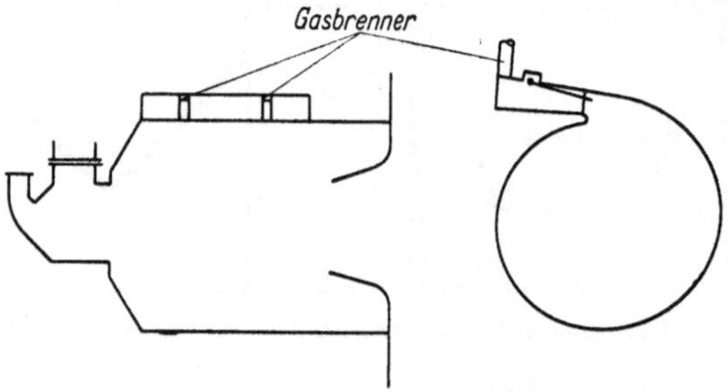

Abb. 309. Aufstellung der Brenner im Zyklon bei Erdgasverfeuerung [162]

Nachwort

Den Trend in der Zunahme des Weltenergieverbrauches je Einwohner unserer Erde zeigt die Abb. 310 [*296*]. Danach wird der Verbrauch auch künftig seinen progressiven Charakter behaupten; denn nur so läßt sich für alle Einwohner unseres Planeten eine ausreichende Menge an Verbrauchsgütern herstellen und ihr dauernd ansteigender Lebensstandard in allen Ländern befriedigen.

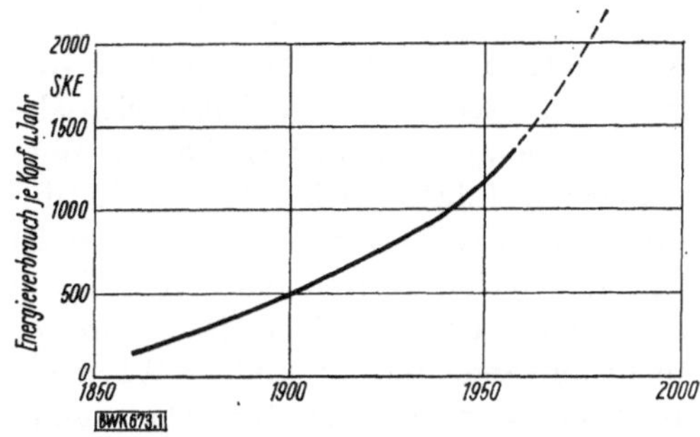

Abb. 310. Zunahme des Welt-
energieverbrauchs je Einwohner
unserer Erde [*290*]

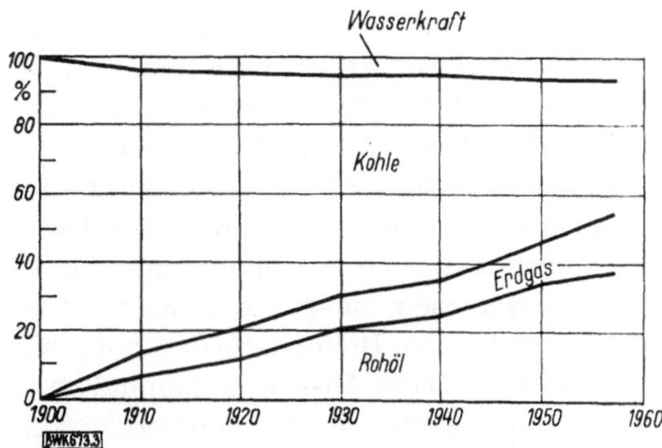

Abb. 311. Trend der Aufteilung
des Verbrauchs einzelner Primärenergieträger [*290*]

Für die Zukunft ist bei den Feuerungen in immer steigendem Maße mit Verstromung von Öl und Erdgas zu rechnen, wie es Kurven in Abb. 311 erkennen lassen. Selbst wenn laut S. 14 die Weltvorräte an Primärenergieträgern vorwiegend aus festen Brennstoffen bestehen, wird der steigende Anteil der Energieerzeugung aus flüssigen und gasförmigen Brennstoffen durch ihre leichte Förderung und Transportierbarkeit ökonomisch erzwungen. Ob in weiterer Zukunft der Anteil der festen Brennstoffe seine derzeitige Höhe wieder erreichen wird, hängt nicht nur von der weiteren Entwicklung der Atomkraftwerke, insbesondere ihrer Wirtschaftlichkeit ab, sondern auch vom Verbrauch der Kohle als Rohstoff in der Chemie und Metallurgie, der über die Aufteilung der Primärenergieträger in der Weltwirtschaft mit entscheidet. In Deutschland ist im bejahenden Falle damit zu rechnen, daß wieder mehr und mehr gute Kohle verfeuert wird, da die Abfallkohlen verhältnismäßig knapp sind.

Nach unseren heutigen Kenntnissen und Erfahrungen (Abb. 9) wird die Größe der in den Kraftwerken aufgestellten Einheiten weiter zunehmen. Bei den meisten Turbinenfirmen von Weltruf sind schon heute, im Jahr 1961, Turbineneinheiten bis zu Leistungen von 800 bis 1000 MW in Mehrwellenausführung durchkonstruiert und für einen eventuellen Geschäftsfall vorbereitet. Auch die führenden Kesselfabriken beschäftigen sich heute schon mit Dampferzeugern von 2000 bis 3000 t/h Leistung.

In den meisten Fällen handelt es sich allerdings um mehrere gleiche Kesseleinheiten, die zu einer Einheit zusammengebaut sind, wie man es am früher angeführten Beispiel des 1700 t/h-Kessels nach Abb. 281 sah, da eine qualitativ ganz neue Lösung des Riesenkessels noch aussteht. Die Gründe dafür dürften nach Durchlesen dieses Buches klar sein; denn selbst mit der in kleinem Raum konzentrierten Verbrennung sind wir nicht imstande, die entbundene Wärme mit ausreichender Intensität an die Feuerraumwände zu übergeben, und die Verkleinerung des umbauten Kesselhausraumes wird lediglich durch Verbesserung des Formfaktors erzielt. Soll sich allerdings die Dampfkraft auch in der Zukunft für die größten Blöcke lebensfähig zeigen, so ist schon heute nicht nur der Formgestaltung der Feuerung die größte Aufmerksamkeit zu widmen, sondern man muß auch neue Wege suchen, den Wärmefluß durch die Feuerraumwände wirtschaftlich zu intensivieren.

Oft hört man die Behauptung, daß die heutigen Anstrengungen, die Feuerungen weiter zu vervollkommnen und die Feuerungstechnik noch tiefer zu erforschen, zu spät komme, da in absehbarer Zeit an Stelle der organischen fossilen Brennstoffe die anorganischen nuklearen Brennstoffe treten werden. Diese Ansicht ist zumindest verfrüht, da die Konkurrenz der Kernbrennstoffe als Primärenergieträger den organischen Brennstoffen nicht unmittelbar in solchem Maße droht. Außerdem wird die Feuerung durch jede Vervollkommnung vielseitiger und konkurrenzfähiger, und dies macht ihre Verdrängung aus der Krafterzeugung weniger akut. Auch wegen der heute an vielen Stellen neu entdeckten Vorräte an fossilen Brennstoffen ist es wenig wahrscheinlich, daß man von ihrer Verstromung in absehbarer Zeit abgehen wird.

Anderseits ist es verständlich, daß die Technik heute neue Wege sucht, die Umwandlung der im fossilen Brennstoff enthaltenen chemischen Energie in die elektrische zu vereinfachen und dadurch die Schwierigkeiten zu umgehen, die noch der Vergrößerung der Dampferzeuger im Wege stehen. Neben der direkten Umwandlung der chemischen in elektrische Energie, z. B. in Brennstoffzellen, ist auch die Umwandlung der kalorischen Energie in elektrische von Bedeutung, was allerdings das künftige Bestehen der Großfeuerungen und ihre weitere Entwicklung zur Voraussetzung hat. Als Beispiel ist hier die Stromerzeugung auf hydromagnetischem Wege zu erwähnen, die in letzter Zeit in USA intensiv durchforscht wird und deren Aussichten versprechend sind [297].

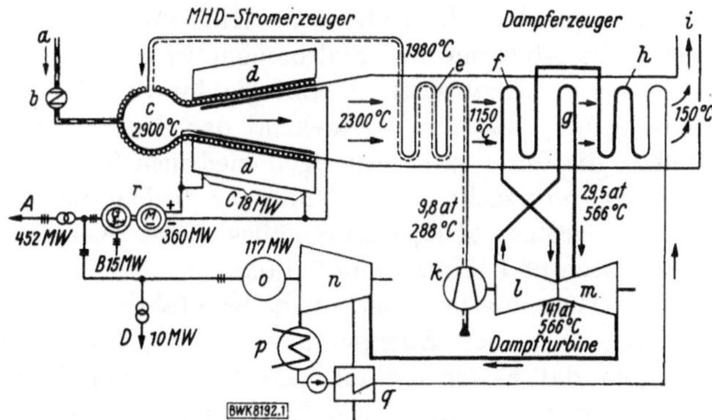

Abb. 312. Schema einer magnetohydrodynamischen Stromerzeugungsanlage von 450 MW für offenen Prozeß mit Kohlenstaubfeuerung [291]

a Kohle vom Bunker	f Dampfüberhitzer	m MD-Turbine
b Kohlezuteiler	g Zwischenüberhitzer	n ND-Turbine
c Brennkammer	h Verdampfer	o Stromerzeuger
d Magnetwicklung des	i zum Schornstein	p Kondensator
MHD-Generators	k Verdichter	q ND-Speisewasservorwärmer
e Lufterhitzer	l HD-Turbine	r Umformer

A Abgabeleistung 425 MW
B Umformverluste 15 MW
C Aufnahmeleistung des Magnetfeldes 18 MW
D Eigenbedarf des Dampfteils 10 MW.

Vorausgesetzt, daß die Möglichkeit, hohe Temperaturen von 2000 bis 3000° C zu schaffen, besteht, soll sich bei den hydromagnetischen Anlagen nach dem Schema Abb. 312 der größte Teil der Energieumwandlung bei hohen Temperaturen abspielen. Die durch Verfeuerung von Kohlenstaub gewonnenen Rauchgase werden in solcher Hitze durch Abspaltung von äußeren Elektronen aus ihren Atomen ionisiert und elektrisch leitend, wobei zugesetzte Spuren an Kalium die Leitfähigkeit der Metalldämpfe noch verbessern sollen. Die Verbrennung soll sich unter Druck abspielen, und die Rauchgase sollen vom Brennraum mit hoher Geschwindigkeit abströmen. Die den Feuerraum umgebende

22*

Wicklung soll in ihm ein elektromagnetisches Feld erzeugen, das in dem sich bewegenden Rauchgasionenstrom die Elektrizität induziert. Dabei soll eine teilweise Abkühlung und Neutralisation der Ionen stattfinden.

Der entstandene Gleichstrom wird durch feste Elektroden abgeleitet und im Umformer zu Drehstrom umgewandelt. Die in den Rauchgasen noch übrigbleibende Wärme wird in einem nachgeschalteten Dampfkreis und für die Luftvorwärmung ausgenutzt. Man rechnet, daß man hier drei Viertel der Energie auf hydromagnetischem Wege und ein Viertel im Dampfkreis gewinnen wird, während der Gesamtwirkungsgrad der Anlage 55 % betragen soll, was einen spezifischen Verbrauch von weniger als 1600 kcal/kWh bedeutet.

Es ändert sich bei diesem Verfahren die Natur der Stromerzeugung, indem der Dampfkreis hier die Rolle einer Hilfseinrichtung zu spielen beginnt, welche die Abwärme des hydromagnetischen Stromerzeugers ausnutzt und seinen Eigenbedarf an Energie für die Hilfsmaschinen deckt. Man reduziert außerdem weitgehend das Ausmaß der exergetischen Verluste, die durch den bisherigen niedrigen Temperaturpegel des Dampfkreises verursacht waren und eine bedeutende Entropiezunahme infolge großen Temperaturgefälles beim Wärmeaustausch zwischen Rauchgasen und Dampf veranlaßten.

Dieser in der Theorie schon fast ein halbes Jahrhundert bekannte hydromagnetische Weg der Energieumwandlung ist heute dadurch gangbar geworden, daß es der Technik gelungen ist, viele bisher unlösbare Probleme zu meistern. An diesen Erfolgen ist zweifellos auch die bisherige Feuerungstechnik beteiligt, da ihre Entwicklung in den Bereich immer höherer Verbrennungstemperaturen führte und es ermöglichte, die Erscheinungen zu beobachten, die sich bei Temperaturen dicht unter 2000° C abspielen. Man hat diese Phänomene nicht nur äußerlich kennengelernt, sondern die Wissenschaft hat hier auch einen Einblick in die inneren Zusammenhänge geschaffen und die zur Erklärung der Erscheinungen notwendigen Theorien aufgestellt.

Die geschilderte Methode der hydromagnetischen Stromerzeugung bedeutet einen großen Schritt vorwärts. Natürlich bringt sie eine ganze Reihe neuer Probleme mit sich, die zumindest so schwierig sind wie die Intensivierung des Wärmeüberganges auf der Rauchgasseite des Dampferzeugers und deren Lösung sowohl für Dampfanlagen, wie auch für hydromagnetische Stromerzeuger nutzbringend wäre. So verlangt z. B. der Übergang in das Temperaturgebiet um 3000° C zur Verstromung fossiler Brennstoffe die Beherrschung der Sublimationsfrage von Mineralsubstanzen und die Meisterung ihrer nachfolgenden Kondensation an den nachgeschalteten Wärmeaustauschflächen. Neue Ideen verlangt auch die vorausgesetzte Lufterwärmung bis auf fast 2000° C, die wegen der den Temperaturanstieg bremsenden Dissoziation zur Schaffung höchster Temperaturen unbedingt notwendig ist. Ohne Streit würde erfolgreiche Lösung dieser angeworfenen Fragen auch im Kesselbau befruchtend wirken.

Große Mühe wird auch das Unschädlichmachen der Verbrennungsprodukte des Schwefels verlangen. Daß man heute mit Schornsteinhöhen über 200 Meter ernst zu rechnen beginnt, ist bekannt [*303, 304*]. Die wachsenden Kraftwerksgrößen und der erhöhte Schwefelgehalt mancher heutiger organischer Brennstoffe bedeuten eine ungeheure Belastung der Atmosphäre in Kraftwerksnähe mit SO_2 bzw. SO_3; das einfache Zerstreuen dieser Gase durch noch höhere Schornsteine wird auf die Dauer kaum ausreichen. Die Aufgabe der direkten Beseitigung des Schwefels aus dem Brennstoff ist mit Ausnahme von Erdgas noch nicht gelöst.

Die Schwierigkeit der aufgeworfenen Fragen und die dauernd steigende Zahl der durch Forschung neu entdeckten Möglichkeiten führen dazu, daß sich im Feuerungsbau immer mehr eine Gemeinschaftsarbeit durchsetzt, die sich schon über die Grenzen der Staaten ausgedehnt hat. Nur so kann man einen genügend raschen Informationsaustausch sichern und die Forschung mit der notwendigen Geschwindigkeit vorantreiben.

Literaturverzeichnis

[1] Wärmetechnische Entwicklung der Dampferzeuger seit 1900, BWK 1959, H. 1, S. 29.

[2] SUMMERS: Central Station Control-Today and Tomorow, Combustion 30, (1958), H. 1, S. 34—35.

[3] RICHTER: Der Stand der Dampferzeugertechnik, VGB 1957, H. 48, S. 151 bis 160.

[4] Luftverunreinigungen durch Rauchgase aus Dampfkesselanlagen, Mitt. VGB 1955, H. 34/35, S. 455—566.

[5] KIRCHMAIER, MELLOR: Economic Choise of Generator Unit Size, Trans. ASME 80, (1958), H. 5, S. 1015—1026.

[6] KIRCHMAIER ET ALT: An Investigation of the Economic Size of Steam Electric Generating Units, Combustion 26, (1955), H. 8, S. 57—64.

[7] BOOTH, DORE: The Development of Large Electricity Generating Units, Conferencia Mundial de la Energia, Madrid 1960, Bericht Nr. II A_1/7.

[8] KOPJEJEW: Entwicklung von Kondensationskraftwerken in großen Verbundnetzen bei hohem Dampfzustand (russisch), Teploenergetika 1959, H. 4, S. 3—11.

[9] MOLOKANOW: Aussichten der Großkessel für überkritischem Dampfzustand in Blockschaltung (russisch), Teploenergetika 1958, H. 9, S. 3—8.

[10] OJWIN: Planung der Hauptbestandteile der Dampferzeugungs- sowie Maschinenausstattung eines 240 ata/580° C Kraftwerkes (russisch), Teploenergetika 1959, H. 4, S. 20—27.

[11] TJURIN: Die wesentlichen Fragen der Weiterentwicklung der Wärmekraftwerke (russisch), Teploenergetika 1959, H. 5, S. 8—16.

[12] Thorpe Marsh 580 MW Reheat Boiler, Steam Engineer 28, (1959), H. 327, S. 117—120.

[13] SCHRÖDER: Der Dampferzeuger im Rahmen der Kraftwerksentwicklung, Mitt. VGB 1955, H. 39, S. 805—826.

[14] NISTLER: Erfahrungen beim Anfahren und Betrieb von Hochdruck-Blockkraftwerken, Techn. Mitt. 1958, H. 6, S. 237—243.

[15] QUACK: Der leistungsgeregelte Kessel in der Verbundswirtschaft, Techn. Mitt. 1957, H. 5, S. 189—193.

[16] PAHL: Zulässige Last- und Temperaturänderungen bei Dampfturbinen, BWK 1957, H. 11, S. 541—547.

[17] QUACK: Die selbsttätige Regelung von Dampferzeugeranlagen, Mitt. VGB 1959, H. 58, S. 1—11.

[18] HEGEMANN: Aufgaben der Planung und Auslegung für zukünftige Anlagen, Techn. Mitt. 1959, H. 5, S. 159—169.

[19] SCHRÖDER: Die Regelbarkeit des Benson-Kessels, Mitt. VGB 1956, H. 43, S. 235—240.

[20] FRENSCH: Regelung des 300 t/h-Benson-Kessels, Mitt. VGB 1957, H. 43, S. 253—258.

[*21*] Profos: Dynamics of Boiler-Control, Combustion 28, (1957), H. 9, S. 34—44.

[*22*] Halle: Lastabhängige Regelung eines Kraftwerksblockes mit Benson-Kessel, Techn. Mitt. 1959, H. 5, S. 181—189.

[*23*] Aus der Weltenergieerzeugung, Arch. f. Energiewirtsch. 1959, H. 6, S. 211 bis 214.

[*24*] Dangl: Ziele und derzeitige Grenzen für den Hochdruck-Dampfbetrieb, Mitt. VGB 1954, H. 31, S. 265—278.

[*25*] Jahrestagung der Vereinigung Deutscher Elektrizitätswerke im Zeichen des 75 jährigen Jubiläums der öffentlichen Stromversorgung, BWK 1959, H. 7, S. 325—328.

[*26*] Styrikowitsch, Katkowskaja, Serow: Dampferzeuger (russisch), Moskau: Gosenergoisdat 1959.

[*27*] Schmidt: Thermodynamik, 8. Aufl. Berlin/Göttingen/Heidelberg: Springer 1960.

[*28*] Putnam, Ungar: Basic Principles of Combustion-Model Research, Trans. ASME Serie A, Journ. Engin. Power, 81, (1959), H. 4, S. 383—388.

[*29*] Noetzlin: Temperatur- und Verbrennungsverlauf im Feuerraum eines Schmelztrichterkessels, Mitt. VGB 1953, H. 22, S. 300—320.

[*30*] Babcock-Handbuch: Dampf, Privatdruck Deutscher Babcockwerke AG, Oberhausen 1957.

[*31*] Jantscha: Probleme im neuzeitlichen Kesselbau, Mitt. VGB 1949, H. 5, S. 1—10.

[*32*] Grasme: Stand der Entwicklung von Feuerungen mit flüssigem Schlacken-abzug in der Bundesrepublik Deutschland, Fünfte Weltkraftkonferenz in Wien 1956, Bericht Nr. 205 G_2/12.

[*33*] Hansen: Be- und Entlüftung von Dampfkraftanlagen, Mitt. VGB 1957, H. 50, S. 310—316.

[*34*] Tigges, Karlson: Lower Flue-Gas Exit Temperatures Through Removal of Solids Ahead of Air-Preheater, Trans. ASME 78, (1956), H. 2, S. 305—316.

[*35*] Harlow: Engineering the Eddystone Plant for 5000 Lb, 1200 Deg-Steam, Trans. ASME 79, (1957), H. 6, S. 1410—1430.

[*36*] Arnow: Eddystone Supercritical Heat Cycle Incorporates Stack Gas Heat, Combustion 28, (1957), H. 10, S. 34—38.

[*37*] Gumz: Forschungsaufgaben und Entwicklungsansätze im Feuerungsbau, Mitt. VGB 1958, H. 54, S. 180—197.

[*38*] Rosahl: Erfahrungen bei der Verbrennung von schweren Heizölen in Dampfkesselanlagen, Mitt. VGB 1957, H. 46, S. 13—27.

[*39*] Bouttes: Aspects techniques de la combustion des charbons cendreux et intêret de l'utilisation de ces combustibles en fonction des conditions économiques, Conferencia Mundial de la Energia Madrid 1960, Bericht II A_1/12.

[*40*] Lenkewitz: Probleme der Braunkohlenfeuerungen, Mitt. VGB 1957, H. 51, S. 386—404.

[*41*] Doležal: Schmelzfeuerungen. Theorie, Bau und Betrieb, VEB Verlag Technik, 1954.

[*42*] Rosahl: Einflüsse des Einbindungsgrades, der Staubrückführung und der Entstaubung auf den Staubaustrag, Mitt. VGB 1953, H. 23, S. 350—363.

[*43*] Schäff: Aschenumlauf und Aschenabscheidung bei Kesselanlagen, Mitt. VGB 1953, H. 23, S. 364—374.

[*44*] Stone, Wade: Operating Experience with Cyclone-Fired Steam-Generators, Mech. Engng. 56, (1952), H. 5, S. 359—368.

[45] MACKOWSKI: Das Verhalten der Kohlenmineralien bei hohen Verbrennungstemperaturen unter Berücksichtigung langsamer und schneller Aufheizung, Mitt. VGB 1955, H. 38, S. 746—752.

[46] DOLEŽAL: Die Entwicklung der Schmelzkammerkessel in der tschechoslowakischen Republik nach dem Jahre 1945, Energietechnik 1955, H. 6, S. 250—256.

[47] GEISSLER: Die Eignung in- und ausländischer Brennstoffe für den Betrieb von Schmelzfeuerungen, Energie 1959, H. 11, S. 526—534.

[48] DOLEŽAL: Vor- und Nachteile der Schmelzfeuerungen und der Trockenfeuerungen, Mitt. VGB 1957, H. 49, S. 223—233.

[49] KNORRE: Vorgänge in Feuerungen (russisch), Moskau: Gosenergoisdat 1959.

[50] Aufsätze über Zyklonfeuerung in den Mitt. VGB 1955, H. 36.

[51] Zyklonfeuerungen, Sammelwerk (russisch), Moskau: Gosenergoisdat 1958.

[52] Untersuchungen über Vorgänge in Feuerungen, Sammelwerk, (russisch) Moskau: Maschgis 1958.

[53] MUFFEY: Bedeutung und Anteil der Öle in der Energiewirtschaft, Techn. Mitt. 1958, H. 7, S. 273—277.

[54] Arrangement for Burning Low-Grade Fuel and Different Kinds of Fuels in a Boiler, Conferencia Mundial de la Energia Madrid 1960, Bericht II A_1/10.

[55] MEYER: Dampfkessel für mehrere Brennstoffe, BBC-Nachrichten 1959, H. 10/11, S. 388—403.

[56] LOCHMANN: Das Kraftwerk Santa Barbara in Italien, BBC-Nachrichten 41, (1959), H. 10/11, S. 475—500.

[57] LANG: Dampfüberhitzung und CO_2-Gehalt bei Übergang von Kohle auf Heizöl, BWK 1952, H. 2, S. 51—53.

[58] ROSAHL: Ölfeuerungen für Dampfkessel, Techn. Mitt. 1958, H. 7, S. 326—336.

[59] KOWALEW, LELEJEW: Kleinräumiger Großleistungskessel für Erdgasverfeuerung (russisch), Energomaschinostrojenije 1959, H. 1, S. 9—15.

[60] KORNJEJEN, DROBOT: Kombinierte Dampf-Gas-Kraftanlage mit 175 bis 200 MW Leistung und mit Überdruck-Dampferzeugern (russisch), Energomaschinostrojenije 1960, H. 1, S. 17—21.

[61] GEISSLER: Dampfkesselanlagen für die gleichzeitige oder wahlweise Verfeuerung unterschiedlicher Brennstoffe, Energie 1956, H. 11, S. 480—490.

[62] GLÖCKNER: Zyklonkessel mit Gichtgas-Brennkammer, Mitt. VGB 1958, H. 53, S. 80—85.

[63] PARSCHIN, RESNIK, CHAPKIN: Ein Großleistungskessel in Freiluftbauweise mit kombinierter Ölgasfeuerung, (russisch), Energomaschinostrojenije 1960, H. 1, S. 11—16.

[64] GUMZ: Betriebs-Erfahrungen mit Luftvorwärmern, Mitt. VGB 1956, H. 44, S. 325—342.

[65] BLOMQVIST: Rauchgasseitige Korrosionsprobleme bei Dampfkesseln mit Ölfeuerung (schwedisch), Akad. Tekn. Videnskaber 1952—1953, S. 131—150.

[66] Fachheft Strömung und Verbrennung, BWK 1958, H. 6.

[67] KNORRE: Charakter der Mikrovorgänge bei Verbrennung fester Brennstoffe (russisch), Teploenergetika 1957, H. 11, S. 52—59.

[68] GUMZ: Kurzes Handbuch der Brennstoff- und Feuerungstechnik, 2. Aufl., Berlin/Göttingen/Heidelberg: Springer 1948.

[69] ZINZEN: Dampfkessel und Feuerungen, Berlin/Göttingen/Heidelberg: Springer 1957.

[70] CAUTIUS: Zwei Jahre Entwicklungsarbeit am Zyklon, Mitt. VGB 1952, H. 21, S. 234—237.

[71] FRITSCH: Mischkennzahlen der Feuerräume ölgefeuerter Dampfkessel, Energie 1957, H. 4, S. 117—125.

[72] ULLRICH: Strömungsvorgänge in Drallbrennern mit regelbarem Drall und bei rotationssymmetrischen Freistrahlen, BWK 1960, H. 3, S. 114—117.

[73] ROSAHL: Strömung, Zündung und Verbrennung, ZVDI 1951, H. 2, S. 25—36.

[74] JUNG: Probleme der Staub- und Luftverteilung in Kohlenstaubbrennern, Mitt. VGB 1959, H. 62, S. 371—382.

[75] BACHMAIR: Einfluß der Brennerkonstruktion auf die Feuerführung, Mitt. VGB 1960, H. 64, S. 1—12.

[76] FRITSCH: Dimensionslose Kennzahlen der Gemischbildung in Brennkammern, Energie 1958, H. 5, S. 185—192 und 1958, H. 8, S. 317—323.

[77] CHESTERS: The Aerodynamic Approach to Furnace Design, Trans. ASME, Series A, Journ. Engng. Power 81, (1959), H. 4, S. 361—369.

[78] CURTISS, JOHNSON: Use of Flow Models for Boiler-Furnace Design, Trans. ASME Series A, Journ. Engng. Power, 81, (1959), H. 4, S. 371—379.

[79] DAVID, POUGH: Influence of Hydrogen and Water Vapour upon the Combustion of Carbon Monoxyd Mixtures, Nature, London 140, (1937), No. 3556, S. 1089.

[80] GUMZ: Nasse Verbrennung, Mitt. VGB 1954, H. 31, S. 279—297.

[81] Wärmetechnische Berechnung von Dampfkesselanlagen Genormte Methode (russisch), Moskau: Gosenergoisdat 1957.

[82] DE GALOSZY: Hochtemperaturtechnik, Techn. Mitt. 1958, H. 6, S. 263—269.

[83] BRANDT: Die Dampf-Luftvorwärmung im Kesselhaus, Mitt. VGB 1951, H. 15, S. 330—334.

[84] GUMZ, KIRSCH, MACKOWSKI: Schlackenkunde, Berlin/Göttingen/Heidelberg: Springer, 1958.

[85] HANSEN: Heizöl-Handbuch für Industriefeuerungen, Berlin/Göttingen/Heidelberg: Springer, 1959.

[86] GUMZ: Die Vorgänge in Feuerungen bei hohen Temperaturen, Mitt. VGB 1955, H. 38, S. 733—746.

[87] GUMZ: Heizflächen-Verschmutzungen als Funktion der Brennstoff-, Aschen-, Feuerungs- und Kesselcharakteristik, Mitt. VGB 1954, H. 27, S. 1—24.

[88] GUMZ: Asche und Schlacke, BWK 1959, H. 4, S. 178—179.

[89] KIRSCH, MACKOWSKI, OBELODE-DÖNHOFF: Ursachen der Heizflächenverschmutzung, Mitt. VGB 1958, H. 56, S. 320—329.

[90] KIRSCH, PRUSS: Mineralogische und physikalisch-chemische Untersuchungen an Ölschlacken, Mitt. VGB 1958, H. 56, S. 329—338.

[91] NICOLLS, REID: Viscosity of Coal Ash Slags, Trans. ASME 62, (1940), S. 141—153.

[92] REID, COHEN: The Flow Charakteristics of Coal-Ash Slags in the Solidification Range, Furnace Performance Factors, Sonderabdruck Trans. ASME 66, (1944).

[93] GUMZ: Hoch- und Tieftemperaturkorrosionen in Kesselanlagen, Mitt. VGB 1958, H. 56, S. 305—318.

[94] GUMZ: Brennstoffschwefel und Rauchgastaupunkt, BWK 1957, H. 3, S. 118—125.

[95] BACHMAIR: Rohrabzehrungen bei Schmelzfeuerung, Mitt. VGB 1958, H. 54, S. 146—153.

[96] BENDTFELDT: Erfahrungen über Korrosionen und Erosionen bei Schmelzfeuerungen, Mitt. VGB 1960, H. 65, S. 117—125.

[97] HAASE, REHSE; Ermittlung der Taupunkte von Rauchgasen aus dem Verdampfungsgleichgewicht des Systems Wasser—Schwefelsäure, Mitt. VGB 1959, H. 62, S. 367—371.

[98] HOFFMANN: Ursachen und Verhinderung von Tieftemperaturkorrosionen an Nachschaltheizflächen, Mitt. VGB 1957, H. 46, S. 47—52.

[99] WEBER: Zur Frage der Tieftemperatur-Korrosion an ölgefeuerten Dampfkesseln, Mitt. VGB 1957, H. 65, S. 69—78.

[100] KIREJEW: Kurs der physikalischen Chemie (russisch), Moskau: Goschimisdat 1951.

[101] STRATTMANN: Schwefelbilanz-Untersuchungen bei Steinkohlen- und Braunkohlenfeuerungen, Mitt. VGB 1958, H. 52, S. 23—30.

[102] JOHNSTONES: The Corrosion of Power Plant Equipment by Flue Gases, Univ. Illinois Bull. 28, (1931), Nr. 41.

[103] RYLANDS, JENKINSON: The Corrosion of Heating Surfaces in Boiler Plant, Proc. Inst. Mech. Eng. 158, (1948), H. 4, S. 405—425.

[104] HANSEN: Die Vor- und Nachteile der Ölfeuerung für Dampfkesselanlagen, Mitt. VGB 1947, H. 46, S. 61—66.

[105] v. WEIHE: Erfahrungen mit neuen Zyklonkesseln im Kraftwerk Düsseldorf, Mitt. VGB 1955, H. 36, S. 574—579.

[106] DYBOWSKIJ, NASARENKO: Ergebnisse der Forschung an Regenerativ-Luftvorwärmern (russisch), Energomaschinostrojenije 1959, H. 4, S. 1—6.

[107] WICKERT: Die Verhinderung der Schwefelsäure-Taupunktkorrosionen durch Tetramin, Energie 1959, H. 8, S. 344—350.

[108] REID, COHEN: External Corrosions of Furnace Tubes, Trans. ASME 67, (1945), S. 279—302 und Trans. ASME 71, (1949), S. 951—963.

[109] WICKERT: Chemische Umsetzungen im Feuerraum des Schmelzkammerkessels, BWK 1957, H. 3, S. 105—118.

[110] PRACHT: Besondere Probleme aus der Praxis moderner Schmelz- und Zyklonfeuerungen, Energie 1955, H. 9, S. 323—327.

[111] OLDENBURG: Eigenschaften und Beurteilung der Analysendaten von Heizölen, Techn. Mitt. 1958, H. 7, S. 303—307.

[112] HOUDREMONT: Handbuch der Sonderstahlkunde, Berlin/Göttingen/Heidelberg: Springer, 1956.

[113] ULLRICH: Erfahrungen mit Dolomit als Additiv im Ölfeuerungsbetrieb von Dampfkesseln, Energie 1959, H. 10, S. 474—476.

[114] VGB: Kesselbetrieb, Essen: Vulkan Verlag Dr. W. Classen, 1953.

[115] Erfahrungen mit Braunkohlenfeuerungen, Mitt. VGB 1959, H. 59, S. 67—125.

[116] ROMADIN: Kohlenstaubherstellung (russisch), Moskau: Gosenergoisdat 1953.

[117] BOSSE: Die Explosion in der Mahlanlage Zeitz-Tröglitz, Mitt. VGB 1949, H. 8, S. 39—42.

[118] BRUNZEL: Die Gefahren des Kohlenstaubes, Mitt. VGB 1956, H. 42, S. 179 bis 201.

[119] SCHÖNING: Erfahrungen mit Kohlenmahlanlagen als Beitrag zur Sicherheitsfrage, Mitt. VGB 1956, H. 43, S. 298—302.

[120] STÖLZING: Erfahrungen mit 2 Doppelzyklonkesseln der Kraftwerke Mainz-Wiesbaden AG, Mitt. VGB 1955, H. 37, S. 655—659.

[121] Feuerungen mit flüssigem Schlackenabzug, Sammelwerk (russisch), Moskau: Gosenergoisdat 1951.

[122] LENKEWITZ: Braunkohlenfeuerungen, BWK 1959, H. 4, S. 173—175.

[123] LENKEWITZ: Die Entwicklung der staubgefeuerten Braunkohlenkessel, Techn. Mitt. 1956, H. 2, S. 50—57.

[124] REICH: Der Entwicklungsstand von Schläger- und Schlagradmühlen für Rohbraunkohle, Energietechnik 1956, H. 6, S. 311—320.

[125] HEMMENWAY: Some Design Factors Relating to Performance and Operation of Reheat Boilers, Trans. ASME 74, (1952), S. 537—544.

[126] STANGE: Neue Erfahrungen mit Steinkohlen-Trockenfeuerungen und Gründe für die Anwendung dieser Feuerungsart, Mitt. VGB 1957, H. 51, S. 405—412.

[*127*] Huber: Betriebsergebnisse eines mit Braunkohle befeuerten Zyklonkessels in einem österreichischen Kraftwerk, Energie 1955, H. 5, S. 157—161.

[*128*] Jauer: Betriebserfahrungen mit einem Braunkohlen-Zyklonkessel, Mitt. VGB 1958, H. 53, S. 121—131.

[*129*] Marguerre: Die Anlagen des neuen Werkes II im Großkraftwerk Mannheim, Z. VDI, 1954, H. 15/16, S. 457—464.

[*130*] Lebedjew: Kohlenstaubherstellung in Kraftwerken (russisch), Moskau: Gosenergoisdat 1948.

[*131*] Doležal: Betriebserfahrungen mit einem Schmelzkessel für nordböhmische Braunkohle, Energietechnik 1959, H. 5, S. 216—221.

[*132*] Kendys: Utilisation of Low-Grade Moist Brown Coals in Steam Power Plants. Capacity from 20 to 230 tons p. hr in the USSR, Fünfte Weltkraftkonferenz in Wien 1956, Bericht Nr. 248 $G_2/17$.

[*133*] Blömer: Korrosionsschäden an Brüdenfiltern, Mitt. VGB 1959, H. 60, S. 236—238.

[*134*] Gordon, Peisachow: Entstaubung und Rauchgasabreinigung (russisch), Moskau: Metallurgisdat 1958.

[*135*] Nötzlin: Elektrofilter-Anlagen Lurgi der Chemisch Werke Hüls, Mitt. VGB 1953, H. 23, S. 384—391.

[*136*] DBP-Auslegeschrift Nr. 1 000 955.

[*137*] Swjaginzew, Flakserman: Erweiterungen und Vorschaltanlagen bei Kondensationskraftwerken (russisch), Teploenergetika 1959, H. 11, S. 86—89.

[*138*] Hettsche: Biologische Auswirkungen der Verbrennung von Öl in Feuerungen, Mitt. VGB 1957, H. 46, S. 6—10.

[*139*] Hansson: Erfahrungen mit ölbeheizten Kesseln im Kraftwerkbetrieb, Mitt. VGB 1957, H. 46, S. 27—37.

[*140*] Nyberg: Erfahrungen mit Dolomitzugabe bei Ölfeuerungen, Mitt. VGB 1957, H. 46, S. 45—47.

[*141*] Fouchier, Vicart: Institution of Gas Engineers Copyright Publication Nr. 543: Putting on Work the Natural Gas Deposits at Lacq.

[*142*] Fehling: Kohlenstaubbrenner, Mitt. VGB 1957, H. 50, S. 337—349.

[*143*] DBP-Auslegeschrift Nr. 1 066 314.

[*144*] Hegemann: Einfluß des Druckes, der Dampftemperatur und der Zwischenüberhitzung auf die Kesselkonstruktion, Mitt. VGB 1957, H. 50, S. 293—310.

[*145*] Ullrich: Über die Rundbrenner für unterschiedliche Brennstoffe, BWK 1959, H. 10, S. 465—467.

[*146*] Ullrich: Über die Strömungsvorgänge in Dampfkesselfeuerungen, BWK 1959, H. 6, S. 280—283.

[*147*] Whitney: Use of Models for Studying Pulverized-Coal Burner Performance, Trans. ASME Series A, Journ. Engng. Power 81, (1959), H. 4, S. 380—382.

[*148*] Leon: Bunkerprobleme, BWK 1957, H. 9, S. 424—426.

[*149*] Zaoralek: Zwischenbunker für Kohlenstaub, BWK 1957, H. 9, S. 424—426.

[*150*] Ibler: Erfahrungen vom Betrieb der Trockenfeuerungen für aschenreiche Kohlen in ČSR, (tschechisch), Energetika 1959, Nr. 8, S. 396—404.

[*151*] Böttger, Lenz: Modelluntersuchungen an einem Deckenbrenner für Braunkohle, BWK 1958, H. 6, S. 292—293.

[*152*] Feeley: Fly-Ash Refiring, Trans. ASME 78, (1956), S. 1747—1755.

[*153*] Lenz: Konstruktive Fragen im Dampfkesselbau, Techn. Mitt. 1956, H. 2, S. 35—41.

[*154*] Müller, Trenkler: Ecken- und Frontfeuerung, Mitt. VGB 1957, H. 47, S. 87—94.

[*155*] Jähne: Maßnahmen zur Verhütung der rauchgasseitigen Verschmutzung der HD-Kessel auf Wachtberg, Braunkohle 1959, H. 3, S. 93—99.

[*156*] KRIGMONT, PAKULJAK: Vervollkommnung der Mühlenfeuerung (russisch), Teploenergetika Nr. 1, 1960, S. 13—17.

[*157*] Amerikanische Patentschrift 2 773 460.

[*158*] ENGLER: Schmelzfeuerungen, BWK 1953, H. 7, S. 225—229.

[*159*] CAUTIUS, PETERS, v. WEIHE: Feuerungsversuche an der Babcock-Versuchs-Zyklonfeuerung des Kraftwerks Flingern der Stadtwerke Düsseldorf, Mitt. VGB 1954, H. 27, S. 25—38.

[*160*] SIFRIN, HENNECKE: Die Entwicklung der Staubkohlenfeuerung für Dampferzeuger bis zur Zyklonfeuerung, Techn. Mitt. 1956, H. 2, S. 41—49.

[*161*] BEHRENS: Betriebserfahrungen mit Ölfeuerungen im Schiffs-Kesselbau, Mitt. VGB 1957, H. 46, S. 40—45.

[*162*] WATTS, SAGE: Erweiterung des Brennstoffprogramms für Zyklonfeuerungen, Archiv Energiewirtschaft 1957, H. 2, S. 45—57.

[*163*] TRENKLER: Verbindung von Luftturbinen mit Dampfprozeß bei Braunkohlenfeuerungen, Mitt. VGB 1957, H. 51, S. 374—386.

[*164*] SCHÜLLER: Kombinierte Dampf-Gas-Prozesse, BBC-Nachrichten 1959, H. 10/11, S. 404—428.

[*165*] BURSTADT, HART, MARSHALL, SHANNON: Liquid Metal in a Double Reheat Fuel-Fired Plant, Combustion 28, (1957), H. 7, S. 53—60.

[*166*] MÜNZINGER: Atomkraft, 3. Aufl., Berlin/Göttingen/Heidelberg: Springer 1960.

[*167*] TSCHETSCHETKIN: Hochtemperatur-Wärmeträger (russisch), Gosenergoisdat 1957.

[*168*] LEDINEGG: Die Berechnung von Schottenüberhitzern, Fünfte Weltkraftkonferenz in Wien 1956, Bericht 26 $G_2/3$.

[*169*] RODATIS: Neue Großkessel für Hoch- und Höchstdampfzustand (russisch), Teploenergetika 1960, H. 1, S. 3—13.

[*170*] ROMADIN: Wirtschaftliche Ausnützung fester Brennstoffe in Großkraftwerken (russisch), Teploenergetika 1960, H. 4, S. 12—18.

[*171*] TRENKLER: Feuerungs- und rauchgasseitige Messungen an großen Braunkohlenkesseln, Mitt. VGB 1959, H. 60, S. 135—159.

[*172*] GURWITSCH, MITOR: Das Wärmeaufnahmevermögen von Strahlungsheizflächen (russisch), Energomaschinostrojenije 1957, H. 2, S. 5—9.

[*173*] GURWITSCH, BLOCH: Über die Temperaturverteilung im Brennraum (russisch), Energomaschinostrojenije 1956, H. 6, S. 11—15.

[*174*] NJEWSKIJ: Über die Auswirkung der Verschmutzungen von Brennraumkühlschirmen auf ihre Arbeit (russisch), Teploenergetika 1959, H. 4, S. 56 bis 61.

[*175*] GURWITSCH: Wärmeaustausch in den Feuerungen der Dampfkessel (russisch), Moskau: Gosenergoisdat 1950.

[*176*] GLAUBITZ: Rohrschäden an ölgefeuerten Kesseln, Mitt. VGB 1958, H. 54, S. 156—160.

[*177*] PRACHT: Zusammenhänge zwischen den Grenzwerten der spezifischen Wärmebelastung und den Wassereigenschaften dampferzeugender Rohre öl- und kohlenstaubgefeuerter Kesselanlagen, Energie 1958, H. 11, S. 461—466.

[*178*] SCHMIDT: Wärmetechnische Untersuchungen an hoch belasteten Kesselheizflächen, Mitt. VGB 1959, H. 63, S. 391—401.

[*179*] BECKER: Temperaturverlauf und Wärmeaufnahme der Flossenrohre bei Flammenstrahlung, Energie 1959, H. 2, S. 59—71.

[*180*] WEISSGERBER: Herstellung von Dampferzeugern aus Bauelementen, Mitt. VGB 1958, H. 57, S. 381—392.

[*181*] ARMACOST: The Controlled-Circulation Boiler, Trans. ASME 76, (1954), S. 715—725.

[*182*] SIEVERDING: Erfahrungen — besonders hinsichtlich der Vanadium-Korrosionen an einem mit Gichtgas oder Heizöl betriebenen Benson-Kessel, Mitt. VGB 1960, H. 65, S. 78—87.

[*183*] BICE, YEKNIK: Pressure Operation of Large Pulverized-Coal-Fired Boilers on the American Gas and Electric System, Trans. ASME 75, (1953), S. 535 bis 548.

[*184*] TRENKLER: Nebelerzeugung zur Prüfung der rauchgasseitigen Dichtheit von Kesseln, Mitt. VGB 1958, H. 57, S. 424—425.

[*185*] KAZNJELSON, SCHATIL: Wärmeübergang in einer luftgekühlten Zyklonfeuerung mit obiger Rauchgasabführung (russisch), Teploenergetika 1957, H. 9, S. 73—75.

[*186*] MIRONOW: Wärmetechnische Eigenschaften einer Zyklonfeuerung (russisch), Teploenergetika 1958, H. 5, S. 32—38.

[*187*] AGABANOW: Strahlungsvermögen der Feuerungsschlacken (russisch), Teploenergetika 1958, H. 8, S. 56—60.

[*188*] LEDINEGG: Verbrennungstemperatur in Schmelzfeuerungen, Wärme 1943, H. 20, S. 256—261.

[*189*] REID, COHEN: Factors Affecting the Thickness of Coal-Ash-Slag on Furnace-Wall Tubes, Trans. ASME 66, (1944), S. 685—690.

[*190*] DOLEŽAL: Aufbau unverkleideter Kühlschirme in Schmelzkammerkesseln, Mitt. VGB 1955, H. 33, S. 400—407.

[*191*] KLÖSS: Betriebserfahrungen mit einem Braunkohlen-Zyklonkessel, Mitt. VGB 1955, H. 37, S. 660—665.

[*192*] ELY, SCHUELER: Distribution of Heat-Absorption and Factors Affecting Performance of Twin Branch 2500 Psi Boiler, Furnace Performance Factors. Sonderabdruck Trans. ASME 1944, S. 23—32.

[*193*] ANDREW, FRENDBERG, KOCH: Gas Recirculation and Its Relation to Boiler Design and Operation, Combustion 30, (1959), H. 12, S. 38—44.

[*194*] LOBSCHEID: Überhitzer- und Zwischenüberhitzerregelung, Techn. Mitt. 1959, H. 5, S. 195—200.

[*195*] SPORN, FIALA: The Development of the Supercritical 4500 Psi-Multiple Reheat Generating Unit for Philo, Fünfte Weltkraftkonferenz in Wien 1956, Bericht Nr. 123 G_1/18.

[*196*] BAILEY, ELY: Significance of Coal-Ash Fusing Temperature in the Light of Recent Fornace Studies, Trans. ASME 63, (1941), S. 465—471.

[*197*] ENDELL: Schmelzverhalten von Braunkohlenschlacken, Mitt. VGB 1955, H. 33, S. 421—425.

[*198*] CAUTIUS: Erfahrungen mit Horizontalzyklon, Fünfte Weltkraftkonferenz in Wien 1956, Bericht Nr. 82 G_2/7.

[*199*] MARSCHAK, MASLOW: Abscheiden der festen Schwebeteilchen am Flüssigkeitsfilm bei turbulenter Strömung (russisch), Teploenergetika 1958, H. 6, S. 63—70.

[*200*] MARSCHAK, MASLOW: Auffangen der Schwebeteilchen beim Durchfluß isothermischen Rauchgasstromes durch ein mit zähem Flüssigkeitsfilm überzogenen Rohrbündel (russisch), Teploenergetika 1959, H. 12, S. 55—62.

[*201*] KOWALLIK: Naßreinigung der rauchgasseitigen Heizflächen von Dampfkesseln im Stillstand und in Betrieb, Feuerungstechnik 1952, H. 9, S. 276 bis 278.

[*202*] LOKSCHIN: Wege zur Erniedrigung des Heizflächenverschleißes durch Flugasche (russisch), Iswjestija WTI 1947, H. 7, S. 14—19.

[*203*] HÜBNER: Betriebserfahrungen mit radialen und axialen Sauggebläsen, Mitt. VGB 1958, H. 55, S. 274—279.

[204] Wiemer: Messungen an Braunkohlen-Elektrofiltern, Mitt. VGB 1958, H. 53, S. 102—103.

[205] Nagel, Ibing: Entstaubungsmöglichkeiten mit mechanischen Entstaubern unter Berücksichtigung der Erfahrungen bei Schmelzfeuerung, Mitt. VGB 1959, H. 60, S. 220—229.

[206] Brandt: Neuere Entwicklungen bei Elektrofiltern, Mitt. VGB 1959, H. 60, S. 229—235.

[207] Schäff: Kombinierte Rauchgasentstaubung bei Kesselanlagen, Mitt. VGB 1960, H. 65, S. 88—91.

[208] Noss: Rauchgasentstaubung, BWK 1959, H. 4, S. 176—178.

[209] Doležal: Verfeuerung der feuchten Brennstoffe in Schmelzfeuerungen der ČSR, Energie 1957, H. 5, S. 179—182.

[210] Doležal: Die Möglichkeiten der Verbesserung des Kraftwerkswirkungsgrades bei Schmelzkesseln durch Aschenrückführung (tschechisch), Strojírenství 1956, H. 4, S. 227—231.

[211] Doležal: Utilization of Heat Contents of Molten Slag from Wet Bottom Boilers a Way to Improve the Economy of Steam Power Stations, Fünfte Weltkraftkonferenz in Wien 1956, Bericht Nr. 141 $G_2/11$.

[212] Bosser: Betriebserfahrungen mit einem Schmelzkammerkessel, Mitt. VGB 1956, H. 41, S. 125—130.

[213] Roth: Betriebserfahrungen an einem Schmelzkammerkessel des Kraftwerkes Reuter, Mitt. VGB 1956, H. 45, S. 448—458.

[214] Andritzki: Abnahmeversuche am Zyklonkessel der Stadtwerke München, Mitt. VGB 1956, H. 44, S. 366—370.

[215] Maull, Mac Mahon: Fly-Ash Refiring, Combustion 28 (1956), H. 5, S. 40—47.

[216] VGB-Merkblatt Nr. 9: Flugstaubrückführung für Dampferzeuger-Feuerungen, Essen: Vulkan Verlag Dr. W. Classen 1959.

[217] Frey: Aschenschmelzvorkammer an einem Kohlenstaub-Strahlungskessel, Mitt. VGB 1955, H. 36, S. 609—614.

[218] Weckesser: Betriebserfahrungen mit großen Kesseleinheiten, Mitt. VGB 1956, H. 44, S. 313—325.

[219] DBP 947 822.

[220] Französische Patent Nr. 1 054 283.

[221] DBP-Auslegeschrift 1 019 039.

[222] Cohen, Corey: Behavior of Ash in Pulverized Coal Fired Furnaces, Combustion 20, (1948), H. 7, S. 33—40.

[223] Doležal: Berechnung der Schmelzbadspiegeltemperatur in Schmelzkammerfeuerungen, Mitt. VGB 1955, H. 37, S. 667—670.

[224] Tschechoslowakische Patentschrift Nr. 81 421.

[225] Kaufmann, Trautmann, Schnarrenberger: Action of Boiler Water on Steel, Trans. ASME 77, (1955), S. 424—435.

[226] Endell, Hellbrugge: Zusammenhänge zwischen chemischer Zusammensetzung und Flüssigkeitsgrad von Hüttenschlacken sowie ihre technische Bedeutung, Archiv für Eisenhüttenwesen 1941, H. 7, S. 307—315.

[227] Warren: Summary of Works an Atomic Arrangement in Glass, Journal Amer. Ceram. Soc. 24, (1941), H. 8, S. 256—261.

[228] Schulze: Zyklonfeuerung für rheinische Rohbraunkohle, Energie 1954, H. 5, S. 141—148.

[229] Sage, McIlroy: Relationship of Coal Ash Viscosity to Chemical Composition, Combustion 31, (1959), H. 5, S. 41—48.

[230] Heldt: Die Bestimmung der Viskosität von Kohlenschlacken, BWK 1955, H. 7, S. 321—324.

[231] DOLEŽAL: Der Schlackenauslauf bei Schmelzfeuerungen, Mitt. VGB 1956, H. 40, S. 40—43.

[232] Tschechoslowakische Patent-Nr. 83 881.

[233] PARSCHIN, TSCHERNYJ: Einrichtungen zur Entschlackung von Großleistungskesseln (russisch), Energomaschinostrojenije 1958, Nr. 12, S. 4—8.

[234] GLAHE: Transport scharfkantiger Aschen mit Gummibändern und Becherwerken, Mitt. VGB 1955, H. 33, S. 439—442.

[235] SPANGEMACHER: Physikalische Vorgänge und Energiebedarf bei hydraulischem Aschentransport, Mitt. VGB 1952, H. 20, S. 206—210.

[236] WAGRAFTIK, OLESCHTSCHUK: Spezifische Wärme der Schlacken verschiedener Brennstoffe (russisch), Teploenergetika 1955, Nr. 4, S. 13—17.

[237] ROESLER: Erfahrungen mit Puzzolan-Zement, Mitt. VGB 1952, H. 20, S. 210—212.

[238] WANZER: Use of Flyash in Concrete, Combustion 30, (1959), H. 8, S. 38—46.

[239] TANNER: Unterbringung und Verwertung der Asche bei Großkessel-Anlagen, Mitt. VGB 1955, H. 38, S. 773—783.

[240] FORREST, SMITH, WARD: Germanium in Power Station Boiler Plant, Nature 175, (1955), Nr. 4456, S. 558.

[241] AUBREY: Germanium in Some of the Waste Products from Coal, Nature 176, (1955), Nr. 4472, S. 128.

[242] GUMZ: Sinterung der Flugasche in neuer Sicht, Mitt. VGB 1957, H. 48, S. 160—165.

[243] BLÖMER: Versuche zur Verwertung des Schmelzgranulates, Mitt. VGB 1956, H. 43, S. 293—297.

[244] Aufsätze über die Flugaschenverwertung in Mitt. VGB 1959, H. 61, 62, 63.

[245] DOLEŽAL: Rückgewinnung der Schlackenwärme über Verdampfung, Mitt. VGB 1957, H. 52, S. 15—23.

[246] WESLY: Theorie und Praxis der Vollentsalzung, Mitt. VGB 1953, H. 25, S. 501—504.

[247] MICHAJLOW: Erhöhung des Kraftwerks-Wirkungsgrades durch Brennstoffvortrocknung (russisch), Teploenenergetika 1957, H. 2, S. 20—23.

[248] BUDNIKOW, SNATSCHKO-JAWORSKIJ: Granulierte Hochofenschlacken (russisch), Moskau: Promisdat 1953.

[249] Regelung in der elektrischen Energieversorgung, BWK 1960, H. 1, S. 27—29.

[250] SCHUMANN: Versuche zur Umstellung eines Kraftwerkes auf Leistungsregelung, BWK 1957, H. 11, S. 514—516.

[251] Weiterentwicklung der Krämermühlenfeuerung, BWK 1951, H. 3, S. 73—79.

[252] AFANASOW: Über die dynamischen Eigenschaften der Mühlenfeuerung (russisch), Teploenergetika 1955, H. 11, S. 23—26.

[253] OPPELT: Kleines Handbuch technischer Regelvorgänge, Weinheim: Verlag Chemie 1954.

[254] LUNJEJEW, SCHMUKLER: Erfahrungen mit Betrieb von Durchlaufkesseln mit Mühlenfeuerung (russisch), Teploenergetika 1959, H. 1, S. 3—9.

[255] WÜNSCH: Allgemeine Betrachtungen zur Regelung von Dampfkesseln, Techn. Mitt. 1956, H. 2, S. 69—73.

[256] SCHUMSKAJA, LABUTNAJA: Untersuchung von Regelkreisen für große Trommelkessel in Blockschaltung (russisch), Teploenergetika 1959, H. 2, S. 40—44.

[257] HÜCK: Zwangdurchlaufkessel im Blockbetrieb Teil 1, S & F Techn. Mitt., 1957, H. 2, S. 44—56.

[258] FRANKE, STOLLE: Zwangdurchlaufkessel im Blockbetrieb, Teil 2, S & F Techn. Mitt. 1957, H. 3, S. 78—88.

[*259*] Die physikalische Gasanalyse, Firmenschrift Hartmann & Braun AG.

[*260*] BAUMANN, DRISCOLL, OWDERDONK, WEBB: Protection of Turbine-Generators and Boilers by Automatic Tripping, Electr. Eng. 75, (1957), S. 149—154,

[*261*] OBERLE: Die Regel- und Schutzeinrichtungen großer Dampfturbinen, BBC. Mitt. 1958, H. 7/8, S. 325—338.

[*262*] ROTH: Betriebserfahrungen mit Fernsehkamera zur Kesselüberwachung. Mitt. VGB 1957, H. 50, S. 349—354.

[*263*] EXLEY: Developments in Use Television in Power Stations, Combustion 23, (1951), H. 1, S. 43—46.

[*264*] ROSAHL: Teillastverhalten kohlenstaubgefeuerter Dampfkesselanlagen, Techn. Mitt. 1957, H. 5, S. 193—196.

[*265*] QUACK: Betriebs- und Konstruktionsfragen der Schnellbereitschaft Großkessel, Mitt. VGB 1951, H. 12/13, S. 238—266.

[*266*] ČERMÁK: Verfeuerung der sehr aschenreichen Kohlen in tschechoslowakischen Schmelzkammerkesseln (tschechisch), Kovo-Techn. Mitt. 1947, H. 1, S. 1—11.

[*267*] MUTKE: Bau von Kesseln für höchste Drücke und Temperaturen, Elektrizitätswirtschaft 1954, H. 21, S. 680—683.

[*268*] STRÜVEN: Erfahrungen mit zwei Schmelztrichterkesseln der Rheinpreußen AG, Homberg, Mitt. VGB 1956, H. 42, S. 159—166.

[*269*] KOUBA, MIKL: Universaler Trockenkessel in Zweizugausführung für Verstromung minderwertiger Kohlen (tschechisch), Strojírenství 1958, H. 4, S. 257—262.

[*270*] DOLEŽAL: Die rauchgasseitige Dichtheit von Kesseln mit hoher Luftvorwärmung, Mitt. VGB 1956, H. 41, S. 108—111.

[*271*] ELLRICH: Technische und wirtschaftliche Probleme des Kraftwerkbaues, Fünfte Weltkraftkonferenz in Wien 1956, Bericht $G_2/15$.

[*272*] DOLEŽAL: Rechnerische Feststellung der Heißdampftemperatur beim Nichteinhalten der ausgelegten Speisewassertemperatur oder des Dampfdruckes bei Dampfkesseln (tschechisch), Energetika 1954, H. 2, S. 84—87.

[*273*] DOLEŽAL: Eigenschaften und Aussichten der direkt und indirekt luftgekühlten Schmelzfeuerung, Mitt. VGB 1960, H. 65, S. 108—117.

[*274*] DOLEŽAL: Strahlungslufterhitzer als Mittel zur Verbesserung des Teillastverhaltens bei den Feuerungen, Techn. Mitt. 1960, H. 5, S. 177—180.

[*275*] DBP-Auslegeschrift 1 017 316.

[*276*] LENT: Die neuere Entwicklung der Steinkohlenstaubfeuerung, Mitt. VGB 1952, H. 20, S. 173—183.

[*277*] POWELL: High-Capacity Two-Furnace Boilers, Combustion 27, (1956), H. 10, S. 42—46.

[*278*] POWELL: Engineering the Eddystone Steam Generator for 5000 Psig, 1200 F Steam, Trans. ASME 79, (1957), H. 6, S. 1447—1457.

[*279*] KESSLER: Principles of Boiler Design for High Steam Temperature, Trans. ASME 77, (1955), S. 919—926.

[*280*] BIMAN, RAKOW: Über Kesselgestalt für 300-MW-Block mit 300 ata, 650° C Dampf (russisch), Teploenergetika 1959, H. 7, S. 46—55.

[*281*] GOLDENFARB, GETALO: Kesselaggregat TP - 90 mit 500 t/h Dampfleistung (russisch), Energomaschinostrojenije 1958, Nr. 11, S. 1—8.

[*282*] DBP-Auslegeschrift Nr. 1 020 755.

[*283*] DBP-Auslegeschrift Nr. 1 020 756.

[*284*] DBP-Auslegeschrift Nr. 1 014 699.

[*285*] DBP-Auslegeschrift Nr. 1 017 730.

[*286*] Österr. Patentschrift Nr. 170 098.

[287] Seiffert: Der Zyklonkessel der Wuppertaler Stadtwerke AG, Mitt. VGB 1955, H. 37, S. 653—655.

[288] Hübel: Feuerseitige Rohrabzehrungen bei Schmelzkesseln, Mitt. VGB 1957, H. 51, S. 421—430.

[289] Gilg: The Cyclone Furnace — the Latest Thing in Burning Coal, Power Generation 54, (1950), S. 64—70.

[290] Kesselkatalog der Firma Babcock & Wilcox Inc. New York.

[291] Wittwer: Vergleichende Untersuchungen an einem Benson- und einem Sulzerkessel, Mitt. VGB 1957, H. 48, S. 186—193.

[292] Sasanow: Ausnutzung der Abwärme in den Hüttenwerken (russisch), Moskau: Metallurgisdat 1953.

[293] Huber: Neuzeitliche Dampferzeuger für die Verfeuerung von Gichtgas und Kohlenstaub, BWK 1959, H. 12, S. 566—569.

[294] Pfenninger: BBC-Gasturbinen mit einer Eintrittstemperatur von 750° C, BBC-Mitt. 1960, H. 1/2, S. 35—64.

[295] Castle Donnington Generating Station, Prospekt der Firma Babcock & Wilcox Ltd., London.

[296] Winkhaus: Neue Transportwege in der europäischen Energieverteilung, BWK 1960, H. 6, S. 238—243.

[297] Ein neuer Weg zur Energiegewinnung? BWK 1960, H. 2, S. 68 und die dort angeführte Literatur.

[298] Lobscheid: Strömungs-Modellversuche im Dampfkesselbau, Braunkohle 1960, H. 9, S. 419—429.

[299] Jung: Ähnlichkeitsprobleme und Ergebnisse experimentaler Untersuchungen auf dem Gebiete der Kohlenstaubverbrennung, Braunkohle 1960, H. 9, S. 429—438.

[300] Grasme: Ausfahren steiler Lastspitzen durch Dampfkraftwerke, ETZ Ausgabe A, 1960, H. 6, S. 195—203.

[301] Profos: Grenzen der Regelungsmöglichkeiten von Hochleistungskesseln, Mitt. VGB 1960, H. 67, S. 211—221.

[302] Friedewald, Mörk, Zwetz: Einsatz von Dampfkraftwerken im Netzbetrieb als regelungstechnische Aufgabe, ETZ Ausgabe A 1960, H. 6, S. 185—193.

[303] Janssen, Müller: Bau eines 220 m hohen Schornsteines für ein ölgefeuertes Kraftwerk, Mitt. VGB 1960, H. 66, S. 180—183.

[304] Seidl: Entwicklungstendenzen im deutschen Kesselbau, Mitt. VGB 1960, H 68, S. 285—296.

Sachverzeichnis